高等院校嵌入式人才培养规划教材

嵌入式Linux驱动开发教程

华清远见嵌入式学院
姜先刚 刘洪涛 编著

電子工業出版社
Publishing House of Electronics Industry
北京•BEIJING

内 容 简 介

本书结合大量实例，在基于 ARM Cortex-A9 四核处理器 Exynos4412 的硬件教学平台和 PC 上，全面详细地讲解了 Linux 设备驱动开发。主要内容包括开发环境的搭建、内核模块、字符设备驱动框架、高级 I/O、中断和时间管理、互斥和同步、内存和 DMA、Linux 设备模型、外设的驱动实例、总线类设备驱动、块设备驱动、网络设备驱动和内核调试技术。每一个知识点都有一个对应的典型实例，大多数实例既可以在上面说到的嵌入式平台上运行，也可以在 PC 上运行。另外，本书也引入了新内核的一些新特性，比如高分辨率定时器、针对嵌入式平台的 dmaengine 和设备树。在需要重点关注的地方还加入了大量的内核源码分析，使读者能够快速并深刻理解 Linux 设备驱动的开发。

本书可作为大学院校电子、通信、计算机、自动化等专业的嵌入式 Linux 设备驱动开发课程的教材，也可供嵌入式 Linux 驱动开发人员参考。

图书在版编目（CIP）数据

嵌入式 Linux 驱动开发教程 / 华清远见嵌入式学院，姜先刚，刘洪涛编著. —北京：电子工业出版社，2017.6

高等院校嵌入式人才培养规划教材

ISBN 978-7-121-31359-2

Ⅰ. ①嵌… Ⅱ. ①华… ②姜… ③刘… Ⅲ. ①Linux 操作系统－程序设计－高等学校－教材 Ⅳ.①TP316.89

中国版本图书馆 CIP 数据核字（2017）第 077637 号

策划编辑：孙学瑛
责任编辑：徐津平
特约编辑：赵树刚
印　　刷：三河市鑫金马印装有限公司
装　　订：三河市鑫金马印装有限公司
出版发行：电子工业出版社
　　　　　北京市海淀区万寿路 173 信箱　　邮编：100036
开　　本：787×1092　1/16　印张：25　　字数：640 千字
版　　次：2017 年 6 月第 1 版
印　　次：2025 年 3 月第 30 次印刷
定　　价：69.00 元

凡所购买电子工业出版社图书有缺损问题，请向购买书店调换。若书店售缺，请与本社发行部联系，联系及邮购电话：（010）88254888，88258888。

质量投诉请发邮件至 zlts@phei.com.cn，盗版侵权举报请发邮件到 dbqq@phei.com.cn。

本书咨询联系方式：010-51260888-819，faq@phei.com.cn。

前　言

随着嵌入式及物联网技术地快速发展，ARM 处理器已经广泛地应用到了工业控制、智能仪表、汽车电子、医疗电子、军工电子、网络设备、消费类电子、智能终端等领域。而较新的 ARM Cortex-A9 架构的四核处理器更是由于其优越的性能被广泛应用到了中高端的电子产品市场。比如基于 ARM Cortex-A9 的三星 Exynos4412 处理器就被应用在了三星 GALAXY Note II 智能手机上。

另外，Linux 内核由于其高度的稳定性和可裁剪性等特点，被广泛地应用到了嵌入式系统，Android 系统就是一个典型的例子。这样，ARM 处理器就和 Linux 操作系统紧密地联系在了一起。所以，基于 ARM 和 Linux 的嵌入式系统就得到了快速的发展。

嵌入式系统是一个定制的系统，所以千变万化、形形色色的硬件都必须要有对应的驱动才能使其正常工作，为这些硬件设备编写驱动就是不可避免的了。虽然有很多内核开发人员已经为很多常见的硬件开发了驱动，但是驱动的升级一般都跟不上新硬件的升级。笔者就多次遇到过内核的驱动和同一系列的升级版本芯片不匹配的情况，这时就要改写驱动程序。所以内核层次的底层开发几乎都要和驱动打交道。另外，了解驱动（或者说内核）的一些底层工作原理，也有助于我们写出更稳定、更高效的应用层代码。

为了能够实现这一目标，并促进嵌入式技术的推广，华清远见研发中心自主研发了一套基于 Exynos4412 处理器的开发板 FS4412，并组织编写了本书。本书注重实践、实用，没有用长篇大论来反复强调一些旁枝末节的内容，但是对于会影响理解的部分又非常详细地分析了内核源码，并给出了大量的图示。书中的各个实例虽然为了突出相关的知识重点而简化了对某些问题的讨论，不能称得上工程上严格意义的好驱动，但是确实也具备了对应的设备驱动开发所必需的各方面。实例按照工程上驱动开发的增量式方式来进行，即先有主体再逐渐完善，循序渐进。读者按照实例能够迅速掌握对应驱动的开发精要，对整个驱动的实现也就有了一个清晰的思路。

本书共 14 章，循序渐进地讲解了嵌入式 Linux 设备驱动开发所涉及的理论基础和大量 API 说明，并配有大量驱动实例。全书主要分为五部分：第一部分是 Linux 设备驱动开发的概述，包含第 1 章；第二部分是模块及字符设备驱动的理论，包含第 2～8 章；第三部分是字符设备驱动实例，包含第 9 章和第 10 章；第四部分是 Linux 块设备驱动和网络设备驱动，包含第 11 章和第 12 章；最后一部分是 Linux 内核的调试和开发环境的搭

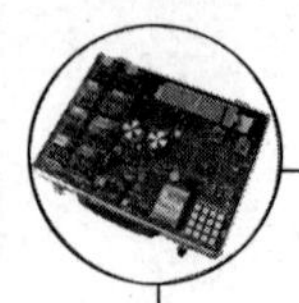

建，包含第 13 章和第 14 章。各章节的主要内容如下。

第 1 章概述了需要了解 Linux 驱动程序的人群、Linux 驱动开发的特点和本书其他各章节的核心内容。

第 2 章对 Linux 内核的模块进行了介绍，现在的驱动几乎都以 Linux 内核模块的形式来实现，所以这是后续的基础。

第 3 章讲解 Linux 字符设备驱动的主体框架，并以一个假想的串口来实现驱动。这是 Linux 设备驱动入门的关键，所以分析了大量的内核源码。当然，这个驱动是不完善的，需要在后面的各章节逐步添加功能。

第 4 章在上一章的基础上探讨了字符设备的高级 I/O 操作，包括 ioctl、阻塞、I/O 多路复用、异步通知、mmap、定位等，还特别介绍了 proc 相关的接口。

第 5 章讲解中断和时间管理，为便于理解，特别加入了中断进入的内核源码分析。时间管理则包含了延时和定时两部分，在定时部分还讨论了新内核中的高分辨率定时器。

第 6 章讲解了互斥和同步，为了让读者明白互斥对驱动开发的重要性，特别从 ARM 汇编的层次来讨论了竞态。除了对传统的互斥（自旋锁、信号量等）进行讨论外，还特别说明了 RCU 机制和使用的范例。

第 7 章讲解了内核中内存的各种分配方式，还特别谈到了 per-CPU 变量的使用。最后，对 DMA 的讨论则专注于新内核引入的 dmaengine 子系统，并用一个实例进行了具体的展现。

第 8 章讲解了 Linux 设备模型，这部分内容比较抽象。为了能帮助读者理解这部分内容，专门实现了设备、总线、驱动三个最简单的实例，从而使读者完全掌握三者之间的关系。这一章的后半部分有大量实用技术的展现，包括电源管理、驱动的自动加载、设备节点的自动创建等。最后还讲解了较新的内核引入的 ARM 体系结构的设备树。

第 9 章在前面的理论基础上实现了大量外设的驱动。这些驱动并不都是通过字符设备框架来实现的，目的就是想告诉读者，如果我们能够简化驱动的编写，就尽量简化驱动的编写，多使用内核中已经实现的机制。

第 10 章讲解了总线类设备驱动的开发，对流行的 I2C 总线、SPI 总线、USB 总线和 PCI 总线都进行了讨论。这些总线都有一个共同的特性，就是都有主机控制器和连接在总线上的设备，我们只讨论了在主机控制器驱动之上的设备驱动，不讨论主机控制器驱动及设备自身的固件或驱动，因为设备驱动是最常开发的驱动。

第 11 章讲解了块设备驱动，为了便于读者对这部分知识进行理解，特别介绍了磁盘的内部结构，然后用内存虚拟了一个磁盘，用两种方式实现了该虚拟磁盘的块设备驱动。

第 12 章讲解了网络设备驱动，用一个虚拟的环回以太网卡的驱动展现了网络设备驱动的主体框架，还分析了 DM9000 网卡驱动的主体框架部分，并和前面的虚拟网卡驱动进行了对比。

第 13 章介绍了内核的一些调试技术。内核的调试相对来说比较麻烦，但只要能熟练使用这些调试技术，还是能较快找出问题所在的。

第 14 章是嵌入式 Linux 设备驱动开发环境的搭建，包含了主机系统的准备和各个软件的安装。尤其是用 vim 搭建了一个适合于驱动开发的类似于 IDE 的编辑环境，能够大大提高代码的编写效率。

本书由华清远见成都中心的姜先刚编写，北京中心的刘洪涛承担全书的统稿及审校工作，是贾燕枫、杨曼、袁祖刚、关晓强、谭翠君、李媛媛、张丹、张志华、曹忠明、苗德行、冯利美、卢闫进、蔡蒙等老师心血的结晶，也是他们多年教学成果的积累。他们认真阅读了书稿，提出了大量的建议，并纠正了书稿中的很多错误，在此特表示感谢。

由于作者水平有限，书中不妥之处在所难免，恳请读者批评指正。对于本书的批评和建议，可以发表到 www.farsight.com.cn 技术论坛。

编　者
2017 年 3 月

轻松注册成为博文视点社区用户（www.broadview.com.cn），扫码直达本书页面。

- **提交勘误**：您对书中内容的修改意见可在【提交勘误】处提交，若被采纳，将获赠博文视点社区积分（在您购买电子书时，积分可用来抵扣相应金额）。
- **与作者交流**：在页面下方【读者评论】处留下您的疑问或观点，与作者和其他读者一同学习交流。

页面入口：http://www.broadview.com.cn/31359

目　录

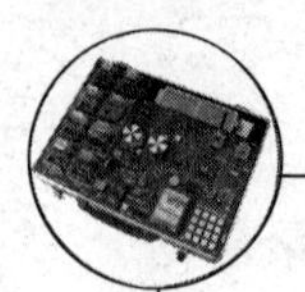

第1章 概述

本章目标

本章首先概要性地介绍了需要了解 Linux 设备驱动程序的人群；然后在不涉及过多具体知识点的情况下讨论了 Linux 驱动程序的部分显著特点；最后概要说明了本书各个章节的核心内容。

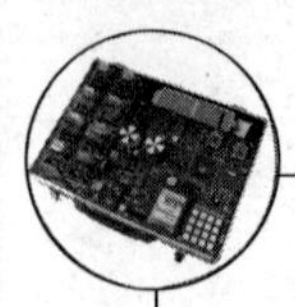

Linux 是一款成功的、优秀的开源项目，随着应用的日益广泛，Linux 已受到越来越多的软件开发者的追捧。但是从官网上下载了源码并解压后，我们往往会迷失在浩瀚的代码海洋中，这巨大的代码量令很多人望而却步。那么，我们是不是就没有办法征服它了呢？记得很有经验的前辈曾提到过以下两个突破口：驱动和网络。确实，如果对 Linux 的各部分内核源码做一个统计，会发现这两部分代码所占的比例是最高的。本书是一本关于驱动开发的入门级教程，希望它能帮助各位 Linux 内核初学者找到学习的突破口，打开 Linux 内核的大门，能够掌握 Linux 驱动程序的开发。

总体来说，专门从事 Linux 驱动开发的工程师并不是特别多，但是这并不是说我们就完全没有和它打交道。笔者认为，除了专职的 Linux 驱动开发工程师之外，学习或了解 Linux 驱动开发对下面几类开发人员也是有益的。

（1）Linux 系统移植工程师。虽然现在 ARM 体系结构的 Linux 内核也引入了设备树，使内核移植工程师几乎不需要再改写 BSP 文件，只是修改设备树和对内核进行选配就可以了，但是移植的过程并不总是特别顺利。笔者在移植 LCD 驱动时就发现，官网源码中提供的设备树节点在驱动中不能被正确识别，要修改节点的编写形式。也就是说，要能写好一个设备树节点，除了参考内核文档，有时还要参考驱动源码，所以能看懂相应的驱动源码很重要。另外，所选配的驱动有时不能使硬件完美工作起来，还是以前面的 LCD 驱动为例，笔者发现驱动中假设了 U-Boot 已经将 LCD 的时钟初始化好了，但事实情况是 U-Boot 并没有初始化这部分时钟。为了使驱动的通用性更强，笔者决定在驱动中添加相关的时钟初始化代码。这就说明 Linux 系统移植工程师几乎必须要和驱动打交道。而且，Linux 驱动的更新不一定能跟得上硬件的更新，当使用了同一系列中较新的芯片时，往往也会涉及驱动代码的修改。

（2）内核应用开发工程师。这其实就是内核开发工程师，只是他们主要调用 Linux 内核的 API 接口来完成某些特定的功能。比如，开一个内核线程来完成某件事情，绕过文件系统相关的代码直接访问磁盘，过滤一些网络数据等。这类开发者直接在内核层工作，通常以优化性能、提高程序效率或进行底层的监控为目标。这些代码都很有可能会调用驱动所提供的接口。

（3）系统编程工程师。主要调用系统调用接口来完成应用软件的编程，通常是一些平台软件，如 SDK，为更上层的应用开发者提供编程接口。了解底层的工作原理有助于写出更稳定、更高效的应用程序。

Linux 内核源码是由全世界的众多优秀开发者共同开发出来的，它的稳定性足以证明其设计的合理性，从事软件开发的人员应该都能够从中得到一些启发或有所借鉴。

那么，Linux 驱动开发和一般的应用开发有哪些区别，或者说，这种开发具有哪些最鲜明的特点呢？

（1）Linux 驱动开发是内核级别的开发，驱动程序的任何问题都可能引起整个系统的崩溃。因为应用程序由操作系统来管理，应用程序的崩溃通常不会影响到其他的程序或整个系统，造成的破坏是比较小的。比如，应用程序对非法指针进行解引用，通常只会引发一个段错误，然后程序本身崩溃而已。但是如果驱动对一个非法指针进行解引用，通常就会导致整个内核的崩溃。

（2）驱动程序通常都要进行中断处理，在中断上下文（或类似的原子上下文）中的编程有比较严格的限制（这在相关的章节会做更详细的描述），处理不好也会导致内核崩溃。而在应用程序中则没有这些方面的内容。

（3）驱动程序有更多的并发环境需要考虑，比如上面说到的中断，以及在多处理器系统下的驱动编程。一个好的驱动，不应该假设自己的运行环境，或者说，都应该假设运行在各种并发环境下。

（4）驱动程序是被动接受上层调用的代码，是为上层提供服务的一套代码，所以我们会在驱动中看到很多注册和注销的函数。

（5）一类驱动程序都有一个特定的实现模板，在这里姑且称之为驱动的框架。另外，所有的驱动都有一种类似的实现模式，就是构造核心的数据结构，然后注册到内核。学习驱动开发，主要是学习这些核心的数据结构和与之相关的一套 API。编写驱动则是按照特定类型驱动的框架来构造这些核心数据结构，然后再注册到内核。驱动中灵活的部分是这些框架规定的接口函数的实现。

（6）驱动程序虽然是用 C 语言来开发的，但是很多地方都体现了面向对象的编程思想，这在 Linux 设备模型中体现得尤为突出。

（7）应该尽量利用内核中已有的实现，而不是自己重新构建，本书中有几个驱动的例子都是这样的。而且，内核源码中有同一类设备驱动很好的实现范例，面对不熟悉的驱动框架时，可以参考内核源码，从而快速掌握该类驱动的开发。

（8）Linux 内核是基于 GNU C 进行开发的，它对标准的 C 语言做了一些扩展，但是本书的示例代码都避免使用这些扩展的特性，尽量和标准 C 语言一致。而且，Linux 内核代码有一套编码风格，大家可以参考 https://www.kernel.org/doc/Documentation/CodingStyle，在此就不细说了。

上面的内容只是概要性的描述，具体的知识点在本书的具体章节会进行进一步地归纳和总结。接下来对本书各个章节和核心内容做一个简要的说明。

Linux 的内核源码编译后将会生成一个总的镜像，将该镜像加载到内存中并运行之，就会启动内核。驱动属于内核代码的一部分，每次对驱动做任何修改都会重新编译整个内核，还要重新加载运行内核，这个时间消耗是比较大的。所以如果驱动能独立于内核镜像之外，并能动态加载和卸载，那么驱动开发的时间消耗将会大大降低。本书第 2 章讨论的就是这个独立于内核之外，并能动态加载和卸载的模块。

有一类设备的数据访问是按字节流的方式来进行的，也就是访问的单位可以小到字节，比如键盘、鼠标等。针对这一类设备的 Linux 驱动叫字符设备驱动，是开发中最有可能遇到的一类驱动，也是内核中最多的一类驱动。我们前面说过，学习一类驱动就是要学习它的核心数据结构和一组 API，然后是由此组成的框架。我们在第 3 章将会首次接触到这个概念，也会注册一些接口函数，从而为上层提供服务，或者说供上层调用。

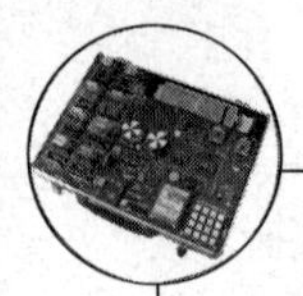

掌握了这些概念后，应用同样的方式，就可以快速地掌握其他驱动的框架。

在类 UNIX 系统中，设备也被当成文件来对待，或者说将设备抽象成了文件。这样就可以统一应用层代码对普通文件和设备文件的访问接口。对于文件的操作，有很多种 I/O 模型，比如大家非常熟悉的阻塞、非阻塞，或者 Windows 系统经常提到的同步和异步。既然设备被抽象成了文件，而设备又是最终被驱动程序所管理的，自然设备的驱动就应该提供这些 I/O 模型的支持，本书第 4 章将重点阐述这方面的内容。

前面说过，Linux 驱动编程相对于应用程序编程多了中断的处理。因为驱动是管理硬件的，而为了提高硬件的访问效率，通常不是由 CPU 来轮询硬件的状态，而是在硬件准备好后主动通知 CPU，这种硬件上的异步通知就是中断。第 5 章将会讨论在驱动中如何编写中断服务例程，以及中断服务例程中的限制和一些应对策略。另外，传统的硬件定时器也是以中断方式工作的，所以在这一章还讨论了延时和定时方面的内容。

前面也提到过，在内核中的并发方式多于应用层中遇到的并发。为了避免并发的执行路径对共享数据访问带来的相互覆盖的问题，我们需要认真处理好这个问题。不管在应用层还是在内核层，数据的紊乱都可能导致灾难性的结果，但是因为内核层出现这种情况的时候更多，关系更复杂，所以要更谨慎对待之。当然，内核提供的解决方案也要更多一些，不过这也带来了另一个问题，就是如何从这些方案中选择一种最合适的方案。本书第 6 章将会详细讨论这方面的内容。

关于内存的使用，内核层提供了更多的选择。Linux 向来以高效、稳定著称，内存是计算机系统中的宝贵资源，在内存的管理上下再多的功夫都不为过。当然，Linux 在这方面考虑得很周全，所以它才能在小到手表大小的嵌入式系统上和大到集群服务器这样的系统上都能运行自如。在本书第 7 章我们将会从驱动编程实用性的角度来学习相关的知识点。另外，驱动会利用 DMA 操作来减轻 CPU 的负担，所以第 7 章也会讨论在嵌入式系统上的 DMA 编程接口。

自从 Linus 抱怨了 ARM 体系结构相关内核代码的混乱后，ARM 社区就开始积极处理这个问题，最后引入了设备树。在第 8 章中，我们首先会细数前面讲解的驱动开发模式的弊端，然后逐渐按照历史的顺序来还原这个 Linux 设备模型的产生和升级过程。在第 8 章也会详细阐明驱动开发中的设备和驱动分离的思想，这种思想使驱动能够动态获取设备的信息，而不是将设备信息硬编码在驱动中，从而提高了驱动的灵活性。这也是减轻 Linux 系统移植工作量的关键所在。

学习驱动的目的最终是为了能为各种各样的设备写出驱动代码。本书第 9 章将会针对一个嵌入式目标板上常见的外设，从原理图和芯片手册出发，配合驱动的框架，来逐一实现这些设备的驱动。而且，我们要善于利用内核中已有的设施，以最快、最简单的方式来实现设备的驱动。所以在第 9 章，部分外设在自己用代码实现了驱动后，还会分析内核中已有的驱动，并利用这些驱动来达到访问、控制设备的目的。还有一类连接在总线上的设备，在第 10 章将会对之进行讨论。第 10 章首先分析了这些总线类设备驱动的框架，然后再用实例来做展示。

Linux 除了前面谈到的字符设备驱动这一大类，还有块设备驱动和网络设备驱动这两大类。相对于字符设备驱动而言，这两类设备的驱动要少一些，但是却更复杂一些。这包含两个方面，第一是框架要复杂一些，涉及的内核组件要多一些；第二是硬件本身要复杂一些。为了突出框架的主体，避免过多涉及硬件的细节，我们选择用虚拟硬件的方式来实现这两类设备的驱动。

出于完整性考虑，本书的第 13 章讨论了内核的几种调试方法。第 14 章详细描述了 Linux 驱动程序开发环境的搭建，如果对 Linux 驱动开发环境不熟悉的读者，请先阅读第 14 章的内容。

第2章 内核模块

本章目标

绝大多数的驱动都是以内核模块的形式来实现的。本章主要围绕什么是内核模块，以及如何编写、编译、加载并测试模块程序来展开。另外，本章还将讨论模块的一些其他重要特性。

- 第一个内核模块程序
- 内核模块的相关工具
- 内核模块一般的形式
- 将多个源文件编译生成一个内核模块
- 内核模块参数
- 内核模块依赖
- 关于内核模块的进一步讨论

Linux 是宏内核（或单内核）的操作系统的典型代表，它和微内核（典型的代表是 Windows 操作系统）的最大区别在于所有的内核功能都被整体编译在一起，形成一个单独的内核镜像文件。其显著的优点就是效率非常高，内核中各功能模块的交互是通过直接的函数调用来进行的。而微内核则只实现内核中相当关键和核心的一部分，其他功能模块被单独编译，功能模块之间的交互需要通过微内核提供的某种通信机制来建立。对于像 Linux 这类的宏内核而言，其缺点也是不言而喻的，如果要增加、删除、修改内核的某个功能，不得不重新编译整个内核，然后重新启动整个系统。这对驱动开发者来说基本上是不可接受的，因为驱动程序的特殊性，在驱动开发初期，需要经常修改驱动的代码，即便是经验丰富的驱动开发者也是如此。

为了弥补这一缺点，Linux 引入了内核模块（后面在不引起混淆的情况下将其简称为“模块”）。简单地说，内核模块就是被单独编译的一段内核代码，它可以在需要的时候动态地加载到内核，从而动态地增加内核的功能。在不需要的时候，可以动态地卸载，从而减少内核的功能，并节约一部分内存（这要求内核配置了模块可卸载的选项才行）。而不论是加载还是卸载，都不需要重新启动整个系统。这种特性使它非常适合于驱动程序的开发（注意，内核模块不一定都是驱动程序，驱动程序也不一定都是模块的形式）。驱动开发者可以随时修改驱动的代码，然后仅编译驱动代码本身（而非整个内核），并将新编译的驱动加载到内核进行测试。只要新加入的驱动不会使内核崩溃，就可以不重新启动系统。

内核模块的这一特点也有助于减小内核镜像文件的体积，自然也就减少了内核所占用的内存空间（因为整个内核镜像将会被加载到内存中运行）。不必把所有的驱动都编译进内核，而是以模块的形式单独编译驱动程序，这是基于不是所有的驱动都会同时工作的原理。因为不是所有的硬件都要同时接入系统，比如一个 USB 无线网卡。

讨论完内核模块的这些特性后，我们正式开始编写模块程序。

2.1 第一个内核模块程序

```
/* vser.c */
#include <linux/init.h>
#include <linux/kernel.h>
#include <linux/module.h>

int init_module(void)
{
        printk("module init\n");
        return 0;
}

void cleanup_module(void)
{
```

```
13         printk("cleanup module\n");
14 }
```

内核模块程序和一般的应用程序一样，也需要包含相应的头文件，只不过这里包含的头文件都是内核源码的头文件。例如第一行代码包含的<linux/init.h>就是内核源码树中的 include/linux/init.h 头文件。<linux/init.h>头文件包含了 init_module 和 cleanup_module 的两个函数原型声明；<linux/kernel.h>头文件包含了 printk 函数的原型声明；<linux/module.h>头文件暂时没用，在后面添加的代码中将会用到该文件中的一些声明。一个模块程序几乎都要直接或间接包含上述三个头文件。

程序第 5 行到第 9 行，是模块的初始化函数，在模块被动态加载到内核时被调用。该函数的返回值为 int 类型，返回 0 表示模块的初始化函数执行成功，否则通常返回一个负值表示失败。函数不接受参数，函数体中调用 printk 向控制台输出“module init”，然后返回 0，表示模块的初始化函数执行成功。这里的 printk 函数类似于应用程序中的 printf，只是 printk 函数支持额外的打印级别，在内核源码树中的“include/linux/printk.h”头文件中有关于该函数的详细描述，在本书的第 13 章中也有该函数的详细说明，这里就不做过多的讨论。这里添加的 printk 打印主要是用于调试目的，用于演示模块在加载时调用了 init_module 函数，不是必需的。不仅如此，init_module 函数也不是必需的。内核在加载模块时，如果没有发现该函数，则不会调用。模块初始化函数的作用正如其名字一样，将会对某些对象进行初始化，比如进行内存的分配、驱动的注册等。随着学习的深入，我们会更进一步地看到该函数中通常应该实现的代码。

程序第 11 行到第 14 行，是模块的清除函数，在模块从内核中卸载时被调用。顾名思义，该函数主要完成清除性的操作，是初始化函数的逆操作，通常完成内存释放、驱动注销等。该函数没有返回类型，也不接受任何参数。调用 printk 打印“cleanup module”同样出于调试的目的。该函数同样不是必需的，在模块卸载时如果没有发现该函数，则不调用。但是，如果提供了模块初始化函数，那么就应该提供一个对应的模块清除函数（除非不允许内核模块卸载）。

看完了内核模块的代码后，接下来要讲解的则是与之配对的 Makefile 文件。简单的做法是把刚才的代码添加到内核源码树中，然后修改对应的 Makefile 文件即可，但这会修改内核的源码。另一种做法则是将刚才的 c 文件放在内核源码树外一个单独的目录中，然后在该目录下编写一个对应的 Makefile，该 Makefile 的内容如下。

```
# Makefile
ifeq ($(KERNELRELEASE),)

ifeq ($(ARCH),arm)
KERNELDIR ?= /home/farsight/fs4412/linux-3.14.25-fs4412
ROOTFS ?= /nfs/rootfs
else
KERNELDIR ?= /lib/modules/$(shell uname -r)/build
endif
PWD := $(shell pwd)

```

```
11 modules:
12         $(MAKE) -C $(KERNELDIR) M=$(PWD) modules
13 modules_install:
14         $(MAKE) -C $(KERNELDIR) M=$(PWD) INSTALL_MOD_PATH=$(ROOTFS) modules_install
15 clean:
16         rm -rf *.o *.ko .*.cmd *.mod.* modules.order Module.symvers .tmp_versions
17 else
18
19 obj-m := vser.o
20
21 endif
```

代码被外层的 ifeq...else...endif 语句分为了两部分，第一部分是在 KERNELRELEASE 变量值为空的情况下执行的代码（代码第 1 行至第 16 行），第二部分则与之相反（代码第 17 行至第 21 行）。KERNELRELEASE 是内核源码树中顶层 Makefile 文件中定义的一个变量，并对其赋值为 Linux 内核源码的版本，该变量会用 export 导出，从而可以在子 Makefile 中使用该变量。

在模块目录下执行 make 操作，将会导致 make 工具对当前目录下的 Makefile 的解释执行。即会解释执行上面的 Makefile 文件，第一次解释执行该 Makefile 时，代码第 1 行的 KERNELRELEASE 变量没有被定义，也没有被赋值，所以 ifeq 条件成立，则解释执行第一部分的内容。第一部分内容中包含了内核源码目录的变量 KERNELDIR 的定义，并且根据是编译 ARM 平台下的驱动还是 PC 上运行的驱动对该变量进行了不同的赋值，这样可以在命令行中对 ARCH 进行赋值来选择编译哪个平台下运行的驱动，其中"/home/farsight/fs4412/linux-3.14.25-fs4412"是 FS4412 目标板的内核源码目录。如果是编译 ARM 平台下的驱动，则还对根文件系统目录的变量 ROOTFS 进行了定义和赋值。接下来是对当前模块所在的目录的变量 PWD 定义（代码第 9 行）。Makefile 文件中的第一个目标 modules 为默认目标（代码第 11 行），执行 make 而不跟参数，则会默认生成该目标。生成该目标就是要执行第 12 行的命令，在代码第 12 行中，$(MAKE)相当于 make，主要用于平台的兼容。代码第 12 行的含义是进入到内核源码目录（由-C $(KERNELDIR)指定），编译在内核源码树之外的一个目录（由 M=$(PWD)指定）中的模块（由最后的 modules 指定）。

当编译过程折返回（退出内核源码目录，再次进入模块目录，由 M=$(PWD)指定）编译模块时，上述的 Makefile 第二次被解释执行，不过这一次的情况和上一次不同，主要体现在 KERNELRELEASE 变量已经被赋值，并且被导出，导致 ifeq 条件不成立，那么将解释执行 Makefile 的第二部分，即外层 else 和 endif 之间的部分。其中，obj-m 表示将后面跟的目标编译成一个模块。相关的说明请参见内核文档中的 Kbuild 部分。

modules_install 目标表示把编译之后的模块安装到指定目录，安装的目录为 $(INSTALL_MOD_PATH)/lib/modules/$(KERNELRELEASE)，在没对 INSTALL_MOD_PATH 赋值的情况下，模块将会被安装到/lib/modules/$(KERNELRELEASE)目录下。关于 modules 和 modules_install 更详细的解释，请在内核源码树下执行 make help 命令，查看相应的帮助信息。

clean 目标则用于清除 make 生成的中间文件。

上面两个文件的完整内容请参见“下载资源/程序源码/module /ex1”。

模块的源文件和 Makefile 文件编写完成后，执行下面的命令即可完成对运行在 PC 上的模块进行编译和安装。（注意，根据运行平台的不同，安装的目录会不同。如果权限不够，请用 root 用户）

```
# make
# make modules_install
```

如果要编译运行在 ARM 目标机上的驱动，则使用下面的命令。

```
# make ARCH=arm
# make ARCH=arm modules_install
```

编译完成后，在当前目录下会生成一个.ko 的文件。安装成功后，如果是 PC 平台，则会把生成的 .ko 文件复制到/lib/modules/3.13.0-32-generic/extra 目录下（3.13.0-32-generic 是内核源码的版本，视内核源码版本的不同而不同）；如果是目标板平台，则会把生成的.ko 文件复制到/nfs/rootfs/lib/modules/3.14.25/extra 目录下（3.14.25 是内核源码的版本，视内核源码版本的不同而不同）。

2.2 内核模块的相关工具

模块相关工具及使用说明如下。

1. 模块加载

insmod：加载指定目录下的一个.ko 文件到内核。比如加载刚编译好的模块，可以用下面命令中的一个。

```
# insmod vser.ko
# insmod /lib/modules/3.13.0-32-generic/extra/vser.ko
```

模块加载成功后，使用 dmesg 命令，将看到控制台有如下输出。

```
[   83.884417] vser: module license 'unspecified' taints kernel.
[   83.884423] Disabling lock debugging due to kernel taint
[   83.885685] module init
```

其中，“module init”是加载模块时，调用了模块的初始化函数，是模块的初始化函数中的打印输出。

modprobe：自动加载模块到内核，相对于 insmod 来讲更智能，推荐使用该命令。但前提条件是模块要执行安装操作，在运行该命令前最好运行一次 depmod 命令来更新模块的依赖信息（后面会更详细地说明）。用法如下（注意，使用 modprobe 不指定路径及后缀）。

```
# depmod
# modprobe vser
```

2. 模块信息

modinfo：查看模块的信息，在安装了模块并运行 depmod 命令后，可以不指定路径和后缀，也可以指定查看某一特定.ko 文件的模块信息，示例如下。

```
# modinfo vser
filename:       /lib/modules/3.13.0-32-generic/extra/vser.ko
srcversion:     533BB7E5866E52F63B9ACCB
depends:
vermagic:       3.13.0-32-generic SMP mod_unload modversions 686
```

3. 模块卸载

rmod：如果内核配置为允许卸载模块，那么 rmmod 将指定的模块从内核中卸载。示例如下。其中，“cleanup module”是卸载模块时调用了模块清除函数，在模块清除函数中的打印输出。

```
# rmod vser
# dmesg
……
[  823.366584] cleanup module
```

上面的命令要在目标板上运行的话，请先按照 14.5 章节的内容在目标板上运行 Linux 系统。然后按照前面所讲的编译和安装方法在 Ubuntu 开发主机上进行编译和安装。最后在串口终端执行上面的命令进行测试。

2.3 内核模块一般的形式

在前面的模块加载实验中，我们看到内核有以下打印信息的输出。

```
[   83.884417] vser: module license 'unspecified' taints kernel.
[   83.884423] Disabling lock debugging due to kernel taint
```

其大概意思是因为加载了 vser 模块而导致内核被污染，并且因此禁止了锁的调试功能。这是什么原因造成的呢？众所周知，Linux 是一个开源的项目，为了使 Linux 在发展的过程中不成为一个闭源的项目，这就要求任何使用 Linux 内核源码的个人或组织在免费获得源码并可针对源码做任意的修改和再发布的同时，必须将修改后的源码发布。这就是所谓的 GPL 许可证协议。在此并不讨论该许可证协议的详细内容，而是讨论在代码中如何来反应我们接受该许可证协议。在代码中我们需要添加如下的代码来表示该代码接受相应的许可证协议。

```
MODULE_LICENSE("GPL");
```

MODULE_LICENSE 是一个宏，里面的参数是一个字符串，代表相应的许可证协议。可以是：GPL、GPL v2、GPL and additional rights、Dual BSD/GPL、Dual MIT/GPL、Dual MPL/GPL 等，详细内容请参见 include/linux/module.h 头文件。这个宏将会生成一些模块

信息，放在 ELF 文件中的一个特殊的段中，模块在加载时会将该信息复制到内存中，并检查该信息。可能读者会认为不加这行代码，即不接受许可证协议只是导致内核报警告或关闭某些调试功能而已，对于可以不开源的这个结果，这个代价似乎是可以接受的。但是正如本章的后面我们会讲到的一样，没有这行代码，内核中的某些功能函数是不能够调用的，而我们在开发驱动时几乎不可避免地要去使用内核中的一些基础设施，即调用一些内核的 API 函数。

除了 MODULE_LICENSE 之外，还有很多类似的描述模块信息的宏，比如 MODULE_AUTHOR 用于描述模块的作者信息，通常包含作者的姓名和邮箱地址；MODULE_DESCRIPTION 用于模块的详细信息说明，通常是该模块的功能说明；MODULE_ALIAS 提供了给用户空间使用的一个更合适的别名，也就是使用 MODULE_ALIAS 可以取一个别名。

模块的初始化函数和清除函数的名字是固定的，入口函数基本上都叫 main。这对于追求个性化和更想表达函数真实意图的我们来说显得呆板了一些。幸亏内核借助于 GNU 的函数别名机制，使得我们可以更灵活地指定模块的初始化函数和清除函数的别名。

```
module_init(vser_init);
module_exit(vser_exit);
```

module_init 和 module_exit 是两个宏，分别用于指定 init_module 的函数别名是 vser_init，以及 cleanup_module 的别名是 vser_exit。这样我们的模块初始化函数和清除函数就可以用别名来定义了。

函数名可以任意指定又带来了一个新问题，那就是可能会和内核中已有的函数重名，因为模块的代码最终也属于内核代码的一部分。C 语言没有类似于 C++的命名空间的概念，为了避免因为重名而带来的重复定义的问题，函数可以加 static 关键字修饰。经过 static 修饰后的函数的链接属性为内部，从而解决了该问题。这就是几乎所有的驱动程序的函数前都要加 static 关键字修饰的原因。

Linux 是节约内存的操作系统的典范，任何可能节约下来的内存都不会被它放过。上面的模块代码看上去已经足够简单了，但仔细思考，还是会发现可以优化的地方。模块的初始化函数会且仅会被调用一次，在调用完成后，该函数不应该被再次调用。所以该函数所占用的内存应该被释放掉，在函数名前加__init 可以达到此目的。__init 是把标记的函数放到 ELF 文件的特定代码段，在模块加载这些段时将会单独分配内存，这些函数调用成功后，模块的加载程序会释放这部分内存空间。__exit 用于修饰清除函数，和__init 的作用类似，但用于模块的卸载，如果模块不允许卸载，那么这段代码完全就不用加载。

加入上述内容后，一个模块程序的代码形式大致如下所示（完整的代码请参见“下载资源/程序源码/module /ex2”）。

```
/* vser.c */
#include <linux/init.h>
#include <linux/kernel.h>
#include <linux/module.h>

```

```
static int __init vser_init(void)
{
        printk("vser_init\n");
        return 0;
}

static void __exit vser_exit(void)
{
        printk("vser_exit\n");
}

module_init(vser_init);
module_exit(vser_exit);

MODULE_LICENSE("GPL");
MODULE_AUTHOR("Kevin Jiang <jiangxg@farsight.com.cn>");
MODULE_DESCRIPTION("A simple module");
MODULE_ALIAS("virtual-serial");
```

编译、安装、加载模块后，使用 modinfo 命令可以查看到如下信息。使用 dmesg 查看打印信息也不会看到之前的内核被污染之类的信息。

```
filename:       /lib/modules/3.13.0-32-generic/extra/vser.ko
alias:          virtual-serial
description:    A simple module
author:         Kevin Jiang <jiangxg@farsight.com.cn>
license:        GPL
srcversion:     693EDC6D54EC62B7A38982A
depends:
vermagic:       3.13.0-32-generic SMP mod_unload modversions 686
```

对于模块的加载也可以使用别名，命令如下。

```
# modprobe virtual-serial
```

2.4 将多个源文件编译生成一个内核模块

对于一个比较复杂的驱动程序，将所有的代码写在一个源文件中通常是不太现实的。我们通常会把程序的功能进行拆分，由不同的源文件来实现对应的功能，应用程序是这样的，驱动程序也是如此。下面这个简单的例子演示了如何用多个源文件生成一个内核模块（完整的代码请参见“下载资源/程序源码/module /ex3”）。

```
/* foo.c */
#include <linux/init.h>
#include <linux/kernel.h>
#include <linux/module.h>

extern void bar(void);

```

```
static int __init vser_init(void)
{
        printk("vser_init\n");
        bar();
        return 0;
}

static void __exit vser_exit(void)
{
        printk("vser_exit\n");
}

module_init(vser_init);
module_exit(vser_exit);

MODULE_LICENSE("GPL");
MODULE_AUTHOR("Kevin Jiang <jiangxg@farsight.com.cn>");
MODULE_DESCRIPTION("A simple module");
MODULE_ALIAS("virtual-serial");
```

```
/* bar.c */
#include <linux/kernel.h>

void bar(void)
{
        printk("bar\n");
}
```

```
/* Makefile */
ifeq ($(KERNELRELEASE),)

ifeq ($(ARCH),arm)
KERNELDIR ?= /home/farsight/fs4412/linux-3.14.25-fs4412
ROOTFS ?= /nfs/rootfs
else
KERNELDIR ?= /lib/modules/$(shell uname -r)/build
endif
PWD := $(shell pwd)

modules:
	$(MAKE) -C $(KERNELDIR) M=$(PWD) modules
modules_install:
	$(MAKE) -C $(KERNELDIR) M=$(PWD) INSTALL_MOD_PATH=$(ROOTFS) modules_install
clean:
	rm -rf *.o *.ko .*.cmd *.mod.* modules.order Module.symvers .tmp_versions
else

obj-m := vser.o
vser-objs = foo.o bar.o

endif
```

上面的代码相对于以前的变化是：新增了 bar.c，在里面定义了一个 bar 函数；vser.c 更名为 foo.c，调用了 bar 函数，并添加相应的函数声明。最重要的修改在 Makefile 中，第 20 行“vser-objs = foo.o bar.o”表示 vser 模块是由 foo.o 和 bar.o 两个目标文件共同生成的。编译、安装和测试的方法和前面相同。

2.5 内核模块参数

通过前面的了解，我们知道模块的初始化函数在模块被加载时调用。但是该函数不接受参数，如果我们想在模块加载时对模块的行为进行控制，就不是很方便了。比如编写了一个串口驱动，想要在串口驱动加载时波特率由命令行参数设定，就像运行普通的应用程序时，通过命令行参数来传递信息一样。为此模块提供了另外一种形式来支持这种行为，这就叫作模块参数。

模块参数允许用户在加载模块时通过命令行指定参数值，在模块的加载过程中，加载程序会得到命令行参数，并转换成相应类型的值，然后赋值给对应的变量，这个过程发生在调用模块初始化函数之前。内核支持的参数类型有：bool、invbool（反转值 bool 类型）、charp（字符串指针）、short、int、long、ushort、uint、ulong。这些类型又可以复合成对应的数组类型。为了说明模块参数的用法，下面分别以整型、整型数组和字符串类型为例进行说明（完整的代码请参见“下载资源/程序源码/module /ex4”）。

```
#include <linux/init.h>
#include <linux/kernel.h>
#include <linux/module.h>

static int baudrate = 9600;
static int port[4] = {0, 1, 2, 3};
static char *name = "vser";

module_param(baudrate, int, S_IRUGO);
module_param_array(port, int, NULL, S_IRUGO);
module_param(name, charp, S_IRUGO);

static int __init vser_init(void)
{
        int i;

        printk("vser_init\n");
        printk("baudrate: %d\n", baudrate);
        printk("port: ");
        for (i = 0; i < ARRAY_SIZE(port); i++)
                printk("%d ", port[i]);
        printk("\n");
        printk("name: %s\n", name);

        return 0;
}

```

```
28 static void __exit vser_exit(void)
29 {
30         printk("vser_exit\n");
31 }
32
33 module_init(vser_init);
34 module_exit(vser_exit);
35
36 MODULE_LICENSE("GPL");
37 MODULE_AUTHOR("Kevin Jiang <jiangxg@farsight.com.cn>");
38 MODULE_DESCRIPTION("A simple module");
39 MODULE_ALIAS("virtual-serial");
```

代码第 5 行到第 7 行分别定义了一个整型变量、整型数组和字符串指针。代码第 9 行到第 11 行将这三种类型的变量声明为模块参数，分别用到了 module_param 和 module_param_array 两个宏，两者的参数说明如下。

```
module_param(name, type, perm)
module_param_array(name, type, nump, perm)
```

name：变量的名字。

type：变量或数组元素的类型。

nump：数组元素个数的指针，可选。

perm：在 sysfs 文件系统中对应文件的权限属性。

权限的取值请参见< linux/stat.h >头文件，含义和普通文件的权限是一样的。但是如果 perm 为 0，则在 sysfs 文件系统中将不会出现对应的文件。

编译、安装模块后，在加载模块时，如果不指定模块参数的值，那么使用的命令和内核的打印信息如下。

```
# modprobe vser
# dmesg
[54925.319528] vser_init
[54925.319535] baudrate: 9600
[54925.319536] port: 0 1 2 3
[54925.319539] name: vser
```

可见打印的值都是代码中的默认值。如果需要指定模块参数的值，可以使用下面的命令。

```
# modprobe vser baudrate=115200 port=1,2,3,4 name="virtual-serial"
# dmesg
[55234.889650] vser_init
[55234.889655] baudrate: 115200
[55234.889656] port: 1 2 3 4
[55234.889659] name: virtual-serial
```

参看 sysfs 文件系统下的内容，可以发现和模块参数对应的文件及相应的权限。

```
$ ls -l /sys/module/vser/parameters/
total 0
-r--r--r-- 1 root root 4096 Jul  5 14:25 baudrate
```

```
-r--r--r-- 1 root root 4096 Jul  5 14:25 name
-r--r--r-- 1 root root 4096 Jul  5 14:25 port
$ cat /sys/module/vser/parameters/baudrate
115200
$ cat /sys/module/vser/parameters/port
1,2,3,4
$ cat /sys/module/vser/parameters/name
virtual-serial
```

虽然在代码中增加模块参数的写权限可以使用户通过 sysfs 文件系统来修改模块参数的值，但并不推荐这样做。因为通过这种方式对模块参数进行的修改模块本身是一无所知的。

2.6 内核模块依赖

在介绍模块依赖之前，首先让我们学习一下导出符号。在之前的模块代码中，都用到了 printk 函数，很显然，这个函数不是我们来实现的，它是内核代码的一部分。我们的模块之所以能够编译通过，是因为对模块的编译仅仅是编译，并没有链接。编译出来的.ko 文件是一个普通的 ELF 目标文件，使用 file 命令和 nm 命令，可以得到相关的细节信息。

```
$ file vser.ko
vser.ko: ELF 32-bit LSB relocatable, Intel 80386, version 1 (SYSV), BuildID[sha1]
=0x09ca747e6f75c65b19a5da9102113b98d7ce2a47, not stripped
$ nm vser.ko
......
00000004 d port
         U printk
00000000 t vser_exit
00000000 t vser_init
```

使用 nm 命令查看模块目标文件的符号信息时，可以看到 vser_exit 和 vser_init 的符号类型是 t，表示它们是函数；而 printk 的符号类型是 U，表示它是一个未决符号。这表示在编译阶段不知道这个符号的地址，因为它被定义在其他文件中，没有放在模块代码中一起编译。那 printk 函数的地址问题怎么解决呢，让我们来看看 printk 的实现代码（位于内核源码 kernel/printk/printk.c）。

```
asmlinkage int printk(const char *fmt, ...)
{
        va_list args;
......
}
EXPORT_SYMBOL(printk);
```

通过一个叫作 EXPORT_SYMBOL 的宏将 printk 导出，其目的是为动态加载的模块提供 printk 的地址信息。大致的工作原理是：利用 EXPORT_SYMBOL 宏生成一个特定

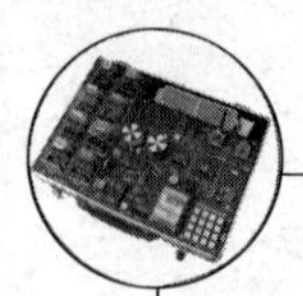

的结构并放在 ELF 文件的一个特定段中，在内核的启动过程中，会将符号的确切地址填充到这个结构的特定成员中。模块加载时，加载程序将去处理未决符号，在特殊段中搜索符号的名字，如果找到，则将获得的地址填充在被加载模块的相应段中，这样符号的地址就可以确定。使用这种方式处理未决符号，其实相当于把链接的过程推后，进行了动态链接，和普通的应用程序使用共享库函数的道理是类似的。可以发现，内核将会有大量的符号导出，为模块提供了丰富的基础设施。

通常情况下，一个模块只使用内核导出的符号，自己不导出符号。但是如果一个模块需要提供全局变量或函数给另外的模块使用，那么就需要将这些符号导出。这在一个驱动程序代码调用另一个驱动程序代码时比较常见。这样模块和模块之间就形成了依赖关系，使用导出符号的模块将会依赖于导出符号的模块，下面的代码说明了这一点（完整的代码请参见“下载资源/程序源码/module /ex5”）。

```
/* vser.c */
#include <linux/init.h>
#include <linux/kernel.h>
#include <linux/module.h>

extern int expval;
extern void expfun(void);

static int __init vser_init(void)
{
        printk("vser_init\n");
        printk("expval: %d\n", expval);
        expfun();

        return 0;
}

static void __exit vser_exit(void)
{
        printk("vser_exit\n");
}

module_init(vser_init);
module_exit(vser_exit);

MODULE_LICENSE("GPL");
MODULE_AUTHOR("Kevin Jiang <jiangxg@farsight.com.cn>");
MODULE_DESCRIPTION("A simple module");
MODULE_ALIAS("virtual-serial");
```

```
/* dep.c */
#include <linux/kernel.h>
#include <linux/module.h>

static int expval = 5;
EXPORT_SYMBOL(expval);

```

```
static void expfun(void)
{
        printk("expfun");
}

EXPORT_SYMBOL_GPL(expfun);

MODULE_LICENSE("GPL");
MODULE_AUTHOR("Kevin Jiang <jiangxg@farsight.com.cn>");
```

```
# Makefile
 1 ifeq ($(KERNELRELEASE),)
 2
 3 ifeq ($(ARCH),arm)
 4 KERNELDIR ?= /home/farsight/fs4412/linux-3.14.25-fs4412
 5 ROOTFS ?= /nfs/rootfs
 6 else
 7 KERNELDIR ?= /lib/modules/$(shell uname -r)/build
 8 endif
 9 PWD := $(shell pwd)
10
11 modules:
12         $(MAKE) -C $(KERNELDIR) M=$(PWD) modules
13 modules_install:
14         $(MAKE) -C $(KERNELDIR) M=$(PWD) INSTALL_MOD_PATH=$(ROOTFS) modules_install
15 clean:
16         rm -rf *.o *.ko .*.cmd *.mod.* modules.order Module.symvers .tmp_versions
17 else
18
19 obj-m := vser.o
20 obj-m += dep.o
21
22 endif
```

在上面的代码中，dep.c 里定义了一个全局变量 expval，定义了一个函数 expfun，并分别使用 EXPORT_SYMBOL 和 EXPORT_SYMBOL_GPL 导出。在 vser.c 首先用 extern 声明了这个变量和函数，并打印了该变量的值和调用了该函数。在 Makefile 中添加了第 20 行的代码，增加了对 dep 模块的编译。编译、安装模块后，使用下面的命令加载并查看内核的打印信息。

```
$ modprobe vser
$ dmesg
[58278.204677] vser_init
[58278.204683] expval: 5
[58278.204684] expfun
```

从上面的输出可以看到我们想要的信息，这里有几点需要特别说明。

（1）如果使用 insmod 命令加载模块，则必须先加载 dep 模块，再加载 vser 模块。因为 vser 模块使用了 dep 模块导出的符号，如果在 dep 模块没有加载的情况下加载 vser 模

块，那么将会在加载的过程中因为处理未决符号而失败。从这里可以看出，modprobe 命令优于 insmod 命令的地方在于其可以自动加载被依赖的模块。而这又要归功于 depmod 命令，depmod 命令将会生成模块的依赖信息，保存在/lib/modules/3.13.0-32-generic/modules.dep 文件中。其中，3.13.0-32-generic 是内核源码的版本，视版本的不同而不同。查看该文件可以发现 vser 模块所依赖的模块。

```
$ cat /lib/modules/3.13.0-32-generic/modules.dep
......

extra/vser.ko: extra/dep.ko
extra/dep.ko:
```

（2）两个模块存在依赖关系，如果分别编译两个模块，将会出现类似于下面的警告信息，并且即便加载顺序正确，加载也不会成功。

```
WARNING: "expfun" [/home/farsight/fs4412/driver/module/ex5/vser.ko] undefined!
WARNING: "expval" [/home/farsight/fs4412/driver/module/ex5/vser.ko] undefined!

$ sudo insmod dep.ko
$ sudo insmod vser.ko
insmod: error inserting 'vser.ko': -1 Invalid parameters
```

这是因为在编译 vser 模块时在内核的符号表中找不到 expval 和 expfun 的项，而 vser 模块又完全不知道 dep 模块的存在。解决这个问题的方法是将两个模块放在一起编译，或者将 dep 模块放在内核源码中，先在内核源码下编译完所有的模块，再编译 vser 模块。

（3）卸载模块时要先卸载 vser 模块，再卸载 dep 模块，否则会因为 dep 模块被 vser 模块使用而不能卸载。内核将会创建模块依赖关系的链表，只有当依赖于这个模块的链表为空时，模块才能被卸载。

2.7 关于内核模块的进一步讨论

Linux 的内核是由全世界的志愿者来开发的，这个组织中的内核开发者会毫不顾虑地删除不适合的接口或者对接口进行修改，只要认为这是必要的。所以，往往在前一个版本这个接口函数以一种形式存在，而到了下一个版本函数的接口就发生了变化。这对内核模块的开发具有重要的影响，就是所谓的内核模块版本控制。在一个版本上编译出来的内核模块.ko 文件中详细记录了内核源码版本信息、体系结构信息、函数接口信息（通过 CRC 校验实现）等，在开启了版本控制选项的内核中加载一个模块时，内核将核对这些信息，如果不一致，则会拒绝加载。下面就是把一个在 3.13 内核版本上编译的内核模块放在 3.5 内核版本的系统上加载的相关输出信息。

```
$ modinfo vser.ko
filename:       vser.ko
alias:          virtual-serial
```

```
description:    A simple module
author:         Kevin Jiang <jiangxg@farsight.com.cn>
license:        GPL
srcversion:     BA8BD66A92BF5D4C7FA3110
depends:
vermagic:       3.13.0-32-generic SMP mod_unload modversions 686
$ uname -r
3.5.0-23-generic
# insmod vser.ko
insmod: error inserting 'vser.ko': -1 Invalid module format
# dmesg
……
[  599.260504] vser: disagrees about version of symbol module_layout
```

最后再总结一下内核模块和普通应用程序之间的差异。

（1）内核模块是操作系统内核的一部分，运行在内核空间；而应用程序运行在用户空间。

（2）内核模块中的函数是被动地被调用的，比如初始化函数和清除函数分别是在内核模块被加载和被卸载的时候调用，模块通常注册一些服务性质的函数供其他功能单元在之后调用，而应用程序则是顺序执行，然后通常进入一个循环反复调用某些函数。

（3）内核模块处于 C 函数库之下，自然就不能调用 C 库函数（内核源码中会实现类似的函数）；而应用程序则可以随意调用 C 库函数。

（4）内核模块要做一些清除性的工作，比如在一个操作失败后或者在内核的清除函数中；而应用程序有些工作通常不需要做，比如在程序退出前关闭所有已打开的文件。

（5）内核模块如果产生了非法访问（比如对野指针的访问），将很有可能导致整个系统的崩溃；而应用程序通常只影响自己。

（6）内核模块中的并发更多，比如中断、多处理器；而应用程序一般只考虑多进程或多线程。

（7）整个内核空间的调用链上只有 4KB 或 8KB 的栈，相对于应用程序来说非常的小。所以如果需要大的内存空间，通常应该动态分配。

（8）虽然 printk 和 printf 的行为非常相似，但是通常 printk 不支持浮点数，例如要打印一个浮点变量，在编译时通常会出现如下警告，并且模块也不会加载成功。

```
WARNING: "__extendsfdf2" [/home/farsight/fs4412/driver/module/ex5/vser.ko] undefined!
WARNING: "__truncdfsf2" [/home/farsight/fs4412/driver/module/ex5/vser.ko] undefined!
WARNING: "__divdf3" [/home/farsight/fs4412/driver/module/ex5/vser.ko] undefined!
WARNING: "__floatsidf" [/home/farsight/fs4412/driver/module/ex5/vser.ko] undefined!
```

2.8 习题

1．在默认情况下，模块初始化函数的名字是（　），模块清除函数的名字是（　）。

[A] init_module　[B] cleanup_module　[C] mod_init　[D] mod_exit

2. 加载模块可以用哪个命令（　）。

[A] insmod　[B] rmmod　[C] depmod　[D] modprobe

3. 查看模块信息用哪个命令（　）。

[A] insmod　[B] rmmod　[C] modinfo　[D] modprobe

4. 内核模块参数的类型不包括（　）。

[A] 布尔　[B] 字符串指针　[C] 数组　[D] 结构

5. 内核模块导出符号用哪个宏（　）。

[A] MODULE_EXPORT　[B] MODULE_PARAM

[C] EXPORT_SYMBOL　[D] MODULE_LICENSE

6. 内核模块能否调用 C 库的函数接口（　）。

[A] 能　[B] 不能

7. 在内核模块代码中，我们能否定义任意大小的局部变量（　）。

[A] 能　[B] 不能

第 3 章 字符设备驱动

本章目标

字符设备驱动是 Linux 系统中最多的一类设备驱动，同时也是较简单的一类驱动。本章首先概要地介绍几类设备驱动的特点，然后较详细地介绍了在编写字符设备驱动前所需要的一些必备基础知识，最后以逐步实现一个较完整的字符设备驱动的方式，对字符设备驱动的编程进行一步步的展示。

- ❑ 字符设备驱动基础
- ❑ 字符设备驱动框架
- ❑ 虚拟串口设备
- ❑ 虚拟串口设备驱动
- ❑ 一个驱动支持多个设备

Linux 系统中根据驱动程序实现的模型框架将设备的驱动分为了三大类，这三大类驱动的特点分别如下。

（1）字符设备驱动：设备对数据的处理是按照字节流的形式进行的，可以支持随机访问，也可以不支持随机访问，因为数据流量通常不是很大，所以一般没有页高速缓存。典型的字符设备有串口、键盘、帧缓存设备等。以串口为例，串口对收发的数据长度没有具体要求，可以是任意多个字节；串口也不支持 lseek 操作，即不能定位到一个具体的位置进行读写，因为串口按顺序发送或接收数据；串口的数据通常保存在一个较小的 FIFO 中，并且不会重复利用 FIFO 中的数据。帧缓存设备（就是我们通常说的显卡）也是一个字符设备，但它可以进行随机访问，这样我们就能修改某个具体位置的帧缓存数据，从而改变屏幕上的某些确定像素点的颜色。

（2）块设备驱动：设备对数据的处理是按照若干个块进行的，一个块有其固定的大小，比如为 4096 字节，那么每次读写的数据至少就是 4096 字节。这类设备都支持随机访问，并且为了提高效率，可以将之前用到的数据缓存起来，以便下次使用。典型的块设备有硬盘、光盘、SD 卡等。以硬盘为例，一个硬盘的最小访问单位是一个扇区，一个扇区通常是 512 字节，那么块的大小至少就是 512 字节。我们可以访问硬盘中的任何一个扇区，也就是说，硬盘支持随机访问。因为硬盘的访问速度非常慢，如果每次都去硬盘上获取数据，那么效率会非常低，所以一般将之前从硬盘上得到的数据放在一个叫作页高速缓存的内存中，如果程序要访问的数据是之前访问过的，那么程序会直接从页高速缓存中获得数据，从而提高效率。

（3）网络设备驱动：顾名思义，它就是专门针对网络设备的一类驱动，其主要作用是进行网络数据的收发。

以上驱动程序的分类是按照驱动的模型框架进行的，在现实生活中，有的设备很难被严格界定是字符设备还是块设备。甚至有的设备同时具有两类驱动，如 MTD（存储技术设备，如闪存）。一个设备的驱动属于上述三类中的哪一类，还要看具体的使用场合和最终的用途。

3.1 字符设备驱动基础

在正式学习字符设备驱动的编写之前，我们首先来看看相关的基础知识。在类 UNIX 系统中，有一个众所周知的说法，即“一切皆文件”，当然网络设备是一个例外。这就意味着设备最终也会体现为一个文件，应用程序要对设备进行访问，最终就会转化为对文件的访问，这样做的好处是统一了对上层的接口。设备文件通常位于/dev 目录下，使用下面的命令可以看到很多设备文件及其相关的信息。

```
$ ls -l /dev
total 0
……
```

```
brw-rw----  1 root disk      8,   0 Jul  4 10:07 sda
brw-rw----  1 root disk      8,   1 Jul  4 10:07 sda1
brw-rw----  1 root disk      8,   2 Jul  4 10:07 sda2
brw-rw----  1 root disk      8,   5 Jul  4 10:07 sda5
……
crw--w----  1 root tty       4,   0 Jul  4 10:07 tty0
crw-rw----  1 root tty       4,   1 Jul  4 10:07 tty1
……
```

在上面列出的信息中，前面的字母“b”表示是块设备，“c”表示是字符设备。比如sda、sda1、sda2、sda5就是块设备，实际上这些设备是笔者的Ubuntu主机上的一个硬盘和这个硬盘上的三个分区，其中sda表示的是整个硬盘，而sda1、sda2、sda5分别是三个分区。tty0、tty1就是终端设备，shell程序使用这些设备来同用户进行交互。从上面的打印信息来看，设备文件和普通文件有很多相似之处，都有相应的权限、所属的用户和组、修改时间和名字。但是设备文件会比普通文件多出两个数字，这两个数字分别是主设备号和次设备号。这两个号是设备在内核中的身份或标志，是内核区分不同设备的唯一信息。通常内核用主设备号区别一类设备，次设备号用于区分同一类设备的不同个体或不同分区。而路径名则是用户层用于区别设备信息的。

在现在的 Linux 系统中，设备文件通常是自动创建的。即便如此，我们还是可以通过mknod命令来手动创建一个设备文件，如下所示。

```
# mknod /dev/vser0 c 256 0
# ls -li /dev/vser0
126695 crw-r--r-- 1 root root 256, 0 Jul 13 10:03 /dev/vser0
```

那么mknod命令具体做了什么呢?mknod是make node的缩写，顾名思义就是创建了一个节点（所以设备文件有时又叫作设备节点）。在 Linux 系统中，一个节点代表一个文件，创建一个文件最主要的根本工作就是分配一个新的节点（注意，这是存在于磁盘上的节点，之后我们还会看到位于内存中的节点inode），包含节点号的分配（节点号在一个文件系统中是唯一的，可以以此来区别不同的文件。如上面ls命令的-i选项就列出了/dev/vser0 设备的节点号为 126695），然后初始化好这个新节点（包含文件模式、访问时间、用户 ID、组 ID 等元数据信息，如果是设备文件还要初始化好设备号），再将这个初始化好的节点写入磁盘。还需要在文件所在目录下添加一个目录项，目录项中包含了前面分配的节点号和文件的名字，然后写入磁盘。存在于磁盘上的这个节点用一个结构封装，下面以Linux系统中最常见的ext2文件系统为例进行说明。

```
/* fs/ext2/ext2.h */

/*
 * Structure of an inode on the disk
 */
struct ext2_inode {
        __le16  i_mode;         /* File mode */
        __le16  i_uid;          /* Low 16 bits of Owner Uid */
        __le32  i_size;         /* Size in bytes */
        __le32  i_atime;        /* Access time */
```

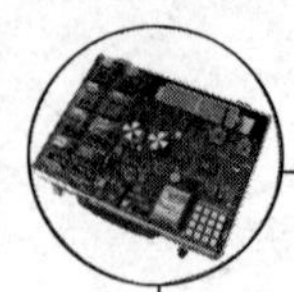


```
        __le32  i_ctime;        /* Creation time */
        __le32  i_mtime;        /* Modification time */
......
        __le32  i_block[EXT2_N_BLOCKS];/* Pointers to blocks */
......
};
```

ext2_inode 是最终会写在磁盘上的一个 inode，可以很清楚地看到，刚才所述的元数据信息包含在该结构中。另外，对于 i_block 成员来说，如果是普通文件，则这个数组存放的是真正的文件数据所在的块号（可以看成对文件数据块的索引，所以 ext2 文件按照索引方式存储文件，其性能远远优于 FAT 格式）；如果是设备文件，这个数组则被用来存放设备的主次设备号，可以从下面的代码得出结论。

```
/* fs/ext2/inode.c */

1435 static int __ext2_write_inode(struct inode *inode, int do_sync)
1436 {
......
1443        struct ext2_inode * raw_inode = ext2_get_inode(sb, ino, &bh);
......
1456        raw_inode->i_mode = cpu_to_le16(inode->i_mode);
......
1513        if (S_ISCHR(inode->i_mode) || S_ISBLK(inode->i_mode)) {
1514                if (old_valid_dev(inode->i_rdev)) {
1515                        raw_inode->i_block[0] =
1516                                cpu_to_le32(old_encode_dev(inode->i_rdev));
1517                        raw_inode->i_block[1] = 0;
1518                } else {
1519                        raw_inode->i_block[0] = 0;
1520                        raw_inode->i_block[1] =
1521                                cpu_to_le32(new_encode_dev(inode->i_rdev));
1522                        raw_inode->i_block[2] = 0;
1523                }
......
}
```

代码 1443 行获得了一个要写入磁盘的 ext2_inode 结构，并初始化了部分成员，代码第 1513 行到 1523 行，判断了设备的类型，如果是字符设备或块设备，那么将设备号写入 i_block 的前 2 个或前 3 个元素，其中 ionde 的 i_rdev 成员就是设备号。而这里的 inode 是存在于内存中的节点，是涉及文件操作的一个非常关键的数据结构，关于该结构我们之后还要讨论，这里只需要知道写入磁盘中的 ext2_inode 结构内的成员基本上都是靠存在于内存中的 inode 中对应的成员初始化的即可，其中就包含了这里讲的设备号。之前我们说过，设备号有主、次设备号之分，而这里的设备号只有一个。原因是主、次设备号的位宽有限制，可以将两个设备号合并，之后我们会看到相应的代码。在代码 1456 行我们可以看到，文件的类型也被保存在了 ext2_inode 结构中，并且写在了磁盘上。

刚才还谈到了需要在文件所在目录下添加目录项，这又是怎么完成的呢?在 Linux 系

统中，目录本身也是一个文件，其中保存的数据是若干个目录项，目录项的主要内容就是刚才分配的节点号和文件或子目录的名字。在 ext2 文件系统中，写入磁盘的目录项数据结构如下。

```
/* fs/ext2/ext2.h */

/*
 * Structure of a directory entry
 */

struct ext2_dir_entry {
        __le32  inode;                    /* Inode number */
        __le16  rec_len;                  /* Directory entry length */
        __le16  name_len;                 /* Name length */
        char    name[];                   /* File name, up to EXT2_NAME_LEN */
};
```

上面的 inode 成员就是节点号，name 成员就是文件或子目录的名字。具体的代码实现可以参考“fs/ext2/namei.c”的 ext2_mknod 函数，在此不再赘述。可以通过图 3.1 来说明 mknod 命令在 ext2 文件系统上所完成的工作。

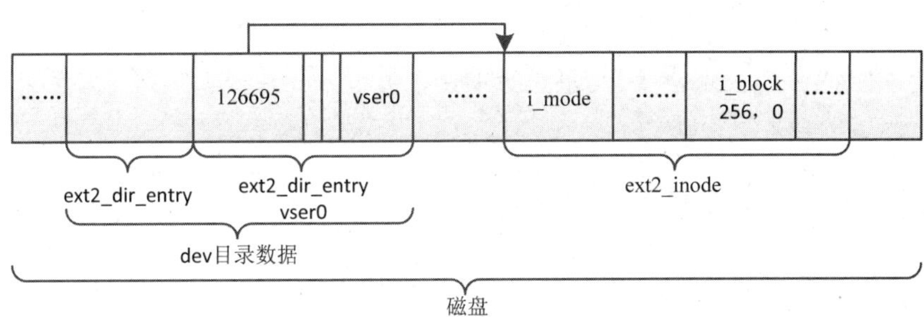

图 3.1　创建设备文件示意图

上面的整个过程，一言以蔽之就是 mknod 命令将文件名、文件类型和主、次设备号等信息保存在了磁盘上。

接下来我们来讨论如何打开一个文件，这是理解上层应用程序和底层驱动程序如何建立联系的关键，也是理解字符设备驱动编写方式的关键。整个过程非常烦琐，涉及的数据结构和相关的内核知识非常多。为了便于大家理解，下面将该过程进行大量简化，并以图 3.2 和调用流程来进行说明。

```
sys_open(fs/open.c)
     |-do_sys_open(fs/open.c)
          |-getname(fs/namei.c)
          |-get_unused_fd_flags(fs/file.c)
          |-do_filp_open(fs/namei.c)
          |    |-path_openat(fs/namei.c)
          |         |-get_empty_filp(fs/file_table.c)
          |         |-link_path_walk(fs/namei.c)
          |         |-do_last(fs/namei.c)
          |              |-lookup_fast(fs/namei.c)
```

```
|                 |-lookup_open(fs/namei.c)
|                      |-lookup_dcache(fs/namei.c)
|                      |-lookup_real(fs/namei.c)
|                           |-ext2_lookup(fs/ext2/namei.c)
|                                |-ext2_iget(fs/ext2/inode.c)
|                                     |-init_special_inode(fs/inode.c)
|                                          |-inode->i_fop = &def_chr_fops;
|-fd_install(fs/namei.c)
```

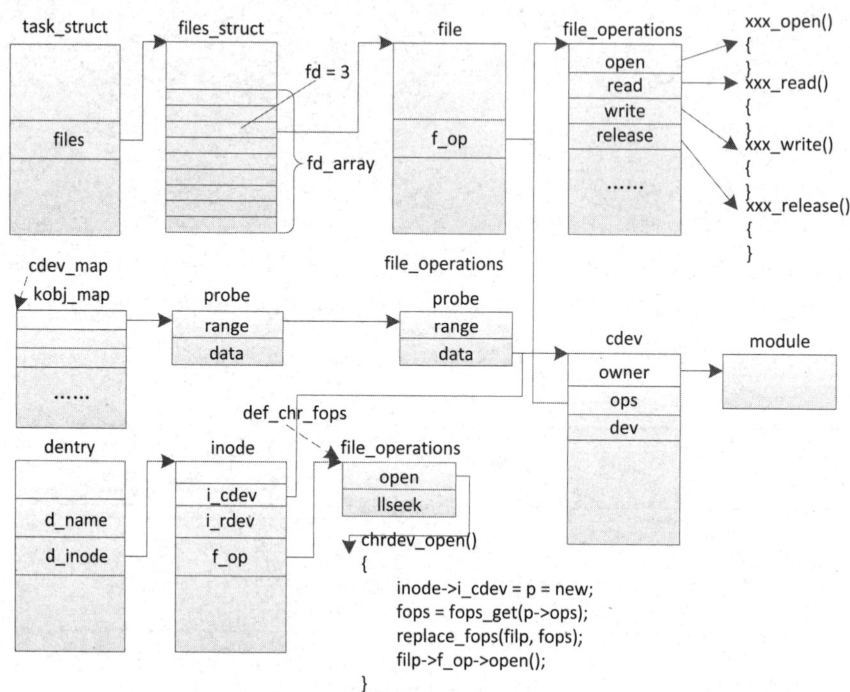

图 3.2　文件操作的相关数据结构及关系

在内核中，一个进程用一个 task_struct 结构对象来表示，其中的 files 成员指向了一个 files_struct 结构变量，该结构中有一个 fd_array 的指针数组（用于维护打开文件的信息），数组的每一个元素是指向 file 结构的一个指针。open 系统调用函数在内核中对应的函数是 sys_open，sys_open 调用了 do_sys_open，在 do_sys_open 中首先调用了 getname 函数将文件名从用户空间复制到了内核空间。接着调用 get_unused_fd_flags 来获取一个未使用的文件描述符，要获得该描述符，其实就是搜索 files_struct 中的 fd_array 数组，查看哪一个元素没有被使用，然后返回其下标即可。接下来调用 do_filp_open 函数来构造一个 file 结构，并初始化里面的成员。其中最重要的是将它的 f_op 成员指向和设备对应的驱动程序的操作方法集合的结构 file_operations，这个结构中的绝大多数成员都是函数指针，通过 file_operations 中的 open 函数指针可以调用驱动中实现的特定于设备的打开函数，从而完成打开的操作。do_filp_open 函数执行成功后，调用 fd_install 函数，该函数将刚才得到的文件描述符作为访问 fd_array 数组的下标，让下标对应的元素指向新构造的 file 结构。

最后系统调用返回到应用层，将刚才的数组下标作为打开文件的文件描述符返回。

do_filp_open 函数包含的内容很多，是这个过程中最复杂的一部分，下面进行一下非常简化的介绍。do_filp_open 函数调用 path_openat 来进行实际的打开操作，path_openat 调用 get_empty_filp 快速得到一个 file 结构，再调用 link_path_walk 来处理文件路径中除最后一个分量的前面部分。举个例子来说，如果要打开/dev/vser0 这个文件，那么 link_path_walk 需要处理/dev 这部分，包含根目录和 dev 目录。接下来 path_openat 调用 do_last 来处理最后一个分量，do_last 首先调用 lookup_fast 在 RCU 模式下来尝试快速查找，如果第一次这么做会失败，所以继续调用 lookup_open，而 lookup_open 首先调用 lookup_dcache 在目录项高速缓存中进行查找，第一次这么做也会失败，所以转而调用 lookup_real，lookup_real 则在磁盘上真正开始查找最后一个分量所对应的节点，如果是 ext2 文件系统，则会调用 ext2_lookup，得到 inode 的编号后，ext2_lookup 又会调用 ext2_iget 从磁盘上获取之前使用 mknod 保存的节点信息。对字符设备驱动来说，这里最重要的就是将文件类型和设备号取出并填充到了内存中的 inode 结构的相关成员中。另外，通过判断文件的类型，还将 inode 中的 f_op 指针指向了 def_chr_fops，这个结构中的 open 函数指针指向了 chrdev_open，那么自然 chrdev_open 紧接着会被调用。chrdev_open 完成的主要工作是：首先根据设备号找到添加在内核中代表字符设备的 cdev（cdev 是放在 cdev_map 散列表中的，驱动加载时会构造相应的 cdev 并添加到这个散列表中，并且在构造这个 cdev 时还实现了一个操作方法集合，由 cdev 的 ops 成员指向它），找到对应的 cdev 对象后，用 cdev 关联的操作方法集合替代之前构造的 file 结构中的操作方法集合，然后调用 cdev 所关联的操作方法集合中的打开函数，完成设备真正的打开操作，这也标志着 do_filp_open 函数基本结束。

为了下一次能够快速打开文件，内核在第一次打开一个文件或目录时都会创建一个 dentry 的目录项，它保存了文件名和所对应的 inode 信息，所有的 dentry 使用散列的方式存储在目录项高速缓存中，内核在打开文件时会先在这个高速缓存中查找相应的 dentry，如果找到，则可以立即获取文件所对应的 inode，否则就会在磁盘上获取。

对于字符设备驱动来说，设备号、cdev 和操作方法集合至关重要，内核找到路径名所对应的 inode 后，要和驱动建立连接，首先要做的就是根据 inode 中的设备号找到 cdev，然后根据 cdev 找到关联的操作方法集合，从而调用驱动所提供的操作方法来完成对设备的具体操作。可以说，字符设备驱动的框架就是围绕着设备号、cdev 和操作方法集合来实现的。

虽然设备的打开操作很烦琐，但是其他系统的调用过程就要简单很多。因为打开操作返回了一个文件描述符，其他系统调用时都会以这个文件描述符作为参数传递给内核，内核得到这个文件描述符后可以直接索引 fd_array，找到对应的 file 结构，然后调用相应的方法。

3.2 字符设备驱动框架

通过上一节的分析我们知道，要实现一个字符设备驱动，最重要的事就是要构造一个 cdev 结构对象，并让 cdev 同设备号和设备的操作方法集合相关联，然后将该 cdev 结构对象添加到内核的 cdev_map 散列表中。下面我们逐步来实现这一过程，首先就是在驱动中注册设备号，代码如下（完整的代码请参见“下载资源/程序源码/chrdev/ex1”）。

```
#include <linux/init.h>
#include <linux/kernel.h>
#include <linux/module.h>

#include <linux/fs.h>

#define VSER_MAJOR      256
#define VSER_MINOR      0
#define VSER_DEV_CNT    1
#define VSER_DEV_NAME   "vser"

static int __init vser_init(void)
{
        int ret;
        dev_t dev;

        dev = MKDEV(VSER_MAJOR, VSER_MINOR);
        ret = register_chrdev_region(dev, VSER_DEV_CNT, VSER_DEV_NAME);
        if (ret)
                goto reg_err;
        return 0;

reg_err:
        return ret;
}

static void __exit vser_exit(void)
{

        dev_t dev;

        dev = MKDEV(VSER_MAJOR, VSER_MINOR);
        unregister_chrdev_region(dev, VSER_DEV_CNT);
}

module_init(vser_init);
module_exit(vser_exit);

MODULE_LICENSE("GPL");
MODULE_AUTHOR("Kevin Jiang <jiangxg@farsight.com.cn>");
```

```
41 MODULE_DESCRIPTION("A simple character device driver");
42 MODULE_ALIAS("virtual-serial");
```

在模块的初始化函数中，首先在代码第 17 行使用 MKDEV 宏将主设备号和次设备号合并成一个设备号。在 3.14.25 版本的内核源码中，相关的宏定义如下。

```
#define MINORBITS       20
#define MINORMASK       ((1U << MINORBITS) - 1)

#define MAJOR(dev)      ((unsigned int) ((dev) >> MINORBITS))
#define MINOR(dev)      ((unsigned int) ((dev) & MINORMASK))
#define MKDEV(ma,mi)    (((ma) << MINORBITS) | (mi))
```

不难发现，该宏的作用是将主设备号左移 20 位和次设备号相或。在当前的内核版本中，dev_t 是一个无符号的 32 位整数，很自然的，主设备号占 12 位，次设备号占 20 位。另外还有两个宏为 MAJOR 和 MINOR，它们分别是从设备号中取出主设备号和次设备号的两个宏。尽管我们知道设备号是怎样构成的，但是我们在代码中不应该自己来构造设备号，而是应该调用相应的宏，因为不能保证以后的内核会改变这一规则。

构造好设备号之后，代码第 18 行调用 register_chrdev_region 将构造的设备号注册到内核中，表明该设备号已经被占用，如果有其他驱动随后要注册该设备号，将会失败。其函数原型如下。

```
int register_chrdev_region(dev_t from, unsigned count, const char *name);
```

该函数一次可以注册多个连续的号，由 count 形参指定个数，由 from 指定起始的设备号，name 用于标记主设备号的名称。该函数成功则返回 0，不成功则返回负数，返回负数通常是因为要注册的设备号已经被其他的驱动抢先注册了。如果注册出错，则使用 goto 语句跳转到错误处理代码处执行，否则初始化函数返回 0。使用 goto 函数进行集中错误处理在驱动中非常常见，也非常实用，虽然这和一般的 C 语言编程规则相悖。

在卸载模块时，已注册的号应该从内核中注销，否则再次加载该驱动时，注册设备号操作会失败。代码第 33 行调用了 unregister_chrdev_region 函数，该函数只有两个形参，和 register_chrdev_region 函数的前两个形参的意义一样。

上面的代码再一次印证了前面所说的内容，即在模块初始化函数中负责注册、分配内存等操作，而在模块清除函数中负责相反的操作，即注销、释放内存等操作。以上的代码可以编译并进行测试，在 Ubuntu 主机上测试的步骤如下（在 ARM 目标板上的测试和前面所讲的模块在 ARM 目标板上测试的过程类似）。

```
# make
# make modules_install
# depmod
# modprobe vser
# cat /proc/devices
Character devices:
……
256 vser
……
```

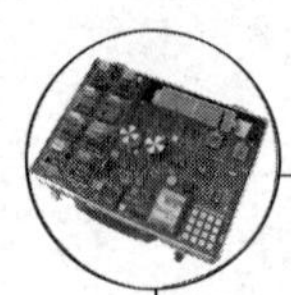


```
# rmmod vser
# cat /proc/devices | grep vser
```

使用 cat 命令查看/proc/devices 会发现 vser 一项，并且主设备号为 256，说明设备号注册成功。使用 register_chrdev_region 注册设备号的方式称为静态注册设备号，但是该方式有一个明显的缺点，就是如果两个驱动都使用了同样的设备号，那么后加载的驱动将会失败，因为设备号冲突了。为了解决这个问题，可以使用动态分配设备号的函数，其原型如下。

```
int alloc_chrdev_region(dev_t *dev, unsigned baseminor, unsigned count,const
char *name);
```

其中，count 和 name 形参同 register_chrdev_region 函数中相应的形参一致。baseminor 是动态分配的设备号的起始次设备号，而 dev 则是分配得到的第一个设备号。该函数成功则返回 0，失败则返回负数。这样就避免了各个驱动使用相同的设备号而带来的冲突，但是会存在另外一个问题，那就是不能事先知道主次设备号，在使用 mknod 命令创建设备节点时，必须先查看/proc/devices 文件才能确定主设备号（次设备号在代码中确定），也就是要求 mknod 命令要后于驱动加载执行，不过这个问题在新的 Linux 设备模型中已经得到了比较好的解决，设备节点会自动地创建和销毁，这在后面的章节会详细描述。

成功地注册了设备号，接下来应该构造并添加 cdev 结构对象，其代码如下（完整的代码请参见“下载资源/程序源码/chrdev/ex2”）。

```
#include <linux/init.h>
#include <linux/kernel.h>
#include <linux/module.h>

#include <linux/fs.h>
#include <linux/cdev.h>

#define VSER_MAJOR      256
#define VSER_MINOR      0
#define VSER_DEV_CNT    1
#define VSER_DEV_NAME   "vser"

static struct cdev vsdev;

static struct file_operations vser_ops = {
        .owner = THIS_MODULE,
};

static int __init vser_init(void)
{
        int ret;
        dev_t dev;

        dev = MKDEV(VSER_MAJOR, VSER_MINOR);
        ret = register_chrdev_region(dev, VSER_DEV_CNT, VSER_DEV_NAME);
        if (ret)
                goto reg_err;
```

```
28
29         cdev_init(&vsdev, &vser_ops);
30         vsdev.owner = THIS_MODULE;
31
32         ret = cdev_add(&vsdev, dev, VSER_DEV_CNT);
33         if (ret)
34                 goto add_err;
35
36         return 0;
37
38 add_err:
39         unregister_chrdev_region(dev, VSER_DEV_CNT);
40 reg_err:
41         return ret;
42 }
43
44 static void __exit vser_exit(void)
45 {
46
47         dev_t dev;
48
49         dev = MKDEV(VSER_MAJOR, VSER_MINOR);
50
51         cdev_del(&vsdev);
52         unregister_chrdev_region(dev, VSER_DEV_CNT);
53 }
54
55 module_init(vser_init);
56 module_exit(vser_exit);
57
58 MODULE_LICENSE("GPL");
59 MODULE_AUTHOR("Kevin Jiang <jiangxg@farsight.com.cn>");
60 MODULE_DESCRIPTION("A simple character device driver");
61 MODULE_ALIAS("virtual-serial");
```

在上面的代码中，第 13 行定义了一个 struct cdev 类型的全局变量 vsdev。代码第 15 行到第 17 行定义了一个 struct file_operations 类型的全局变量 vser_ops。我们知道，这两个数据结构是实现字符设备驱动的关键。其中，vsdev 代表了一个具体的字符设备，而 vser_ops 是操作该设备的一些方法。代码第 29 行调用 cdev_init 函数初始化了 vsdev 中的部分成员。另外一个最重要的操作就是将 vsdev 中的 ops 指针指向了 vser_ops，这样通过设备号找到 vsdev 对象后，就能找到相关的操作方法集合，并调用其中的方法。cdev_init 函数的原型如下，第一个参数是要初始化的 cdev 地址，第二个参数是设备操作方法集合的结构地址。

```
void cdev_init(struct cdev *cdev, const struct file_operations *fops);
```

代码第 16 行和第 30 行都将一个 owner 成员赋值为 THIS_MODULE，owner 是一个指向 struct module 类型变量的指针，THIS_MODULE 是包含驱动的模块中的 struct module 类型对象的地址，类似于 C++中的 this 指针。这样就能通过 vsdev 或 vser_fops 找到对应

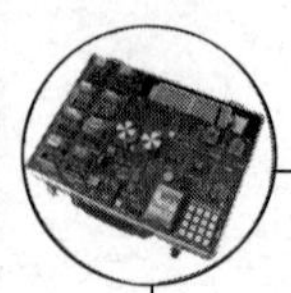

的模块，在对前面两个对象进行访问时都要调用类似于 try_module_get 的函数增加模块的引用计数，因为在这两个对象使用的过程中，模块是不能被卸载的，模块被卸载的前提条件是引用计数为 0。

cdev 对象初始化以后，就应该添加到内核中的 cdev_map 散列表中，调用的函数是 cdev_add，其函数原型如下。

```
int cdev_add(struct cdev *p, dev_t dev, unsigned count);
```

根据前面的几个函数原型，不难得出该函数的各个形参的意义。cdev_add 函数的主要工作是将主设备号通过对 255 取余，将余数作为 cdev_map 数组的下标索引，然后构造一个 probe 对象，并让 data 指向要添加的 cdev 结构地址，然后加入到链表当中（见图 3.2）。该函数的最后一个参数 count 指定了被添加的 cdev 可以管理多少个设备。这里需要特别注意的是，参数 p 只指向一个 cdev 对象，但该对象可以同时管理多个设备，由 count 的值来决定具体有多少个设备，那么 cdev 和设备就不是一一对应的关系。这样，对于一个驱动支持多个设备的情况，我们可以采用两种方法来实现，第一种方法是为每一个设备分配一个 cdev 对象，每次调用 cdev_add 添加一个 cdev 对象，直到多个 cdev 对象全部被添加到内核中；第二种方法是只构造一个 cdev 对象，但在调用 cdev_add 时，指定添加的 cdev 可以管理多个设备。这两种方法我们在后面的例子中都会看到。以上是简化的讨论，实际的实现要复杂一些，如果要详细了解，请参考 cdev_add 的内核源码。

在初始化函数中添加了 cdev 对象，那么在清除函数中自然就应该删除该 cdev 对象，代码第 51 行演示了这一操作，实现的函数是 cdev_del，其函数原型如下。该函数的作用就是根据 cdev 找到散列表中的 probe，并进行删除。

```
void cdev_del(struct cdev *p);
```

在上述的示例代码中，cdev 对象是静态定义的，我们也可以进行动态分配，对应的函数是 cdev_alloc，其函数原型如下。

```
struct cdev *cdev_alloc(void);
```

该函数成功则返回动态分配的 cdev 对象地址，失败则返回 NULL。

上面的代码基本上实现了一个字符设备驱动程序的框架，即使目前还没有任何实际意义，但是还是能够对之进行操作了，其相关的命令如下。

```
# mknod /dev/vser0 c 256 0
# cat /dev/vser0
cat: /dev/vser0: No such device or address
# make
# make modules_install
# depmod
# modprobe vser
# cat /dev/vser0
cat: /dev/vser0: Invalid argument
```

从上面的操作可以看到，在未加载驱动之前，使用 cat 命令读取/dev/vser0 设备，错误信息是设备找不到，这是因为找不到和设备号对应的 cdev 对象。在加载驱动后，

cat 命令的错误信息变成了参数无效，说明驱动工作了，只是还未实现具体的设备操作的方法。

3.3 虚拟串口设备

在进一步实现字符设备驱动之前，我们先来讨论一下本书中用到的一个虚拟串口设备。这个设备是驱动代码虚拟出来的，不能实现真正的串口数据收发，但是它能够接收用户想要发送的数据，并且将该数据原封不动地环回给串口的收端，使用户也能从该串口接收数据。也就是说，该虚拟串口设备是一个功能弱化之后的只具备内环回作用的串口，如图 3.3 所示。

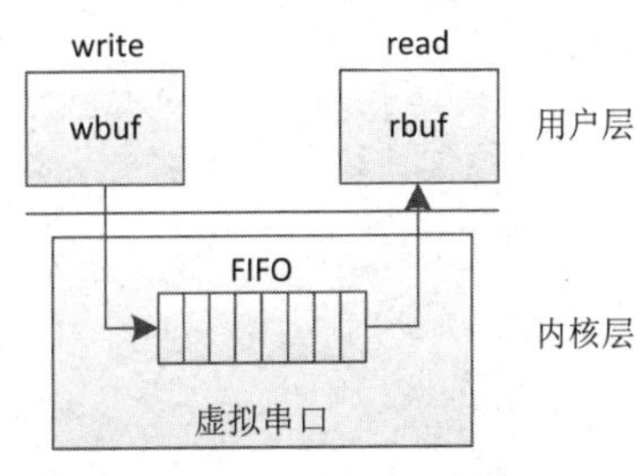

图 3.3　虚拟串口设备

这一功能的实现，主要是在驱动中实现一个 FIFO，驱动接收用户层传来的数据，然后将之放入 FIFO，当应用层要获取数据时，驱动将 FIFO 中的数据读出，然后复制给应用层。一个更贴近实际的形式应该是在驱动中有两个 FIFO，一个用于发送，一个用于接收，但是这并不是实现这个简单的虚拟串口设备驱动的关键，所以为了简单起见，这里只用了一个 FIFO。

内核中已经有了一个关于 FIFO 的数据结构 struct kfifo，相关的操作宏或函数的声明、定义都在“include/linux/kfifo.h”头文件中，下面将最常用的宏罗列如下。

```
DEFINE_KFIFO(fifo, type, size)
kfifo_from_user(fifo, from, len, copied)
kfifo_to_user(fifo, to, len, copied)
```

DEFINE_KFIFO 用于定义并初始化一个 FIFO，这个变量的名字由 fifo 参数决定，type 是 FIFO 中成员的类型，size 则指定这个 FIFO 有多少个元素，但是元素的个数必须是 2 的幂。kfifo_from_user 是将用户空间的数据（from）放入 FIFO 中，元素个数由 len 来指定，实际放入的元素个数由 copied 返回。kfifo_to_user 则是将 FIFO 中的数据取出，复制到用户空间（to）。len 和 copied 的含义同 kfifo_from_user 中对应的参数。

3.4 虚拟串口设备驱动

字符设备驱动除了前面搭建好代码的框架外，接下来最重要的就是要实现特定于设备的操作方法，这是驱动的核心和关键所在，是一个驱动区别于其他驱动的本质所在，也是整个驱动代码中最灵活的代码所在。了解了虚拟串口设备的工作方式后，接下来就

可以针对该设备编写一个驱动程序，其完整的代码如下（完整的代码请参见“下载资源/程序源码/chrdev/ex3”）。

```
#include <linux/init.h>
#include <linux/kernel.h>
#include <linux/module.h>

#include <linux/fs.h>
#include <linux/cdev.h>
#include <linux/kfifo.h>

#define VSER_MAJOR      256
#define VSER_MINOR      0
#define VSER_DEV_CNT    1
#define VSER_DEV_NAME   "vser"

static struct cdev vsdev;
DEFINE_KFIFO(vsfifo, char, 32);

static int vser_open(struct inode *inode, struct file *filp)
{
        return 0;
}

static int vser_release(struct inode *inode, struct file *filp)
{
        return 0;
}

static ssize_t vser_read(struct file *filp, char __user *buf, size_t count, loff_t *pos)
{
        unsigned int copied = 0;

        kfifo_to_user(&vsfifo, buf, count, &copied);

        return copied;
}

static ssize_t vser_write(struct file *filp, const char __user *buf, size_t count, loff_t *pos)
{
        unsigned int copied = 0;

        kfifo_from_user(&vsfifo, buf, count, &copied);

        return copied;
}

static struct file_operations vser_ops = {
        .owner = THIS_MODULE,
        .open = vser_open,
        .release = vser_release,
```

```
49         .read = vser_read,
50         .write = vser_write,
51 };
52
53 static int __init vser_init(void)
54 {
55         int ret;
56         dev_t dev;
57
58         dev = MKDEV(VSER_MAJOR, VSER_MINOR);
59         ret = register_chrdev_region(dev, VSER_DEV_CNT, VSER_DEV_NAME);
60         if (ret)
61                 goto reg_err;
62
63         cdev_init(&vsdev, &vser_ops);
64         vsdev.owner = THIS_MODULE;
65
66         ret = cdev_add(&vsdev, dev, VSER_DEV_CNT);
67         if (ret)
68                 goto add_err;
69
70         return 0;
71
72 add_err:
73         unregister_chrdev_region(dev, VSER_DEV_CNT);
74 reg_err:
75         return ret;
76 }
77
78 static void __exit vser_exit(void)
79 {
80
81         dev_t dev;
82
83         dev = MKDEV(VSER_MAJOR, VSER_MINOR);
84
85         cdev_del(&vsdev);
86         unregister_chrdev_region(dev, VSER_DEV_CNT);
87 }
88
89 module_init(vser_init);
90 module_exit(vser_exit);
91
92 MODULE_LICENSE("GPL");
93 MODULE_AUTHOR("Kevin Jiang <jiangxg@farsight.com.cn>");
94 MODULE_DESCRIPTION("A simple character device driver");
95 MODULE_ALIAS("virtual-serial");
```

新的驱动在代码第 15 行定义并初始化了一个名叫 vsfifo 的 struct kfifo 对象，每个元素的数据类型为 char，共有 32 个元素的空间。代码第 17 行到第 25 行实现了设备的打开和关闭函数，分别对应于 file_operations 内的 open 和 release 方法。因为是虚拟设备，所以这里并没有需要特别处理的操作，仅仅返回 0 表示成功。这两个函数都有两个相同的

形参，第一个形参是要打开或关闭文件的 inode，第二个形参则是打开对应文件后由内核构造并初始化好的 file 结构，在前面的章节中我们已经较深入地分析了这两个对象的作用。在这里之所以叫 release 而不叫 close 是因为一个文件可以被打开多次，那么 vser_open 函数相应地会被调用多次，但是关闭文件只有到最后一个 close 操作才会导致 vser_release 函数被调用，所以用 release 更贴切。

代码第 27 行到第 34 行是 read 系统调用的驱动实现，这里主要是把 FIFO 中的数据返回给用户层，使用了 kfifo_to_user 这个宏。read 系统调用要求用户返回实际读取的字节数，而 copied 变量的值正好符合这一要求。代码第 36 行到第 43 行是对应的 write 系统调用的驱动实现，同 read 系统调用一样，只是数据流向相反而已。

读和写函数引入了 3 个新的形参，分别是 buf，count 和 pos，根据上面的代码，已经不难发现它们的含义。buf 代表的是用户空间的内存起始地址；count 表示用户想要读写多少个字节的数据；而 pos 是文件的位置指针，在虚拟串口这个不支持随机访问的设备中，该参数无用。__user 是提醒驱动代码编写者，这个内存空间属于用户空间。

代码第 47 行到第 50 行是将 file_operations 中的函数指针分别指向上面定义的函数，这样在应用层发生相应的系统调用后，在驱动里面的函数就会被相应地调用。上面这个示例实现了一个功能非常简单，但是基本可用的虚拟串口驱动程序。按照下面的步骤可以进行验证。

```
# mknod /dev/vser0 c 256 0
# make
# make modules_install
# depmod
# modprobe vser
# echo "vser deriver test" > /dev/vser0
# cat /dev/vser0
vser deriver test
```

通过实验结果可以看到，对/dev/vser0 写入什么数据，就可以从这个设备读到什么数据，和一个具备内环回功能的串口是一致的。

为了方便读者对照查阅，特将 file_operations 结构类型的定义代码列出。从中我们可以看到，还有很多接口函数还没有实现，在后面的章节中，我们会陆续再实现一些接口。显然，一个驱动对下面的接口的实现越多，它对用户提供的功能就越多，但这也不是说我们必须要实现下面的所有函数接口。比如串口不支持随机访问，那么 llseek 函数接口自然就不用实现。

```
struct file_operations {
        struct module *owner;
        loff_t (*llseek) (struct file *, loff_t, int);
        ssize_t (*read) (struct file *, char __user *, size_t, loff_t *);
        ssize_t (*write) (struct file *, const char __user *, size_t, loff_t *);
        ssize_t (*aio_read) (struct kiocb *, const struct iovec *, unsigned long, loff_t);
        ssize_t (*aio_write) (struct kiocb *, const struct iovec *, unsigned long, loff_t);
```

```
        int (*iterate) (struct file *, struct dir_context *);
        unsigned int (*poll) (struct file *, struct poll_table_struct *);
        long (*unlocked_ioctl) (struct file *, unsigned int, unsigned long);
        long (*compat_ioctl) (struct file *, unsigned int, unsigned long);
        int (*mmap) (struct file *, struct vm_area_struct *);
        int (*open) (struct inode *, struct file *);
        int (*flush) (struct file *, fl_owner_t id);
        int (*release) (struct inode *, struct file *);
        int (*fsync) (struct file *, loff_t, loff_t, int datasync);
        int (*aio_fsync) (struct kiocb *, int datasync);
        int (*fasync) (int, struct file *, int);
        int (*lock) (struct file *, int, struct file_lock *);
        ssize_t (*sendpage) (struct file *, struct page *, int, size_t, loff_t *, int);
        unsigned long (*get_unmapped_area)(struct file *, unsigned long, unsigned long, unsigned long, unsigned long);
        int (*check_flags)(int);
        int (*flock) (struct file *, int, struct file_lock *);
        ssize_t (*splice_write)(struct pipe_inode_info *, struct file *, loff_t *, size_t, unsigned int);
        ssize_t (*splice_read)(struct file *, loff_t *, struct pipe_inode_info *, size_t, unsigned int);
        int (*setlease)(struct file *, long, struct file_lock **);
        long (*fallocate)(struct file *file, int mode, loff_t offset,
                          loff_t len);
        int (*show_fdinfo)(struct seq_file *m, struct file *f);
};
```

3.5 一个驱动支持多个设备

如果一类设备有多个个体（比如系统上有两个串口），那么我们就应该写一个驱动来支持这几个设备，而不是每一个设备都写一个驱动。对于多个设备所引入的变化是什么呢?首先我们应向内核注册多个设备号，其次就是在添加 cdev 对象时指明该 cdev 对象管理了多个设备；或者添加多个 cdev 对象，每个 cdev 对象管理一个设备。接下来最麻烦的部分在于读写操作，因为设备是多个，那么设备对应的资源也应该是多个（比如虚拟串口驱动中的 FIFO）。在读写操作时，怎么来区分究竟应该对哪个设备进行操作呢（对于虚拟串口驱动而言，就是要确定对哪个 FIFO 进行操作）？观察读和写函数，没有发现能够区别设备的形参。再观察 open 接口，我们会发现有一个 inode 形参，通过前面的内容我们知道，inode 里面包含了对应设备的设备号以及所对应的 cdev 对象的地址。因此，我们可以在 open 接口函数中取出这些信息，并存放在 file 结构对象的某个成员中，再在读写的接口函数中获取该 file 结构的成员，从而可以区分出对哪个设备进行操作。

下面首先展示用一个 cdev 实现对多个设备的支持（完整的代码请参见“下载资源/程序源码/chrdev/ex4”）。

```
#include <linux/init.h>
#include <linux/kernel.h>
#include <linux/module.h>

#include <linux/fs.h>
#include <linux/cdev.h>
#include <linux/kfifo.h>

#define VSER_MAJOR      256
#define VSER_MINOR      0
#define VSER_DEV_CNT    2
#define VSER_DEV_NAME   "vser"

static struct cdev vsdev;
static DEFINE_KFIFO(vsfifo0, char, 32);
static DEFINE_KFIFO(vsfifo1, char, 32);

static int vser_open(struct inode *inode, struct file *filp)
{
        switch (MINOR(inode->i_rdev)) {
        default:
        case 0:
                filp->private_data = &vsfifo0;
                break;
        case 1:
                filp->private_data = &vsfifo1;
                break;
        }
        return 0;
}

static int vser_release(struct inode *inode, struct file *filp)
{
        return 0;
}

static ssize_t vser_read(struct file *filp, char __user *buf, size_t count, loff_t *pos)
{
        unsigned int copied = 0;
        struct kfifo *vsfifo = filp->private_data;

        kfifo_to_user(vsfifo, buf, count, &copied);

        return copied;
}

static ssize_t vser_write(struct file *filp, const char __user *buf, size_t count, loff_t *pos)
{
        unsigned int copied = 0;
        struct kfifo *vsfifo = filp->private_data;

```

```
        kfifo_from_user(vsfifo, buf, count, &copied);

        return copied;
}

static struct file_operations vser_ops = {
        .owner = THIS_MODULE,
        .open = vser_open,
        .release = vser_release,
        .read = vser_read,
        .write = vser_write,
};

static int __init vser_init(void)
{
        int ret;
        dev_t dev;

        dev = MKDEV(VSER_MAJOR, VSER_MINOR);
        ret = register_chrdev_region(dev, VSER_DEV_CNT, VSER_DEV_NAME);
        if (ret)
                goto reg_err;

        cdev_init(&vsdev, &vser_ops);
        vsdev.owner = THIS_MODULE;

        ret = cdev_add(&vsdev, dev, VSER_DEV_CNT);
        if (ret)
                goto add_err;

        return 0;

add_err:
        unregister_chrdev_region(dev, VSER_DEV_CNT);
reg_err:
        return ret;
}

static void __exit vser_exit(void)
{

        dev_t dev;

        dev = MKDEV(VSER_MAJOR, VSER_MINOR);

        cdev_del(&vsdev);
        unregister_chrdev_region(dev, VSER_DEV_CNT);
}

module_init(vser_init);
module_exit(vser_exit);

MODULE_LICENSE("GPL");
```

```
MODULE_AUTHOR("Kevin Jiang <jiangxg@farsight.com.cn>");
MODULE_DESCRIPTION("A simple character device driver");
MODULE_ALIAS("virtual-serial");
```

上面的代码针对前一示例做的修改是：将 VSER_DEV_CNT 宏定义为 2，表示支持两个设备；用 DEFINE_KFIFO 定义了两个 FIFO，分别是 vsfifo0 和 vsfifo1（很显然，这里动态分配 FIFO 要优于静态定义，但是这会涉及后面章节中的内核内存分配的相关知识，故此使用静态的方法）；在 open 接口函数中根据次设备号的值来确定保存哪个 FIFO 结构的地址到 file 结构中的 private_data 成员中，file 结构中的 private_data 是一个 void * 类型的指针，内核保证不会使用该指针，所以正如其名一样，是驱动私有的；在读写接口函数中则是先从 file 结构中取出了 private_data 的值，即 FIFO 结构的地址，然后再进行进一步的操作。

接下来演示如何将每一个 cdev 对象对应到一个设备来实现一个驱动对多个设备的支持（完整的代码请参见“下载资源/程序源码/chrdev/ex5”）。

```
#include <linux/init.h>
#include <linux/kernel.h>
#include <linux/module.h>

#include <linux/fs.h>
#include <linux/cdev.h>
#include <linux/kfifo.h>

#define VSER_MAJOR      256
#define VSER_MINOR      0
#define VSER_DEV_CNT    2
#define VSER_DEV_NAME   "vser"

static DEFINE_KFIFO(vsfifo0, char, 32);
static DEFINE_KFIFO(vsfifo1, char, 32);

struct vser_dev {
        struct kfifo *fifo;
        struct cdev cdev;
};

static struct vser_dev vsdev[2];

static int vser_open(struct inode *inode, struct file *filp)
{
        filp->private_data = container_of(inode->i_cdev, struct vser_dev, cdev);
        return 0;
}

static int vser_release(struct inode *inode, struct file *filp)
{
        return 0;
}

static ssize_t vser_read(struct file *filp, char __user *buf, size_t count,
```

```
loff_t *pos)
{
        unsigned int copied = 0;
        struct vser_dev *dev = filp->private_data;

        kfifo_to_user(dev->fifo, buf, count, &copied);

        return copied;
}

static ssize_t vser_write(struct file *filp, const char __user *buf, size_t count, loff_t *pos)
{
        unsigned int copied = 0;
        struct vser_dev *dev = filp->private_data;

        kfifo_from_user(dev->fifo, buf, count, &copied);

        return copied;
}

static struct file_operations vser_ops = {
        .owner = THIS_MODULE,
        .open = vser_open,
        .release = vser_release,
        .read = vser_read,
        .write = vser_write,
};

static int __init vser_init(void)
{
        int i;
        int ret;
        dev_t dev;

        dev = MKDEV(VSER_MAJOR, VSER_MINOR);
        ret = register_chrdev_region(dev, VSER_DEV_CNT, VSER_DEV_NAME);
        if (ret)
                goto reg_err;

        for (i = 0; i < VSER_DEV_CNT; i++) {
                cdev_init(&vsdev[i].cdev, &vser_ops);
                vsdev[i].cdev.owner = THIS_MODULE;
                vsdev[i].fifo = i == 0 ? (struct kfifo *) &vsfifo0 : (struct kfifo*)&vsfifo1;

                ret = cdev_add(&vsdev[i].cdev, dev + i, 1);
                if (ret)
                        goto add_err;
        }

        return 0;

```

```
86 add_err:
87         for (--i; i > 0; --i)
88                 cdev_del(&vsdev[i].cdev);
89         unregister_chrdev_region(dev, VSER_DEV_CNT);
90 reg_err:
91         return ret;
92 }
93
94 static void __exit vser_exit(void)
95 {
96         int i;
97         dev_t dev;
98
99         dev = MKDEV(VSER_MAJOR, VSER_MINOR);
100
101        for (i = 0; i < VSER_DEV_CNT; i++)
102                cdev_del(&vsdev[i].cdev);
103        unregister_chrdev_region(dev, VSER_DEV_CNT);
104 }
105
106 module_init(vser_init);
107 module_exit(vser_exit);
108
109 MODULE_LICENSE("GPL");
110 MODULE_AUTHOR("Kevin Jiang <jiangxg@farsight.com.cn>");
111 MODULE_DESCRIPTION("A simple character device driver");
112 MODULE_ALIAS("virtual-serial");
```

代码第 17 行至第 20 行新定义了一个结构类型 vser_dev，代表一种具体的设备类，通常和设备相关的内容都应该和 cdev 一起定义在一个结构中。如果用面向对象的思想来理解这种做法将会变得很容易。cdev 是所有字符设备的一个抽象，是一个基类，而一个具体类型的设备应该是由该基类派生出来的一个子类，子类包含了特定设备所特有的属性，比如 vser_dev 中的 fifo，这样子类就更能刻画好一类具体的设备。代码第 22 行创建了两个 vser_dev 类型的对象，和 C++不同的是，创建这两个对象仅仅是为其分配了内存，并没有调用构造函数来初始化这两个对象，但在代码的第 74 行到第 77 行完成了这个操作。查看内核源码，会发现这种面向对象的思想处处可见，只能说因为语言的特性，并没有把这种形式体现得很明显而已。代码的第 74 行到第 82 行通过两次循环完成了两个 cdev 对象的初始化和添加工作，并且初始化了 fifo 成员的指向。这里需要说明的是，用 DEFINE_KFIFO 定义的 FIFO，每定义一个 FIFO 就会新定义一种数据类型，所以严格来说 vsfifo0 和 vsfifo1 是两种不同类型的对象，但好在这里能和 struct kfifo 类型兼容。

代码第 26 行用到了一个 container_of 宏，这是在 Linux 内核中设计得非常巧妙的一个宏，在整个 Linux 内核源码中几乎随处可见。它的作用就是根据结构成员的地址来反向得到结构的起始地址。在代码中，inode->i_cdev 给出了 struct vser_dev 结构类型中 cdev 成员的地址（见图 3.2），通过 container_of 宏就得到了包含该 cdev 的结构地址。

使用上面两种方式都可以实现一个驱动对多个同类型设备的支持。使用下面的命令可以测试这两个驱动程序。

```
# mknod /dev/vser0 c 256 0
# mknod /dev/vser1 c 256 1
# make
# make modules_install
# depmod
# modprobe vser
# echo "xxxxx" > /dev/vser0
# echo "yyyyy" > /dev/vser1
# cat /dev/vser0
xxxxx
# cat /dev/vser1
yyyyy
```

3.6 习题

1．字符设备和块设备的区别不包括（　）。

[A] 字符设备按字节流进行访问，块设备按块大小进行访问

[B] 字符设备只能处理可打印字符，块设备可以处理二进制数据

[C] 多数字符设备不能随机访问，而块设备一定能随机访问

[D] 字符设备通常没有页高速缓存，而块设备有

2．在 3.14.25 版本的内核中，主设备号占（　）位，次设备号占（　）位。

[A] 8　　[B] 16　　[C] 12　　[D] 20

3．用于分配主次设备号的函数是（　）。

[A] register_chrdev_region　　[B] MKDEV

[C] alloc_chrdev_region　　[D] MAJOR

4．在字符设备驱动中，struct file_operations 结构中的函数指针成员不包含（　）。

[A] open　　[B] close　　[C] read　　[D] show_fdinfo

第4章 高级I/O操作

本章目标

一个设备除了能通过读写操作来收发数据或返回、保存数据，还应该有很多其他的操作。比如一个串口设备还应该具备波特率获取和设置、帧格式获取和设置的操作；一个LED设备甚至不应该有读写操作，而应该具备点灯和灭灯的操作。硬件设备是如此众多，各种操作也纷繁复杂，所以内核将读写之外的其他I/O操作都委派给了另外一个函数接口：ioctl。而且，文件I/O还具备多种模型，比如非阻塞、阻塞、I/O多路复用，异步I/O和异步通知。本章主要介绍如何在驱动中实现这些高级I/O操作，还简要介绍了proc接口操作的实现。

- ❑ ioctl设备操作
- ❑ proc文件操作
- ❑ 非阻塞型I/O
- ❑ 阻塞型I/O
- ❑ I/O多路复用
- ❑ 异步I/O
- ❑ 几种I/O模型总结
- ❑ 异步通知
- ❑ mmap设备文件操作
- ❑ 定位操作

4.1 ioctl 设备操作

为了处理设备非数据的操作（这些可以通过 read、write 接口来实现），内核将对设备的控制操作委派给了 ioctl 接口，ioctl 也是一个系统调用，其函数原型如下。

```
int ioctl(int d, int request, ...);
```

d 是要操作文件的文件描述符，request 是代表不同操作的数字值，比如驱动可以规定 0x12345678 表示点灯，而 0x12345679 表示灭灯等。但是这个操作码，更确切地说是命令，应该具有一定的编码规则，这个我们在后面会介绍。...是 C 语言中实参个数可变的函数原型声明形式，但在这里表示的是第三个参数可有可无。比如对于刚才的 LED 例子，第三个参数可以用于指定将哪个 LED 点亮或熄灭，0 表示 LED0，1 表示 LED1 等。因为第三个形参是 unsigned long 类型的，所以除了可以传递数字值，还可以传递一个指针，这样就可以和内核空间交互任意多个字节的数据。

查看前面的 file_operations 结构的定义，和 ioctl 系统调用对应的驱动接口函数是 unlocked_ioctl 和 compat_ioctl，compat_ioctl 是为了处理 32 位程序和 64 位内核兼容的一个函数接口，和体系结构相关。unlocked_ioctl 的函数原型如下。

```
long (*unlocked_ioctl) (struct file *, unsigned int, unsigned long);
```

第一个参数表示打开的文件的 file 结构指针，第二个参数和系统调用的第二个参数 request 对应，第三个参数对应系统调用函数的第三个参数。

还要说明的是，在之前的内核版本中，同 ioctl 系统调用的驱动接口也是 ioctl，但是最近的内核废除了该接口。因为之前的 ioctl 接口在调用之前要获得大内核锁（BLK，一种全局的粗粒度锁），如果 ioctl 的执行时间过长，则会导致内核其他也需要大内核锁的代码需要延迟很长时间，严重降低了效率（关于锁的机制，本书后面的章节会详细讨论）。

之前说到用于 ioctl 的命令需要遵从一种编码规则，那么这个编码规则是怎样的呢？在当前的内核源码版本中，命令按照以下方式组成。

```
比特位    含义
31-30     00 - 命令不带参数
          10 - 命令需要从驱动中获取数据，读方向
          01 - 命令需要把数据写入驱动，写方向
          11 - 命令既要写入数据又要获取数据，读写双向

29-16     如果命令带参数，则指定参数所占用的内存空间大小

15-8      每个驱动全局唯一的幻数（魔数）


7-0       命令码
```

上述内容摘自内核文档“Documentation/ioctl/ioctl-decoding.txt”。也就是说，一个命令由四部分组成，每部分有规定的意义和位宽限制。之所以这样定义命令，而不是简单地用 0，1，2，…来定义命令，是为了避免命令定义的重复，从而导致应用程序误操作，把一个命令发送给本不应该执行它的驱动程序，而驱动程序又错误地执行了这个命令。采用这种机制，使得驱动有机会来检查这个命令是否属于驱动，从一定程度上避免了这种问题的发生。理想的要求是比特 15 位到比特 8 位所定义的幻数在一种体系结构下是全局唯一的，但很显然，这很难做到。尽管如此，我们还是应该遵从内核所规定的这种命令定义形式。

内核提供了一组宏来定义、提取命令中的字段信息，代码如下。

```
#define _IOC(dir,type,nr,size) \
        (((dir)  << _IOC_DIRSHIFT) | \
         ((type) << _IOC_TYPESHIFT) | \
         ((nr)   << _IOC_NRSHIFT) | \
         ((size) << _IOC_SIZESHIFT))

#ifndef __KERNEL__
#define _IOC_TYPECHECK(t) (sizeof(t))
#endif

#define _IO(type,nr)              IOC(_IOC_NONE,(type),(nr),0)
#define _IOR(type,nr,size)        IOC(_IOC_READ,(type),(nr),(_IOC_TYPECHECK(size)))
#define _IOW(type,nr,size)        IOC(_IOC_WRITE,(type),(nr),(_IOC_TYPECHECK(size)))
#define _IOWR(type,nr,size)       IOC(_IOC_READ|_IOC_WRITE,(type),(nr),(_IOC_TYPECHE
CK(size)))

#define _IOC_DIR(nr)              (((nr) >> _IOC_DIRSHIFT) & _IOC_DIRMASK)
#define _IOC_TYPE(nr)             (((nr) >> _IOC_TYPESHIFT) & _IOC_TYPEMASK)
#define _IOC_NR(nr)               (((nr) >> _IOC_NRSHIFT) & _IOC_NRMASK)
#define _IOC_SIZE(nr)             (((nr) >> _IOC_SIZESHIFT) & _IOC_SIZEMASK)
```

定义命令所使用的最底层的宏是_IOC，它将 4 个部分通过移位合并在一起。假如要定义一个设置串口帧格式的命令，那么按照前面的规则，这个命令要带参数，并且是将数据写入到驱动，则最高两个比特是 01。如果要写入的参数是一个 struct option 的结构，而结构占 12 个字节，那么比特 29 到比特 16 的 10 进制值应该是 12。如果定义幻数为字母 s，命令码为 2，最终就应使用_IOC(1,‘s’,0,12)来定义该命令。不过内核还提供了更方便的宏，刚才那个命令可以通过_IOW(‘s’,2,struct option)来定义。另外还有 4 个宏_IOC_DIR、_IOC_TYPE、_IOC_NR 和_IOC_SIZE 来分别提取命令中的 4 个部分。

在实现 unlocked_ioctl 接口函数之前，我们还要来看看 ioctl 系统调用的过程。相关代码如下。

```
/* fs/ioctl.c */

static long vfs_ioctl(struct file *filp, unsigned int cmd,
                      unsigned long arg)
{
        int error = -ENOTTY;
```

```

        if (!filp->f_op->unlocked_ioctl)
                goto out;

        error = filp->f_op->unlocked_ioctl(filp, cmd, arg);
        if (error == -ENOIOCTLCMD)
                error = -ENOTTY;
 out:
        return error;
}
......
int do_vfs_ioctl(struct file *filp, unsigned int fd, unsigned int cmd,
             unsigned long arg)
{
        int error = 0;
        int __user *argp = (int __user *)arg;
        struct inode *inode = file_inode(filp);

        switch (cmd) {
        case FIOCLEX:
                set_close_on_exec(fd, 1);
                break;

        case FIONCLEX:
                set_close_on_exec(fd, 0);
                break;

        case FIONBIO:
                error = ioctl_fionbio(filp, argp);
                break;

        case FIOASYNC:
                error = ioctl_fioasync(fd, filp, argp);
                break;

        case FIOQSIZE:
                if (S_ISDIR(inode->i_mode) || S_ISREG(inode->i_mode) ||
                    S_ISLNK(inode->i_mode)) {
                        loff_t res = inode_get_bytes(inode);
                        error = copy_to_user(argp, &res, sizeof(res)) ?
                                        -EFAULT : 0;
                } else
                        error = -ENOTTY;
                break;

        case FIFREEZE:
                error = ioctl_fsfreeze(filp);
                break;

        case FITHAW:
                error = ioctl_fsthaw(filp);
                break;

```

```
        case FS_IOC_FIEMAP:
                return ioctl_fiemap(filp, arg);

        case FIGETBSZ:
                return put_user(inode->i_sb->s_blocksize, argp);

        default:
                if (S_ISREG(inode->i_mode))
                        error = file_ioctl(filp, cmd, arg);
                else
                        error = vfs_ioctl(filp, cmd, arg);
                break;
        }
        return error;
}

SYSCALL_DEFINE3(ioctl, unsigned int, fd, unsigned int, cmd, unsigned long, arg)
{
        int error;
        struct fd f = fdget(fd);

        if (!f.file)
                return -EBADF;
        error = security_file_ioctl(f.file, cmd, arg);
        if (!error)
                error = do_vfs_ioctl(f.file, fd, cmd, arg);
        fdput(f);
        return error;
}
```

sys_ioctl 函数首先调用了 security_file_ioctl，然后调用了 do_vfs_ioctl，在 do_vfs_ioctl 中先对一些特殊的命令进行了处理，再调用 vfs_ioctl，在 vfs_ioctl 中最后调用了驱动的 unlocked_ioctl。之所以要来看这个系统调用的过程，是为了让读者明白，在我们的驱动解析这些命令之前已经有内核的代码来处理这些命令了，如果我们的命令定义和这些命令一样，那么我们驱动中的 unlocked_ioctl 就永远不会得到调用了。这些命令（如 FIOCLEX 等）的定义，请读者参阅内核源码，在此不详细列出了。

经过前面的介绍，读者可能已经知道 unlocked_ioctl 接口函数的实现形式就是一个大的 switch 语句，如同 do_vfs_ioctl 一样。下面就是将前面的虚拟串口驱动添加 unlocked_ioctl 接口后的完整代码（完整的代码请参见“下载资源/程序源码/advio/ex1”）。

```
/* vser.h */

#ifndef _VSER_H
#define _VSER_H

struct option {
        unsigned int datab;
        unsigned int parity;
        unsigned int stopb;
};
```

```

#define VS_MAGIC        's'

#define VS_SET_BAUD     _IOW(VS_MAGIC, 0, unsigned int)
#define VS_GET_BAUD     _IOW(VS_MAGIC, 1, unsigned int)
#define VS_SET_FFMT     _IOW(VS_MAGIC, 2, struct option)
#define VS_GET_FFMT     _IOW(VS_MAGIC, 3, struct option)

#endif
```

```
/* vser.c */
#include <linux/init.h>
#include <linux/kernel.h>
#include <linux/module.h>

#include <linux/fs.h>
#include <linux/cdev.h>
#include <linux/kfifo.h>

#include <linux/ioctl.h>
#include <linux/uaccess.h>

#include "vser.h"

#define VSER_MAJOR      256
#define VSER_MINOR      0
#define VSER_DEV_CNT    1
#define VSER_DEV_NAME   "vser"

struct vser_dev {
        unsigned int baud;
        struct option opt;
        struct cdev cdev;
};

DEFINE_KFIFO(vsfifo, char, 32);
static struct vser_dev vsdev;

static int vser_open(struct inode *inode, struct file *filp)
{
        return 0;
}

static int vser_release(struct inode *inode, struct file *filp)
{
        return 0;
}

static ssize_t vser_read(struct file *filp, char __user *buf, size_t count, loff_t *pos)
{
        int ret;
        unsigned int copied = 0;

```

```
	ret = kfifo_to_user(&vsfifo, buf, count, &copied);

	return ret == 0 ? copied : ret;
}

static ssize_t vser_write(struct file *filp, const char __user *buf, size_t count, loff_t *pos)
{
	int ret;
	unsigned int copied = 0;

	ret = kfifo_from_user(&vsfifo, buf, count, &copied);

	return ret == 0 ? copied : ret;
}

static long vser_ioctl(struct file *filp, unsigned int cmd, unsigned long arg)
{
	if (_IOC_TYPE(cmd) != VS_MAGIC)
		return -ENOTTY;

	switch (cmd) {
	case VS_SET_BAUD:
		vsdev.baud = arg;
		break;
	case VS_GET_BAUD:
		arg = vsdev.baud;
		break;
	case VS_SET_FFMT:
		if (copy_from_user(&vsdev.opt, (struct option __user *)arg, sizeof(struct option)))
			return -EFAULT;
		break;
	case VS_GET_FFMT:
		if (copy_to_user((struct option __user *)arg, &vsdev.opt, sizeof(struct option)))
			return -EFAULT;
		break;
	default:
		return -ENOTTY;
	}

	return 0;
}

static struct file_operations vser_ops = {
	.owner = THIS_MODULE,
	.open = vser_open,
	.release = vser_release,
	.read = vser_read,
	.write = vser_write,
	.unlocked_ioctl = vser_ioctl,
};
```

```

static int __init vser_init(void)
{
        int ret;
        dev_t dev;

        dev = MKDEV(VSER_MAJOR, VSER_MINOR);
        ret = register_chrdev_region(dev, VSER_DEV_CNT, VSER_DEV_NAME);
        if (ret)
                goto reg_err;

        cdev_init(&vsdev.cdev, &vser_ops);
        vsdev.cdev.owner = THIS_MODULE;
        vsdev.baud = 115200;
        vsdev.opt.datab = 8;
        vsdev.opt.parity = 0;
        vsdev.opt.stopb = 1;

        ret = cdev_add(&vsdev.cdev, dev, VSER_DEV_CNT);
        if (ret)
                goto add_err;

        return 0;

add_err:
        unregister_chrdev_region(dev, VSER_DEV_CNT);
reg_err:
        return ret;
}

static void __exit vser_exit(void)
{

        dev_t dev;

        dev = MKDEV(VSER_MAJOR, VSER_MINOR);

        cdev_del(&vsdev.cdev);
        unregister_chrdev_region(dev, VSER_DEV_CNT);
}

module_init(vser_init);
module_exit(vser_exit);

MODULE_LICENSE("GPL");
MODULE_AUTHOR("Kevin Jiang <jiangxg@farsight.com.cn>");
MODULE_DESCRIPTION("A simple character device driver");
MODULE_ALIAS("virtual-serial");
```

在 vser.h 头文件中，先定义了一个结构类型 struct option，其中包含了波特率、奇偶校验、停止位成员。然后定义了 4 个命令，分别是设置波特率、获取波特率、设置帧格

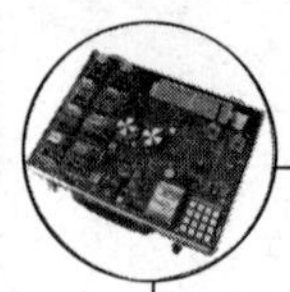

式、获取帧格式。

在 vser.c 文件中，代码第 19 行至第 23 行，定义了一个 vser_dev 结构，将波特率、帧格式信息同 cdev 包含在了一起。相应的，在代码第 106 行至第 109 行初始化了这些成员。代码第 91 行添加了 unlocked_ioctl 接口，实现的函数是 vser_ioctl。vser_ioctl 和我们预期的是一致的，首先通过_IOC_TYPE 宏提取出命令中的幻数字段，然后和预定义的幻数进行比较，如果不匹配则返回-ENOTTY，表示参数不对（用-ENOTTY 表示这一错误，是历史原因造成的）；如果匹配则根据命令进行相应的操作。在这里特意演示了第三个参数的两种使用方法，第一种方法是直接传数据，如波特率。第二种方法是传指针，如帧格式。

在帧格式的设置和获取上使用了 copy_to_user 和 copy_from_user 两个函数，它们的函数原型如下。

```
    unsigned long __must_check copy_from_user(void *to, const void __user *from, unsigned long n);
    unsigned long __must_check copy_to_user(void __user *to, const void *from, unsigned long n);
```

__must_check 要求必须检查函数返回值，to 是目的内存地址，from 是源内存地址，n 是期望复制的字节数。这两个函数都返回未复制成功的字节数，也就是说，如果全部复制成功，则函数返回 0。之所以用这两个函数，而没有用 memcpy 函数，是因为该函数调用了 access_ok 来验证用户空间的内存是否真实可读写，避免了在内核中的缺页故障带来的一些问题。还要说明的是，这两个函数可能会使进程休眠。如果只是复制简单的数据类型（如 char、short、int 等），那么还有两个使用方便的宏，分别是 get_user 和 put_user，它们的原型及使用示例如下。这两个宏的性质和前面两个函数的性质类似。

```
    get_user(x,p)
    put_user(x,p)

    int ret = 0x12345678;
    int val;
    put_user(ret, (int __user *)arg);
    get_user(val, (int __user *)arg);
```

测试程序的完整代码如下。

```
#include <stdio.h>
#include <stdlib.h>
#include <sys/types.h>
#include <sys/stat.h>
#include <sys/ioctl.h>
#include <fcntl.h>
#include <errno.h>

#include "vser.h"

int main(int argc, char *argv[])
{
```

```
        int fd;
        int ret;
        unsigned int baud;
        struct option opt = {8,1,1};

        fd = open("/dev/vser0", O_RDWR);
        if (fd == -1)
                goto fail;

        baud = 9600;
        ret = ioctl(fd, VS_SET_BAUD, baud);
        if (ret == -1)
                goto fail;

        ret = ioctl(fd, VS_GET_BAUD, baud);
        if (ret == -1)
                goto fail;

        ret = ioctl(fd, VS_SET_FFMT, &opt);
        if (ret == -1)
                goto fail;

        ret = ioctl(fd, VS_GET_FFMT, &opt);
        if (ret == -1)
                goto fail;

        printf("baud rate: %d\n", baud);
        printf("frame format: %d%c%d\n", opt.datab, opt.parity == 0 ? 'N' : \
                        opt.parity == 1 ? 'O' : 'E', \
                        opt.stopb);

        close(fd);
        exit(EXIT_SUCCESS);

fail:
        perror("ioctl test");
        exit(EXIT_FAILURE);
}
```

编译、测试的命令如下。

```
# mknod /dev/vser0 c 256 0
# make
# make modules_install
# depmod
# modprobe vser
# gcc -o test test.c
# ./test
baud rate: 9600
frame format: 801
```

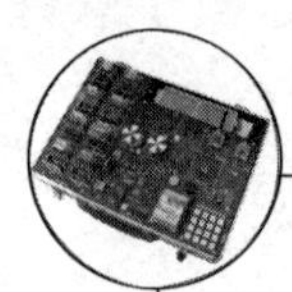

4.2 proc 文件操作

proc 文件系统是一种伪文件系统，这种文件系统不存在于磁盘上，只存在于内存中，只有内核运行时才会动态生成里面的内容。这个文件系统通常挂载在/proc 目录下，是内核开发者向用户导出信息的常用方式，比如我们之前看到的/proc/devices 文件。在系统中，有的这种文件也可写，这可以在不重新编译内核以及不重新启动系统的情况下改变内核的行为。之前驱动开发者经常使用该文件系统来对驱动进行调试，但是随着 proc 文件系统里的内容增多，已不推荐这种方式，对硬件来讲，取而代之的是 sysfs 文件系统，我们将会在后面的章节介绍。不过某些时候，驱动开发者还是会使用这个接口，比如只想查看当前的串口波特率信息和帧格式，而不想为之编写一个应用程序的时候，这也可以作为一种快速诊断故障的方案。本书不详细讨论 proc 文件系统，在之后会详细讨论对硬件设备更有用的 sysfs 文件系统，所以仅以一个示例来演示 proc 接口的使用。下面仅列出相对于前一个示例修改过的代码（完整的代码请参见“下载资源/程序源码/advio/ex2”）。

```
......

struct vser_dev {
        unsigned int baud;
        struct option opt;
        struct cdev cdev;
        struct proc_dir_entry *pdir;
        struct proc_dir_entry *pdat;
};

......
static int dat_show(struct seq_file *m, void *v)
{
        struct vser_dev *dev = m->private;

        seq_printf(m, "baudrate: %d\n", dev->baud);
        return seq_printf(m, "frame format: %d%c%d\n", dev->opt.datab, \
                    dev->opt.parity == 0 ? 'N' : dev->opt.parity == 1 ? 'O': 'E', \
                    dev->opt.stopb);
}

static int proc_open(struct inode *inode, struct file *file)
{
        return single_open(file, dat_show, PDE_DATA(inode));
}

static struct file_operations proc_ops = {
        .owner = THIS_MODULE,
        .open = proc_open,
        .release = single_release,
```

```
117         .read = seq_read,
118         .llseek = seq_lseek,
119 };
120
121 static int __init vser_init(void)
122 {
……
138         ret = cdev_add(&vsdev.cdev, dev, VSER_DEV_CNT);
139         if (ret)
140                 goto add_err;
141
142         vsdev.pdir = proc_mkdir("vser", NULL);
143         if (!vsdev.pdir)
144                 goto dir_err;
145         vsdev.pdat = proc_create_data("info", 0, vsdev.pdir, &proc_ops, &vsdev);
146         if (!vsdev.pdat)
147                 goto dat_err;
148
149         return 0;
150
151 dat_err:
152         remove_proc_entry("vser", NULL);
153 dir_err:
154         cdev_del(&vsdev.cdev);
155 add_err:
156         unregister_chrdev_region(dev, VSER_DEV_CNT);
157 reg_err:
158         return ret;
159 }
160
161 static void __exit vser_exit(void)
162 {
163
164         dev_t dev;
165
166         dev = MKDEV(VSER_MAJOR, VSER_MINOR);
167
168         remove_proc_entry("info", vsdev.pdir);
169         remove_proc_entry("vser", NULL);
170
171         cdev_del(&vsdev.cdev);
172         unregister_chrdev_region(dev, VSER_DEV_CNT);
173 }
……
```

在 vser_dev 结构中添加了两个 struct proc_dir_entry 类型的指针成员，我们要先在/proc 目录下建立一个 vser 目录，再在 vser 目录下建立一个 info 文件，那么这两个指针分别指向创建的目录和文件的目录项。代码第 142 行至第 148 行，分别调用 proc_mkdir 和 proc_create_data 创建了这个目录和文件，proc_mkdir 第二个参数为 NULL，表示在/proc 目录下创建目录，第一个参数是目录的名字。proc_create_data 的第一个参数是文件的名字，第二个参数是权限，第三个参数是目录的目录项指针，第四个参数是该文件的操作

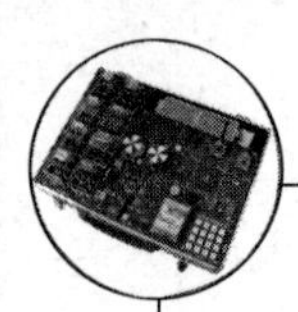

方法集合，第五个参数是该文件的私有数据。proc_ops 是该文件的操作方法集合，其中 release、read、llseek 都使用内核已有的函数来实现，而 open 用自定义的方法 proc_open 来实现，proc_open 又调用了 single_open 来辅助实现，并且指定了对文件读操作更具体的实现。dat_show 是这部分代码中最关键的内容。代码第 100 行首先从私有数据中获得设备结构地址（这是在 proc_create_data 函数调用时传递的），然后使用 seq_printf 动态地产生被读取文件的内容。

驱动实现后，可以使用下面的命令来进行验证。

```
# make
# make modules_install
# depmod
# modprobe vser
# cat /proc/vser/info
baudrate: 115200
frame format: 8N1
```

4.3 非阻塞型 I/O

设备不一定随时都能给用户提供服务，这就有了资源可用和不可用两种状态。比如，对于虚拟串口设备来说，当用户想要读取串口中的数据时，如果 FIFO 中没有数据，那么设备对读进程来讲就是资源不可用；但是对于写进程来说，此时资源是可用的，因为有剩余的空间供写进程写入数据，即对写进程来说，当 FIFO 为满时，资源是不可用的。当资源不可用时，应用程序和驱动一起的各种配合就组成了多种 I/O 模型。如果应用程序以非阻塞的方式打开设备文件，当资源不可用时，驱动就应该立即返回，并用一个错误码 EAGAIN 来通知应用程序此时资源不可用，应用程序应该稍后再尝试。对于这样的方式，驱动程序的读写接口代码应该在前面的基础上进行修改，如下所示（完整的代码请参见"下载资源/程序源码/advio/ex3"）。

```
/* vser.c */

static ssize_t vser_read(struct file *filp, char __user *buf, size_t count, loff_t *pos)
{
        int ret;
        unsigned int copied = 0;

        if (kfifo_is_empty(&vsfifo))
                if (filp->f_flags & O_NONBLOCK)
                        return -EAGAIN;

        ret = kfifo_to_user(&vsfifo, buf, count, &copied);

        return ret == 0 ? copied : ret;
```

```
}

static ssize_t vser_write(struct file *filp, const char __user *buf, size_t count, loff_t *pos)
{
        int ret;
        unsigned int copied = 0;

        if (kfifo_is_full(&vsfifo))
                if (filp->f_flags & O_NONBLOCK)
                        return -EAGAIN;

        ret = kfifo_from_user(&vsfifo, buf, count, &copied);

        return ret == 0 ? copied : ret;
}
```

相应的测试程序如下。

```
/* test.c */

#include <stdio.h>
#include <stdlib.h>
#include <sys/types.h>
#include <sys/stat.h>
#include <sys/ioctl.h>
#include <fcntl.h>
#include <errno.h>

#include "vser.h"

int main(int argc, char *argv[])
{
        int fd;
        int ret;
        unsigned int baud;
        struct option opt = {8,1,1};
        char rbuf[32] = {0};
        char wbuf[32] = "xxxxxxxxxxxxxxxxxxxxxxxxxxxxxxx";

        fd = open("/dev/vser0", O_RDWR | O_NONBLOCK);
        if (fd == -1)
                goto fail;

        ret = read(fd, rbuf, sizeof(rbuf));
        if (ret < 0)
                perror("read");

        ret = write(fd, wbuf, sizeof(wbuf));
        if (ret < 0)
                perror("first write");

        ret = write(fd, wbuf, sizeof(wbuf));
        if (ret < 0)
```

```
34                perror("second write");
35
36
37        close(fd);
38        exit(EXIT_SUCCESS);
39
40 fail:
41        perror("ioctl test");
42        exit(EXIT_FAILURE);
43 }
```

测试命令如下。

```
# mknod /dev/vser0 c 256 0
# make
# make modules_install
# gcc -o test test.c
# depmod
# rmmod vser
# modprobe vser
# ./test
read: Resource temporarily unavailable
second write: Resource temporarily unavailable
```

驱动代码的第 43 行用 kfifo_is_empty 判断 FIFO 是否为空，第 57 行用 kfifo_is_full 判断 FIFO 是否为满，这是操作 kfifo 的两个宏，其参数都是 kfifo 的地址。第 44 行和第 58 行判断设备文件是否以非阻塞的方式打开，如果是，并且资源不可用，则返回 EAGAIN 错误码。

测试程序代码的第 20 行用 O_NONBLOCK 标志来表示以非阻塞方式打开设备文件，并首先开始读虚拟串口，此时 FIFO 中没有数据，所以函数立即返回，并报告“Resource temporarily unavailable”的错误，然后程序向虚拟串口写入了 32 个字节的数据将 FIFO 填满，最后再发起一次写操作，因为没有剩余的空间来容纳数据，所以第二次写操作也返回资源不可用的错误。

4.4 阻塞型 I/O

理解了非阻塞型 I/O，再来学习阻塞型 I/O 就比较容易了。当进程以阻塞的方式打开设备文件时（默认的方式），如果资源不可用，那么进程阻塞，也就是进程休眠。具体来讲就是，如果进程发现资源不可用，主动将自己的状态设置为 TASK_UNINTERRUPTIBLE 或 TASK_INTERRUPTIBLE，然后将自己加入一个驱动所维护的等待队列中，最后调用 schedule 主动放弃 CPU，操作系统将之从运行队列上移除，并调度其他的进程执行（当然，具体的过程要稍微比这个复杂一些，比如在这个过程中判断是否接收到信号，是否有排他限制等）。对于这样一个比较谦让的进程，内核是非常喜欢的，这也是将这种 I/O

方式设置为默认方式的原因。相比于非阻塞型 I/O，其最大的优点就是，资源不可用时，不占用 CPU 的时间，而非阻塞型 I/O 必须要定期尝试，看看资源是否可以获得，这对于键盘和鼠标这类设备来讲，其效率是非常低的。但是阻塞型 I/O 也有一个明显的缺点，那就是进程在休眠期间再也不能做其他的事了。

既然有休眠，就应该有对应的唤醒操作，否则进程将会一直休眠下去。驱动程序应该在资源可用时负责执行唤醒操作，比如读进程休眠了，那么对于虚拟串口而言，写进程就应该负责唤醒操作，在真实的串口设备中，通常应该是中断处理程序负责唤醒。例如当串口收到了数据，产生了一个中断，为了让程序更友好，休眠的进程应该能够被信号唤醒，这在资源不可获得，但却想要撤销休眠时，是比较有用的，通常也是一种比较推荐的方法。另外，我们也可以指定进程的最长休眠时间，超时后进程自动苏醒。

从上面的描述中我们可以发现，要实现阻塞操作，最重要的数据结构就是等待队列。等待队列头的数据类型是 wait_queue_head_t，队列节点的数据类型是 wait_queue_t，围绕等待队列有很多宏和函数，下面罗列其最常用的一部分。

```
DECLARE_WAIT_QUEUE_HEAD(name)
init_waitqueue_head(q)

wait_event(wq, condition)
wait_event_timeout(wq, condition, timeout)
wake_up(x)

wait_event_interruptible(wq, condition)
wait_event_interruptible_timeout(wq, condition, timeout)
wait_event_interruptible_exclusive(wq, condition)
wake_up_interruptible(x)
wake_up(x)

wait_event_interruptible_locked(wq, condition)
wait_event_interruptible_locked_irq(wq, condition)
wait_event_interruptible_exclusive_locked(wq, condition)
wait_event_interruptible_exclusive_locked_irq(wq, condition)
wake_up_locked(x)
```

DECLARE_WAIT_QUEUE_HEAD 静态定义了一个等待队列头，init_waitqueue_head 用于初始化一个等待队列头。wait_event 是在条件 condition 不成立的情况下将当前进程放入到等待队列并休眠的基本操作。它拥有非常多的变体，timeout 表示有超时限制；interruptible 表示进程在休眠时可以通过信号来唤醒；exclusive 表示该进程具有排他性，在默认情况下，唤醒操作将唤醒等待队列中的所有进程，但是如果一个进程是以排他的方式休眠的，那么唤醒操作在唤醒这个进程后不会继续唤醒其他进程；locked 要求在调用前先获得等待队列内部的锁（关于锁的机制将会在后面的章节详细介绍），irq 要求在上锁的同时禁止中断（关于中断也将会在后面的章节详细介绍）。这些函数如果不带 timeout，那么返回 0 表示被成功唤醒，返回-ERESTARTSYS 表示被信号唤醒；如果带 timeout，返回 0 表示超时，返回大于 0 的值表示被成功唤醒，这个值是离超时还剩余的

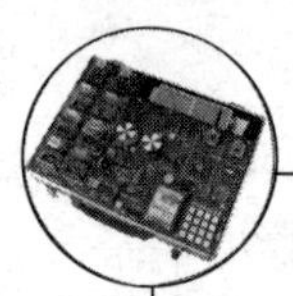

时间。它们的唤醒函数有对应关系，简单地讲，带 locked 的用 wake_up_locked 唤醒；不带 locked 而带 interruptible 的，用 wake_up_interruptible 来唤醒，否则用 wake_up 唤醒，也可以用 wake_up 唤醒。关于这些宏或函数更多的信息请参考“include/linux/wait.h”。

下面是增加了阻塞操作的驱动代码，仅列出了变化的部分（完整的代码请参见“下载资源/程序源码/advio/ex4”）。

```
......
struct vser_dev {
        unsigned int baud;
        struct option opt;
        struct cdev cdev;
        wait_queue_head_t rwqh;
        wait_queue_head_t wwqh;
};
......
static ssize_t vser_read(struct file *filp, char __user *buf, size_t count, loff_t *pos)
{
        int ret;
        unsigned int copied = 0;

        if (kfifo_is_empty(&vsfifo)) {
                if (filp->f_flags & O_NONBLOCK)
                        return -EAGAIN;

                if (wait_event_interruptible(vsdev.rwqh, !kfifo_is_empty(&vsfifo)))
                        return -ERESTARTSYS;
        }

        ret = kfifo_to_user(&vsfifo, buf, count, &copied);

        if (!kfifo_is_full(&vsfifo))
                wake_up_interruptible(&vsdev.wwqh);

        return ret == 0 ? copied : ret;
}

static ssize_t vser_write(struct file *filp, const char __user *buf, size_t count, loff_t *pos)
{

        int ret;
        unsigned int copied = 0;

        if (kfifo_is_full(&vsfifo)) {
                if (filp->f_flags & O_NONBLOCK)
                        return -EAGAIN;

                if (wait_event_interruptible(vsdev.wwqh, !kfifo_is_full(&vsfifo)))
                        return -ERESTARTSYS;
        }
```

```
77
78         ret = kfifo_from_user(&vsfifo, buf, count, &copied);
79
80         if (!kfifo_is_empty(&vsfifo))
81             wake_up_interruptible(&vsdev.rwqh);
82
83         return ret == 0 ? copied : ret;
84 }
......
122 static int __init vser_init(void)
123 {
......
143         init_waitqueue_head(&vsdev.rwqh);
144         init_waitqueue_head(&vsdev.wwqh);
......
152 }
```

代码第 26 行和第 27 行增加了读和写的等待队列头，代码第 143 行和第 144 行初始化了这两个等待队列头，代码第 52 行和第 53 行在 FIFO 为空的情况下进程休眠，直到 FIFO 不为空或接收到信号才被唤醒，如果是被信号唤醒，则返回-ERESTARTSYS。代码第 58 行和第 59 行，在 FIFO 不为满的情况下，唤醒所有等待的写进程。代码第 74 行和第 75 行与代码第 80 行和第 81 行有类似的作用，只是数据传输的方向变成了写。驱动的测试如下。

```
# mknod /dev/vser0 c 256 0
# make
# make modules_install
# depmod
# modprobe vser
# cat /dev/vser0
^C
# echo "xxxxxxxxxxxxxxxxxxxxxxxxxxxxxxxxx" > /dev/vser0
^Cbash: echo: write error: Interrupted system call
# cat /dev/vser0
xxxxxxxxxxxxxxxxxxxxxxxxxxxxxxxx
# cat /dev/vser0 &
[1] 27223
# echo "xxxxxxxxxxxx" > /dev/vser0
xxxxxxxxxxxx
# echo "xxxxxxxxxxxx" > /dev/vser0
xxxxxxxxxxxx
# ps
  PID TTY          TIME CMD
26388 pts/1    00:00:00 su
26396 pts/1    00:00:00 bash
27223 pts/1    00:00:00 cat
27225 pts/1    00:00:00 ps
# kill -9 27223
[1]+  Killed                  cat /dev/vser0
# echo "xxxxxxxxxxxxxxxxxxxxxxxxxxxxxxxxx" > /dev/vser0 &
[1] 27727
```

```
# echo "xxxxxxxxxxxxxxxxxxxxxxxxxxxxxxxxx" > /dev/vser0 &
[2] 27728
# echo "xxxxxxxxxxxxxxxxxxxxxxxxxxxxxxxxx" > /dev/vser0 &
[3] 27729
# ps
  PID TTY          TIME CMD
26388 pts/1    00:00:00 su
26396 pts/1    00:00:00 bash
27727 pts/1    00:00:00 bash
27728 pts/1    00:00:00 bash
27729 pts/1    00:00:00 bash
27731 pts/1    00:00:00 ps
# cat /dev/vser0
xxxxxxxxxxxxxxxxxxxxxxxxxxxxxxxxxxxxxxxxxxxxxxxxxxxxxxxxxxxxxxxxx
xxxxxxxxxxxxxxxxxxxxxxxxxxxxxxx
xxx
^C
[1]   Done                    echo "xxxxxxxxxxxxxxxxxxxxxxxxxxxxxxxxx" > /dev/vser0
[2]-  Done                    echo "xxxxxxxxxxxxxxxxxxxxxxxxxxxxxxxxx" > /dev/vser0
[3]+  Done                    echo "xxxxxxxxxxxxxxxxxxxxxxxxxxxxxxxxx" > /dev/vser0
# ps
  PID TTY          TIME CMD
26388 pts/1    00:00:00 su
26396 pts/1    00:00:00 bash
27735 pts/1    00:00:00 ps
```

在上面的测试过程中，首先用 cat 命令去读设备，因为此时 FIFO 为空，所以进程阻塞，按“Ctrl+C”组合键后，向程序发信号，程序退出；之后又用 echo 命令向设备写入大于 32 个字节的数据，当已经写了 32 个字节后，因为 FIFO 已满，所以程序被阻塞，按“Ctrl+C”组合键后程序退出；之后再用 cat 命令读取数据，把 32 个数据读出，导致 FIFO 为空，继续尝试读取，程序又阻塞，按“Ctrl+C”组合键后程序退出；接下来让 cat 在后台执行，每次 echo 后，cat 被唤醒，并打印读出的数据，要结束 cat 时，用 kill 杀死进程；最后后台运行 3 个 echo，数据都超过 32 个字节，那么这 3 个 echo 都会被阻塞，用 ps 命令查看，27727-27729 就是这 3 个进程，然后用 cat 命令读取数据，3 个 echo 都被唤醒，并且其写入的数据都被读出，再按“Ctrl+C”组合键结束 cat，用 ps 命令查看，发现刚才的 3 个 echo 进程没有了。

在驱动中，如果将 wait_event_interruptible 换成 wait_event_interruptible_exclusive，并写一个测试程序，比如一次最多只读取 32 个字节，然后像上面的例子一样同时运行 3 个 echo，会发现 test 程序运行只会唤醒其中的一个进程（完整的代码请参见“下载资源/程序源码/advio/ex5”）。

需要说明的是，wait_event_interruptible_locked 及其变体在某些情况下非常有用，因为驱动开发者可以使用队列自带的自旋锁，从而避免一些竞态的产生，这会在后面的相关章节详细讨论。另外，有时为了对等待队列的操作实现更精确的控制（比如在复杂的锁使用下），或者根据驱动的实际情况达到更高的效率，会手动来操作等待队列，即把 wait_event 或其变体的宏里面的语句提取出来，直接写在驱动中，而不用这些宏。不过万变不离其宗，根本性的工作还是要构造并初始化等待队列头，构造等待队列节点，设置进程的状态，将节点加入到等待队列，放弃 CPU，调度其他进程执行，在资源可用时，唤醒队列上的进程。

4.5 I/O 多路复用

阻塞型 I/O 相对于非阻塞型 I/O 来说，最大的优点就是在设备的资源不可用时，进程主动放弃 CPU，让其他的进程运行，而不用不停地轮询，有助于提高整个系统的效率。但是其缺点也是比较明显的，那就是进程阻塞后，不能做其他的操作，这在一个进程要同时对多个设备进行操作时显得非常不方便。比如一个进程既要读取键盘的数据，又要读取串口的数据，那么如果都是用阻塞的方式进行操作的话，如果因为读取键盘而使进程阻塞，即便串口收到了数据，也不能及时获取。解决这个问题的方法有多种，比如多进程、多线程和 I/O 多路复用。在这里我们来讨论 I/O 多路复用的实现，首先回顾一下在应用层中，I/O 多路复用的相关操作。在应用层，由于历史原因，I/O 多路复用有 select、poll 以及 Linux 所特有的 epoll 三种方式。这里以 poll 为例来进行说明，poll 系统调用的原型及相关的数据类型如下。

```
int poll(struct pollfd *fds, nfds_t nfds, int timeout);

struct pollfd {
    int   fd;         /* file descriptor */
    short events;     /* requested events */
    short revents;    /* returned events */
};

POLLIN There is data to read.
POLLOUT Writing now will not block.
POLLRDNORM Equivalent to POLLIN.
POLLWRNORM Equivalent to POLLOUT.
```

poll 的第一个参数是要监听的文件描述符集合，类型为指向 struct pollfd 的指针，struct pollfd 有 3 个成员，fd 是要监听的文件描述符，events 是监听的事件，revents 是返回的事件。常见的事件有 POLLIN、POLLOUT，分别表示设备可以无阻塞地读、写。POLLRDNORM 和 POLLWRNORM 是在_XOPEN_SOURCE 宏被定义时所引入的事件，POLLRDNORM 通常和 POLLIN 等价，POLLWRNORM 和 POLLOUT 等价。poll 函数的第二个参数是要监听的文件描述符的个数，第三个参数是毫秒的超时值，负数表示一直监听，直到被监听的文件描述符集合中的任意一个设备发生了事件才会返回。如果有一个程序既要监听键盘，又要监听串口，当用户按下键盘上的键后，将键值转换成字符串后通过串口发送出去，当串口收到了数据后，在屏幕上显示，那么可以使用下面的应用程序来实现（完整的代码请参见“下载资源/程序源码/advio/ex6”）。

```
#include <stdio.h>
#include <stdlib.h>
#include <string.h>
#include <sys/types.h>
#include <sys/stat.h>
#include <sys/ioctl.h>
#include <fcntl.h>
#include <errno.h>
#include <poll.h>
#include <linux/input.h>

#include "vser.h"

int main(int argc, char *argv[])
{
        int ret;
        struct pollfd fds[2];
        char rbuf[32];
        char wbuf[32];
        struct input_event key;

        fds[0].fd = open("/dev/vser0", O_RDWR | O_NONBLOCK);
        if (fds[0].fd == -1)
                goto fail;
        fds[0].events = POLLIN;
        fds[0].revents = 0;

        fds[1].fd = open("/dev/input/event1", O_RDWR | O_NONBLOCK);
        if (fds[1].fd == -1)
                goto fail;
        fds[1].events = POLLIN;
        fds[1].revents = 0;

        while (1) {
                ret = poll(fds, 2, -1);
                if (ret == -1)
                        goto fail;

                if (fds[0].revents & POLLIN) {
                        ret = read(fds[0].fd, rbuf, sizeof(rbuf));
                        if (ret < 0)
                                goto fail;
                        puts(rbuf);
                }

                if (fds[1].revents & POLLIN) {
                        ret = read(fds[1].fd, &key, sizeof(key));
                        if (ret < 0)
                                goto fail;

                        if (key.type == EV_KEY) {
                                sprintf(wbuf, "%#x\n", key.code);
                                ret = write(fds[0].fd, wbuf, strlen(wbuf) + 1);
                                if (ret < 0)
```

```
55                                         goto fail;
56                             }
57                     }
58             }
59 
60 fail:
61         perror("poll test");
62         exit(EXIT_FAILURE);
63 }
```

代码第 22 行至第 32 行，分别以非阻塞方式打开了两个设备文件，并初始化了关心的事件；代码第 35 行调用 poll 进行监听，如果被监听的设备没有一个设备文件可读，那么 poll 将会一直阻塞，直到键盘或串口任意一个设备能够读取数据才返回；poll 返回，如果返回值不为负值，那么意味着肯定至少有一个设备可以读取（因为没有设置超时），代码第 39 行至第 57 行就是判断返回的事件，如果相应的事件发生，则读取数据。如果从串口读取到数据则在标准输出上进行打印；如果在键盘上读到了数据，则判断按键的类型，若为 EV_KEY 则将键值转换为字符串，通过串口发送。因为虚拟串口是内环回的，所以发给串口的数据都会返回来。

了解了应用层的实现后，接下来看看驱动是如何实现的。

```
114 unsigned int vser_poll(struct file *filp, struct poll_table_struct *p)
115 {
116         int mask = 0;
117 
118         poll_wait(filp, &vsdev.rwqh, p);
119         poll_wait(filp, &vsdev.wwqh, p);
120 
121         if (!kfifo_is_empty(&vsfifo))
122                 mask |= POLLIN | POLLRDNORM;
123         if (!kfifo_is_full(&vsfifo))
124                 mask |= POLLOUT | POLLWRNORM;
125 
126         return mask;
127 }
128 
129 static struct file_operations vser_ops = {
……
136         .poll = vser_poll,
137 };
```

驱动的代码非常简单，代码第 114 行至第 127 行实现了一个 poll 接口函数，代码第 136 行让 file_operations 内的 poll 函数指针指向了该接口函数。但是这简单的代码背后的机制却比较复杂，为了让读者更好地理解 I/O 多路复用的实现，下面把 poll 系统调用的过程用图 4.1 来简单描述一下。

poll 系统调用在内核中对应的函数是 sys_poll，该函数调用 do_sys_poll 来完成具体的工作；在 do_sys_poll 函数中有一个 for 循环，这个循环将会构造一个 poll_list 结构，其主要作用是把用户层传递过来的 struct pollfd 复制到 poll_list 中，并记录监听的文件个数（图 4.1 中有两个文件描述符 3 和 4，关心的事件都是 POLLIN）；之后调用 poll_initwait 函数，

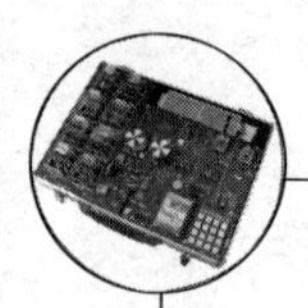

该函数构造一个 poll_wqueues 结构，并初始化其中部分的成员，包括将 pt 指针指向一个 poll_table 的结构，poll_table 结构中有一个函数指针指向__poll_wait；接下来调用 do_poll 函数，do_poll 函数内有两层 for 循环，内层的 for 循环将会遍历 poll_list 中的每一个 struct pollfd 结构，并对应初始化 poll_wqueues 中的每一个 poll_table_entry（关键是要构造一个等待队列节点，然后指定唤醒该节点后调用的函数为 poll_wake），接下来根据 fd 找到对应的 file 结构，从而调用驱动中的 poll 接口函数（图示中为 xxx_poll），驱动中的 poll 接口函数将会调用 poll_wait 辅助函数，该函数又会调用之前在初始化 poll_wqueues 时指定的__poll_wait 函数，__poll_wait 函数的主要作用是将刚才构造好的等待队列节点加入到驱动的等待队列中；接下来驱动的 poll 接口函数判断资源是否可用，并返回状态给 mask；如果内层循环所调用的每一个驱动的 poll 接口函数都返回，没有相应的事件发生，那么会调用 poll_schedule_timeout 将 poll 系统调用休眠；当设备可用后，通常会产生一个中断（或由另外一个进程的某个操作使资源可用），在对应的中断处理函数中（图示中为 xxx_isr）将会调用 wake_up 函数（或其变体），将该驱动对应资源的等待队列上的进程唤醒，这时也会把刚才因为 poll 系统调用所加入的节点出队，并调用相应的函数，即 poll_wake 函数，该函数负责唤醒因调用 poll_schedule_timeout 函数而休眠的 poll 系统调用，poll 系统调用唤醒后，回到外层的 for 循环继续执行，这次执行再次遍历所有驱动中的 poll 接口函数后，会发现至少有一个关心的事件产生，于是将该事件记录在 struct pollfd 的 revents 成员中，然后跳出外层的 for 循环，将内核的 struct pollfd 复制至用户层，poll 系统调用最终返回，并返回有多少个被监听的文件有关心的事件产生。

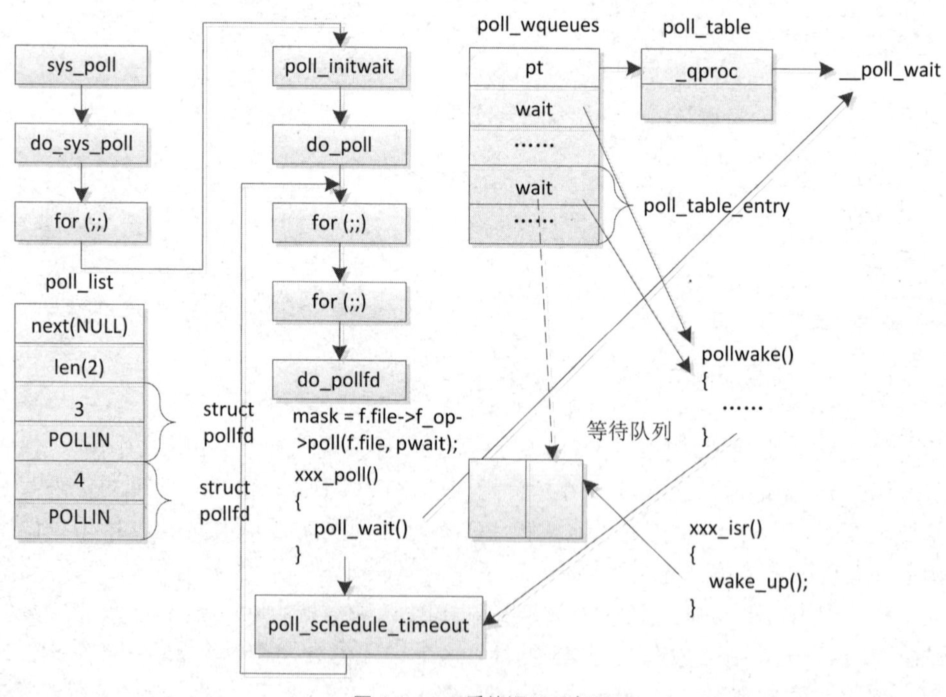

图 4.1 poll 系统调用示意图

上面的过程比较复杂，而 poll 系统调用又可以随时添加新的要监听的文件描述符，所以在内核中，相应的数组还有可能动态扩充，从而使整个过程更复杂一些。但是，其宗旨只有一个，那就是遍历所有被监听的设备的驱动中的 poll 接口函数，如果都没有关心的事件发生，那么 poll 系统调用休眠，直到至少有一个驱动唤醒它为止。

再来理解驱动中的 poll 接口函数的实现就比较简单了，代码第 118 行和第 119 行是将系统调用中构造的等待队列节点加入到相应的等待队列中，代码第 121 行至第 126 行根据资源的情况返回设置 mask 的值并返回。驱动中的 poll 接口函数是不会休眠的，休眠发生在 poll 系统调用上，这和前面的阻塞型 I/O 是不同的。

驱动和测试程序编写好后，可以使用下面的命令测试。

```
# mknod /dev/vser0 c 256 0
# gcc -o test test.c
# make
# make modules_install
# rmmod vser
# depmod
# modprobe vser
# ./test
0x1c

0x1e

a0x1e

0x1d

0x1d

0x2e

^C
```

4.6 异步 I/O

异步 I/O 是 POSIX 定义的一组标准接口，Linux 也支持。相对于前面的几种 I/O 模型，异步 I/O 在提交完 I/O 操作请求后就立即返回，程序不需要等到 I/O 操作完成再去做别的事情，具有非阻塞的特性。当底层把 I/O 操作完成后，可以给提交者发送信号，或者调用注册的回调函数，告知请求提交者 I/O 操作已完成。在信号处理函数或回调函数中，可以使用异步 I/O 接口来获得 I/O 的完成情况，比如获取读写操作返回的字节数或错误码、读取的数据等。一个简单的针对虚拟串口的异步 I/O 应用程序代码如下（完整的代码请参见“下载资源/程序源码/advio/ex7”）。

```
#include <stdio.h>
#include <stdlib.h>
#include <string.h>
#include <sys/types.h>
#include <sys/stat.h>
#include <sys/ioctl.h>
#include <fcntl.h>
#include <errno.h>
#include <poll.h>
#include <linux/input.h>
#include <aio.h>

#include "vser.h"

void aiow_completion_handler(sigval_t sigval)
{
        int ret;
        struct aiocb *req;

        req = (struct aiocb *)sigval.sival_ptr;

        if (aio_error(req) == 0) {
                ret = aio_return(req);
                printf("aio write %d bytes\n", ret);
        }

        return;
}

void aior_completion_handler(sigval_t sigval)
{
        int ret;
        struct aiocb *req;

        req = (struct aiocb *)sigval.sival_ptr;

        if (aio_error(req) == 0) {
                ret = aio_return(req);
                if (ret)
                        printf("aio read: %s\n", (char *)req->aio_buf);
        }

        return;
}

int main(int argc, char *argv[])
{
        int ret;
        int fd;
        struct aiocb aiow, aior;

        fd = open("/dev/vser0", O_RDWR);
        if (fd == -1)
```

```
54              goto fail;
55
56      memset(&aiow, 0, sizeof(aiow));
57      memset(&aior, 0, sizeof(aior));
58
59      aiow.aio_fildes = fd;
60      aiow.aio_buf = malloc(32);
61      strcpy((char *)aiow.aio_buf, "aio test");
62      aiow.aio_nbytes = strlen((char *)aiow.aio_buf) + 1;
63      aiow.aio_offset = 0;
64      aiow.aio_sigevent.sigev_notify = SIGEV_THREAD;
65      aiow.aio_sigevent.sigev_notify_function = aiow_completion_handler;
66      aiow.aio_sigevent.sigev_notify_attributes = NULL;
67      aiow.aio_sigevent.sigev_value.sival_ptr = &aiow;
68
69      aior.aio_fildes = fd;
70      aior.aio_buf = malloc(32);
71      aior.aio_nbytes = 32;
72      aior.aio_offset = 0;
73      aior.aio_sigevent.sigev_notify = SIGEV_THREAD;
74      aior.aio_sigevent.sigev_notify_function = aior_completion_handler;
75      aior.aio_sigevent.sigev_notify_attributes = NULL;
76      aior.aio_sigevent.sigev_value.sival_ptr = &aior;
77
78      while (1) {
79              if (aio_write(&aiow) == -1)
80                      goto fail;
81              if (aio_read(&aior) == -1)
82                      goto fail;
83              sleep(1);
84      }
85
86 fail:
87      perror("aio test");
88      exit(EXIT_FAILURE);
89 }
```

代码第50行定义了两个分别用于写和读的异步I/O控制块，代码第56行至第76行初始化了这两个控制块，主要是文件描述符，用于读写的缓冲区、读写的字节数和异步I/O完成后的回调函数。代码第79行发起一个异步写操作，该函数会立即返回，具体的写操作会在底层的驱动中完成。代码第81行又发起了一个异步读操作，该函数也会立即返回，具体的读操作会在底层的驱动中完成。当写完成后，注册的aiow_completion_handler写完成函数将会被自动调用，该函数通过aio_error及aio_return获取了I/O操作的错误码及实际的写操作的返回值。sigval.sival_ptr是在代码第67行赋值的，指向了I/O控制块aiow。同样，当读完成后，注册的aior_completion_handler读完成函数将会被自动调用，除了像写完成操作中可以获取完成状态，还可以从aio_buf中获取读取的数据。代码第83行是模拟其他操作所消耗的时间。需要说明的是，在一次异步操作中，可以将多个I/O请求合并，从而完成一系列的读写操作，其对应的接口函数是lio_listio。

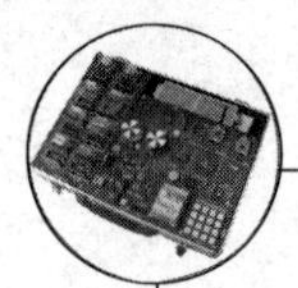

虚拟串口驱动中的异步 I/O 相关代码如下。

```
static ssize_t vser_aio_read(struct kiocb *iocb, const struct iovec *iov, unsigned long nr_segs, loff_t pos)
{
        size_t read = 0;
        unsigned long i;
        ssize_t ret;

        for (i = 0; i < nr_segs; i++) {
                ret = vser_read(iocb->ki_filp, iov[i].iov_base, iov[i].iov_len, &pos);
                if (ret < 0)
                        break;
                read += ret;
        }

        return read ? read : -EFAULT;
}

static ssize_t vser_aio_write(struct kiocb *iocb, const struct iovec *iov, unsigned long nr_segs, loff_t pos)
{
        size_t written = 0;
        unsigned long i;
        ssize_t ret;

        for (i = 0; i < nr_segs; i++) {
                ret = vser_write(iocb->ki_filp, iov[i].iov_base, iov[i].iov_len, &pos);
                if (ret < 0)
                        break;
                written += ret;
        }

        return written ? written : -EFAULT;
}

static struct file_operations vser_ops = {
……
        .aio_read = vser_aio_read,
        .aio_write = vser_aio_write,
};
```

以异步读为例，在 vser_aio_read 函数中，最关键的还是调用了之前实现的 vser_read 函数，但是 vser_read 函数被调用了 nr_segs 次，这和分散/聚集操作是类似的，即一次读操作实际上是分多次进行的，每次读取一定的字节数（iov[i].iov_len），然后分别将读到的数据放入分散的内存区域中（iov[i].iov_base）。从驱动代码中不难发现，异步 I/O 可以在驱动中阻塞，但是上层的操作却是非阻塞的。相应的编译、测试命令如下。

```
# mknod /dev/vser0 c 256 0
# gcc -o test test.c -lrt
# make
```

```
# make modules_install
# rmmod vser
# modprobe vser
# ./test
aio read: aio test
aio write 9 bytes
aio read: aio test
aio write 9 bytes
aio read: aio test
aio write 9 bytes
^C
```

4.7 几种 I/O 模型总结

前面介绍的 4 种 I/O 模型可以用图 4.2 来展示。

	阻塞	非阻塞
同步	阻塞I/O	非阻塞I/O
异步	I/O多路复用	异步I/O

图 4.2　4 种 I/O 模型

阻塞 I/O：在资源不可用时，进程阻塞，阻塞发生在驱动中，资源可用后进程被唤醒，在阻塞期间不占用 CPU，是最常用的一种方式。

非阻塞 I/O：调用立即返回，即便是在资源不可用的情况下，通过返回值来确定 I/O 操作是否成功，如果不成功，程序将在之后继续尝试。对于大多数时间内资源都不可用的设备（如鼠标、键盘），这种尝试将会白白消耗 CPU 大量的时间，如果将尝试的间隔时间增加，又可能会产生不能及时处理设备的数据。

I/O 多路复用：可以同时监听多个设备的状态，如果被监听的所有设备都没有关心的事件产生，那么系统调用被阻塞。当被监听的任何一个设备有对应关心的事件发生，将会唤醒系统调用，系统调用将再次遍历所监听的设备，获取其事件信息，然后系统调用返回。之后可以对设备发起非阻塞的读或写操作。

异步 I/O：调用者只是发起 I/O 操作的请求，然后立即返回，程序可以去做别的事情。具体的 I/O 操作在驱动中完成，驱动中可能会被阻塞，也可能不会被阻塞。当驱动的 I/O 操作完成后，调用者将会得到通知，通常是内核向调用者发送信号，或者自动调用调用者注册的回调函数，通知操作是由内核完成的，而不是驱动本身。

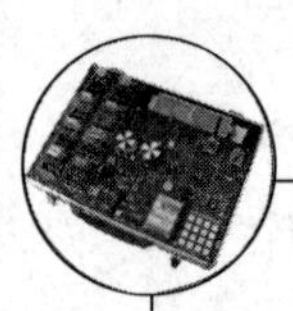

4.8 异步通知

异步通知类似于前面讲解的异步 I/O，只是当设备资源可用时它是向应用层发信号，而不能直接调用应用层注册的回调函数，并且发信号的操作也是驱动程序自身来完成的。在前面讲解的 I/O 模型中，应用程序都是主动获取设备的资源信息，即便是异步 I/O 也要先发起一个 I/O 操作请求。而异步通知则是当设备资源可获得时，由驱动主动通知应用程序，再由应用程序发起访问。这种机制和中断非常相似，以至于我们可以完全借用中断的思想来理解这一过程（信号其实相当于应用层的中断）。下面是异步通知的应用程序实现步骤。

（1）注册信号处理函数，这相当于注册中断处理函数。

（2）打开设备文件，设置文件属主。目的是使驱动根据打开文件的 file 结构，找到对应的进程，从而向该进程发送信号。

（3）设置设备资源可用时驱动向进程发送的信号，这一过程并不是必需的，但正如我们下面看到的，如果要使用 sigaction 的高级特性，该步骤是必不可少的。

（4）设置文件的 FASYNC 标志，使能异步通知机制，这相当于打开中断使能位。

典型的应用程序如下（完整的代码请参见“下载资源/程序源码/advio/ex8”）。

```
#include <stdio.h>
#include <stdlib.h>
#include <string.h>
#include <unistd.h>
#include <sys/types.h>
#include <sys/stat.h>
#include <sys/ioctl.h>
#include <fcntl.h>
#include <errno.h>
#include <poll.h>
#include <signal.h>

#include "vser.h"

int fd;

void sigio_handler(int signum, siginfo_t *siginfo, void *act)
{
        int ret;
        char buf[32];

        if (signum == SIGIO) {
                if (siginfo->si_band & POLLIN) {
                        printf("FIFO is not empty\n");
                        if ((ret = read(fd, buf, sizeof(buf))) != -1) {
                                buf[ret] = '\0';
```

```
27                      puts(buf);
28                  }
29              }
30              if (siginfo->si_band & POLLOUT)
31                  printf("FIFO is not full\n");
32      }
33 }
34
35 int main(int argc, char *argv[])
36 {
37      int ret;
38      int flag;
39      struct sigaction act, oldact;
40
41      sigemptyset(&act.sa_mask);
42      sigaddset(&act.sa_mask, SIGIO);
43      act.sa_flags = SA_SIGINFO;
44      act.sa_sigaction = sigio_handler;
45      if (sigaction(SIGIO, &act, &oldact) == -1)
46          goto fail;
47
48      fd = open("/dev/vser0", O_RDWR | O_NONBLOCK);
49      if (fd == -1)
50          goto fail;
51
52      if (fcntl(fd, F_SETOWN, getpid()) == -1)
53          goto fail;
54      if (fcntl(fd, F_SETSIG, SIGIO) == -1)
55          goto fail;
56      if ((flag = fcntl(fd, F_GETFL)) == -1)
57          goto fail;
58      if (fcntl(fd, F_SETFL, flag | FASYNC) == -1)
59          goto fail;
60
61      while (1)
62          sleep(1);
63
64 fail:
65      perror("fasync test");
66      exit(EXIT_FAILURE);
67 }
```

代码第 41 行至第 46 行对应步骤（1），即注册信号处理函数。sigaction 比 signal 更高级，主要是信号阻塞和提供信号信息两方面。使用 sigaction 注册的信号处理函数的参数有三个，而第二个参数就是关于信号的一些信息，我们随后会用到里面的内容。另外，代码第 41 行和第 42 行阻塞了 SIGIO 自己，防止信号处理函数的嵌套调用。

代码第 48 行至第 53 行对应步骤（2），即设置文件属主。驱动在发信号时，处于一个所谓的任意进程上下文，即不知道当前运行的进程，要给一个特定的进程发信号，则需要一些额外的信息，可以通过 fcntl 将所属的进程信息保存在 file 结构中，从而驱动可以根据 file 结构来找到对应的进程。

代码第 54 行和第 55 行对应步骤（3），设置了当设备资源可用时，向进程发送 SIGIO 信号，虽然这是默认发送的信号，但是为了使用信号的更多信息（主要是发送信号的原因，或者说是具体资源的情况），需要显式地进行这一步操作。

代码第 56 行和第 59 行对应步骤（4），首先获取了文件的标志，然后再添加 FASYNC 标志，这就打开了异步通知的机制。

之后主函数一直休眠，等待驱动发来的信号。当进程收到驱动发来的信号后，注册的信号处理函数 sigio_handler 自动被调用，函数的第一个参数是信号值，第二个参数是信号的附带信息，比如 ID 号、发送的时间等。这里关心的是 si_band 成员，它将记录资源是可读还是可写，从而进行相应的操作。

在编写对应的驱动代码之前，我们先来看一下内核中关于异步通知方面的处理。这里摘录其中最关键的部分代码进行分析。

```
/* fs/fcntl.c */

static int setfl(int fd, struct file * filp, unsigned long arg)
{
......
        if (((arg ^ filp->f_flags) & FASYNC) && filp->f_op->fasync) {
                error = filp->f_op->fasync(fd, filp, (arg & FASYNC) != 0);
......
}
static long do_fcntl(int fd, unsigned int cmd, unsigned long arg,
                struct file *filp)
{
        long err = -EINVAL;

        switch (cmd) {
......
        case F_SETFL:
                err = setfl(fd, filp, arg);
                break;
......
}
......
SYSCALL_DEFINE3(fcntl, unsigned int, fd, unsigned int, cmd, unsigned long, arg)
{
......
                err = do_fcntl(fd, cmd, arg, f.file);
......
}
......
static int fasync_add_entry(int fd, struct file *filp, struct fasync_struct **fapp)
{
        struct fasync_struct *new;

        new = fasync_alloc();
        if (!new)
                return -ENOMEM;

```

```
659         /*
660          * fasync_insert_entry() returns the old (update) entry if
661          * it existed.
662          *
663          * So free the (unused) new entry and return 0 to let the
664          * caller know that we didn't add any new fasync entries.
665          */
666         if (fasync_insert_entry(fd, filp, fapp, new)) {
667                 fasync_free(new);
668                 return 0;
669         }
670 
671         return 1;
672 }
……
680 int fasync_helper(int fd, struct file * filp, int on, struct fasync_struct **fapp)
681 {
682         if (!on)
683                 return fasync_remove_entry(filp, fapp);
684         return fasync_add_entry(fd, filp, fapp);
685 }
……
692 static void kill_fasync_rcu(struct fasync_struct *fa, int sig, int band)
693 {
694         while (fa) {
……
704                 if (fa->fa_file) {
705                         fown = &fa->fa_file->f_owner;
……
709                         if (!(sig == SIGURG && fown->signum == 0))
710                                 send_sigio(fown, fa->fa_fd, band);
711                 }
……
713                 fa = rcu_dereference(fa->fa_next);
714         }
715 }
716 
717 void kill_fasync(struct fasync_struct **fp, int sig, int band)
718 {
……
725                 kill_fasync_rcu(rcu_dereference(*fp), sig, band);
……
728 }
```

代码第 348 行是 fcntl 系统调用对应的代码，它调用了 do_fcntl 来完成具体的操作，代码第 272 行判断如果是 F_SETFL 则调用 setfl 函数，setfl 会调用驱动代码中的 fasync 接口函数（代码第 68 行），并传递 FASYNC 标志是否被设置。驱动中的 fasync 接口函数会调用 fasync_helper 函数（代码第 680 行），fasync_helper 函数根据 FASYNC 标志是否设置来决定在链表中添加一个 struct fasync_struct 节点还是删除一个节点，而这个结构中最主要的成员就是 fa_file，它是一个打开文件的结构，还包含了进程信息（前面设置的文

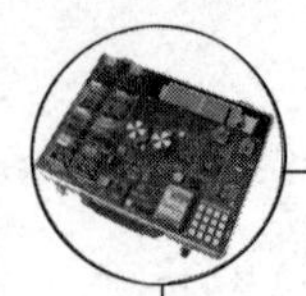

件属主）。当资源可用时，驱动调用 kill_fasync 函数发送信号，该函数会遍历 struct fasync_struct 链表，从而找到所有要接收信号的进程，并调用 send_sigio 依次发送信号（代码第 692 行至第 714 行）。

了解了异步通知在内核中的实现后，就不难理解驱动代码了。驱动代码要完成以下几个操作。

（1）构造 struct fasync_struct 链表的头。

（2）实现 fasync 接口函数，调用 fasync_helper 函数来构造 struct fasync_struct 节点，并加入到链表。

（3）在资源可用时，调用 kill_fasync 发送信号，并设置资源的可用类型是可读还是可写。

（4）在文件最后一次关闭时，即在 release 接口中，需要显式调用驱动实现的 fasync 接口函数，将节点从链表中删除，这样进程就不会再收到信号。

实现了众多接口的虚拟串口驱动的完整代码如下（完整的代码请参见“下载资源/程序源码/advio/ex8”）。

```
#include <linux/init.h>
#include <linux/kernel.h>
#include <linux/module.h>

#include <linux/fs.h>
#include <linux/cdev.h>
#include <linux/kfifo.h>

#include <linux/ioctl.h>
#include <linux/uaccess.h>

#include <linux/wait.h>
#include <linux/sched.h>
#include <linux/poll.h>
#include <linux/aio.h>

#include "vser.h"

#define VSER_MAJOR      256
#define VSER_MINOR      0
#define VSER_DEV_CNT    1
#define VSER_DEV_NAME   "vser"

struct vser_dev {
        unsigned int baud;
        struct option opt;
        struct cdev cdev;
        wait_queue_head_t rwqh;
        wait_queue_head_t wwqh;
        struct fasync_struct *fapp;
};

```

```
DEFINE_KFIFO(vsfifo, char, 32);
static struct vser_dev vsdev;

static int vser_fasync(int fd, struct file *filp, int on);

static int vser_open(struct inode *inode, struct file *filp)
{
        return 0;
}

static int vser_release(struct inode *inode, struct file *filp)
{
        vser_fasync(-1, filp, 0);
        return 0;
}

static ssize_t vser_read(struct file *filp, char __user *buf, size_t count, loff_t *pos)
{
        int ret;
        unsigned int copied = 0;

        if (kfifo_is_empty(&vsfifo)) {
                if (filp->f_flags & O_NONBLOCK)
                        return -EAGAIN;

                if (wait_event_interruptible_exclusive(vsdev.rwqh, !kfifo_is_empty(&vsfifo)))
                        return -ERESTARTSYS;
        }

        ret = kfifo_to_user(&vsfifo, buf, count, &copied);

        if (!kfifo_is_full(&vsfifo)) {
                wake_up_interruptible(&vsdev.wwqh);
                kill_fasync(&vsdev.fapp, SIGIO, POLL_OUT);
        }

        return ret == 0 ? copied : ret;
}

static ssize_t vser_write(struct file *filp, const char __user *buf, size_t count, loff_t *pos)
{

        int ret;
        unsigned int copied = 0;

        if (kfifo_is_full(&vsfifo)) {
                if (filp->f_flags & O_NONBLOCK)
                        return -EAGAIN;

                if (wait_event_interruptible_exclusive(vsdev.wwqh, !kfifo_is_
```

```
full(&vsfifo)))
                        return -ERESTARTSYS;
        }

        ret = kfifo_from_user(&vsfifo, buf, count, &copied);

        if (!kfifo_is_empty(&vsfifo)) {
                wake_up_interruptible(&vsdev.rwqh);
                kill_fasync(&vsdev.fapp, SIGIO, POLL_IN);
        }

        return ret == 0 ? copied : ret;
}

static long vser_ioctl(struct file *filp, unsigned int cmd, unsigned long arg)
{
        if (_IOC_TYPE(cmd) != VS_MAGIC)
                return -ENOTTY;

        switch (cmd) {
        case VS_SET_BAUD:
                vsdev.baud = arg;
                break;
        case VS_GET_BAUD:
                arg = vsdev.baud;
                break;
        case VS_SET_FFMT:
                if (copy_from_user(&vsdev.opt, (struct option __user *)arg, sizeof(struct option)))
                        return -EFAULT;
                break;
        case VS_GET_FFMT:
                if (copy_to_user((struct option __user *)arg, &vsdev.opt, sizeof(struct option)))
                        return -EFAULT;
                break;
        default:
                return -ENOTTY;
        }

        return 0;
}

static unsigned int vser_poll(struct file *filp, struct poll_table_struct *p)
{
        int mask = 0;

        poll_wait(filp, &vsdev.rwqh, p);
        poll_wait(filp, &vsdev.wwqh, p);

        if (!kfifo_is_empty(&vsfifo))
                mask |= POLLIN | POLLRDNORM;
        if (!kfifo_is_full(&vsfifo))
```

```
            mask |= POLLOUT | POLLWRNORM;

        return mask;
}

static ssize_t vser_aio_read(struct kiocb *iocb, const struct iovec *iov, unsigned long nr_segs, loff_t pos)
{
        size_t read = 0;
        unsigned long i;
        ssize_t ret;

        for (i = 0; i < nr_segs; i++) {
                ret = vser_read(iocb->ki_filp, iov[i].iov_base, iov[i].iov_len, &pos);
                if (ret < 0)
                        break;
                read += ret;
        }

        return read ? read : -EFAULT;
}

static ssize_t vser_aio_write(struct kiocb *iocb, const struct iovec *iov, unsigned long nr_segs, loff_t pos)
{
        size_t written = 0;
        unsigned long i;
        ssize_t ret;

        for (i = 0; i < nr_segs; i++) {
                ret = vser_write(iocb->ki_filp, iov[i].iov_base, iov[i].iov_len, &pos);
                if (ret < 0)
                        break;
                written += ret;
        }

        return written ? written : -EFAULT;
}

static int vser_fasync(int fd, struct file *filp, int on)
{
        return fasync_helper(fd, filp, on, &vsdev.fapp);
}

static struct file_operations vser_ops = {
        .owner = THIS_MODULE,
        .open = vser_open,
        .release = vser_release,
        .read = vser_read,
        .write = vser_write,
        .unlocked_ioctl = vser_ioctl,
        .poll = vser_poll,
```

```
        .aio_read = vser_aio_read,
        .aio_write = vser_aio_write,
        .fasync = vser_fasync,
};

static int __init vser_init(void)
{
        int ret;
        dev_t dev;

        dev = MKDEV(VSER_MAJOR, VSER_MINOR);
        ret = register_chrdev_region(dev, VSER_DEV_CNT, VSER_DEV_NAME);
        if (ret)
                goto reg_err;

        cdev_init(&vsdev.cdev, &vser_ops);
        vsdev.cdev.owner = THIS_MODULE;
        vsdev.baud = 115200;
        vsdev.opt.datab = 8;
        vsdev.opt.parity = 0;
        vsdev.opt.stopb = 1;

        ret = cdev_add(&vsdev.cdev, dev, VSER_DEV_CNT);
        if (ret)
                goto add_err;

        init_waitqueue_head(&vsdev.rwqh);
        init_waitqueue_head(&vsdev.wwqh);


        return 0;

add_err:
        unregister_chrdev_region(dev, VSER_DEV_CNT);
reg_err:
        return ret;
}

static void __exit vser_exit(void)
{

        dev_t dev;

        dev = MKDEV(VSER_MAJOR, VSER_MINOR);

        cdev_del(&vsdev.cdev);
        unregister_chrdev_region(dev, VSER_DEV_CNT);
}

module_init(vser_init);
module_exit(vser_exit);

MODULE_LICENSE("GPL");
MODULE_AUTHOR("Kevin Jiang <jiangxg@farsight.com.cn>");
```

```
237 MODULE_DESCRIPTION("A simple character device driver");
238 MODULE_ALIAS("virtual-serial");
```

代码第 30 行定义了链表的指针，实现了步骤（1）；代码第 170 行至第 173 行和代码第 185 行，实现了步骤（2）；代码第 66 行和第 90 行发送信号，实现了步骤（3），注意此时资源状态为 POLL_IN 和 POLL_OUT，在信号发送函数中会转换成 POLLIN 和 POLLOUT；代码第 45 行完成了步骤（4）。编译和测试的命令如下。

```
# mknod /dev/vser0 c 256 0
# gcc -o test test.c -D_GNU_SOURCE
# make
# make modules_install
# rmmod vser
# modprobe vser
# ./test &
# echo "fasync test" > /dev/vser0
FIFO is not empty
fasync test

FIFO is not full
```

注意，在编译应用程序时，需要在命令行中加入-D_GNU_SOURCE 来定义_GNU_SOURCE，因为 F_SETSIG 不是 POSIX 标准。

4.9 mmap 设备文件操作

显卡一类的设备有一片很大的显存，驱动程序将这片显存映射到内核的地址空间，方便进行操作。如果用户想要在屏幕上进行绘制操作，将要在用户空间开辟出一片至少一样大的内存，将要绘制的图像数据填充在这片内存空间中，然后调用 write 系统调用，将数据复制到内核空间的显存中，从而进行图像绘制。不难发现，在这个过程中有大量的数据要复制，对于显卡这类对性能要求非常高的设备，这种复制带来的性能损耗显然是不可接受的。

要消除这个复制操作就需要应用程序能够直接访问显存，但是显存被映射在内核空间，应用程序没有这个访问权限。字符设备驱动提供了一个 mmap 接口，可以把内核空间中的那片内存所对应的物理地址空间再次映射到用户空间，这样一个物理内存就有了两份映射，或者说有两个虚拟地址，一个在内核空间，一个在用户空间。这样就可以通过直接操作用户空间的这片映射之后的内存来直接访问物理内存，从而提高了效率。下面是一个虚拟的帧缓存设备的驱动程序，其实现了 mmap 接口（完整的代码请参见“下载资源/程序源码/advio/ex9”）。

```
/* vfb.c */
#include <linux/init.h>
#include <linux/kernel.h>
```

```
#include <linux/module.h>

#include <linux/fs.h>
#include <linux/mm.h>
#include <linux/cdev.h>
#include <linux/uaccess.h>

#define VFB_MAJOR       256
#define VFB_MINOR       1
#define VFB_DEV_CNT     1
#define VFB_DEV_NAME    "vfbdev"

struct vfb_dev {
        unsigned char *buf;
        struct cdev cdev;
};

static struct vfb_dev vfbdev;

static int vfb_open(struct inode * inode, struct file * filp)
{
        return 0;
}

static int vfb_release(struct inode *inode, struct file *filp)
{
        return 0;
}

static int vfb_mmap(struct file *filp, struct vm_area_struct *vma)
{
         if (remap_pfn_range(vma, vma->vm_start, virt_to_phys(vfbdev.buf) >>
PAGE_SHIFT, \
                vma->vm_end - vma->vm_start, vma->vm_page_prot))
                return -EAGAIN;
        return 0;
}

ssize_t vfb_read(struct file * filp, char __user * buf, size_t count, loff_t * pos)
{
        int ret;
        size_t len = (count > PAGE_SIZE) ? PAGE_SIZE : count;

        ret = copy_to_user(buf, vfbdev.buf, len);

        return len - ret;
}

static struct file_operations vfb_fops = {
        .owner = THIS_MODULE,
        .open = vfb_open,
        .release = vfb_release,
        .mmap = vfb_mmap,
        .read = vfb_read,
```

```
};

static int __init vfb_init(void)
{
        int ret;
        dev_t dev;
        unsigned long addr;

        dev = MKDEV(VFB_MAJOR, VFB_MINOR);
        ret = register_chrdev_region(dev, VFB_DEV_CNT, VFB_DEV_NAME);
        if (ret)
                goto reg_err;

        cdev_init(&vfbdev.cdev, &vfb_fops);
        vfbdev.cdev.owner = THIS_MODULE;
        ret = cdev_add(&vfbdev.cdev, dev, VFB_DEV_CNT);
        if (ret)
                goto add_err;

        addr = __get_free_page(GFP_KERNEL);
        if (!addr)
                goto get_err;

        vfbdev.buf = (unsigned char *)addr;
        memset(vfbdev.buf, 0, PAGE_SIZE);

        return 0;

get_err:
        cdev_del(&vfbdev.cdev);
add_err:
        unregister_chrdev_region(dev, VFB_DEV_CNT);
reg_err:
        return ret;
}

static void __exit vfb_exit(void)
{
        dev_t dev;

        dev = MKDEV(VFB_MAJOR, VFB_MINOR);

        free_page((unsigned long)vfbdev.buf);
        cdev_del(&vfbdev.cdev);
        unregister_chrdev_region(dev, VFB_DEV_CNT);
}

module_init(vfb_init);
module_exit(vfb_exit);

MODULE_LICENSE("GPL");
MODULE_AUTHOR("Kevin Jiang <jiangxg@farsight.com.cn>");
MODULE_DESCRIPTION("This is an example for mmap");
```

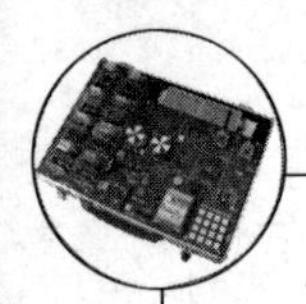

代码第 75 行使用__get_free_page 动态分配了一页内存（关于内存分配的知识我们会在后面的章节详细讲解），内核空间按页来管理内存，在进行映射时，地址要按照页大小对齐。代码第 98 行在模块卸载的时候使用 free_page 来释放之前分配的内存。

代码第 50 行至第 56 行是操作方法集合的结构，为了说明问题，我们只实现了 open、release、mmap 和 read，其中 open 和 release 接口只是简单地返回 0 表示操作成功。而 read 接口函数，即 vfb_read 在第 13 行首先判断了读取的字节数是否超过了分配内存的大小（PAGE_SIZE 是页大小的宏，通常是 4096 字节），如果超过了则限定最多只能读一页的数据。代码第 45 行使用 copy_to_user 将内核的数据复制到用户空间。第 47 行返回实际读取的字节数。注意，copy_to_user 返回未复制成功的字节数，全部复制成功则返回 0。

代码第 32 行至第 38 行是 mmap 接口的实现，在这里主要是调用了 remap_pfn_range，该函数的原型如下。

```
int remap_pfn_range(struct vm_area_struct *vma, unsigned long addr, unsigned long pfn, unsigned long size, pgprot_t prot);
```

第一个参数 vma 是用来描述一片映射区域的结构指针，一个进程有很多片映射的区域，每一个区域都有这样对应的一个结构，这些结构通过链表和红黑树组织在一起。该结构描述了这片映射区域虚拟的起始地址、结束地址和访问的权限等信息。第二个参数 addr 是用户指定的映射之后的虚拟起始地址，如果用户没有指定，那么由内核来指定该地址。第三个参数是物理内存所对应的页框号，就是将物理地址除以页大小得到的值。第四个参数是想要映射的空间的大小。最后一个参数 prot 是该内存区域的访问权限。经过该函数后，一片物理内存区域将会被映射到用户空间，而这片物理内存本身在之前又被映射到了内核空间，所以这片物理内存区域被映射了两次，在用户空间和内核空间都可以被访问。图 4.3 是对应的示意图。

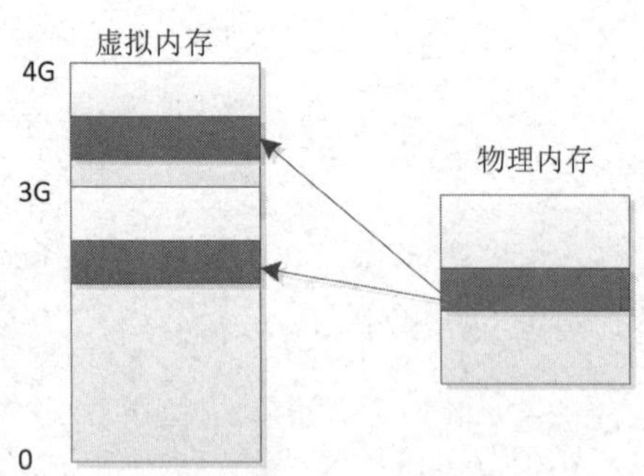

图 4.3　mmap 映射示意图

代码第 34 行中的 virt_to_phys(vfbdev.buf) >> PAGE_SHIFT 就是首先把在内核空间的虚拟地址 vfbdev.buf 通过 virt_to_phys 转换成对应的物理地址，然后将该物理地址右移 PAGE_SHIFT 比特位（其实就是除以页的大小）得到了物理页框号。其他的实参都是由 vma 中的成员来指定的，而其中的起始地址、大小和权限都可以由用户在系统调用函数中指定，struct vm_area_struct 结构由内核来构造。

下面是该驱动对应的测试程序。

```
 1 #include <stdio.h>
 2 #include <stdlib.h>
 3 #include <fcntl.h>
 4 #include <unistd.h>
 5 #include <sys/mman.h>
 6 #include <string.h>
 7
 8 int main(int argc, char * argv[])
 9 {
10         int fd;
11         char *start;
12         int i;
13         char buf[32];
14
15         fd = open("/dev/vfb0", O_RDWR);
16         if (fd == -1)
17                 goto fail;
18
19         start = mmap(NULL, 32, PROT_READ | PROT_WRITE, MAP_SHARED, fd, 0);
20         if (start == MAP_FAILED)
21                 goto fail;
22
23         for (i = 0; i < 26; i++)
24                 *(start + i) = 'a' + i;
25         *(start + i) = '\0';
26
27         if (read(fd, buf, 27) == -1)
28                 goto fail;
29
30         puts(buf);
31
32         munmap(start, 32);
33         return 0;
34
35 fail:
36         perror("mmap test");
37         exit(EXIT_FAILURE);
38 }
```

代码第 19 行调用了 mmap 系统调用，第一个参数是想要映射的起始地址，通常设置为 NULL，表示由内核来决定该起始地址。第二个参数 32 是要映射的内存空间的大小。第三个参数 PROT_READ | PROT_WRITE 表示映射后的空间是可读、可写的。第四个参数 MAP_SHARED 是指映射是多进程共享。最后一个参数是位置偏移，为 0 表示从头开始。

代码第 23 行至第 25 行是直接对映射之后的内存进行操作。代码第 27 行则读出之前操作的内容，可对比判断操作是否成功。下面是编译、测试用的命令。

```
# mknod /dev/vfb c 256 1
# gcc -o test test.c
```

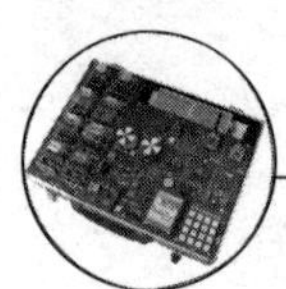


```
# make
# make modules_install
# depmod
# rmmod vfb
# modprobe vfb
# ./test
abcdefghijklmnopqrstuvwxyz
```

4.10 定位操作

支持随机访问的设备文件，访问的文件位置可以由用户来指定，并且对于读写这类操作，下一次访问的文件位置将会紧接在上一次访问结束的位置之后，上面模拟的虚拟显卡设备并不支持这一操作。首先每次读取的位置都是从文件最开头的位置开始的，也就是说形参 pos 没有使用上；其次是没有 llseek 系统调用所对应的接口函数。

要让驱动支持定位操作，首先来看看 pos 形参的作用。文件对用户的抽象是一段线性存储的数据，那么可以把文件看成一个数组，每个数组元素占一个字节，那么 pos 参数就是访问这个数组的下标的地址。例如，虚拟显卡分配了一页的内存，即文件的内容，如果一页是 4096 字节，那么*pos 的值就可以为 0~4095，*pos 就指定了要访问的数据的地址相对于起始地址偏移的字节数。不同于普通文件的是，这个设备文件的大小是固定的。而且，虚拟显卡设备在每次读取后，驱动应该负责更新*pos 的值。

和 llseek 对应的驱动接口是 file_operations 结构中 llseek 函数指针指向的函数，其类型如下。

```
loff_t (*llseek) (struct file *, loff_t, int);
```

指针指向的函数有三个参数，第一个参数指向代表打开文件的 file 结构；第二个参数是偏移量；第三个参数是位置，分别是 SEEK_SET、SEEK_CUR 和 SEEK_END。llseek 接口要做的事情就是根据传入的参数来调整保存在 file 结构中的文件位置值。

下面分别是加入文件定位操作后的驱动代码和应用程序代码（完整的代码请参见“下载资源/程序源码/advio/ex10”）。

```
/* vfb.c */

ssize_t vfb_read(struct file *filp, char __user *buf, size_t count, loff_t *pos)
{
        int ret;
        size_t len = (count > PAGE_SIZE) ? PAGE_SIZE : count;

        if (*pos + len > PAGE_SIZE)
                len = PAGE_SIZE - *pos;

        ret = copy_to_user(buf, vfbdev.buf + *pos, len);
        *pos += len - ret;
```

```

        return len - ret;
}

static loff_t vfb_llseek(struct file * filp, loff_t off, int whence)
{
        loff_t newpos;

        switch (whence) {
        case SEEK_SET:
                newpos = off;
                break;
        case SEEK_CUR:
                newpos = filp->f_pos + off;
                break;
        case SEEK_END:
                newpos = PAGE_SIZE + off;
                break;
        default:                /* can't happen */
                return -EINVAL;
        }

        if (newpos < 0 || newpos > PAGE_SIZE)
                return -EINVAL;

        filp->f_pos = newpos;

        return newpos;
}

static struct file_operations vfb_fops = {
^
        .llseek = vfb_llseek,
};
```

```
/* test.c */

#include <stdio.h>
#include <stdlib.h>
#include <fcntl.h>
#include <unistd.h>
#include <sys/mman.h>
#include <string.h>

int main(int argc, char * argv[])
{
        int fd;
        char *start;
        int i;
        char buf[32];

        fd = open("/dev/vfb0", O_RDWR);
        if (fd == -1)
                goto fail;

```

```
        start = mmap(NULL, 32, PROT_READ | PROT_WRITE, MAP_SHARED, fd, 0);
        if (start == MAP_FAILED)
                goto fail;

        for (i = 0; i < 26; i++)
                *(start + i) = 'a' + i;
        *(start + i) = '\0';

        if(lseek(fd, 3, SEEK_SET) == -1)
                goto fail;

        if (read(fd, buf, 10) == -1)
                goto fail;

        buf[10] = '\0';
        puts(buf);

        munmap(start, 32);
        return 0;

fail:
        perror("mmap test");
        exit(EXIT_FAILURE);
}
```

驱动代码第 45 行和第 46 行判断文件访问是否超过了边界，如果是则调整访问的长度。代码第 48 行在复制时考虑到了偏移所带来的影响，代码第 49 行则是更新位置值。代码第 54 行至第 78 行是文件定位操作的实现，根据 whence 的不同，设置了新的文件位置值，代码第 72 行和第 73 行则是判断新的位置值是否合法，代码第 75 行将新的文件位置值更新到 file 结构的 f_pos 成员中。

测试程序相对于之前的变化是在读操作之前首先使用 lseek 将文件位置定位为 3，那么之后的操作都将从文件的第 3 个字节开始读取。下面是编译、测试用的命令。

```
# mknod /dev/vfb c 256 1
# gcc -o test test.c
# make
# make modules_install
# depmod
# rmmod vfb
# modprobe vfb
# ./test
defghijklm
```

4.11 习题

1. ioctl 接口函数的命令不包含哪个部分（　）。

[A] 幻数　　[B] 权限　　[C] 参数传输方向　　[D] 参数大小

2．关于 proc 文件系统说法不正确的是（　）。

[A] 是一种伪文件系统　　[B] 通常挂载在/proc 目录下

[C] 包含了进程相关的信息　　[D] 硬件信息主要输出到该文件系统

3．关于阻塞型 I/O 说法不正确的是（　）。

[A] 当资源不可用时，进程主动睡眠

[B] 当资源可用时，由其他内核执行路径唤醒

[C] 可以设置超时后被自动唤醒

[D] 只会唤醒一个进程

4．I/O 多路复用在（　）发生阻塞。

[A] 驱动的 poll 接口函数中　　[B] 驱动的 read 接口函数中

[C] 驱动的 write 接口函数中　　[D] select、poll 或 epoll 系统调用中

5．关于异步 I/O 说法正确的是（　）

[A] 在 I/O 完成后系统调用才会返回

[B] 在 I/O 完成后不会通知调用者

[C] 在一次异步操作中，可以将多个 I/O 请求合并

[D] 在 I/O 完成后，设备驱动直接调用调用者注册的回调函数

6．关于异步通知说法错误的是（　）。

[A] 类似于中断

[B] 可以获取资源的具体状态是可读还是可写

[C] 是由驱动来启动信号的发送的

[D] 当打开一个字符设备文件后，异步通知是默认使能的

7．mmap 的最大优点是（　）。

[A] 将用户空间的一片内存映射到内核空间，从而提高效率

[B] 将内核空间的一片内存映射到用户空间，从而提高效率

[C] 使字符设备可以实现随机访问

[D] 额外分配了物理内存，从而提高了效率

8．关于文件定位操作说法正确的是（　）。

[A] 当一个进程定位到文件的一个位置后，另一个打开同样文件的进程所访问的文件位置也随之变化

[B] 串口这类字符设备是必须要实现文件定位操作的

[C] 在字符设备驱动中实现了 llseek 后，可以让所有的字符设备都随机访问

[D] 大多数字符设备都不支持文件定位操作

第5章 中断和时间管理

本章目标

为了提高外部事件处理的实时性，现在的处理器几乎无一例外地都含有中断控制器，外设也大都带中断触发的功能。为了能支持这一特性，Linux 系统中设计了一个中断子系统来管理系统中的中断。本章首先对中断进入的过程进行介绍，然后详细讨论了驱动中如何支持中断，以及中断的延迟处理。另外，驱动中经常要进行一些时间控制，本章也将讨论驱动中与延时和定时相关的操作。

- ❑ 中断进入过程
- ❑ 驱动中的中断处理
- ❑ 中断下半部
- ❑ 延时控制
- ❑ 定时操作

5.1 中断进入过程

为方便实验，本章以配套的目标板FS4412为例来介绍Linux的中断子系统，并且编写相应的中断处理程序。FS4412上的处理器是SAMSUNG公司的Exynos4412，该处理器使用的是4核的Cortex-A9，对应的中断控制器被称为GIC，相比于一般的中断控制器而言，其最主要的特点在于可以将一个特定的中断分发给一个特定的ARM核。但这并不是我们关注的重点，在后面的分析中，应该主要知道当中断发生后要如何调用驱动中的中断处理函数，以及在这个过程中所涉及的重要数据结构。整个过程中涉及较多的和体系结构相关的内容，主要体现在中断处理的前期阶段，为了更方便读者理解这部分内容，在下面的讨论中会重新改写这部分代码。汇编阶段的主要相关代码如下。

```
/* arch/arm/kernel/entry-armv.S */

__vectors_start:
        ...
        b       vector_irq
        b       vector_fiq
        ...
vector_irq:
        sub     lr, lr, #4
        stmia   sp, {r0, lr}
        mrs     lr, spsr
        str     lr, [sp, #8]
        mrs     r0, cpsr
        eor     r0, r0, #(IRQ_MODE ^ SVC_MODE)
        msr     spsr_cxsf, r0
        and     lr, lr, #0x0f
        mov     r0, sp
        ldr     lr, [pc, lr, lsl #2]
        movs    pc, lr

        .long   __irq_usr
        .long   __irq_invalid
        .long   __irq_invalid
        .long   __irq_svc
        ...

__irq_usr:
        usr_entry
        kuser_cmpxchg_check
        irq_handler
        get_thread_info tsk
        mov     why, #0
        b       ret_to_user_from_irq

__irq_svc:
```

```
34         svc_entry
35         irq_handler
36
37 #ifdef CONFIG_PREEMPT
38         get_thread_info tsk
39         ldr     r8, [tsk, #TI_PREEMPT]
40         ldr     r0, [tsk, #TI_FLAGS]
41         teq     r8, #0
42         movne   r0, #0
43         tst     r0, #_TIF_NEED_RESCHED
44         blne    svc_preempt
45 #endif
46
47         svc_exit r5, irq = 1
48
49         ...
50         .macro  irq_handler
51         ldr     r1, =handle_arch_irq
52         mov     r0, sp
53         adr     lr, BSYM(9997f)
54         ldr     pc, [r1]
55 9997:
56         .endm
```

__vectors_start 是异常向量表的起始地址，在内核的启动过程中会将异常向量表搬移到 0xFFFF0000 的位置，通过设置处理器的相关寄存器可以对异常向量表进行重映射。当 IRQ 中断发生后，程序将直接跳转到 0xFFFF0018 地址处，去执行“b vector_irq”这条指令，从而程序再次跳转，去执行 vector_irq 后的代码。代码第 7 行至第 10 行调整了链接寄存器 lr 中的中断返回地址的值，然后将 r0、lr、spsr 的寄存器保存到 IRQ 模式下的栈（注意，此时的栈是向上生长的）。代码第 11 行至第 13 行取出了 cpsr 的值，并将模式位修改为 SVC 模式且保存到 spsr 寄存器中，这是为后面将模式由 IRQ 模式切换到 SVC 模式做准备。代码第 14 行至第 22 行将 lr 的低 4 位（即 spsr 的低 4 位，这是在中断发生前的处理器模式的低 4 位）取出来，并根据其值来选择是调用__irq_usr 还是调用__irq_svc。代码第 16 行利用 pc 寄存器来做间接寻址，pc 的值是下两条指令的地址值，所以如果中断发生前是 USER 模式，那么将会把__irq_usr 的地址装载到 lr 寄存器中，进而装载到 pc 寄存器中，从而跳转到__irq_usr 处执行代码。相应的，如果之前是 SVC 模式，那么就会跳转到__irq_svc 处执行代码。这里分别对应了中断是打断了应用层的代码，还是内核层的代码。

__irq_usr 调用了 usr_entry 和 kuser_cmpxchg_check 两个宏分别进行了栈的准备，寄存器入栈和应用层的原子比较交换检查的相关操作，然后调用 irq_handler 宏进一步处理中断。__irq_svc 相对要简单一些，只调用了 svc_entry 宏进行了栈的准备，寄存器入栈的操作，最后也调用 irq_handler 宏进一步处理中断。

irq_handler 宏获取了标号 handle_arch_irq 内存中的内容，然后将 sp 的值复制到 r0 寄存器作为后面调用函数的第一个参数，接下来将返回地址保存至 lr 寄存器，最后调用了 handle_arch_irq 内存中记录的函数，在 Exynos4412 处理器所对应的代码中，该函数是

gic_handle_irq，后面将会进一步分析。

irq_handler 返回后，进行了一些现场恢复的操作。在__irq_svc 中还判断了是否配置了内核抢占来决定是否可以重新调度，从而抢占内核。而__irq_usr 则不管内核抢占是否配置，都要检查是否需要重新调度，因为中断可能把具有高优先级的进程唤醒，那么应该立即调度这个被唤醒的进程。

gic_handle_irq 函数的关键代码如下。

```
/* drivers/irqchip/irq-gic.c */
286
287 static asmlinkage void __exception_irq_entry gic_handle_irq(struct pt_regs *regs)
288 {
……
293         do {
294                 irqstat = readl_relaxed(cpu_base + GIC_CPU_INTACK);
295                 irqnr = irqstat & ~0x1c00;
296
297                 if (likely(irqnr > 15 && irqnr < 1021)) {
298                         irqnr = irq_find_mapping(gic->domain, irqnr);
299                         handle_IRQ(irqnr, regs);
300                         continue;
301                 }
……
309                 break;
310         } while (1);
311 }
```

代码第 294 行和第 295 行得到硬件的中断线 IRQ 号，代码第 298 行将硬件的 IRQ 号转换为 Linux 内核内部的 IRQ 号，然后调用 handle_IRQ 来处理中断。另外，gic 能够记录最高优先级的中断，所以 handle_IRQ 返回后，可以再次读取是否有新的中断产生，从而处理新的中断。是否有新的中断可以通过中断号的值来判定。

在 handle_IRQ 函数中主要对内核抢占计数器的值进行了操作（这部分内容在后面讲解），然后调用了 generic_handle_irq 函数，generic_handle_irq 函数的代码如下。

```
/* kernel/irq/irqdesc.c */

int generic_handle_irq(unsigned int irq)
{
        struct irq_desc *desc = irq_to_desc(irq);

        if (!desc)
                return -EINVAL;
        generic_handle_irq_desc(irq, desc);
        return 0;
}
```

这里涉及一个结构类型 struct irq_desc，它是对系统中的单个中断的抽象，系统有多少个中断源就应该至少有多少个这样的对象。这些对象可能是放在一个数组中的，也可能是放在一个基数树中的，并且是内核在启动过程中构建好的。irq_to_desc 就是根据前

面获得的 Linux 内部的 IRQ 号来从数组或基数树中得到这个对象，如果对象有效，那么将会调用 generic_handle_irq_desc 来进一步处理中断。在 generic_handle_irq_desc 函数中将会调用 struct irq_desc 结构中的成员 handle_irq 函数指针所指向的函数，而根据中断的触发类型是边沿触发还是电平触发，被调用的函数又分为 handle_edge_irq 和 handle_level_irq。在这两个函数中都会检测同一个 IRQ 号所对应的中断处理函数是否正在执行，如果是则拒绝进一步执行，这也就防止了同一 IRQ 号的中断处理函数的嵌套执行。这两个函数又都调用 handle_irq_event 函数来处理中断，handle_irq_event 函数又进一步调用了 handle_irq_event_percpu 函数，相关的关键代码如下。

```
/* kernel/irq/handle.c */

132 irqreturn_t
133 handle_irq_event_percpu(struct irq_desc *desc, struct irqaction *action)
134 {
……
138         do {
……
142                 res = action->handler(irq, action->dev_id);
……
172                 action = action->next;
173         } while (action);
……
180 }
181
182 irqreturn_t handle_irq_event(struct irq_desc *desc)
183 {
184         struct irqaction *action = desc->action;
……
191         ret = handle_irq_event_percpu(desc, action);
……
196 }
```

代码第 184 行从前面得到的 struct irq_desc 结构对象中得到 action 成员，该成员是一个指向 struct irqaction 结构的指针，struct irqaction 结构类型的定义如下。

```
/* include/linux/interrupt.h */
struct irqaction {
        irq_handler_t           handler;
        void                    *dev_id;
        void __percpu           *percpu_dev_id;
        struct irqaction        *next;
        irq_handler_t           thread_fn;
        struct task_struct      *thread;
        unsigned int            irq;
        unsigned int            flags;
        unsigned long           thread_flags;
        unsigned long           thread_mask;
        const char              *name;
        struct proc_dir_entry   *dir;
} ____cacheline_internodealigned_in_smp;
```

其中关键的成员及其含义如下（具体的使用会在后面的实例中做进一步介绍）。

handler：指向驱动开发者编写的中断处理函数的指针。

dev_id：区别共享中断中的不同设备的 ID。

next：将共享同一 IRQ 号的 struct irqaction 对象链接在一起的指针。

irq：IRQ 号。

flags：以 IRQF_开头的一组标志。

代码第 191 行调用了 handle_irq_event_percpu，并传入了刚才得到的 action，在 handle_irq_event_percpu 函数中的 do…while 循环中，遍历了链表中的每一个 action，并调用了 action 中 handler 成员所指向的中断处理函数。也就是说，经过这个漫长的过程后，驱动开发者编写的中断处理函数终于得到了调用。

上面提到了“共享中断”，那么什么是“共享中断”呢？接下来我们来讨论一下。

由于中断控制器的管脚有限，所以在某些体系结构上有两个或两个以上的设备被接到了同一根中断线上，这样这两个设备中的任何一个设备产生了中断，都会触发中断，并且引发上述代码的执行过程，这就是共享中断。Linux 内核不能判断新产生的这个中断究竟属于哪个设备，于是将共用一根中断线的中断处理函数通过不同的 struct irqaction 结构包装起来，然后用链表链接起来。内核得到 IRQ 号后，就遍历该链表上的每一个 struct irqaction 对象，然后调用其 handler 成员所指向的中断处理函数。而在中断处理函数中，驱动开发者应该判断该中断是否是自己所管理的设备产生的，如果是则进行相应的中断处理，如果不是则直接返回。自然地，dev_id 就成为了从链表中删除对应 struct irqaction 对象的一个重要信息（删除函数的参数只有 IRQ 号，没有 struct irqaction 结构对象的地址，这个我们将在后面的实例中看到）。

通过上面的分析，我们不难得出如图 5.1 所示的示意图。

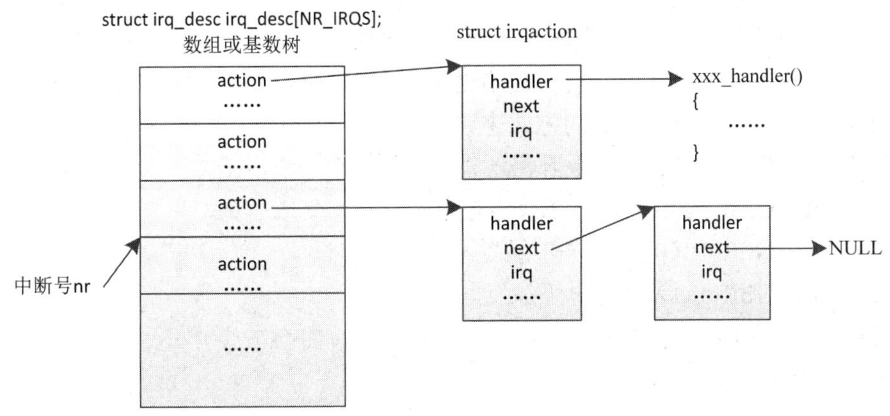

图 5.1　共享中断示意图

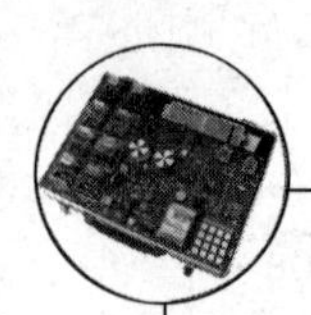

5.2 驱动中的中断处理

通过上一节的分析不难发现，要在驱动中支持中断，则需要构造一个 struct irqaction 的结构对象，并根据 IRQ 号加入到对应的链表中（因为 irq_desc 已经在内核初始化时构建好了）。不过内核有相应的 API 接口，我们只需要调用就可以了。向内核注册一个中断处理函数的函数原型如下。

```
    int request_irq(unsigned int irq, irq_handler_t handler, unsigned long flags,
const char *name, void *dev);
```

各个形参说明如下。

irq：设备上所用中断的 IRQ 号，这个号不是硬件手册上查到的号，而是内核中的 IRQ 号，这个号将会用于决定构造的 struct irqaction 对象被插入到哪个链表，并用于初始化 struct irqaction 对象中的 irq 成员。

handler：指向中断处理函数的指针，类型定义如下。

```
    irqreturn_t (*irq_handler_t)(int, void *);
```

中断发生后中断处理函数会被自动调用，第一个参数是 IRQ 号，第二个参数是对应的设备 ID，也是 struct irqaction 结构中的 dev_id 成员。handler 用于初始化 struct irqaction 对象中的 handler 成员。

中断处理函数的返回值是一个枚举类型 irqreturn_t，包含如下几个枚举值。

IRQ_NONE：不是驱动所管理的设备产生的中断，用于共享中断。

IRQ_HANDLED：中断被正常处理。

IRQ_WAKE_THREAD：需要唤醒一个内核线程。

flags：与中断相关的标志，用于初始化 struct irqaction 对象中的 flags 成员，常用的标志如下，这些标志可以用位或的方式来设置多个。

IRQF_TRIGGER_RISING：上升沿触发。

IRQF_TRIGGER_FALLING：下降沿触发。

IRQF_TRIGGER_HIGH：高电平触发。

IRQF_TRIGGER_LOW：低电平触发。

IRQF_DISABLED：中断函数执行期间禁止中断，将会被废弃。

IRQF_SHARED：共享中断必须设置的标志。

IRQF_TIMER：定时器专用中断标志。

name：该中断在/proc 中的名字，用于初始化 struct irqaction 对象中的 name 成员。

dev：区别共享中断中的不同设备所对应的 struct irqaction 对象，在 struct irqaction 对象从链表中移除时需要，dev 用于初始化 struct irqaction 对象中的 dev_id 成员。共享中断必须传递一个非 NULL 的实参，非共享中断可以传 NULL。中断发生后，调用中断处理函数时，内核也会将该参数传给中断处理函数。

request_irq 函数成功返回 0，失败返回负值。需要说明的是，request_irq 函数根据传入的参数构造好一个 struct irqaction 对象，并加入到对应的链表后，还将对应的中断使能了。所以我们并不需要再使能中断。

注销一个中断处理函数的函数原型如下。

```
void free_irq(unsigned int, void *);
```

其中，第一个参数是 IRQ 号，第二个参数是 dev_id，共享中断必须要传递一个非 NULL 的实参，和 request_irq 中的 dev_id 保持一致。

除了中断的注册和注销函数之外，还有一些关于中断使能和禁止的函数或宏，这些函数不常用到，简单罗列如下。

local_irq_enable()：使能本地 CPU 的中断。

local_irq_disable()：禁止本地 CPU 的中断。

local_irq_save(flags)：使能本地 CPU 的中断，并将之前的中断使能状态保存在 flags 中。

local_irq_restore(flags)：用 flags 中的中断使能状态恢复中断使能标志。

void enable_irq(unsigned int irq)：使能 irq 指定的中断。

void disable_irq(unsigned int irq)：同步禁止 irq 指定的中断，即要等到 irq 上的所有中断处理程序执行完成后才能禁止中断。很显然，在中断处理函数中不能调用。

void disable_irq_nosync(unsigned int irq)：立即禁止 irq 指定的中断。

有了上面对中断 API 函数的认识，接下来就可以在我们的驱动中添加中断处理函数。在下面的例子中，让虚拟串口和以太网卡共享中断，为了得到以太网卡的 IRQ 号，可以使用下面的命令来查询，其中 eth0 对应的 167 就是以太网卡使用的 IRQ 号。

```
[root@fs4412 ~]# cat /proc/interrupts
           CPU0       CPU1       CPU2       CPU3
……
167:       1220          0          0          0  exynos_wkup_irq_chip   6  eth0
……
Err:          0
```

另外，FS4412 目标板上使用的是 DM9000 网卡芯片，查阅芯片手册可知，中断触发的类型为高电平。有了这些信息后，可以在虚拟串口驱动中添加的有关中断支持的代码如下（完整的代码请参见“下载资源/程序源码/intdev/ex1”）。

```
#include <linux/interrupt.h>
#include <linux/random.h>
#include <linux/delay.h>
……
static irqreturn_t vser_handler(int irq, void *dev_id)
{
        char data;

        get_random_bytes(&data, sizeof(data));
```

```
184         data %= 26;
185         data += 'A';
186         if (!kfifo_is_full(&vsfifo))
187                 if(!kfifo_in(&vsfifo, &data, sizeof(data)))
188                         printk(KERN_ERR "vser: kfifo_in failure\n");
189
190         if (!kfifo_is_empty(&vsfifo)) {
191                 wake_up_interruptible(&vsdev.rwqh);
192                 kill_fasync(&vsdev.fapp, SIGIO, POLL_IN);
193         }
194
195         return IRQ_HANDLED;
196 }
……
211 static int __init vser_init(void)
212 {
……
235         ret = request_irq(167, vser_handler, IRQF_TRIGGER_HIGH | IRQF_SHARED, "vser", &vsdev);
236         if (ret)
237                 goto irq_err;
238
239         return 0;
240
241 irq_err:
242         cdev_del(&vsdev.cdev);
243 add_err:
244         unregister_chrdev_region(dev, VSER_DEV_CNT);
245 reg_err:
246         return ret;
247 }
248
249 static void __exit vser_exit(void)
250 {
251         dev_t dev;
252
253         dev = MKDEV(VSER_MAJOR, VSER_MINOR);
254
255         free_irq(167, &vsdev);
256         cdev_del(&vsdev.cdev);
257         unregister_chrdev_region(dev, VSER_DEV_CNT);
258 }
```

代码第 235 行使用 request_irq 注册了中断处理函数 vser_handler，因为是共享中断，并且是高电平触发，所以 flags 参数设置为 IRQF_TRIGGER_HIGH | IRQF_SHARED，而且共享中断必须设置最后一个参数，通常该参数传递代表设备的结构对象指针即可，本例中传递的实参为&vsdev。

代码第 255 行表示在模块卸载时需要注销中断，分别传递了中断号和&vsdev。

代码第 179 行至第 196 行是中断处理函数的实现。代码第 183 行至第 188 行产生了一个随机的大写英文字符并写入到 FIFO 中，用到了两个新的函数 get_random_bytes 和

kfifo_in，由于函数简单，通过代码就可以知道使用的方法，所以在这里不再详细讲解。

代码第 190 行至第 193 行分别是阻塞进程的唤醒和信号发送操作。代码第 195 行返回 IRQ_HANDLED，表示中断处理正常。

需要说明的是，对于共享中断的中断处理函数应该获取硬件的中断标志来判断该中断是否是本设备所产生的，如果不是则不应该进行相应的中断处理，并返回 IRQ_NONE。由于例子中是一个虚拟设备，没有相关的标志，所以没有做相关的处理。

最后，中断处理函数应该快速完成，不能消耗太长的时间。因为在 ARM 处理器进入中断后，相应的中断被屏蔽（IRQ 中断禁止 IRQ 中断，FIQ 中断禁止 IRQ 中断和 FIQ 中断，内核没有使用 FIQ 中断），在之后的代码中又没有重新开启中断。所以在整个中断处理过程中中断是禁止的，如果中断处理函数执行时间过长，那么其他的中断将会被挂起，从而将会对其他中断的响应造成严重的影响。必须记住的一条准则是，在中断处理函数中一定不能调用调度器，即一定不能调用可能会引起进程切换的函数（因为一旦中断处理程序被切换，将不能再次被调度），这是内核对中断处理函数的一个严格限制。到目前为止，我们学过的可能会引起进程切换的函数有 kfifo_to_user、kfifo_from_user、copy_from_user、copy_to_user、wait_event_xxx。后面遇到此类函数会再次指出。另外，在中断处理函数中如果调用 disable_irq 可能会死锁。

驱动的编译和测试命令如下。

```
# make ARCH=arm
# make ARCH=arm modules_install
[root@fs4412 ~]# depmod
[root@fs4412 ~]# modprobe vser
[root@fs4412 ~]# cat /dev/vser0
OUHGCKHGYYGWBZWWYKOOVPLVDLKWICII
```

5.3 中断下半部

在上一节的最后我们提到，中断处理函数应该尽快完成，否则将会影响对其他中断的及时响应，从而影响整个系统的性能。但有时候这些耗时的操作可能又避免不了，以网卡为例，当网卡收到数据后会产生一个中断，在中断处理程序中需要将网卡收到的数据从网卡的缓存中复制出来，然后对数据包做严格的检查（是否有帧格式错误，是否有校验和错误等），检查完成后再根据协议对数据包进行拆包处理，最后将拆包后的数据包递交给上层。如果在这个过程中网卡又收到新的数据，从而再次产生中断，因为上一个中断正在处理的过程中，所以新的中断将会被挂起，新收到的数据就得不到及时处理。因为网卡的缓冲区大小有限，如果后面有更多的数据包到来，那么缓冲区最终会溢出，从而产生丢包。为了解决这个问题，Linux 将中断分成了两部分：上半部和下半部（顶半部和底半部），上半部完成紧急但能很快完成的事情，下半部完成不紧急但比较耗时的操作。对于网卡来说，将数据从网卡的缓存复制到内存中就是紧急但可以快速完成的事情，需要放在上半部执行。而对包进行校验和拆包则是不紧急但比较耗时的操作，可以放在下半部执行。下半部在执行的过程中，中断被重新使能，所以如果有新的硬件中断产生，将会停止执行下半部的程序，转为执行硬件中断的上半部。

5.3.1　软中断

下半部虽然可以推迟执行，但是我们还是希望它能尽快执行。那么什么时候可以尝试执行下半部呢？肯定是在上半部执行完成之后。为了能更直观地了解这个过程，现在将这部分代码再次摘录如下。

```
/* arch/arm/kernel/irq.c */

void handle_IRQ(unsigned int irq, struct pt_regs *regs)
{
……
        irq_enter();
……
                generic_handle_irq(irq);
……
        irq_exit();
……
}
```

在前面的分析中我们知道，中断处理的过程中会调用上面列出的 handle_IRQ 函数，该函数首先调用 irq_enter 函数将被中断进程中的抢占计数器 preempt_count 加上了 HARDIRQ_OFFSET 这个值（主要是为了防止内核抢占，以及作为是否在硬中断中的一个判断条件）。当中断的上半部处理完，即 generic_handle_irq 函数返回后，又调用了 irq_exit 函数，代码如下。

```
/* arch/arm/kernel/irq.c */

377 void irq_exit(void)
378 {
……
386         preempt_count_sub(HARDIRQ_OFFSET);
387         if (!in_interrupt() && local_softirq_pending())
388                 invoke_softirq();
……
393 }
```

在这个函数中又将 preempt_count 减去了 HARDIRQ_OFFSET 这个值，如果没有发生中断嵌套，那么 preempt_count 中关于硬件中断的计数值就为 0，表示上半部已经执行完。接下来代码第 387 行调用 in_interrupt 和 local_softirq_pending 函数来分别判断是否可以执行中断下半部，以及是否有中断下半部等待执行（in_interrupt 函数主要是检测 preempt_count 中相关域的值，如果为 0，表示具备执行中断下半部的条件）。如果条件满足就调用 invoke_softirq 来立即执行中断下半部。由此可知，中断下半部的最早执行时间是中断上半部执行完成之后，但是中断还没有完全返回之前的时候。在 FS4412 目标板对应的 3.14.25 版本的内核源码配置中，invoke_softirq 函数调用了 do_softirq_own_stack 函数，该函数又调用了__do_softirq 函数，这是中断下半部的核心处理函数。在了解这个函数之前，我们首先来认识一下 softirq，即软中断。

软中断是中断下半部机制中的一种，描述软中断的结构是 struct softirq_action，它的定义非常简单，就是内嵌了一个函数指针。内核共定义了 NR_SOFTIRQS 个（目前有 10 个）struct softirq_action 对象，这些对象被放在一个名叫 softirq_vec 的数组中，对象在数组中的下标就是这个软中断的编号。内核中有一个全局整型变量来记录是否有相应的软中断需要执行，比如要执行编号为 1 的软中断，那么就需要把这个全局整型变量的比特 1 置位。当内核在相应的代码中检测到该比特位置 1，就会用这个比特位的位数去索引 softirq_vec 这个数组，然后调用 softirq_action 对象中的 action 指针所指向的函数。目前内核中定义的软中断的编号如下。

```
/* include/linux/interrupt.h */

enum
{
        HI_SOFTIRQ=0,
        TIMER_SOFTIRQ,
        NET_TX_SOFTIRQ,
        NET_RX_SOFTIRQ,
        BLOCK_SOFTIRQ,
        BLOCK_IOPOLL_SOFTIRQ,
        TASKLET_SOFTIRQ,
        SCHED_SOFTIRQ,
        HRTIMER_SOFTIRQ,
        RCU_SOFTIRQ,    /* Preferable RCU should always be the last softirq */

        NR_SOFTIRQS
};
```

比如，NET_RX_SOFTIRQ 就代表网卡接收中断所对应的软中断编号，而这个编号所对应的软中断处理函数就是 net_rx_action。

接下来就来看看__do_softirq 的实现，代码如下。

```
/* kernel/softirq.c */

asmlinkage void __do_softirq(void)
{
......
        pending = local_softirq_pending();
......

        local_irq_enable();

        h = softirq_vec;

        while ((softirq_bit = ffs(pending))) {
```

```
......
                h += softirq_bit - 1;
......
                h->action(h);
......
                h++;
......
        }

        local_irq_disable();
......
}
```

从上面的代码可以清楚地看到，__do_softirq 首先用 local_softirq_pending 来获取记录所有挂起的软中断的全局整型变量的值，然后调用 local_irq_enable 重新使能了中断（这就意味着软中断在执行过程中是可以响应新的硬件中断的），接下来将 softirq_vec 数组首元素的地址赋值给 h，在 while 循环中，遍历被设置了的位，并索引得到对应的 softirq_action 对象，再调用该对象的 action 成员所指向的函数。

虽然软中断可以实现中断的下半部，但是软中断基本上是内核开发者预定义好的，通常用在对性能要求特别高的场合，而且需要一些内核的编程技巧，不太适合于驱动开发者。上面介绍的内容更多的是让读者清楚中断的下半部是怎样执行的，并且重点指出了在中断下半部执行的过程中，中断被重新使能了，所以可以响应新的硬件中断。还需要说明的是，除了在中断返回前执行软中断，内核还为每个 CPU 创建了一个软中断内核线程，当需要在中断处理函数之外执行软中断时，可以唤醒该内核线程，该线程最终也会调用上面的__do_softirq 函数。

最后需要注意的是，软中断也处于中断上下文中，因此对中断处理函数的限制同样适用于软中断，只是没有时间上的严格限定。

5.3.2 tasklet

虽然软中断通常是由内核开发者来设计的，但是内核开发者专门保留了一个软中断给驱动开发者，它就是 TASKLET_SOFTIRQ，相应的软中断处理函数是 tasklet_action，下面是相关的代码。

```
/* kernel/softirq.c */

static void tasklet_action(struct softirq_action *a)
{
        struct tasklet_struct *list;
......
        list = __this_cpu_read(tasklet_vec.head);
......
        while (list) {
                struct tasklet_struct *t = list;
```

```
495                 list = list->next;
......
502                             t->func(t->data);
......
515         }
516 }
```

在软中断的处理过程中，如果 TASKLET_SOFTIRQ 对应的比特位被设置了，则根据前面的分析，tasklet_action 函数将会被调用。在代码第 487 行，首先得到了本 CPU 的一个 struct tasklet_struct 对象的链表，然后遍历该链表，调用其中 func 成员所指向的函数，并将 data 成员作为参数传递过去。struct tasklet_struct 的类型定义如下。

```
/* include/linux/interrupt.h */

struct tasklet_struct
{
        struct tasklet_struct *next;
        unsigned long state;
        atomic_t count;
        void (*func)(unsigned long);
        unsigned long data;
};
```

其中，next 是构成链表的指针，state 是该 tasklet 被调度的状态（已经被调度还是已经在执行），count 用于禁止 tasklet 执行（非 0 时），func 是 tasklet 的下半部函数，data 是传递给下半部函数的参数。从上面可知，驱动开发者要实现 tasklet 的下半部，就要构造一个 struct tasklet_struct 结构对象，并初始化里面的成员，然后放入对应 CPU 的 tasklet 链表中，最后设置软中断号 TASKLET_SOFTIRQ 所对应的比特位。不过内核已经有封装好的宏和函数，大大地简化了这一操作。下面列出这些常用的宏和函数。

```
/* include/linux/interrupt.h */

DECLARE_TASKLET(name, func, data)
DECLARE_TASKLET_DISABLED(name, func, data)
void tasklet_init(struct tasklet_struct *t, void (*func)(unsigned long), unsigned long data);
void tasklet_schedule(struct tasklet_struct *t);
```

其中，DECLARE_TASKLET 静态定义一个 struct tasklet_struct 结构对象，名字为 name，下半部函数为 func，传递的参数为 data，该 tasklet 可以被执行。而 DECLARE_TASKLET_DISABLED 和 DECLARE_TASKLET 相似，只是 count 成员的值被初始化为 1，不能被执行，需要调用 tasklet_enable 来使能。tasklet_init 通常用于初始化一个动态分配的 struct tasklet_struct 结构对象。tasklet_schedule 将指定的 struct tasklet_struct 结构对象加入到对应 CPU 的 tasklet 链表中，下半部函数将会在未来的某个时间被调度。

添加了 tasklet 下半部的虚拟串口驱动的相关驱动代码如下（完整的代码请参见“下载资源/程序源码/intdev/ex2”）。

```
......
 39 static void vser_tsklet(unsigned long arg);
 40 DECLARE_TASKLET(vstsklet, vser_tsklet, (unsigned long)&vsdev);
......
181 static irqreturn_t vser_handler(int irq, void *dev_id)
182 {
183         tasklet_schedule(&vstsklet);
184 
185         return IRQ_HANDLED;
186 }
187 
188 static void vser_tsklet(unsigned long arg)
189 {
190         char data;
191 
192         get_random_bytes(&data, sizeof(data));
193         data %= 26;
194         data += 'A';
195         if (!kfifo_is_full(&vsfifo))
196                 if(!kfifo_in(&vsfifo, &data, sizeof(data)))
197                         printk(KERN_ERR "vser: kfifo_in failure\n");
198 
199         if (!kfifo_is_empty(&vsfifo)) {
200                 wake_up_interruptible(&vsdev.rwqh);
201                 kill_fasync(&vsdev.fapp, SIGIO, POLL_IN);
202         }
203 }
```

代码第 40 行静态定义了一个 struct tasklet_struct 结构对象，名字叫 vstsklet，执行的函数是 vser_tsklet，传递的参数是&vsdev。代码第 183 行直接调度 tasklet，中断的上半部中没有做过多的其他操作，然后就返回了 IRQ_HANDLED。代码第 192 行到第 203 行是 vser_tsklet 函数的实现，它是以前的中断中上半部完成的事情。

最后，对 tasklet 的主要特性进行一些总结。

（1）tasklet 是一个特定的软中断，处于中断的上下文。

（2）tasklet_schedule 函数被调用后，对应的下半部会保证被至少执行一次。

（3）如果一个 tasklet 已经被调度，但是还没有被执行，那么新的调度将会被忽略。

5.3.3 工作队列

前面讲解的下半部机制不管是软中断还是 tasklet 都有一个限制，就是在中断上下文中执行不能直接或间接地调用调度器。为了解决这个问题，内核又提供了另一种下半部机制，叫作工作队列。它的实现思想也比较简单，就是内核在启动的时候创建一个或多个（在多核的处理器上）内核工作线程，工作线程取出工作队列中的每一个工作，然后执行，当队列中没有工作时，工作线程休眠。当驱动想要延迟执行某一个工作时，构造一个工作队列节点对象，然后加入到相应的工作队列，并唤醒工作线程，工作线程又取出队列上的节点来完成工作，所有工作完成后又休眠。因为是运行在进程上下文中，所

以工作可以调用调度器。工作队列提供了一种延迟执行的机制，很显然这种机制也适用于中断的下半部。另外，除了内核本身的工作队列之外，驱动开发者也可以使用内核的基础设施来创建自己的工作队列。下面是工作队列节点的结构类型定义。

```
/* include/linux/workqueue.h */

struct work_struct {
        atomic_long_t data;
        struct list_head entry;
        work_func_t func;
......
};
```

data：传递给工作函数的参数，可以是一个整型数，但更常用的是指针。

entry：构成工作队列的链表节点对象。

func：工作函数，工作线程取出工作队列节点后执行，data 会作为调用该函数的参数。

常用的与工作队列相关的宏和函数如下。

```
/* include/linux/workqueue.h */

DECLARE_WORK(n, f)
DECLARE_DELAYED_WORK(n, f)
INIT_WORK(_work, _func)
bool schedule_work(struct work_struct *work);
bool schedule_delayed_work(struct delayed_work *dwork, unsigned long delay)
```

DECLARE_WORK：静态定义一个工作队列节点，n 是节点的名字，f 是工作函数。

DECLARE_DELAYED_WORK：静态定义一个延迟的工作队列节点。

INIT_WORK：常用于动态分配的工作队列节点的初始化。

schedule_work：将工作队列节点加入到内核定义的全局工作队列中。

schedule_delayed_work：在 delay 指定的时间后将一个延迟工作队列节点加入到全局的工作队列中。

下面是使用工作队列来实现中断下半部的相关代码（完整的代码请参见“下载资源/程序源码/intdev/ex3”）。

```
......
static void vser_work(struct work_struct *work);
DECLARE_WORK(vswork, vser_work);
......
static irqreturn_t vser_handler(int irq, void *dev_id)
{
        schedule_work(&vswork);

        return IRQ_HANDLED;
}

static void vser_work(struct work_struct *work)
{
        char data;
```

```
191
192         get_random_bytes(&data, sizeof(data));
193         data %= 26;
194         data += 'A';
195         if (!kfifo_is_full(&vsfifo))
196                 if(!kfifo_in(&vsfifo, &data, sizeof(data)))
197                         printk(KERN_ERR "vser: kfifo_in failure\n");
198
199         if (!kfifo_is_empty(&vsfifo)) {
200                 wake_up_interruptible(&vsdev.rwqh);
201                 kill_fasync(&vsdev.fapp, SIGIO, POLL_IN);
202         }
203 }
```

代码第 40 行定义了一个工作队列节点，名字叫 vswork，工作函数是 vser_work。和 tasklet 类似，中断上半部调度了工作然后就返回了，以前中断上半部的事情交由下半部的工作函数来处理。

最后，对工作队列的主要特性进行一些总结。

（1）工作队列的工作函数运行在进程上下文，可以调度调度器。

（2）如果上一个工作还没有完成，又重新调度下一个工作，那么新的工作将不会被调度。

5.4 延时控制

在硬件的操作中经常会用到延时，比如要保持芯片的复位时间持续多久、芯片复位后要至少延时多长时间才能去访问芯片、芯片的上电时序控制等。为此，内核提供了一组延时操作函数。

内核在启动过程中会计算一个全局变量 loops_per_jiffy 的值，该变量反映了一段循环延时的代码要循环多少次才能延时一个 jiffy 的时间（关于 jiffy 会在后面说明），下面是 FS4412 目标板启动过程中做相关计算后的打印信息。

```
[    0.045000] Calibrating delay loop... 1992.29 BogoMIPS (lpj=4980736)
```

根据 loops_per_jiffy 这个值，就可以知道延时一微秒需要多少个循环、延时一毫秒需要多少个循环。于是内核就据此定义了一些靠循环来延时的宏或函数。

```
void ndelay(unsigned long x);
udelay(n)
mdelay(n)
```

ndelay、udelay 和 mdelay 分别表示纳秒级延时、微秒级延时和毫秒级延时。查看代码，在 ARM 体系结构下，ndelay 和 mdelay 都是基于 udelay 的，将 udelay 的循环次数除以 1000 就是纳秒延时，可想而知，如果 udelay 延时的循环次数不到 1000 次，那么纳秒级延时也就是不准确的。这些延时函数都是忙等待延时，是靠白白消耗 CPU 的时间来获得延时的，如果没有特殊的理由（比如在中断上下文中或获得自旋锁的情况下），不推荐使用这些函数延迟较长的时间。

如果延时时间较长，又没有特殊的要求，那么可以使用休眠延时。

```
void msleep(unsigned int msecs);
long msleep_interruptible(unsigned int msecs);
void ssleep(unsigned int seconds);
```

函数及参数的意义都很好理解，msleep_interruptible 表示休眠可以被信号打断，反过来说，msleep 和 ssleep 都不能被信号打断，只能等到休眠时间到了才会返回。

5.5 定时操作

有时候需要在设定的时间到期后自动执行一个操作，这就是定时。定时又分为单次定时和循环定时两种，所谓单次定时就是设定的时间到期之后，操作只被执行一次，而循环定时则是设定的时间到期之后操作被执行，然后再次启动定时器，下一次时间到期后操作再次被执行，如此循环往复。随着 Linux 的发展，分别出现了低分辨率的经典定时器和高分辨率定时器。

5.5.1 低分辨率定时器

在讲解低分辨率定时器之前，我们先来看看内核中的两个全局变量 jiffies 和 jiffies_64。经典的定时器是基于一个硬件定时器的，该定时器周期性地产生中断，产生中断的次数可以进行配置，在 FS4412 目标板上为 200，内核源码中以 HZ 这个宏来代表这个配置值，也就是说，这个硬件定时器每秒钟会产生 HZ 次中断。该定时器自开机以来产生的中断次数会被记录在 jiffies 全局变量中（一般会偏移一个值），在 32 位的系统上 jiffies 被定义为 32 位，所以在一个可期待的时间之后就会溢出，于是内核又定义了一个 jiffies_64 的 64 位全局变量，这使得目前和可以预见的所有计算机系统都不会让该计数值溢出。内核通过链接器的帮助使 jiffies 和 jiffies_64 共享 4 个字节，这使得这两个变量的操作更加方便。内核提供了一组围绕 jiffies 操作的函数和宏。

```
u64 get_jiffies_64(void);
time_after(a,b)
time_before(a,b)
time_after_eq(a,b)
time_before_eq(a,b)
time_in_range(a,b,c)
time_after64(a,b)
time_before64(a,b)
time_after_eq64(a,b)
time_before_eq64(a,b)
time_in_range64(a, b, c)
```

```
unsigned int jiffies_to_msecs(const unsigned long j);
unsigned int jiffies_to_usecs(const unsigned long j);
u64 jiffies_to_nsecs(const unsigned long j);
unsigned long msecs_to_jiffies(const unsigned int m);
unsigned long usecs_to_jiffies(const unsigned int u);
```

get_jiffies_64：获取 jiffies_64 的值。

time_after：如果 a 在 b 之后则返回真，其他的宏可以以此类推，其后加“64”表示是 64 位值相比较，加“eq”则表示在相等的情况下也返回真。

jiffies_to_msecs：将 j 转换为对应的毫秒值，其他的以此类推。

灵活使用 time_after 或 time_before 也可以实现长延时，但前面已介绍了更方便的函数，所以在此就不多做介绍了。

了解了 jiffies 后，可以来查看内核中的低分辨率定时器。其定时器对象的结构类型定义如下。

```
struct timer_list {
……
        struct list_head entry;
        unsigned long expires;
        struct tvec_base *base;

        void (*function)(unsigned long);
        unsigned long data;
……
};
```

entry：双向链表节点的对象，用于构成双向链表。

expires：定时器到期的 jiffies 值。

function：定时器到期后执行的函数。

data：传递给定时器函数的参数，通常传递一个指针。

低分辨率定时器操作的相关函数如下。

```
init_timer(timer)
void add_timer(struct timer_list *timer);
int mod_timer(struct timer_list *timer, unsigned long expires);
int del_timer(struct timer_list * timer);
```

init_timer：初始化一个定时器。

add_timer：将定时器添加到内核中的定时器链表中。

mod_timer：修改定时器的 expires 成员，而不考虑当前定时器的状态。

del_timer：从内核链表中删除该定时器，而不考虑当前定时器的状态。

要在驱动中实现一个定时器，需要经过以下几个步骤。

（1）构造一个定时器对象，调用 init_timer 来初始化这个对象，并对 expires、function 和 data 成员赋值。

（2）使用 add_timer 将定时器对象添加到内核的定时器链表中。

（3）定时时间到了之后，定时器函数自动被调用，如果需要周期定时，那么可以在定时函数中使用 mod_timer 来修改 expires。

（4）在不需要定时器的时候，用 del_timer 来删除定时器。

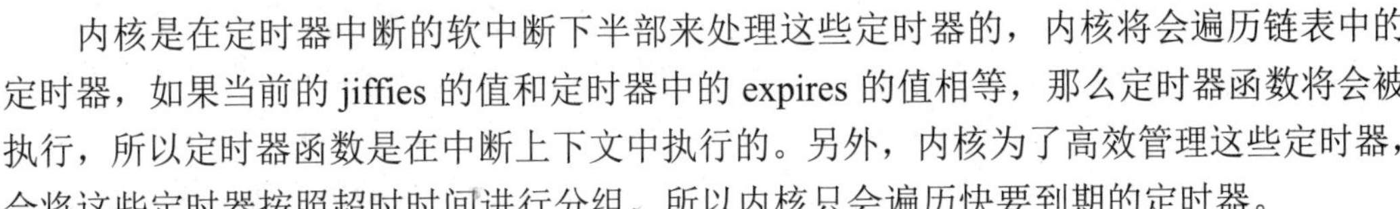

内核是在定时器中断的软中断下半部来处理这些定时器的，内核将会遍历链表中的定时器，如果当前的 jiffies 的值和定时器中的 expires 的值相等，那么定时器函数将会被执行，所以定时器函数是在中断上下文中执行的。另外，内核为了高效管理这些定时器，会将这些定时器按照超时时间进行分组，所以内核只会遍历快要到期的定时器。

下面是添加了定时器的虚拟串口驱动代码（完整的代码请参见“下载资源/程序源码/timer/ex1”）。

```
struct vser_dev {
......
        struct timer_list timer;
};
......
static void vser_timer(unsigned long arg)
{
        char data;
        struct vser_dev *dev = (struct vser_dev *)arg;

        get_random_bytes(&data, sizeof(data));
        data %= 26;
        data += 'A';
        if (!kfifo_is_full(&vsfifo))
                if(!kfifo_in(&vsfifo, &data, sizeof(data)))
                        printk(KERN_ERR "vser: kfifo_in failure\n");

        if (!kfifo_is_empty(&vsfifo)) {
                wake_up_interruptible(&vsdev.rwqh);
                kill_fasync(&vsdev.fapp, SIGIO, POLL_IN);
        }

        mod_timer(&dev->timer, get_jiffies_64() + msecs_to_jiffies(1000));
}
......
static int __init vser_init(void)
{
......
        init_timer(&vsdev.timer);
        vsdev.timer.expires = get_jiffies_64() + msecs_to_jiffies(1000);
        vsdev.timer.function = vser_timer;
        vsdev.timer.data = (unsigned long)&vsdev;
        add_timer(&vsdev.timer);
......
}
......
static void __exit vser_exit(void)
{
......
        del_timer(&vsdev.timer);
```

```
……
259 }
```

代码第 34 行给 vser_dev 结构添加了一个低分辨率定时器成员，代码第 236 行至第 240 行初始化并向内核添加了这个定时器，代码第 256 行在模块卸载时删除了定时器。代码第 179 行至第 197 行是定时器函数的实现，其中代码第 196 行修改了定时值，形成一个循环定时器。驱动将每过一秒向 FIFO 推入一个字符，编译和测试的命令和中断一样。

5.5.2 高分辨率定时器

因为低分辨率定时器以 jiffies 来定时，所以定时精度受系统的 Hz 影响，而通常这个值都不高。如果 Hz 的值为 200，那么一个 jiffy 的时间就是 5 毫秒，也就是说，定时器的精度就是 5 毫秒。对于像声卡一类需要高精度定时的设备，这种精度是不能满足要求的，于是内核人员又开发了高分辨率定时器。

高分辨率定时器是以 ktime_t 来定义时间的，类型定义如下。

```
/* include/linux/ktime.h */

union ktime {
        s64     tv64;
#if BITS_PER_LONG != 64 && !defined(CONFIG_KTIME_SCALAR)
        struct {
# ifdef __BIG_ENDIAN
        s32     sec, nsec;
# else
        s32     nsec, sec;
# endif
        } tv;
#endif
};

typedef union ktime ktime_t;
```

ktime 是一个共用体，如果是 64 位的系统，那么时间用 tv64 来表示就可以了；如果是 32 位系统，那么时间分别用 sec 和 nsec 来表示秒和纳秒。由此可以看出，高分辨率定时器的精度可以达到纳秒级。

通常可以用 ktime_set 来初始化这个对象，常用的方法如下。

```
ktime_t t = ktime_set(secs, nsecs);
```

高分辨率定时器的结构类型定义如下。

```
struct hrtimer {
        struct timerqueue_node          node;
        ktime_t                        _softexpires;
        enum hrtimer_restart            (*function)(struct hrtimer *);
        struct hrtimer_clock_base       *base;
        unsigned long                  state;
……
};
```

其中和驱动相关的主要的成员就是 function，它指向定时到期后执行的函数。

高分辨率定时器最常用的函数如下。

```
void hrtimer_init(struct hrtimer *timer, clockid_t clock_id, enum hrtimer_mode mode);
int hrtimer_start(struct hrtimer *timer, ktime_t tim, const enum hrtimer_mode mode);
static inline u64 hrtimer_forward_now(struct hrtimer *timer, ktime_t interval);
int hrtimer_cancel(struct hrtimer *timer);
```

hrtimer_init：初始化 struct hrtimer 结构对象。clock_id 是时钟的类型，种类很多，常用的 CLOCK_MONOTONIC 表示自系统开机以来的单调递增时间。mode 是时间的模式，可以是 HRTIMER_MODE_ABS，表示绝对时间，也可以是 HRTIMER_MODE_REL，表示相对时间。

hrtimer_start：启动定时器。tim 是设定的到期时间，mode 和 hrtimer_init 中的 mode 参数含义相同。

hrtimer_forward_now：修改到期时间为从现在开始之后的 interval 时间。

hrtimer_cancel：取消定时器。

使用高分辨率定时器的虚拟串口驱动代码如下（完整的代码请参见“下载资源/程序源码/timer/ex2”）。

```

struct vser_dev {
......
        struct hrtimer timer;
};

static enum hrtimer_restart vser_timer(struct hrtimer *timer)
{
        char data;

        get_random_bytes(&data, sizeof(data));
        data %= 26;
        data += 'A';
        if (!kfifo_is_full(&vsfifo))
                if(!kfifo_in(&vsfifo, &data, sizeof(data)))
                        printk(KERN_ERR "vser: kfifo_in failure\n");

        if (!kfifo_is_empty(&vsfifo)) {
                wake_up_interruptible(&vsdev.rwqh);
                kill_fasync(&vsdev.fapp, SIGIO, POLL_IN);
        }

        hrtimer_forward_now(timer, ktime_set(1, 1000));

        return HRTIMER_RESTART;
}


```

```
214 static int __init vser_init(void)
215 {
……
238         hrtimer_init(&vsdev.timer, CLOCK_MONOTONIC, HRTIMER_MODE_REL);
239         vsdev.timer.function = vser_timer;
240         hrtimer_start(&vsdev.timer, ktime_set(1, 1000), HRTIMER_MODE_REL);
……
248 }
249
250 static void __exit vser_exit(void)
251 {
……
256         hrtimer_cancel(&vsdev.timer);
……
259 }
```

代码第 35 行给 vser_dev 结构添加了一个高分辨率定时器成员，第 238 行至第 240 行初始化了这个高分辨率定时器，并启动了该定时器，第 256 行在模块卸载时取消了定时器。当定时时间到了之后，定时器函数 vser_timer 被调用，将随机产生的字符推入 FIFO 后，给定时器重新设置了定时值，然后返回 HRTIMER_RESTART 表示要重新启动定时器。驱动实现的效果和低分辨率定时器的例子是一样的。

5.6 习题

1．关于中断处理例程说法错误的是（ ）。

[A] 需要尽快完成

[B] 不能调用可能会引起进程休眠的函数

[C] 如果中断是共享的，内核会决定具体调用哪一个驱动的中断服务例程

[D] 工作在中断上下文

2．中断的下半部机制包括（ ）。

[A] 软中断 [B] tasklet [C] 工作队列

3．关于中断下半部机制的说法正确的是（ ）。

[A] 可以使处理的总时间减少

[B] 可以提高 CPU 的利用率

[C] 每种下半部机制都不运行在中断上下文中

[D] 在下半部中可以响应新的硬件中断

4．下面哪种下半部机制工作在进程上下文（ ）。

[A] 软中断 [B] tasklet [C] 工作队列

5．修改低分辨率定时器的 expires 成员使用（ ）函数。

[A] init_timer [B] add_timer [C] mod_timer [D] del_timer

6．关于低分辨率定时器说法错误的是（　）。

[A] 分辨率受 HZ 的影响

[B] function 函数指针指向的函数运行在中断上下文中

[C] 使用 mod_timer 可以实现循环定时

[D] 所有定时器都放在一个组中，遍历整个链表非常耗时

7．高分辨率定时器是用（　）来定义时间的。

[A] HZ　　[B] jiffies　　[C] ktime_t

第6章 互斥和同步

本章目标

如果内核中有多条执行路径都要访问同一个资源，那么可能会导致数据的相互覆盖，并造成紊乱。本章首先举例说明了这种紊乱的情况，然后介绍了有哪几种并发执行的情况，接下来讨论了内核中提供的互斥手段，最后讨论了内核中的同步问题。

- ❑ 一种典型的竞态
- ❑ 内核中的并发
- ❑ 中断屏蔽
- ❑ 原子变量
- ❑ 自旋锁
- ❑ 读写锁
- ❑ 顺序锁
- ❑ 信号量
- ❑ 读写信号量
- ❑ 互斥量
- ❑ RCU 机制
- ❑ 虚拟串口驱动加入互斥
- ❑ 完成量

6.1 一种典型的竞态

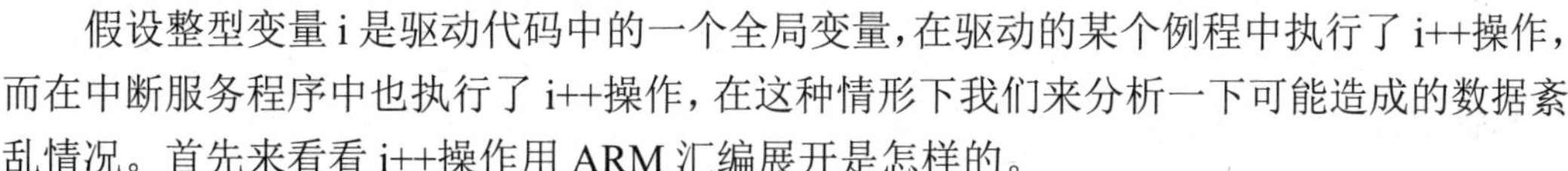

假设整型变量 i 是驱动代码中的一个全局变量，在驱动的某个例程中执行了 i++操作，而在中断服务程序中也执行了 i++操作，在这种情形下我们来分析一下可能造成的数据紊乱情况。首先来看看 i++操作用 ARM 汇编展开是怎样的。

```
ldr r1, [r0]
add r1, r1, #1
str r1, [r0]
```

假设变量 i 是存放在 r0 所指向的内存中的，也就是说，r0 寄存器中保存了变量 i 的地址，并且变量 i 的初值为 5。汇编代码第一行首先通过寄存器间接寻址将变量 i 的值装载到了 r1 寄存器中，然后使用 add 指令将 r1 的值自加 1，最后使用 str 指令将加 1 后的值存回变量 i 所在的内存中。由上可见，一条简单的 i++操作翻译成汇编后变成了 3 条指令，这就会引入一些问题。假设一条内核的执行路径刚好将第一条指令执行完成，外部产生了一个硬件中断，这时，这条内核执行路径被打断，而去执行中断处理程序。碰巧的是，中断处理程序也要对这个全局变量进行自加操作，中断处理程序在没有被打断的情况下成功将变量 i 的值自加到 6，然后中断处理程序返回，继续刚才被打断的内核执行路径。此时寄存器的值被恢复后，r1 的值还是之前从内存中取到的 5，然后自加 1 后变成 6，最后又存入变量 i 所在的内存。很显然，这个过程共执行了两次 i++操作，变量 i 的值应该为 7，但结果却为 6，这就造成了数据紊乱，也就是内核的不同路径同时（并非是严格意义上的同时，就如同被中断抢占了的情况一样，在一个路径还没有对共享资源访问完成时，被内核的另一条执行路径所抢占，也认为是同时）对共享资源的访问造成了竞态。

6.2 内核中的并发

总的来说，当内核有多条执行路径同时访问同一个共享资源时，就会造成竞态。常见的共享资源有全局变量、静态变量、硬件的寄存器和共同使用的动态分配的同一段内存等。造成竞态的根本原因就是内核中的代码对共享资源产生了并发（同时）的访问。那么内核中有哪些并发的情况呢？下面罗列如下。

（1）硬件中断——当处理器允许中断的时候，一个内核执行路径可能在任何一个时间都会被一个外部中断打断。

（2）软中断和 tasklet——通过前面的知识我们知道，内核可以在任意硬中断快要返回之前执行软中断及 tasklet，也有可能唤醒软中断线程，并执行 tasklet。

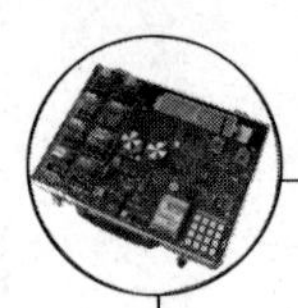

（3）抢占内核的多进程环境——如果一个进程在执行时发生系统调用，进入到内核，由内核代替该进程完成相应的操作，此时如有一个更高优先级的进程准备就绪，内核判断在可抢占的条件成立的情况下可以抢占当前进程，然后去执行更高优先级的进程。

（4）普通的多进程环境——当一个进程因为等待的资源暂时不可用时，就会主动放弃 CPU，内核会调度另外一个进程来执行。

（5）多处理器或多核 CPU。在同一时刻，可以在多个处理器上并发执行多个程序，这是真正意义上的并发。

并发对共享资源访问就会引起竞态，解决竞态的一个方法就是互斥，也就是对共享资源的串行化访问，即在一条内核执行路径上访问共享资源时，不允许其他内核执行路径来访问共享资源。共享资源有时候又叫作临界资源，而访问共享资源的这段代码又叫作临界代码段或临界区。内核提供了多种互斥的手段，下面逐一进行介绍。

6.3 中断屏蔽

在说明竞态所举的例子中，造成竞态的原因是一条内核执行路径被中断打断了。如果在访问共享资源之前先将中断屏蔽（禁止），然后再访问共享资源，等共享资源访问完成后再重新使能中断就能避免这种竞态的产生。关于中断的屏蔽和使能的函数我们在前面的章节已经讲过了，这里就不再赘述。需要另外说明的是，如果明确知道是哪一个中断会带来竞态，我们通常应该只屏蔽相应的中断，而不是屏蔽本地 CPU 的全局中断，这样可以使其他中断照常执行。如果非要屏蔽本地 CPU 的中断，那么应该尽量使用 local_irq_save 和 local_irq_restore 这对宏，因为如果使用 local_irq_disable 和 local_irq_enable 这对宏，如果中断在屏蔽之前本身就是屏蔽的，那么 local_irq_enable 会将本来就屏蔽的中断错误地使能，从而造成中断使能状态的前后不一致。而且，中断屏蔽到中断重新使能之间的这段代码不宜过长，否则中断屏蔽的时间过长，将会影响系统的性能。

在 i++的例子中，可以在 i++之前屏蔽中断，之后重新使能中断，代码的形式如下。

```
unsigned long flags;

local_irq_save(flags);
i++;
local_irq_restore(flags);
```

使用中断屏蔽来做互斥时的注意事项总结如下。

（1）对解决中断引起的并发而带来的竞态简单高效。

（2）应该尽量使用 local_irq_save 和 local_irq_restore 来屏蔽和使能中断。

（3）中断屏蔽的时间不宜过长。

（4）只能屏蔽本地 CPU 的中断，对多 CPU 系统，中断也可能会在其他 CPU 上产生。

6.4 原子变量

如果一个变量的操作是原子性的，即不能再被分割，类似于在汇编级代码上也只要一条汇编指令就能完成，那么对这样变量的访问就根本不需要考虑并发带来的影响。因此，内核专门提供了一种数据类型 atomic_t，用它来定义的变量为原子变量，其类型定义如下。

```
/* include/linux/types.h */

typedef struct {
        int counter;
} atomic_t;
```

由上可知，原子变量其实是一个整型变量。对于整型变量，有的处理器专门提供一些指令来实现原子操作（比如 ARM 处理器中的 swp 指令），内核就会使用这些指令来对原子变量进行访问，但是有些处理器不具备这样的指令，内核将会使用其他的手段来保证对它访问的原子性，比如中断屏蔽。但对于驱动开发者来说，他们并不关心这些，他们更关心内核提供了哪些接口来操作原子变量。现将主要的 API 罗列如下。

```
atomic_read(v)
atomic_set(v, i)
int atomic_add_return(int i, atomic_t *v);
int atomic_sub_return(int i, atomic_t *v);
int atomic_add_negative(int i, atomic_t *v)
void atomic_add(int i, atomic_t *v);
void atomic_sub(int i, atomic_t *v);
void atomic_inc(atomic_t *v);
void atomic_dec(atomic_t *v);
atomic_dec_return(v)
atomic_inc_return(v)
atomic_sub_and_test(i, v)
atomic_dec_and_test(v)
atomic_inc_and_test(v)
atomic_xchg(ptr, v)
atomic_cmpxchg(v, old, new)
void atomic_clear_mask(unsigned long mask, atomic_t *v);
void atomic_set_mask(unsigned int mask, atomic_t *v);
void set_bit(int nr, volatile unsigned long *addr);
void clear_bit(int nr, volatile unsigned long *addr);
void change_bit(int nr, volatile unsigned long *addr);
int test_and_set_bit(int nr, volatile unsigned long *addr);
int test_and_clear_bit(int nr, volatile unsigned long *addr);
int test_and_change_bit(int nr, volatile unsigned long *addr);
```

atomic_read：读取原子变量 v 的值。

atomic_set(v, i)：设置原子变量 v 的值为 i。

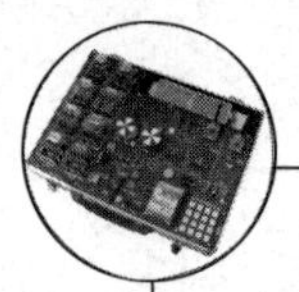

atomic_add、atomic_sub：将原子变量加上 i 或减去 i，加“_return”表示还要返回修改后的值，加“_negative”表示当结果为负返回真。

atomic_inc、atomic_dec：将原子变量自加 1 或自减 1，加“_return”表示还要返回修改后的值，加“_test”表示结果为 0 返回真。

atomic_xchg：交换 v 和 ptr 指针指向的数据。

atomic_cmpxchg：如果 v 的值和 old 相等，则将 v 的值设为 new，并返回原来的值。

atomic_clear_mask：将 v 中 mask 为 1 的对应位清零。

atomic_set_mask：将 v 中 mask 为 1 的对应位置一。

set_bit、clear_bit、change_bit：将 nr 位置一、清零或翻转，有 test 前缀的还要返回原来的值。

在 i++的那个例子中，我们可以使用下面的代码来保证对它访问的原子性操作，第一行使用 ATOMIC_INIT 对原子变量赋初值。

```
atomic_t i = ATOMIC_INIT(5);
atomic_inc(&i);
```

需要说明的是，原子变量虽然使用方便，但是其本质是一个整型变量，对于非整型变量（如整个结构）就不能使用这一套方法来操作，而需要使用另外的方法。但是在能够使用原子变量时就尽可能地使用原子变量，而不要使用复杂的锁机制，因为相比于锁机制，它的开销小。

6.5 自旋锁

有这样一个不太优雅的例子：一个公共的卫生间，很多人排队去方便，但是要进去就要先打开卫生间的门，进去后将门反锁，出来后再开锁。很显然，在门被反锁的期间，其他人是进不去的，只有干着急，越等越急后，就急得团团转，于是就原地自旋了。

这个例子很能说明在内核中的另一种互斥手段——自旋锁的特性，在访问共享资源（卫生间）之前，首先要获得自旋锁（卫生间门上的锁），访问完共享资源后解锁。其他内核执行路径（其他人）如果没有竞争到锁，只能忙等待，所以自旋锁是一种忙等锁。

内核中自旋锁的类型是 spinlock_t，相关的 API 如下。

```
spin_lock_init(_lock)

void spin_lock(spinlock_t *lock);
void spin_lock_irq(spinlock_t *lock);
spin_lock_irqsave(lock, flags)
void spin_lock_bh(spinlock_t *lock);

int spin_trylock(spinlock_t *lock);
int spin_trylock_bh(spinlock_t *lock);
int spin_trylock_irq(spinlock_t *lock);
```

```
void spin_unlock(spinlock_t *lock);
void spin_unlock_irq(spinlock_t *lock);
void spin_unlock_irqrestore(spinlock_t *lock, unsigned long flags);
void spin_unlock_bh(spinlock_t *lock);
```

spin_lock_init：初始化自旋锁，在使用自旋锁之前必须要初始化。

spin_lock：获取自旋锁，如果不能获得自旋锁，则进行忙等待。

spin_lock_bh：获取自旋锁并禁止下半部。

spin_lock_irq：获取自旋锁并竞争中断。

spin_lock_irqsave：获取自旋锁并竞争中断，保存中断屏蔽状态到 flags 中。

spin_trylock：尝试获取自旋锁，即使不能获取，也立即返回，返回值为 0 表示成功获得自旋锁，否则表示没有获得自旋锁。其他的变体和 spin_lock 变体的意义相同。

spin_unlock：释放自旋锁，其他的 unlock 版本可以依据前面的解释判断其作用。

在 i++的例子中，我们可以使用下面的代码来使自旋锁对 i 的操作进行互斥。

```
int i = 5;
/* 定义自旋锁 */
spinlock_t lock;
/* 用于保存中断屏蔽状态的变量 */
unsigned long flags;

/* 使用自旋锁之前必须初始化自旋锁 */
spin_lock_init(&lock);
/* 访问共享资源之前获得自旋锁，禁止中断，并将之前的中断屏蔽状态保存在 flags 变量中 */
spin_lock_irqsave(&lock, flags);
/* 访问共享资源 */
i++;
/* 共享资源访问完成后释放自旋锁，用 flags 的值恢复中断屏蔽的状态 */
spin_unlock_irqrestore(&lock, flags);
```

从上面的例子可以看到，自旋锁的使用还是比较直观的，基本的步骤是定义锁、初始化锁、访问共享资源之前获得锁、访问完成之后释放锁。

关于自旋锁的一些重要特性和使用注意事项总结如下。

（1）获得自旋锁的临界代码段执行时间不宜过长，因为是忙等锁，如果临界代码段执行时间过长，就意味着其他想要获得锁的内核执行路径会进行长时间的忙等待，这会影响系统的工作效率。

（2）在获得锁的期间，不能够调用可能会引起进程切换的函数，因为这会增加持锁的时间，导致其他要获取锁的代码进行更长时间的等待，更糟糕的情况是，如果新调度的进程也要获取同样的自旋锁，那么会导致死锁。

（3）自旋锁是不可递归的，即获得锁之后不能再获得自旋锁，否则会因为等待一个不能获得的锁而将自己锁死。

（4）自旋锁可以用于中断上下文中，因为它是忙等锁，所以并不会引起进程的切换。

（5）如果中断中也要访问共享资源，则在非中断处理代码中访问共享资源之前应该

先禁止中断再获取自旋锁，即应该使用 spin_lock_irq 或 spin_lock_irqsave 来获得自旋锁。如果不这样的话，即使获得了锁中断也会发生，在中断中访问共享资源之前，中断也要获得一个已经被获得的自旋锁，那么中断将会被锁死，中断的下半部也有类似的情况。另外，推荐使用 spin_lock_irqsave 而不是 spin_lock_irq，原因同中断屏蔽中相关的描述。

（6）虽然一直都在说自旋锁是忙等锁，但是在单处理器的无抢占内核中，单纯的自旋锁（指不是禁止中断，禁止下半部的一些变体）获取操作其实是一个空操作，而在单处理器的可抢占内核中也仅仅是禁止抢占而已（但这会使高优先级的就绪进程的执行时间稍微推后一些）。真正的忙等待的特性只有在多处理器中才会体现出来，不过作为驱动开发者，我们不应该来假设驱动的运行环境，或者说都应该假设成运行在多处理器的可抢占系统上。

6.6 读写锁

在并发的方式中有读—读并发、读—写并发和写—写并发三种，很显然，一般的资源的读操作并不会修改它的值（对某些读清零的硬件寄存器除外），因此读和读之间是完全允许并发的。但是使用自旋锁，读操作也会被加锁，从而阻止了另外一个读操作。为了提高并发的效率，必须要降低锁的粒度，以允许读和读之间的并发。为此，内核提供了一种允许读和读并发的锁，叫读写锁，其数据类型为 rwlock_t，常用的 API 如下。

```
rwlock_init(lock)

read_trylock(lock)
write_trylock(lock)

read_lock(lock)
write_lock(lock)

read_lock_irq(lock)
read_lock_irqsave(lock, flags)
read_lock_bh(lock)

write_lock_irq(lock)
write_lock_irqsave(lock, flags)
write_lock_bh(lock)

read_unlock(lock)
write_unlock(lock)

read_unlock_irq(lock)
read_unlock_irqrestore(lock, flags)
read_unlock_bh(lock)

write_unlock_irq(lock)
```

```
write_unlock_irqrestore(lock, flags)
write_unlock_bh(lock)
```

有了前面对自旋锁的了解，相信读者都能知道这些宏的含义，下面是一个应用例子。

```
int i = 5;
unsigned long flags;
rwlock_t lock;

/* 使用之前先初始化读写锁 */
rwlock_init(&lock);

/* 要改变变量的值之前获取写锁 */
write_lock_irqsave(&lock, flags);
i++;
write_unlock_irqrestore(&lock, flags);


int v;
/* 只是获取变量的值先获得读锁 */
read_lock_irqsave(&lock, flags);
v = i;
read_unlock_irqrestore(&lock, flags);
```

读写锁的使用也需经历定义、初始化、加锁和解锁的过程，只是要改变变量的值需先获取写锁，值改变完成后再解除写锁，读操作则用读锁。这样，当一个内核执行路径在获取变量的值时，如果有另一条执行路径也要来获取变量的值，则读锁可以正常获得，从而另一条路径也能获取变量的值。但如果有一个写在进行，那不管是写锁还是读锁都不能获得，只有当写锁释放了之后才可以。很明显，使用读写锁降低了锁的粒度，即对锁的控制更加精细了，从而获得了更高的并发性，带来了更高的工作效率。

6.7 顺序锁

自旋锁不允许读和读之间的并发，读写锁则更进了一步，允许读和读之间的并发，顺序锁又更进了一步，允许读和写之间的并发。为了实现这一需求，顺序锁在读时不上锁，也就意味着在读的期间允许写，但是在读之前需要先读取一个顺序值，读操作完成后，再次读取顺序值，如果两者相等，说明在读的过程中没有发生过写操作，否则要重新读取。显然，写操作要上锁，并且要更新顺序值。顺序锁特别适合读很多而写比较少的场合，否则由于反复的读操作，也不一定能够获取较高的效率。顺序锁的数据类型是 seqlock_t，其类型定义如下。

```
typedef struct {
        struct seqcount seqcount;
        spinlock_t lock;
} seqlock_t;
```

很显然，顺序锁使用了自旋锁的机制，并且有一个顺序值 seqcount。顺序锁的主要 API 如下。

```
seqlock_init(x)
unsigned read_seqbegin(const seqlock_t *sl);
unsigned read_seqretry(const seqlock_t *sl, unsigned start);
void write_seqlock(seqlock_t *sl);
void write_sequnlock(seqlock_t *sl);
void write_seqlock_bh(seqlock_t *sl);
void write_sequnlock_bh(seqlock_t *sl);
void write_seqlock_irq(seqlock_t *sl);
void write_sequnlock_irq(seqlock_t *sl);
write_seqlock_irqsave(lock, flags)
void write_sequnlock_irqrestore(seqlock_t *sl, unsigned long flags);
```

seqlock_init：初始化顺序锁。

read_seqbegin：读之前获取顺序值，函数返回顺序值。

read_seqretry：读之后验证顺序值是否发生了变化，返回 1 表示需要重读，返回 0 表示读成功。

write_seqlock：写之前加锁，其他的变体请参照自旋锁。

write_sequnlock：写之后解锁，其他的变体请参照自旋锁。

在 i++的例子中，我们可以使用下面的代码来使顺序锁对 i 的操作进行互斥。

```
int i = 5;
unsigned long flags;

/* 定义顺序锁 */
seqlock_t lock;
/* 使用之前必须初始化顺序锁 */
seqlock_init(&lock);

int v;
unsigned start;
do {
        /* 读之前要先获取顺序值 */
        start = read_seqbegin(&lock);
        v = i;
/* 读完之后检查顺序值是否发生了变化，如果是，则要重读 */
} while (read_seqretry(&lock, start));

/* 写之前获取顺序锁 */
write_seqlock_irqsave(&lock, flags);
i++;
/* 写完后释放顺序锁 */
write_sequnlock_irqrestore(&lock, flags);
```

6.8 信号量

前面所讨论的锁机制都有一个限制，那就是在锁获得期间不能调用调度器，即不能引起进程切换。但是内核中有很多函数都可能会触发对调度器的调用（在中断的章节列举过一些），这给驱动开发带来了一些麻烦。另外，我们也知道，对于忙等锁来说，当临界代码段执行的时间比较长的时候，会降低系统的效率。为此内核提供了一种叫信号量的机制来取消这一限制，它的数据类型定义如下。

```
struct semaphore {
        raw_spinlock_t          lock;
        unsigned int            count;
        struct list_head        wait_list;
};
```

可以看到，它有一个 count 成员，这是用来记录信号量资源的情况的，当 count 的值不为 0 时是可以获得信号量的，当 count 的值为 0 时信号量就不能被获取，这也说明信号量可以同时被多个进程所持有。我们还看到了一个 wait_list 成员，不难猜想，当信号量不能获取时，当前的进程就应该休眠了。最后，lock 成员在提示我们，信号量在底层其实使用了自旋锁的机制。信号量最常用的 API 接口如下。

```
void sema_init(struct semaphore *sem, int val);
void down(struct semaphore *sem);
int down_interruptible(struct semaphore *sem);
int down_trylock(struct semaphore *sem);
int down_timeout(struct semaphore *sem, long jiffies);
void up(struct semaphore *sem);
```

sema_init：用于初始化信号量，val 是赋给 count 成员的初值，这样就可以有 val 个进程同时获得信号量。

down：获取信号量（信号量的值减 1），当信号量的值不为 0 时，可以立即获取信号量，否则进程休眠。

down_interruptible：同 down，但是能够被信号唤醒。

down_trylock：只是尝试获取信号量，如果不能获取立即返回，返回 0 表示成功获取，返回 1 表示获取失败。

down_timeout：同 down，但是在 jiffies 个时钟周期后如果还没有获取信号量，则超时返回，返回 0 表示成功获取信号量，返回负值表示超时。

up：释放信号量（信号量的值加 1），如果有进程等待信号量，则唤醒这些进程。

为了能更好地理解信号量，我们不妨来看看 down 函数的实现代码，下面的代码略做了改写。

```
/* kernel/locking/semaphore.c */

53 void down(struct semaphore *sem)
54 {
55         unsigned long flags;
56 
57         raw_spin_lock_irqsave(&sem->lock, flags);
58         if (likely(sem->count > 0))
59                 sem->count--;
60         else
61                 __down(sem);
62         raw_spin_unlock_irqrestore(&sem->lock, flags);
63 }
……
204 static inline int __sched __down_common(struct semaphore *sem, long state, long timeout)
206 {
……
210         list_add_tail(&waiter.list, &sem->wait_list);
……
221                 timeout = schedule_timeout(timeout);
……
234 }
235 
236 static noinline void __sched __down(struct semaphore *sem)
237 {
238         __down_common(sem, TASK_UNINTERRUPTIBLE, MAX_SCHEDULE_TIMEOUT);
239 }
```

代码第 57 行首先获得了保护 count 成员的自旋锁，如果 count 的值大于 0，则将 count 的值自减 1，然后释放自旋锁立即返回。否则调用__down，__down 又调用了__down_common，准备将进程的状态切换为 TASK_UNINTERRUPTIBLE，表示不能被信号唤醒。代码第 210 行，__down_common 调用 list_add_tail 将进程放到信号量的等待链表中，然后在代码第 221 行调用调度器，进程主动放弃 CPU，调度其他进程执行。很显然，进程在不能获得信号量的情况下会休眠，不会忙等待，从而适用于临界代码段运行时间比较长的情况。

当给信号量赋初值 1 时，则表示在同一时刻只能有一个进程获得信号量，这种信号量叫二值信号量，利用这种信号量可以实现互斥，典型的应用代码如下。

```
/* 定义信号量 */
struct semaphore sem;
/* 初始化信号量，赋初值为 1，用于互斥 */
sema_init(&sem, 1);
/* 获取信号量，如果是被信号唤醒，则返回-ERESTARTSYS */
if (down_interruptible(&sem))
    return -ERESTARTSYS;
/* 对共享资源进行访问，执行一些耗时的操作或可能会引起进程调度的操作 */
xxx;
/* 共享资源访问完成后，释放信号量 */
up(&sem);
```

对于信号量的特点及其他的一些使用注意事项总结如下。

（1）信号量可以被多个进程同时持有，当给信号量赋初值 1 时，信号量成为二值信号量，也称为互斥信号量，可以用来互斥。

（2）如果不能获得信号量，则进程休眠，调度其他的进程执行，不会进行忙等待。

（3）因为获取信号量可能会引起进程切换，所以不能用在中断上下文中，如果必须要用，只能使用 down_trylock。不过在中断上下文中可以使用 up 释放信号量，从而唤醒其他进程。

（4）持有信号量期间可以调用调度器，但需要特别注意是否会产生死锁。

（5）信号量的开销比较大，在不违背自旋锁的使用规则的情况下，应该优先使用自旋锁。

6.9 读写信号量

和相对于自旋锁的读写锁类似，也有相对于信号量的读写信号量，它和信号量的本质是一样的，只是将读和写分开了，从而能获取更好的并发性。读写信号量的结构类型是 struct rw_semaphore，针对它的主要操作如下。

```
init_rwsem(sem)
void down_read(struct rw_semaphore *sem);
int down_read_trylock(struct rw_semaphore *sem);
void down_write(struct rw_semaphore *sem);
int down_write_trylock(struct rw_semaphore *sem);
void up_read(struct rw_semaphore *sem);
void up_write(struct rw_semaphore *sem);
```

其使用方法和读写锁类似，在此不再细述。

6.10 互斥量

信号量除了不能用于中断上下文，还有一个缺点就是不是很智能。在获取信号量的代码中，只要信号量的值为 0，进程马上就休眠了。但是更一般的情况是，在不会等待太长的时间后，信号量就可以马上获得，那么信号量的操作就要经历使进程先休眠再被唤醒的一个漫长过程。可以在信号量不能获取的时候，稍微耐心地等待一小段时间，如果在这段时间能够获取信号量，那么获取信号量的操作就可以立即返回，否则再将进程休眠也不迟。为了实现这种比较智能化的信号量，内核提供了另外一种专门用于互斥的高效率信号量，也就是互斥量，也叫互斥体，类型为 struct mutex，相关的 API 如下。

```
mutex_init(mutex)
void mutex_lock(struct mutex *lock);
int mutex_lock_interruptible(struct mutex *lock);
int mutex_trylock(struct mutex *lock);
void mutex_unlock(struct mutex *lock);
```

有了前面互斥操作的基础，使用互斥量来做互斥也就很容易实现了，示例代码如下。

```
int i = 5;
/* 定义互斥量 */
struct mutex lock;

/* 使用之前初始化互斥量 */
mutex_init(&lock);

/* 访问共享资源之前获得互斥量 */
mutex_lock(&lock);
i++;
/* 访问完共享资源后释放互斥量 */
mutex_unlock(&lock);
```

互斥量的使用比较简单，不过它还有一些更多的限制和特性，现将关键点总结如下。

（1）要在同一上下文对互斥量上锁和解锁，比如不能在读进程中上锁，也不能在写进程中解锁。

（2）和自旋锁一样，互斥量的上锁是不能递归的。

（3）当持有互斥量时，不能退出进程。

（4）不能用于中断上下文，即使 mutex_trylock 也不行。

（5）持有互斥量期间，可以调用可能会引起进程切换的函数。

（6）在不违背自旋锁的使用规则时，应该优先使用自旋锁。

（7）在不能使用自旋锁但不违背互斥量的使用规则时，应该优先使用互斥量，而不是信号量。

6.11 RCU 机制

RCU（Read-Copy Update）机制即读—复制—更新。RCU 机制对共享资源的访问都是通过指针来进行的，读者（对共享资源发起读访问操作的代码）通过对该指针进行解引用，来获取想要的数据。写者在发起写访问操作的时候，并不是去写以前的共享资源内存，而是另起炉灶，重新分配一片内存空间，复制以前的数据到新开辟的内存空间（有时不用复制），然后修改新分配的内存空间里面的内容。当写结束后，等待所有的读者都完成了对原有内存空间的读取后，将读的指针更新，指向新的内存空间，之后的读操作将会得到更新后的数据。这非常适合于读访问多、写访问少的情况，它尽可能地减少了对锁的使用。

内核使用 RCU 机制实现了对数组、链表和 NMI（不可屏蔽中断）操作的大量 API，不过要能理解 RCU，通过下面几个最简单的 API 即可。

```
void rcu_read_lock(void);
rcu_dereference(p)
void rcu_read_unlock(void);
rcu_assign_pointer(p, v)
void synchronize_rcu(void);
```

rcu_read_lock：读者进入临界区。

rcu_dereference：读者用于获取共享资源的内存区指针。

rcu_read_unlock：读者退出临界区。

rcu_assign_pointer：用新指针更新老指针。

synchronize_rcu：等待之前的读者完成读操作。

使用 RCU 机制最简单的示例代码如下。

```
struct foo {
        int a;
        char b;
        long c;
};
DEFINE_SPINLOCK(foo_mutex);

struct foo *gbl_foo;

void foo_update_a(int new_a)
{
        struct foo *new_fp;
        struct foo *old_fp;

        new_fp = kmalloc(sizeof(*new_fp), GFP_KERNEL);
        spin_lock(&foo_mutex);
        old_fp = gbl_foo;
        *new_fp = *old_fp;
        new_fp->a = new_a;
        rcu_assign_pointer(gbl_foo, new_fp);
        spin_unlock(&foo_mutex);
        synchronize_rcu();
        kfree(old_fp);
}

int foo_get_a(void)
{
        int retval;

        rcu_read_lock();
        retval = rcu_dereference(gbl_foo)->a;
        rcu_read_unlock();
        return retval;
}
```

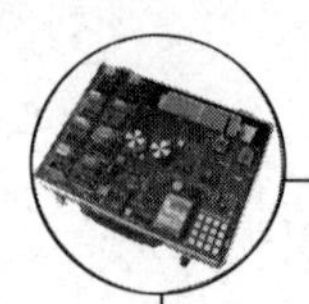

代码第 1 行到第 5 行是共享资源的数据类型定义。代码第 6 行定义了一个用于写保护的自旋锁。代码第 8 行定义了一个指向共享资源数据的全局指针。

代码第 15 行，写者分配了一片新的内存。代码第 17 行保存原来的指针，第 18 行进行数据复制，即将原来的内存中的数据复制到新的内存中。代码第 19 行完成对新内存中数据的修改。代码第 20 行则用新的指针更新原来的指针。在这之后不能立即释放原来的指针所指向的内存，因为可能还有读者在使用原来的指针访问共享资源的数据，所以在代码第 22 行等待使用原来指针的读者，当所有使用原来的指针的读者都读完数据后，代码第 23 行释放原来的指针所指向的内存。在数据更新和指针更新时使用了自旋锁进行保护。

代码第 30 行是读者进入临界区，代码第 31 行使用 rcu_dereference 获取共享资源的内存指针后进行解引用，获取相关的数据。访问完成后，代码第 32 行退出临界区。

6.12 虚拟串口驱动加入互斥

严格来说，前面讲解的虚拟串口驱动都是错误的，因为驱动中根本没有考虑并发可能导致的竞态。但是程序运行又基本正确，这说明竞态出现的概率很小，但是不代表竞态就不会产生。驱动开发者应该对这个问题保持高度的警惕，因为竞态所造成的后果有时是非常严重的，并且错误的原因也是很难发现的。所以在驱动设计的初期就应该考虑这些因素的影响，并采取对应的措施。

为了方便说明问题，我们将之前的虚拟串口的运行机制稍加修改。首先，一个类似于串口的设备应该具有排他访问属性，即不能同时有多个进程都能打开串口并操作串口。在一段时间内，只允许一个进程操作串口，直到该进程关闭该串口为止，在这段时间内，其他的进程都不能打开该串口，这也是实际的串口常规属性。其次，写给串口的数据不再环回，为简化问题，我们仅仅是把用户发来的数据简单地丢弃，认为数据是无等待地发送成功，那么写方向上也就不再需要等待队列。最后，串口接收中断还是通过网卡中断来产生，并将随机产生的接收数据放入接收 FIFO 中。

针对串口功能的重新定义，我们来考虑驱动中的并发问题。首先，应该安排一个变量来表示当前串口是否可用的状态，当有一个进程已经成功打开串口，那么这将阻止其他的进程再打开串口，很显然，这个反映状态的变量是一个共享资源，当多个进程同时打开这个串口设备时，可能会产生竞态，应该对该共享资源做互斥处理。其次，写入的数据是简单丢弃（复制到一个局部的缓冲区中，非共享资源），所以不考虑并发。但是，当接收中断产生时，在中断或中断下半部处理中需要将数据写入接收 FIFO，这就存在着针对接收 FIFO 的读—写并发，即用户进程读取接收 FIFO，同时在中断或中断的下半部写数据到接收 FIFO，共享资源就是这个全局的接收 FIFO，针对该共享资源应该提供互斥的访问。根据上面的分析，相应的驱动代码如下（完整的代码请参见“下载资源/程序源码/concurrence/ex1”）。

```
......

struct vser_dev {
......
        atomic_t available;
......
};
......
static int vser_open(struct inode *inode, struct file *filp)
{
        if (atomic_dec_and_test(&vsdev.available))
                return 0;
        else {
                atomic_inc(&vsdev.available);
                return -EBUSY;
        }
}

static int vser_release(struct inode *inode, struct file *filp)
{
        vser_fasync(-1, filp, 0);
        atomic_inc(&vsdev.available);
        return 0;
}

static ssize_t vser_read(struct file *filp, char __user *buf, size_t count, loff_t *pos)
{
        int ret;
        int len;
        char tbuf[VSER_FIFO_SIZE];

        len = count > sizeof(tbuf) ? sizeof(tbuf) : count;
        spin_lock(&vsdev.rwqh.lock);
        if (kfifo_is_empty(&vsfifo)) {
                if (filp->f_flags & O_NONBLOCK) {
                        spin_unlock(&vsdev.rwqh.lock);
                        return -EAGAIN;
                }

                if (wait_event_interruptible_locked(vsdev.rwqh, !kfifo_is_empty(&vsfifo))) {
                        spin_unlock(&vsdev.rwqh.lock);
                        return -ERESTARTSYS;
                }
        }

        len = kfifo_out(&vsfifo, tbuf, len);
        spin_unlock(&vsdev.rwqh.lock);

        ret = copy_to_user(buf, tbuf, len);
        return len - ret;
}
```

```

static ssize_t vser_write(struct file *filp, const char __user *buf, size_t count, loff_t *pos)
{

        int ret;
        int len;
        char *tbuf[VSER_FIFO_SIZE];

        len = count > sizeof(tbuf) ? sizeof(tbuf) : count;
        ret = copy_from_user(tbuf, buf, len);

        return len - ret;
}

……
static unsigned int vser_poll(struct file *filp, struct poll_table_struct *p)
{
        int mask = POLLOUT | POLLWRNORM;

        poll_wait(filp, &vsdev.rwqh, p);

        spin_lock(&vsdev.rwqh.lock);
        if (!kfifo_is_empty(&vsfifo))
                mask |= POLLIN | POLLRDNORM;
        spin_unlock(&vsdev.rwqh.lock);

        return mask;
}

……
static irqreturn_t vser_handler(int irq, void *dev_id)
{
        schedule_work(&vswork);

        return IRQ_HANDLED;
}

static void vser_work(struct work_struct *work)
{
        char data;

        get_random_bytes(&data, sizeof(data));
        data %= 26;
        data += 'A';

        spin_lock(&vsdev.rwqh.lock);
        if (!kfifo_is_full(&vsfifo))
                if(!kfifo_in(&vsfifo, &data, sizeof(data)))
                        printk(KERN_ERR "vser: kfifo_in failure\n");

        if (!kfifo_is_empty(&vsfifo)) {
                spin_unlock(&vsdev.rwqh.lock);
```

```
202                 wake_up_interruptible(&vsdev.rwqh);
203                 kill_fasync(&vsdev.fapp, SIGIO, POLL_IN);
204         } else
205                 spin_unlock(&vsdev.rwqh.lock);
206 }
......
221 static int __init vser_init(void)
222 {
......
247
248         atomic_set(&vsdev.available, 1);
......
258 }
......
```

代码第 31 行添加了一个 available 原子变量成员，用于表示当前设备是否可用。代码第 248 行使用 atomic_set 将原子变量赋值为 1，表示可用。代码第 47 行使用 atomic_dec_and_test 先将 available 的值减 1，然后判断减 1 后的结果是否为 0。如果结果是 0，函数返回真，表示设备是首次被打开，所以代码第 48 行返回 0，表示打开成功。atomic_dec_and_test 将减和测试结果按原子操作，即不会被打断，所以即便有另外一个进程想打开串口，二者也只能有一个竞争成功。代码第 50 行表示竞争失败的进程应该将 available 的值加回来，否则以后串口将永远无法打开。代码第 58 行表示竞争成功的进程，在使用完串口后，将 available 的值加回来，使串口又可用。

代码第 62 行至第 87 行是用户读操作的驱动实现，代码第 68 行首先修正了读取的字节数，然后第 69 行使用了读等待队列头中自带的自旋锁，进行加锁操作，因为之后都要对共享的接收 FIFO 进行操作（包括判空）。代码第 72 行，如果接收 FIFO 为空，并且是非阻塞操作，那么应该释放自旋锁，然后返回-EAGAIN，如果不释放自旋锁将会导致重复获取自旋锁的错误，这是比较容易遗忘的内容，应该注意。如果接收 FIFO 为空，并且是阻塞操作，那么调用 wait_event_interruptible_locked 来使进程休眠，当接收 FIFO 不为空时，进程被唤醒。之前我们说过，在自旋锁获得期间，不能调用可能会引起进程切换的函数，但是这里用的是 wait_event_interruptible_locked，在进程休眠前，会自动释放自旋锁，醒来后将重新获得自旋锁，这就非常巧妙地对接收 FIFO 的判空实现原子化操作，从而避免了竞态。代码第 77 行是进程被信号唤醒应该释放自旋锁，也容易被遗忘，需要注意。代码第 82 行将 FIFO 中的数据读出放入一个临时的缓冲区中，然后释放自旋锁。这里没有使用 kfifo_to_user，是因为该函数可能会导致进程切换，在自旋锁持有期间不能被调用。所以直到代码第 85 行才使用 copy_to_user 将读取到的数据复制到用户空间。

代码第 135 行至第 138 行是对 FIFO 的判空操作做互斥，避免在此期间产生的竞态。

代码第 187 行至第 206 行是中断下半部的工作队列实现，同样也是在操作接收 FIFO 的整个过程中，通过自旋锁来保护。代码第 201 行在接收 FIFO 访问完成后立即释放了自旋锁，尽量避免长时间持有自旋锁。

我们来讨论一下上面的并发情况，如果在用户读期间下半部开始执行了，那么下半

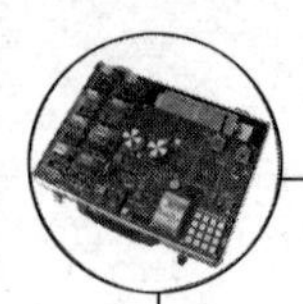

部会因为不能获取自旋锁而忙等待，直到 wait_event_interruptible_locked 被调用，在真正的进程切换之前，释放了自旋锁。下半部将会立即获得自旋锁，从而完成对接收 FIFO 的完整操作，操作完成后，释放自旋锁并唤醒读进程，读进程醒来后马上获取自旋锁，在确定接收 FIFO 不为空的情况下，在自旋锁持有的过程中将接收 FIFO 的数据读出，即便这时中断下半部又执行，也会因为不能获得自旋锁而忙等待，所以竞态不会产生。读取了接收 FIFO 中的数据后，再释放自旋锁，之后将数据复制到用户空间，因为不涉及接收 FIFO 共享资源的操作，所以不需要持有自旋锁。其他可能的情况请读者自行分析。

下面是用于测试的命令。

```
# make ARCH=arm
# make ARCH=arm modules_install
[root@fs4412 ~]# mknod /dev/vser0 c 256 0
[root@fs4412 ~]# depmod
[root@fs4412 ~]# modprobe vser
[root@fs4412 ~]# cat /dev/vser0
NSJQUIGTKDUYGSJPTGCAOHJXNRKPIKNV
```

接下来我们来归纳一下在驱动中如何解决竞态的问题。

（1）找出驱动中的共享资源，比如 available 和接收 FIFO。

（2）考虑在驱动中的什么地方有并发的可能、是何种并发，以及由此引起的竞态。比如例子中的 vser_open、vser_release、vser_read、vser_poll 和 vser_work。其中，vser_open、vser_release 在打开和关闭设备的时候可能会产生竞态，而其他的则发生在对接收 FIFO 的访问上。

（3）使用何种手段互斥。互斥的手段有很多种，我们应该尽量选用一些简单的、开销小的互斥手段，当该互斥手段受到某条使用规则的制约后再考虑其他的互斥手段。

当然，对于一个复杂的驱动，刚开始时我们不一定就能有一个全局的认识，很多认识是逐渐产生的。但是我们应该有这个意识，当问题刚引入的时候就应该考虑它的解决方案，事后再进行处理往往会比较麻烦。

6.13 完成量

讨论完内核中的互斥后，接下来我们来看看内核中的同步。同步是指内核中的执行路径需要按照一定的顺序来进行，例如执行路径 A 要继续往下执行则必须要保证执行路径 B 执行到某一个点才行。以一个 ADC 设备来说，假设一个驱动中的一个执行路径是将 ADC 采集到的数据做某些转换操作（比如将若干次采样结果做平均），而另一个执行路径专门负责 ADC 采样，那么做转换操作的执行路径要等待做采样的执行路径。

同步可以用信号量来实现，就以上面的 ADC 驱动来说，可以先初始化一个值为 0 的信号量，做转换操作的执行路径先用 down 来获取这个信号量，如果在这之前没有采集到

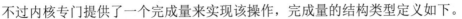

数据，那么做转换操作的路径将会休眠等待。当做采样的路径完成采样后，调用 up 释放信号量，那么做转换操作的执行路径将会被唤醒。这就保证了采样发生在转换之前，也就完成了采样和转换之间的同步。

不过内核专门提供了一个完成量来实现该操作，完成量的结构类型定义如下。

```
struct completion {
        unsigned int done;
        wait_queue_head_t wait;
};
```

done 是是否完成的状态，是一个计数值，为 0 表示未完成。wait 是一个等待队列头，回想前面阻塞操作的知识，不难想到完成量的工作原理。当 done 为 0 时进程阻塞，当内核的其他执行路径使 done 的值大于 0 时，负责唤醒被阻塞在这个完成量上的进程。完成量的主要 API 如下。

```
    void init_completion(struct completion *x);
    wait_for_completion(struct completion *);
    wait_for_completion_interruptible(struct completion *x);
    unsigned long wait_for_completion_timeout(struct completion *x, unsigned long
timeout);
    long wait_for_completion_interruptible_timeout(struct completion *x, unsigned
long timeout);
    bool try_wait_for_completion(struct completion *x);
    void complete(struct completion *);
    void complete_all(struct completion *);
```

有了前面知识的积累，上面函数的作用及参数的意义都能见名知意，在这里就不再细述。只是需要说明一点，complete 只唤醒一个进程，而 complete_all 唤醒所有休眠的进程。完成量的使用例子如下。

```
/* 定义完成量 */
struct completion comp;
/* 使用之前初始化完成量 */
init_completion(&comp);
/* 等待其他任务完成某个操作 */
wait_for_completion(&comp);

/* 某个操作完成后，唤醒等待的任务 */
complete(&comp);
```

6.14 习题

1．内核中的并发情况有（   ）。

[A] 硬件中断　　　　[B] 软中断和 tasklet

[C] 抢占内核的多进程环境　　　　[D] 普通的多进程环境

[E] 多处理器或多核 CPU

2．local_irq_save 的作用是（　）。

[A] 禁止全局中断

[B] 禁止本 CPU 中断

[C] 禁止本 CPU 中断并将之前的中断使能状态保存下来

3．可以对原子变量进行的操作有（　）。

[A] 自减并测试结果是否为 0　　[B] 加上一个整数值并返回结果

[C] 进行位清除　　[D] 变量中指定的比特位交换

4．关于自旋锁的使用说法错误的是（　）。

[A] 获得自旋锁的临界代码段执行时间不宜过长

[B] 在获得锁的期间不能够调用可能会引起进程切换的函数

[C] 自旋锁可以用于中断上下文中

[D] 在所有系统中，即不管是否抢占、是否是多核，自旋锁都是忙等待

5．关于信号量的使用说法错误的是（　）。

[A] 如果不能获得信号量，则进程休眠

[B] 在中断上下文中不能调用 down 函数来获取信号量

[C] 在获得信号量期间，进程可以睡眠

[D] 相比于自旋锁，优先使用信号量

6．关于 RCU 说法错误的是（　）。

[A] 写者完成写后立即更新指针

[B] 适合于读访问多、写访问少的情况

[C] 对共享资源的访问都是通过指针来进行的

[D] 尽可能减少了对锁的使用

7．完成量的 complete 函数可以唤醒（　）进程。

[A] 一个　　[B] 所有

第7章 内存和DMA

本章目标

在前面的所有例子中，我们使用的都是全局变量或在栈上分配的内存。本章我们将先讨论如何动态分配内存和per-CPU变量。类似于ARM这样的体系结构，操作硬件都是通过特殊功能寄存器（SFR）来进行的，它们和内存统一编址，在Linux内核中叫作I/O内存，本章接下来将会讨论与I/O内存相关的内容。本章在最后将会讨论DMA的工作原理、映射机制和DMA的统一编程接口，并用一个实例来演示DMA的使用。

- ❑ 内存组织
- ❑ 按页分配内存
- ❑ slab分配器
- ❑ 不连续内存页分配
- ❑ per-CPU变量
- ❑ 动态内存实例
- ❑ I/O内存
- ❑ DMA原理及映射
- ❑ DMA统一编程接口

7.1 内存组织

从管理内存的方法来区分，可以把计算机分为两种类型，一种是 UMA（一致内存访问，uniform memory access）计算机，另一种是 NUMA（非一致内存访问，non-uniform memory access）计算机，图 7.1 展示了这两种计算机系统。

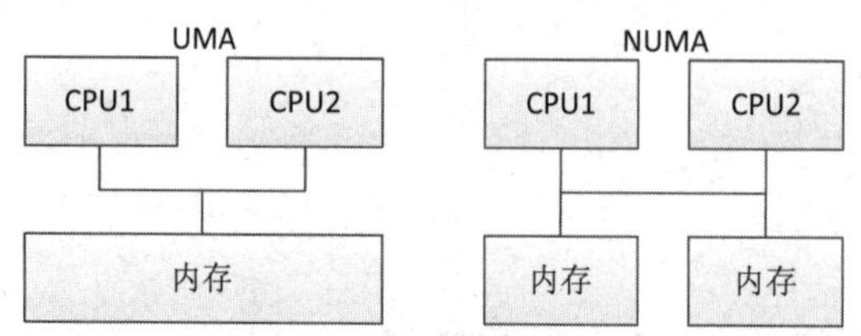

图 7.1　UMA 和 NUMA 系统

对于 UMA 而言，每一个 CPU 访问的都是同一块内存，各 CPU 对内存的访问不存在性能差异。对于 NUMA 而言，各内存和各 CPU 都通过总线连接在一起，每个 CPU 都有一个本地内存，访问速度较快，CPU 也可以访问其他 CPU 的本地内存，但速度稍慢。

Linux 为了统一这两种平台，在内存组织中，将最高层次定义为内存节点。图 7.1 中的 UMA 系统就可以定义一个内存节点，而 NUMA 系统就可以定义两个内存节点，很显然，UMA 是 NUMA 的一种特例，所以内核可以将内存都看作 NUMA 的，对应的 UMA 系统可以被看成只有一个内存节点的 NUMA 系统。之所以要这样来管理，是出于内存分配来考虑的，当要分配一块内存时，应该先考虑从 CPU 的本地内存对应的节点来分配内存，如果不能满足要求，再考虑从非本地内存的节点上分配内存。

Linux 内存管理的第二个层次为区，每个内存节点都划分为多个区，目前内核中定义了以下几个区。

ZONE_DMA：适合于 DMA 操作的内存区。例如在 x86 系统上，ISA 总线因为地址总线宽度的原因，只能访问最低的 16MB 区域的内存，那么在该系统上，DMA 内存区就被限制在这低 16MB 内存区域内。但对于像 ARM 这样的 SoC 系统，DMA 内存区通常是没有限制的。

ZONE_DMA32：在 64 位的系统上使用 32 位地址寻址的适合 DMA 操作的内存区，例如在 AMD64 系统上，该区域为低 4GB 的空间。在 32 位系统上，本区域通常是空的。

ZONE_NORMAL：常规内存区域，指的是可以直接映射到内核空间的内存。所谓直接映射是指物理地址和映射后的虚拟地址之间存在着一种简单的关系，那就是物理地址加上一个固定的偏移就可以得到映射之后的虚拟内存地址。在 32 位系统上，如果用户空间和内核空间的划分是以 3GB 为界限，那么这个偏移就是（0xC0000000 – 物理内存起始地址）。以 3GB 为界限的 32 位系统，内核空间只有 1GB，除去用于特殊目的的一段内核内存空间（通常是高 128MB 内存空间），常规内存区域通常指的就是低于 896MB 的这部分物理内存。常规内存区域是内核空间中最频繁使用的一段内存空间，在 32 位系统上，指的就是除去 ZONE_DMA 而低于 896MB 的这段物理内存。

ZONE_HIGHMEM：高端内存。在 32 位系统上，通常指的是高于 896MB 的物理内存；而在 64 位系统上，因为内核空间可以很大，所以一般没有高端内存。要将这段物理内存映射在内核空间的话，需要通过单独的映射来完成，而这种映射通常不能保证物理地址和虚拟地址之间的固定对应关系（如常规内存的固定偏移）。

ZONE_MOVABLE：一个伪内存区域，在防止物理内存碎片时会用到该区域。

将内存按区域划分，主要是为了满足特定的要求。比如要分配一段用于 DMA 操作的内存，那么就只能从 ZONE_DMA 区域中分配，要进行常规操作的内存通常就从 ZONE_NORMAL 区域中划分。但是如果 ZONE_NORMAL 区域的内存不足时，内核会尝试从 ZONE_DMA 区域中分配。

Linux 内存管理的第三个层次为页，对物理内存而言，通常叫作页帧或页框（本书在不做特定区分时都简称为“页”）。页的大小由 CPU 的内存管理单元 MMU 来决定，而通常 MMU 又支持了不同的页大小（例如在 ARM 体系结构中，MMU 支持的页大小通常有 4KB 和 1MB）。目前最常见的页大小为 4KB。Linux 用 struct page 来表示一个物理页，关于该结构的各成员我们并不关心，但是在进行页分配时需要用到该结构。

通过上面的描述，我们对 Linux 内核的内存层次结构有了大致了解，简言之就是内存首先划分成若干个大的节点，每个节点又包含若干个区，而每个区又包含若干页。Linux 内核是按页来管理内存的，最基本的内存分配和释放都是按页进行的，接下来就介绍内存页的分配和释放。

7.2 按页分配内存

首先要介绍的一类页分配函数或宏如下。

```
struct page *alloc_pages(gfp_t gfp_mask, unsigned int order);
alloc_page(gfp_mask)
void __free_pages(struct page *page, unsigned int order)
```

alloc_pages 分配 2 的 order 次方连续的物理页，返回值为起始页的 struct page 对象地址。因为 Linux 是按伙伴系统来管理物理内存的，所以分配的页数为 2 的 order 次方。很显然，alloc_page 就是用于分配单独的一页物理内存，也就是 order 为 0 的 alloc_pages 函数的封装。__free_pages 用于释放这些分配得到的页，page 为分配时得到的起始页的 struct page 对象地址，order 为分配时指定的 order 值。

参数 gfp_mask 稍微比较复杂，它是用于控制页面分配行为的一个掩码值，内核中定义了很多__GPF_xxx 的掩码，但这些掩码非常底层，使用得并不多。为了使用方便，内核还定义了一组 GFP_xxx 的掩码，它本质上是__GPF_xxx 的一些组合，使用也比较多。下面重点介绍这一组中最常见的一些掩码。

```
/* include/linux/gfp.h */
109 #define GFP_ATOMIC      (__GFP_HIGH)
112 #define GFP_KERNEL      (__GFP_WAIT | __GFP_IO | __GFP_FS)
115 #define GFP_USER        (__GFP_WAIT | __GFP_IO | __GFP_FS | __GFP_HARDWALL)
156 #define GFP_DMA         __GFP_DMA
```

GFP_ATOMIC：告诉分配器以原子的方式分配内存，即在内存分配期间不能够引起进程切换（如果内存不够，内核会唤醒一些内核进程来尝试回收一些内存）。这在某些有特殊要求的情况下非常有用，比如我们前面知道的中断上下文和持有自旋锁的上下文中，必须使用该掩码来获取内存。另外，该掩码还表明了可以使用紧急情况下的保留内存。

GFP_KERNEL：最常用的内存分配掩码，具体来讲就是在内存分配过程中允许进程切换，可以进行 I/O 操作（比如为得到空闲页，将页面暂时换出到磁盘上），允许执行文件系统操作。

GFP_USER：用于为用户空间分配内存页，在内存分配过程中允许进程切换。

GFP_DMA：告诉分配器只能在 ZONE_DMA 区分配内存，用于 DMA 操作。

__GFP_HIGHMEM：在高端内存区域分配物理内存。

上面的掩码指定了期望的内存区域，但是得到的内存并不一定就在期望的内存区域中。大体的规则如下：

如果指定了__GFP_HIGHMEM，那么分配器优先在 ZONE_HIGHMEM 区域内查找空闲内存，如果没有，则退到 ZONE_NORMAL 区域中查找，如果还是没有，则在 ZONE_DMA 中查找。

如果指定了 GFP_DMA，那么分配器只能在 ZONE_DMA 区分配内存。

如果这两个都没有指定，那么分配器默认会在 ZONE_NORMAL 区域内查找空闲内存，如果没有，则退到 ZONE_DMA 区域中查找。

上面的内存分配函数返回的都是管理物理页面的 struct page 对象地址，而我们通常需要的是物理内存在内核中对应的虚拟地址。对于不是高端内存的物理地址，前面我们说过，虚拟地址和它有一个固定的偏移，我们可以通过这个关系很快得到它对应的虚拟地址。但是对于高端内存的虚拟地址的获取就要麻烦一些，内核需要操作页表来建立映射。相关的函数或宏如下。

```
void *page_address(const struct page *page);
void *kmap(struct page *page);
void *kmap_atomic(struct page *page);
void kunmap(struct page *page);
```

page_address：只用于非高端内存的虚拟地址的获取，参数 page 是分配页得到的 struct page 对象地址，返回该物理页对应的内核空间虚拟地址。

kmap：用于返回分配的高端或非高端内存的虚拟地址，如果不是高端内存，则内部调用的其实是 page_address，也叫作永久映射，但是不要被其名字所迷惑，内核中用于永久内存映射的区域非常小，所以在不使用时，应该尽快解除映射。该函数可能会引起休眠。

kmap_atomic：和 kmap 功能类似，但操作是原子性的，也叫作临时映射。

kunmap：用于解除前面的映射。

这些内存分配 API 的典型用法如下。

```
struct page *p;
void *kva;
void *hva;

p = alloc_pages(GFP_KERNEL, 2);
if (!p)
        return -ENOMEM;

kva = page_address(p);
……
__free_pages(p, 2);


p = alloc_pages(__GFP_HIGHMEM, 2);
if (!p)
        return -ENOMEM;

hva = kmap(p);
……
kunmap(p);
__free_pages(p, 2);
```

这些内存分配都要分两步来完成，即首先获取物理内存页，然后再返回内核的虚拟地址。内核也提供了另外一组合二为一的函数，常见的函数如下。

```
unsigned long __get_free_pages(gfp_t gfp_mask, unsigned int order);
unsigned long __get_free_page(gfp_t gfp_mask);
unsigned long get_zeroed_page(gfp_t gfp_mask);
void free_pages(unsigned long addr, unsigned int order);
void free_page(unsigned long addr);
```

__get_free_pages、__get_free_page 和 get_zeroed_page 分别用于获取 2 的 order 次方页、获取一页和获取清零页，返回值都为对应的内核虚拟地址。gfp_mask 参数和前面讲解的相同，但是需要注意的是，使用这些函数或宏不能在高端内存上分配页面。free_pages 和 free_page 是对应的页释放函数，参数 addr 是分配得到的内核虚拟地址。典型的用法如下。

```
void *kva;

kva = (void *)__get_free_pages(GFP_KERNEL, 2);
  ……
free_pages((unsigned long)kva, 2);
```

7.3 slab 分配器

上一节提到的内存分配函数都是按页来进行的，驱动程序通常较少使用如此大的内存，更多的情况是若干个字节，很显然，页分配器不能为此提供较好的支持。于是内核设计出了针对小块内存的分配器——slab 分配器。slab 分配器的工作很复杂，但是原理却很简单，主要的设计思想是：首先使用页面分配器预先分配若干个页，然后将这若干个页按照一个特定的对象大小进行切分，要获取一个对象，就从这个对象的高速缓存中来获取，使用完后，再释放到同样的对象高速缓存中。所以 slab 分配器不仅具有能够管理小块内存的能力，同时也提供类似于高速缓存的作用，使对象的分配和释放变得非常迅速。内核中经常使用的结构对象通常使用这种方式来进行管理，比如我们前面提到的 inode，task_struct 等。另外，对象的高速缓存还可以自动地动态伸缩，如果当前系统内存比较紧张，那么内核会尝试回收一部分没有用到的对象高速缓存，如果短时间需要分配很多的对象而对象高速缓存不够用时，内核会自动增加动态高速缓存。slab 分配器的主要 API 如下。

```
    struct kmem_cache *kmem_cache_create(const char *name, size_t size, size_t align,
unsigned long flags, void (*ctor)(void *));
    void *kmem_cache_alloc(struct kmem_cache *cachep, gfp_t flags)
    void kmem_cache_free(struct kmem_cache *cachep, void *objp)
    void kmem_cache_destroy(struct kmem_cache * cachep);
```

kmem_cache_create：用于创建一个高速缓存，第一个参数是该高速缓存的名字，在 /proc/slabinfo 文件中可以查看到该信息；第二个参数是对象的大小；第三个参数是 slab 内第一个对象的偏移，也就是对齐设置，通常为 0 即可；第四个参数是可选的设置项，用于进一步控制 slab 分配器，详细的介绍可以参考“include/linux/slab.h”，没有特殊要求可以为 0；最后一个参数是追加新的页到高速缓存中用到的构造函数，通常不需要，为 NULL 即可。函数返回高速缓存的结构对象地址。

kmem_cache_alloc：从对象高速缓存 cachep 中返回一个对象，flags 是分配的掩码。

kmem_cache_free：释放一个对象到高速缓存 cachep 中。

kmem_cache_destroy：销毁对象高速缓存。

对象高速缓存的一个最简单的示例代码如下。

```
......
#include <linux/slab.h>

struct test {
        char c;
        int  i;
};

```

```
12 static struct kmem_cache *test_cache;
13 static struct test *t;
……
17        test_cache = kmem_cache_create("test_cache", sizeof(struct test), 0, 0,
NULL);
18        if (!test_cache)
19              return -ENOMEM;
……
21        t = kmem_cache_alloc(test_cache, GFP_KERNEL);
22        if (!t)
23              return -ENOMEM;
……
29
……
32        kmem_cache_free(test_cache, t);
……
33        kmem_cache_destroy(test_cache);
……
```

代码第 7 行到第 10 行是需要经常动态分配的对象的结构类型定义，代码第 17 行调用 kmem_cache_create 创建对象高速缓存，名字是 test_cache，每个对象的大小是 sizeof(struct test)，这通常在模块初始化函数中进行。代码第 21 行，在需要使用对象时使用 kmem_cache_alloc 来分配一个对象，在不需要使用该对象时通过 kmem_cache_free 来释放（代码第 32 行），当不需要整个对象高速缓存的时候，使用 kmem_cache_destroy 来销毁对象高速缓存（代码第 33 行），这通常在模块清除函数中进行。

上面的 API 可以快速获取和释放一个若干字节的对象，但是在驱动中更多的是像在应用程序中使用 malloc 和 free 一样，来简单、快速分配和释放若干个字节，为此内核专门创建了一些常见字节大小的对象高速缓存。通过下面的命令会很清楚地看到这一点。

```
# cat /proc/slabinfo | grep kmalloc
……
kmalloc-8192         77    84   8192    4    8 : tunables    0    0    0 : slabdata
21    21     0
kmalloc-4096         96    96   4096    8    8 : tunables    0    0    0 : slabdata
12    12     0
kmalloc-2048        160   160   2048   16    8 : tunables    0    0    0 : slabdata
10    10     0
kmalloc-1024        800   800   1024   32    8 : tunables    0    0    0 : slabdata
25    25     0
kmalloc-512        2048  2048    512   32    4 : tunables    0    0    0 : slabdata
64    64     0
kmalloc-256        1056  1056    256   32    2 : tunables    0    0    0 : slabdata
33    33     0
kmalloc-192        7581  7581    192   21    1 : tunables    0    0    0 : slabdata
361   361     0
kmalloc-128        1718  1888    128   32    1 : tunables    0    0    0 : slabdata
59    59     0
kmalloc-96        18679 19194     96   42    1 : tunables    0    0    0 : slabdata
457   457     0
```

```
  kmalloc-64        34304  34304     64   64    1 : tunables    0    0    0 : slabdata
 536    536     0
  kmalloc-32        17712  18432     32  128    1 : tunables    0    0    0 : slabdata
 144    144     0
  kmalloc-16        11547  12288     16  256    1 : tunables    0    0    0 : slabdata
 48     48      0
  kmalloc-8          7168   7168      8  512    1 : tunables    0    0    0 : slabdata
 14     14      0
```

内核预先创建了很多 8 字节、16 字节等大小的对象高速缓存，我们可以使用一组更简单的函数来分配和释放这些对象。

```
void *kmalloc(size_t size, gfp_t flags);
void *kzalloc(size_t size, gfp_t flags);
void kfree(const void *);
```

kmalloc：类似于 malloc，参数 size 指定了要分配内存的大小，不一定必须是 8、16 等，比如 size 的值为 13，那么内核会分配一个 16 字节大小的内存。这看上去虽然有点浪费，但是为了内存管理的简单性和高效性，这样做还是值得的。参数 flags 是分配掩码。函数返回内存的内核虚拟地址，NULL 表示失败。

kzalloc：同 kmalloc，只是分配的内存预先被清零。

kfree：释放由 kmalloc 分配的内存。

这三个函数是驱动中使用得最多的内存分配函数，可以满足绝大多数情况的需要，使用方法也非常简单，在没有特殊要求时推荐使用。

7.4 不连续内存页分配

内存分配函数都能保证所分配的内存在物理地址空间是连续的，但是这个特点使得想要分配大块的内存变得困难（能够分配的最大页数视不同的系统而定，order 最大的值可能为 12）。因为频繁的分配和释放将会导致碎片的产生，这可能会导致本来有足够多的物理内存可用，但是因为不连续而不能分配的问题（这是由伙伴系统的工作方式决定的）。为此内核提供了相应的措施来解决这一问题。

在 FS4412 目标板的启动过程中，控制台上会打印如下信息。

```
......
[    0.000000]    vector  : 0xffff0000 - 0xffff1000   (   4 kB)
[    0.000000]    fixmap  : 0xfff00000 - 0xfffe0000   ( 896 kB)
[    0.000000]    vmalloc : 0xf0000000 - 0xff000000   ( 240 MB)
[    0.000000]    lowmem  : 0xc0000000 - 0xef800000   ( 760 MB)
......
```

其中，vmalloc 就是为解决上面的问题而引入的一部分内核地址空间，通过对页表进行操作，可以把上述空间中的一部分映射到物理地址不连续的页上面。这样可以使连续的内核虚拟地址对应不连续的物理地址，从而可以组合不连续的页，得到较大的内存。当然，因为要操作页表，所以它的工作效率不高，不适合频繁地分配和释放。

不连续内存页分配的主要函数如下。

```
void *vmalloc(unsigned long size);
void *vzalloc(unsigned long size);
void vfree(const void *addr);
```

vmalloc 和 vzalloc 用于分配内存，vzalloc 将分配的内存预先清零，参数 size 是要分配内存的大小，返回值为分配的内存虚拟地址，NULL 表示内存分配失败，这两个函数可能会休眠。vfree 释放内存，addr 是要释放的内核虚拟内存地址。

7.5 per-CPU 变量

per-CPU 变量就是每个 CPU 有一个变量的副本，一个典型的用法就是统计各个 CPU 上的一些信息。例如，每个 CPU 上可以保存一个运行在该 CPU 上的进程的数量，要统计整个系统的进程数，则可以将每个 CPU 上的进程数相加。在早期的内核中，通常是用一个数组来实现这一功能的，例如下面的代码。

```
1 unsigned long pcount[NR_CPUS] = {0};
2
3 int cpu;
4
5 cpu = get_cpu();
6 pcount[cpu]++;
7 put_cpu();
```

代码第 1 行根据 CPU 的个数静态定义了一个数组，数组中的每一个元素用于记录该 CPU 上的进程个数，当 fork 一个进程时，通过 get_cpu 禁止内核抢占，然后得到 CPU 的编号，再去索引刚才的那个数组，将对应元素的值自增 1，最后再调用 put_cpu 允许内核抢占。

现在的内核提供了新的方法来定义并使用 per-CPU 变量，主要的宏和函数如下。

```
DEFINE_PER_CPU(type, name)
DECLARE_PER_CPU(type, name)
get_cpu_var(var)
put_cpu_var(var)
per_cpu(var, cpu)
alloc_percpu(type)
void free_percpu(void __percpu *__pdata);
for_each_possible_cpu(cpu)
```

DEFINE_PER_CPU：定义一个类型为 type、名字为 name 的 per-CPU 变量。

DECLARE_PER_CPU：声明在别的地方定义的 per-CPU 变量。

get_cpu_var：禁止内核抢占，获得当前处理器上的变量 var。

put_cpu_var：重新使能内核抢占。

per_cpu：获取其他 cpu 上的变量 var。

alloc_percpu：动态分配一个类型为 type 的 per-CPU 变量。

free_percpu：释放动态分配的 per-CPU 变量。

for_each_possible_cpu：遍历每一个可能的 CPU，cpu 是获得的 CPU 编号。

在“kernel/fork.c”文件中有一个统计总进程数的函数，该函数可以较好地说明 per-CPU 变量的使用。

```
 97 DEFINE_PER_CPU(unsigned long, process_counts) = 0;
……
109 int nr_processes(void)
110 {
111         int cpu;
112         int total = 0;
113 
114         for_each_possible_cpu(cpu)
115                 total += per_cpu(process_counts, cpu);
116 
117         return total;
118 }
```

代码第 97 行首先定义了 per-CPU 变量 process_counts，类型为 unsigned long，并赋初值为 0。nr_processes 函数遍历了每一个 CPU，然后获取了 process_counts per-CPU 变量的值，并将之累加到 total 上，最后返回 total。

7.6 动态内存实例

在学习了动态内存分配的知识后，我们可以把虚拟串口驱动中的全局变量尽可能地用动态内存来替代，这在一个驱动支持多个设备的时候是比较常见的，特别是在设备是动态添加的情况下，不过在本例中，并没有充分体现动态内存的优点。涉及的主要修改代码如下（完整的代码请参见“下载资源/程序源码/ memory/ex1”）。

```
……
struct vser_dev {
        struct kfifo fifo;
……
};

static struct vser_dev *vsdev;

static int __init vser_init(void)
{
```

```
……
232         vsdev = kzalloc(sizeof(struct vser_dev), GFP_KERNEL);
233         if (!vsdev) {
234                 ret = -ENOMEM;
235                 goto mem_err;
236         }
237
238         ret = kfifo_alloc(&vsdev->fifo, VSER_FIFO_SIZE, GFP_KERNEL);
239         if (ret)
240                 goto fifo_err;
……
273 }
274
275 static void __exit vser_exit(void)
276 {
……
284         kfifo_free(&vsdev->fifo);
285         kfree(vsdev);
286 }
```

代码第 30 行将以前的全局 vsfifo 的定义放到 struct vser_dev 结构中，代码第 39 行将以前的 vsdev 对象改成了对象指针。代码第 232 行使用 kzalloc 来动态分配 struct vser_dev 结构对象，因为对内存的分配没有特殊的要求，所以内存分配掩码为 GFP_KERNEL。代码第 238 行使用 kfifo_alloc 动态分配 FIFO 需要的内存空间，大小由 VSER_FIFO_SIZE 指定，内存分配掩码同样为 GFP_KERNEL。在模块清除函数中，代码第 284 行和第 285 行分别释放了 FIFO 的内存和 struct vser_dev 对象的内存。

7.7 I/O 内存

在类似于 ARM 的体系结构中，硬件的访问是通过一组特殊功能寄存器（SFR）的操作来实现的。它们和内存统一编址，访问上和内存基本一致，但是有特殊的意义，即可以通过访问它们来控制硬件设备（I/O 设备），所以在 Linux 内核中也叫作 I/O 内存。这些 I/O 内存的物理地址都可以通过芯片手册来查询，但是我们知道，在内核中应该使用虚拟地址，而不是物理地址，因此对这部分内存的访问必须要经过映射才行。对于这部分内存的访问，内核提供了一组 API，主要的如下。

```
request_mem_region(start,n,name)
release_mem_region(start,n)

void __iomem *ioremap(phys_addr_t offset, unsigned long size);
void iounmap(void __iomem *addr);

u8 readb(const volatile void __iomem *addr);
u16 readw(const volatile void __iomem *addr);
```

```
u32 readl(const volatile void __iomem *addr);

void writeb(u8 b, volatile void __iomem *addr);
void writew(u16 b, volatile void __iomem *addr);
void writel(u32 b, volatile void __iomem *addr);

ioread8(addr)
ioread16(addr)
ioread32(addr)

iowrite8(v, addr)
iowrite16(v, addr)
iowrite32(v, addr)

ioread8_rep(p, dst, count)
ioread16_rep(p, dst, count)
ioread32_rep(p, dst, count)

iowrite8_rep(p, src, count)
iowrite16_rep(p, src, count)
iowrite32_rep(p, src, count)
```

request_mem_region：用于创建一个从 start 开始的 n 字节物理内存资源，名字为 name，并标记为忙状态，也就是向内核申请一段 I/O 内存空间的使用权。返回值为创建的资源对象地址，类型为 struct resource *，NULL 表示失败。在使用一段 I/O 内存之前，一般先要使用该函数进行申请，相当于国家对一块领土宣誓主权，这样可以阻止其他驱动申请这块 I/O 内存资源。创建的资源都可以在“/proc/meminfo”文件中看到。

release_mem_region：用于释放之前创建（或申请）的 I/O 内存资源。

ioremap：映射从 offset 开始的 size 字节 I/O 内存，返回值为对应的虚拟地址，NULL 表示映射失败。

iounmap：解除之前的 I/O 内存映射。

readb、readw 和 readl 分别按 1 个字节、2 个字节和 4 个字节读取映射之后地址为 addr 的 I/O 内存，返回值为读取的 I/O 内存内容。

writeb、writew 和 writel 分别按 1 个字节、2 个字节和 4 个字节将 b 写入到映射之后地址为 addr 的 I/O 内存。

ioread8、ioread16、ioread32、iowrite8、iowrite16 和 iowrite32 是 I/O 内存读写的另外一种形式。加“rep”的变体是连续读写 count 个单元。

有了这组 API 后，我们就可以来操作硬件了。为了简单，以 FS4412 上的 4 个 LED 灯为例来进行说明。相关的原理图如图 7.2～图 7.4 所示。

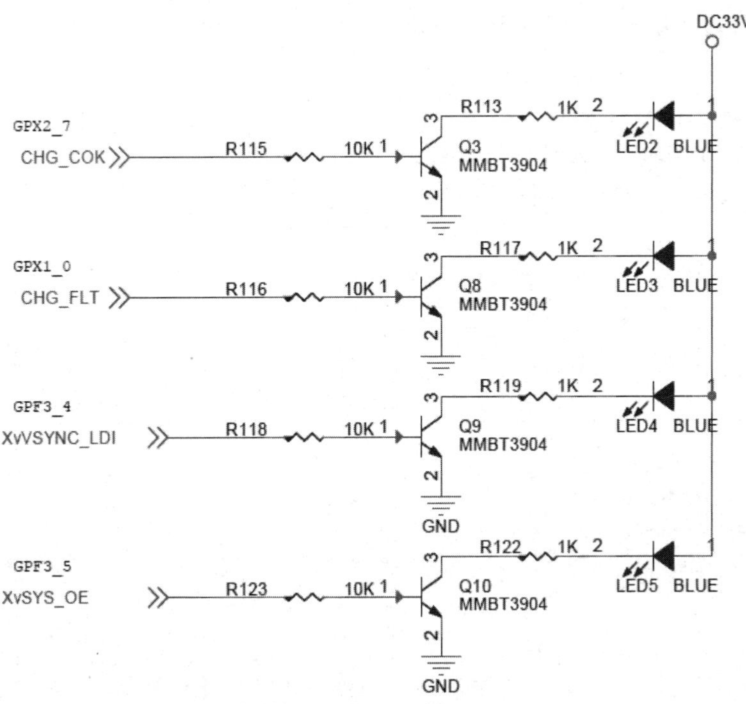

图 7.2 FS4412 LED 部分原理图 1

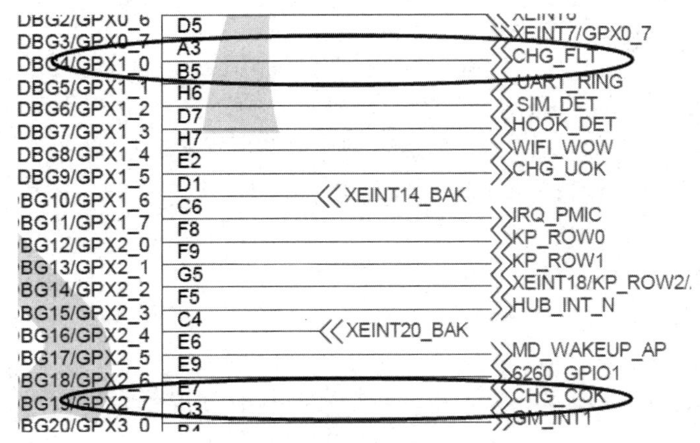

图 7.3 FS4412 LED 部分原理图 2

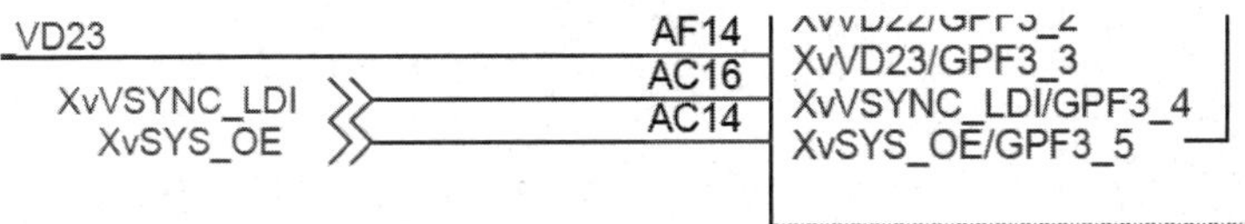

图 7.4 FS4412 LED 部分原理图 3

查看原理图，可以获得以下信息：FS4412 目标板上的 4 个 LED 灯 LED2、LED3、LED4 和 LED5 分别接到了 Exynos4412 CPU 的 GPX2.7、GPX1.0、GPF3.4 和 GPF3.5 管脚上，并且是高电平点亮，低电平熄灭。

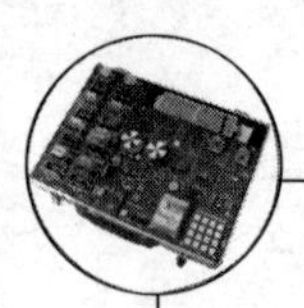

接下来查看 Exynos4412 的芯片手册，获取对应的 SFR 信息，如图 7.5 和图 7.6 所示。

- Base Address: 0x1100_0000
- Address = Base Address + 0x0C40, Reset Value = 0x0000_0000

Name	Bit	Type	Description	Reset Value
GPX2CON[7]	[31:28]	RW	0x0 = Input 0x1 = Output 0x2 = Reserved 0x3 = KP_ROW[7] 0x4 = Reserved 0x5 = ALV_DBG[19] 0x6 to 0xE = Reserved 0xF = WAKEUP_INT2[7]	0x00

图 7.5　GPX2CON 寄存器

- Base Address: 0x1100_0000
- Address = Base Address + 0x0C44, Reset Value = 0x00

Name	Bit	Type	Description	Reset Value
GPX2DAT[7:0]	[7:0]	RWX	When you configure port as input port then corresponding bit is pin state. When configuring as output port then pin state should be same as corresponding bit. When the port is configured as functional pin, the undefined value will be read.	0x00

图 7.6　GPX2DAT 寄存器

GPX2.7 管脚对应的配置寄存器为 GPX2CON，其地址为 0x11000C40，要配置 GPX2.7 管脚为输出模式，则 bit31:bit28 位应设置为 0x1。GPX2.7 管脚对应的数据寄存器为 GPX2DAT，其地址为 0x11000C44，要使管脚输出高电平，则 bit7 应设置为 1，要使管脚输出低电平，则 bit7 应设置为 0。其他的 LED 灯，都可以按照该方式进行类似的操作，在此不再赘述。

根据上面的分析，可以编写相应的驱动程序，代码如下（完整的代码请参见“下载资源/程序源码/ memory/ex2”）。

```
/* fsled.h */

#ifndef _FSLED_H
#define _FSLED_H

#define FSLED_MAGIC     'f'

#define FSLED_ON        _IOW(FSLED_MAGIC, 0, unsigned int)
#define FSLED_OFF       _IOW(FSLED_MAGIC, 1, unsigned int)

#define LED2    0
#define LED3    1
#define LED4    2
#define LED5    3

#endif
```

```
/* fsled.c */

#include <linux/init.h>
#include <linux/kernel.h>
#include <linux/module.h>

#include <linux/fs.h>
#include <linux/cdev.h>

#include <linux/ioctl.h>
#include <linux/uaccess.h>

#include <linux/io.h>
#include <linux/ioport.h>

#include "fsled.h"

#define FSLED_MAJOR     256
#define FSLED_MINOR     0
#define FSLED_DEV_CNT   1
#define FSLED_DEV_NAME  "fsled"

#define GPX2_BASE       0x11000C40
#define GPX1_BASE       0x11000C20
#define GPF3_BASE       0x114001E0

struct fsled_dev {
        unsigned int __iomem *gpx2con;
        unsigned int __iomem *gpx2dat;
        unsigned int __iomem *gpx1con;
        unsigned int __iomem *gpx1dat;
        unsigned int __iomem *gpf3con;
        unsigned int __iomem *gpf3dat;
        atomic_t available;
        struct cdev cdev;
};

static struct fsled_dev fsled;

static int fsled_open(struct inode *inode, struct file *filp)
{
        if (atomic_dec_and_test(&fsled.available))
                return 0;
        else {
                atomic_inc(&fsled.available);
                return -EBUSY;
        }
}

static int fsled_release(struct inode *inode, struct file *filp)
{
        writel(readl(fsled.gpx2dat) & ~(0x1 << 7), fsled.gpx2dat);
        writel(readl(fsled.gpx1dat) & ~(0x1 << 0), fsled.gpx1dat);
```

```
        writel(readl(fsled.gpf3dat) & ~(0x3 << 4), fsled.gpf3dat);

        atomic_inc(&fsled.available);
        return 0;
}

static long fsled_ioctl(struct file *filp, unsigned int cmd, unsigned long arg)
{
        if (_IOC_TYPE(cmd) != FSLED_MAGIC)
                return -ENOTTY;

        switch (cmd) {
        case FSLED_ON:
                switch(arg) {
                case LED2:
                        writel(readl(fsled.gpx2dat) | (0x1 << 7), fsled.gpx2dat);
                        break;
                case LED3:
                        writel(readl(fsled.gpx1dat) | (0x1 << 0), fsled.gpx1dat);
                        break;
                case LED4:
                        writel(readl(fsled.gpf3dat) | (0x1 << 4), fsled.gpf3dat);
                        break;
                case LED5:
                        writel(readl(fsled.gpf3dat) | (0x1 << 5), fsled.gpf3dat);
                        break;
                default:
                        return -ENOTTY;
                }
                break;
        case FSLED_OFF:
                switch(arg) {
                case LED2:
                        writel(readl(fsled.gpx2dat) & ~(0x1 << 7), fsled.gpx2dat);
                        break;
                case LED3:
                        writel(readl(fsled.gpx1dat) & ~(0x1 << 0), fsled.gpx1dat);
                        break;
                case LED4:
                        writel(readl(fsled.gpf3dat) & ~(0x1 << 4), fsled.gpf3dat);
                        break;
                case LED5:
                        writel(readl(fsled.gpf3dat) & ~(0x1 << 5), fsled.gpf3dat);
                        break;
                default:
                        return -ENOTTY;
                }
                break;
        default:
                return -ENOTTY;
        }

        return 0;
}
```

```

static struct file_operations fsled_ops = {
        .owner = THIS_MODULE,
        .open = fsled_open,
        .release = fsled_release,
        .unlocked_ioctl = fsled_ioctl,
};

static int __init fsled_init(void)
{
        int ret;
        dev_t dev;

        dev = MKDEV(FSLED_MAJOR, FSLED_MINOR);
        ret = register_chrdev_region(dev, FSLED_DEV_CNT, FSLED_DEV_NAME);
        if (ret)
                goto reg_err;

        memset(&fsled, 0, sizeof(fsled));
        atomic_set(&fsled.available, 1);
        cdev_init(&fsled.cdev, &fsled_ops);
        fsled.cdev.owner = THIS_MODULE;

        ret = cdev_add(&fsled.cdev, dev, FSLED_DEV_CNT);
        if (ret)
                goto add_err;

        fsled.gpx2con = ioremap(GPX2_BASE, 8);
        fsled.gpx1con = ioremap(GPX1_BASE, 8);
        fsled.gpf3con = ioremap(GPF3_BASE, 8);

        if (!fsled.gpx2con || !fsled.gpx1con || !fsled.gpf3con) {
                ret = -EBUSY;
                goto map_err;
        }

        fsled.gpx2dat = fsled.gpx2con + 1;
        fsled.gpx1dat = fsled.gpx1con + 1;
        fsled.gpf3dat = fsled.gpf3con + 1;

        writel((readl(fsled.gpx2con) & ~(0xF  << 28)) | (0x1  << 28), fsled.gpx2con);
        writel((readl(fsled.gpx1con) & ~(0xF  << 0)) | (0x1  << 0), fsled.gpx1con);
        writel((readl(fsled.gpf3con) & ~(0xFF << 16)) | (0x11 << 16), fsled.gpf3con);

        writel(readl(fsled.gpx2dat) & ~(0x1 << 7), fsled.gpx2dat);
        writel(readl(fsled.gpx1dat) & ~(0x1 << 0), fsled.gpx1dat);
        writel(readl(fsled.gpf3dat) & ~(0x3 << 4), fsled.gpf3dat);

        return 0;

map_err:
        if (fsled.gpf3con)
                iounmap(fsled.gpf3con);
        if (fsled.gpx1con)
```

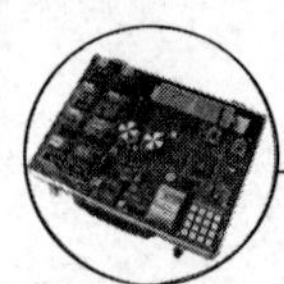


```
                iounmap(fsled.gpx1con);
        if (fsled.gpx2con)
                iounmap(fsled.gpx2con);
add_err:
        unregister_chrdev_region(dev, FSLED_DEV_CNT);
reg_err:
        return ret;
}

static void __exit fsled_exit(void)
{
        dev_t dev;

        dev = MKDEV(FSLED_MAJOR, FSLED_MINOR);

        iounmap(fsled.gpf3con);
        iounmap(fsled.gpx1con);
        iounmap(fsled.gpx2con);
        cdev_del(&fsled.cdev);
        unregister_chrdev_region(dev, FSLED_DEV_CNT);
}

module_init(fsled_init);
module_exit(fsled_exit);

MODULE_LICENSE("GPL");
MODULE_AUTHOR("Kevin Jiang <jiangxg@farsight.com.cn>");
MODULE_DESCRIPTION("A simple character device driver for LEDs on FS4412 board");
```

```
/* test.c */

#include <stdio.h>
#include <stdlib.h>
#include <sys/types.h>
#include <sys/stat.h>
#include <sys/ioctl.h>
#include <fcntl.h>
#include <errno.h>

#include "fsled.h"

int main(int argc, char *argv[])
{
        int fd;
        int ret;
        int num = LED2;

        fd = open("/dev/led", O_RDWR);
        if (fd == -1)
                goto fail;

        while (1) {
                ret = ioctl(fd, FSLED_ON, num);
                if (ret == -1)
```

```
                    goto fail;
                usleep(500000);
                ret = ioctl(fd, FSLED_OFF, num);
                if (ret == -1)
                    goto fail;
                usleep(500000);

                num = (num + 1) % 4;
        }
fail:
        perror("led test");
        exit(EXIT_FAILURE);
}
```

在“fsled.h”文件中，代码第 6 行和第 7 行定义了两个用于点灯和灭灯的命令 FSLED_ON 和 FSLED_OFF，接下来定义了每个 LED 灯的编号 LED2、LED3、LED4 和 LED5，作为 ioctl 命令的参数。

在“fsled.c”文件中，代码第 21 行至第 23 行定义了 SFR 寄存器的基地址，这些地址都是通过查手册得到的。代码第 26 行至第 31 行，定义了分别用来保存 6 个 SFR 映射后的虚拟地址的成员。代码第 133 行至第 140 行是 SFR 的映射操作，因为 CON 寄存器和 DAT 寄存器是连续的，所以这里每次连续映射了 8 个字节（注意，这里在映射之前并没有调用 request_mem_region，是因为内核中的其他驱动申请了这部分 I/O 内存空间）。代码第 142 行至第 144 行，是对应的 DAT 寄存器的虚拟地址计算，这里利用了指向 unsigned int 类型的指针加 1 刚好地址值加 4 的特点。代码第 146 行至第 152 行，将对应的管脚配置为输出，并且输出低电平。这里使用了较多的位操作，主要思想就是先将原来寄存器的内容读出来，然后清除相应的位，接着设置相应的位，最后再写回寄存器中。代码第 175 行至第 177 行，在模块卸载时解除映射。代码第 58 行至第 105 行是点灯和灭灯的具体实现，首先判断了命令是否合法，然后根据是点灯还是灭灯来对单个的 LED 进行具体的操作，其中 arg 是要操作的 LED 灯的编号。代码第 50 行至第 52 行在关闭设备文件时将所有 LED 灯熄灭。

在“test.c”文件中，首先打开了 LED 设备，然后在 while 循环中先点亮一个 LED 灯，延时 0.5 秒后又熄灭这个 LED 灯，再延时 0.5 秒，最后调整操作 LED 灯的编号。如此循环往复，LED 灯被轮流点亮、熄灭。

7.8 DMA 原理及映射

7.8.1 DMA 工作原理

DMA（Direct Memory Access，直接内存存取）是现代计算机中的一个重要特色，通过图 7.7 可以比较清晰地明白其工作原理。

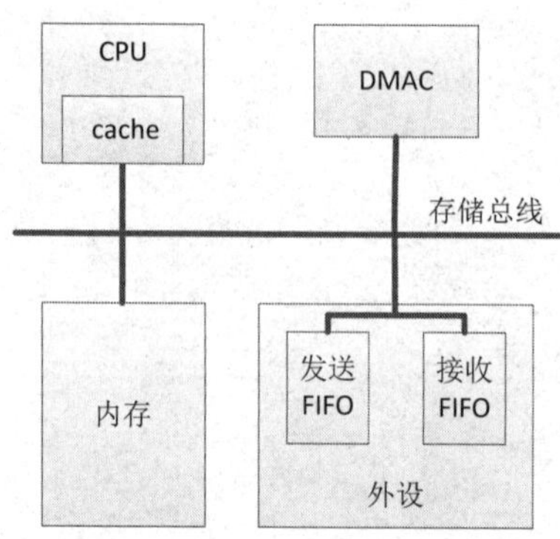

图 7.7　DMA 工作原理示意图

DMAC 是 DMA 控制器，外设是一个可以收发数据的设备，比如网卡或串口，假定 CPU 是一个 ARM 体系结构的处理器，要将内存中的一块数据通过外设发送出去，如果没有 DMAC 的参与，那么 CPU 首先通过 LDR 指令将数据读入到 CPU 的寄存器中，然后再通过 STR 指令写入到外设的发送 FIFO 中。因为外设的 FIFO 不会很大（对于串口而言通常只有几十个字节），如果要发送的数据很多，那么 CPU 一次只能搬移较少的一部分数据到外设的发送 FIFO 中。等外设将 FIFO 中的数据发送完成（或者一部分）后，外设产生一个中断，告知 CPU 发送 FIFO 不为满，CPU 将继续搬移剩下的数据到外设的发送 FIFO 中。整个过程中，CPU 需要不停搬移数据，会产生多次中断，这给 CPU 带来了不小的负担，数据量很大时，这个问题非常突出。如果有 DMAC 参与，CPU 的参与将会大大减少。其工作方式是这样的：CPU 只需要告诉 DMAC 要将某个内存起始处的若干个字节搬移到某个具体外设的发送 FIFO 中，然后启动 DMAC 控制器开始数据搬移，CPU 就可以去做其他的事了。DMAC 会在存储器总线空闲时搬移数据，当所有的数据搬移完成，DMAC 产生一个中断，通知 CPU 数据搬移完成。整个过程中，CPU 只是告知了源地址、目的地址和传输的字节数，再启动 DMAC，最后响应了一次中断而已。在数据量非常大的情况下，无疑这种方式会大大减轻 CPU 的负担，使 CPU 可以去做别的事情，提高了工作效率。DMAC 如同 CPU 的一个专门负责数据传送的助理一样。

从上面也可以知道，DMAC 要工作，需要知道几个重要的信息，那就是源地址、目的地址、传输字节数和传输方向。传输方向通常有以下四种。

（1）内存到内存；

（2）内存到外设；

（3）外设到内存；

（4）外设到外设。

但不是所有的 DMAC 都支持这四个传输方向，比如 ARM 的 PL330 就不支持外设到外设的传输。

接下来讨论地址问题。CPU 发出的地址是物理地址，这是根据硬件设计所决定的地址，可以通过原理图和芯片手册来获得此地址。驱动开发者在 Linux 驱动代码中使用的地址为虚拟地址，通过对 MMU 编程，可以将这个虚拟地址映射到一个对应的物理地址上。最后是 DMAC 看到的内存或外设的地址，这个叫总线地址，在大多数的系统中，总线地址和物理地址相同。很显然，CPU 在告知 DMAC 源地址和目的地址时，应该使用物理地址，而不是虚拟地址，因为 DMAC 通常不经过 MMU。也就是说，我们在驱动中必须要将虚拟地址转换成对应的物理地址，然后再进行 DMA 的操作。

最后就是缓存一致性的问题，现代的 CPU 内部通常都有高速缓存（cache），它可以在很大程度上提高效率。高速缓存访问速度相比于内存来说要快得多，但是容量不能很大。下面以读数据为例来说明缓存的工作方式。CPU 要去读取内存中的一段数据，首先要在高速缓存中查找是否有要读取的数据，如果有则称为缓存命中，那么 CPU 直接从缓存中获得数据，就不用再去访问慢速的内存了。如果高速缓存中没有需要的数据，那么 CPU 再从内存中获取数据，同时将数据的副本放在高速缓存中，下次再访问同样的数据就可以直接从高速缓存中获取。基于程序的空间局部性和时间局部性原理，缓存的命中率通常比较高，这就大大提高了效率。但由此也引入了非常多的问题，在 DMA 传输中就存在一个典型的不一致问题。假设 DMAC 按照 CPU 的要求将外设接收 FIFO 中的数据搬移到了指定的内存中，但是因为高速缓存的原因，CPU 将会从缓存中获取数据，而不是从内存中获取数据，这就造成了不一致问题。同样的问题在写方向上也存在，在 ARM 体系结构中，写方向使用的是 write buffer，和 cache 类似。为此，驱动程序必须要保证用于 DMA 操作的内存关闭高速缓存这一特性。

7.8.2 DMA 映射

DMA 映射的主要工作是找到一块适用于 DMA 操作的内存，返回其虚拟地址和总线地址并关闭高速缓存等，它是和体系结构相关的操作，后面的讨论都以 ARM 为例。DMA 映射主要有以下几种方式。

1. 一致性 DMA 映射

```
#define dma_alloc_coherent(d, s, h, f) dma_alloc_attrs(d, s, h, f, NULL)

static inline void *dma_alloc_attrs(struct device *dev, size_t size,
                                    dma_addr_t *dma_handle, gfp_t flag,
                                    struct dma_attrs *attrs);
```

dma_alloc_coherent 返回用于 DMA 操作的内存（DMA 缓冲区）虚拟地址，第一个参数 d 是 DMA 设备，第二个参数 s 是需要的 DMA 缓冲区大小，第三个参数 h 是得到的 DMA 缓冲区的总线地址，第四个参数 f 是内存分配掩码。在 ARM 体系结构中，内核地址空间中的 0xFFC00000 到 0xFFEFFFFF 共计 3MB 的地址空间专门用于此类映射，它可以保证这段范围所映射到的物理内存能用于 DMA 操作，并且 cache 是关闭的。因为 ARM 的 cache 和 MMU 联系很紧密，所以通过这种方法来映射的 DMA 缓冲区大小应该是页大小的整数倍，如果 DMA 缓冲区远小于一页，应该考虑 DMA 池。这种映射的优点是一旦 DMA 缓冲区建立，就再也不用担心 cache 的一致性问题，它通常适合于 DMA 缓冲区要存在于整个驱动程序的生存周期的情况。但是我们也看到，这个缓冲区只有 3MB，多个

驱动都长期使用的话，最终会被分配完，导致其他驱动没有空间可以建立映射。要释放 DMA 映射，需使用以下宏。

```
#define dma_free_coherent(d, s, c, h) dma_free_attrs(d, s, c, h, NULL)

static inline void dma_free_attrs(struct device *dev, size_t size,
                                  void *cpu_addr, dma_addr_t dma_handle,
                                  struct dma_attrs *attrs);
```

其中，参数 c 是之前映射得到的虚拟地址。

2. 流式 DMA 映射

如果用于 DMA 操作的缓冲区不是驱动分配的，而是由内核的其他代码传递过来的，那么就需要进行流式 DMA 映射。比如，一个 SD 卡的驱动，上层的内核代码要通过 SPI 设备驱动（假设 SD 卡是 SPI 总线连接的）来读取 SD 卡中的数据，那么上层的内核代码会传递一个缓冲区指针，而对于该缓冲区就应该建立流式 DMA 映射。

```
dma_map_single(d, a, s, r)
dma_unmap_single(d, a, s, r)
```

dma_map_single：建立流式 DMA 映射，参数 d 是 DMA 设备，参数 a 是上层传递过来的缓冲区地址，参数 s 是大小，参数 r 是 DMA 传输方向。传输方向可以是 DMA_MEM_TO_MEM、DMA_MEM_TO_DEV、DMA_DEV_TO_MEM 和 DMA_DEV_TO_DEV，但不是所有的 DMAC 都支持这些方向，要查看相应的手册。

dma_unmap_single：解除流式 DMA 映射。

流式 DMA 映射不会长期占用一致性映射的空间，并且开销比较小，所以一般推荐使用这种方式。但是流式 DMA 映射也会存在一个问题，那就是上层所给的缓冲区所对应的物理内存不一定可以用作 DMA 操作。好在 ARM 体系结构没有像 ISA 总线那样的 DMA 内存区域限制，只要能保证虚拟内存所对应的物理内存是连续的即可，也就是说，使用常规内存这部分直接映射的内存即可。

在 ARM 体系结构中，流式映射其实是通过使 cache 无效和写通操作来实现的，如果是读方向，那么 DMA 操作完成后，CPU 在读内存之前只要操作 cache，使这部分内存所对应的 cache 无效即可，这会导致 CPU 在 cache 中查找数据时 cache 不被命中，从而强制 CPU 到内存中去获取数据。对于写方向，则是设置为写通的方式，即保证 CPU 的数据会更新到 DMA 缓冲区中。

3. 分散/聚集映射

磁盘设备通常支持分散/聚集 I/O 操作，例如 readv 和 writev 系统调用所产生的集群磁盘 I/O 请求。对于写操作就是把虚拟地址分散的各个缓冲区的数据写入到磁盘，对于读操作就是把磁盘的数据读取到分散的各个缓冲区中。如果使用流式 DMA 映射，那就需要依次映射每一个缓冲区，DMA 操作完成后再映射下一个。这会给驱动编程造成一些麻烦，如果能够一次映射多个分散的缓冲区，显然会方便得多。分散/聚集映射就是完成该任务的，主要的函数原型如下。

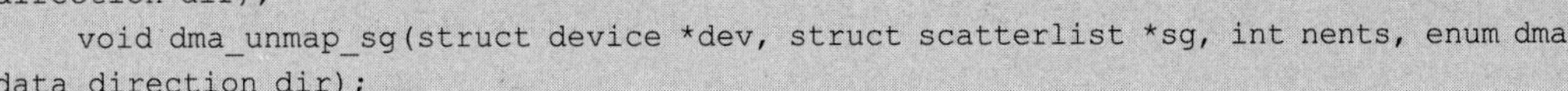

```
    int dma_map_sg(struct device *dev, struct scatterlist *sg, int nents, enum dma_data_
direction dir);
    void dma_unmap_sg(struct device *dev, struct scatterlist *sg, int nents, enum dma_
data_direction dir);
```

dma_map_sg：分散/聚集映射。第一个参数 dev 是 DMA 设备。第二个参数是一个指向 struct scatterlist 类型数组的首元素的指针，数组中的每一个元素都描述了一个缓冲区，包括缓冲区对应的物理页框信息、缓冲区在物理页框中的偏移、缓冲区的长度和映射后得到的 DMA 总线地址等，围绕这个参数还有很多相关的函数，其中 sg_set_buf 比较常用，它用于初始化 struct scatterlist 结构中的物理页面信息，更多的函数请参考“include/linux/scatterlist.h”头文件。第三个参数 nents 是缓冲区的个数。第四个参数则是 DMA 的传输方向。该函数将会遍历 sg 数组中的每一个元素，然后对每一个缓冲区做流式 DMA 映射。

dma_unmap_sg：解除分散/聚集映射，各参数的含义同上。

总的说来，分散/聚集映射就是一次性做多个流式 DMA 映射，为分散/聚集 I/O 提供了较好的支持，也增加了编程的便利性。

4. DMA 池

在讨论一致性 DMA 映射时，我们曾说到一致性 DMA 映射适合映射比较大的缓冲区，通常是页大小的整数倍，而较小的 DMA 缓冲区则用 DMA 池更适合。DMA 池和 slab 分配器的工作原理非常相似，就连函数接口名字也非常相似。DMA 池就是预先分配一个大的 DMA 缓冲区，然后再在这个大的缓冲区中分配和释放较小的缓冲区。涉及的主要接口函数原型如下。

```
    struct dma_pool *dma_pool_create(const char *name, struct device *dev, size_t size,
size_t align, size_t boundary);
    void *dma_pool_alloc(struct dma_pool *pool, gfp_t mem_flags, dma_addr_t *handle);
    void dma_pool_free(struct dma_pool *pool, void *vaddr, dma_addr_t dma);
    void dma_pool_destroy(struct dma_pool *pool);
```

dma_pool_create：创建 DMA 池。第一个参数 name 是 DMA 池的名字；第二个参数是 DMA 设备；第三个参数是 DMA 池的大小；第四个参数 align 是对齐值；第五个参数是边界值，设为 0 则由大小和对齐值来自动决定边界。函数返回 DMA 池对象地址，NULL 表示失败，该函数不能用于中断上下文。

dma_pool_alloc：从 DMA 池 pool 中分配一块 DMA 缓冲区，mem_flags 为分配掩码，handle 是回传的 DMA 总线地址。函数返回虚拟地址，NULL 表示失败。

dma_pool_free：释放 DMA 缓冲区到 DMA 池 pool 中。vaddr 是虚拟地址，dma 是 DMA 总线地址。

dma_pool_destroy：销毁 DMA 池 pool。

5. 回弹缓冲区

在讨论流式 DMA 映射时，我们曾说到上层所传递的缓冲区所对应的物理内存应该能够执行 DMA 操作才可以。对于像 ISA 这样的总线设备而言，我们前面说过，其 DMA 内存区只有低 16MB 区域，很难保证上层传递的缓冲区物理地址落在这个范围内，这就要回弹缓冲区来解决这个问题。其思路也很简单，就是在驱动中分配一块能够用于 DMA 操作的缓冲区，如果是写操作，那么将上层传递下来的数据先复制到 DMA 缓冲区中（回弹缓冲区），然后再用回弹缓冲区来完成 DMA 操作。如果是读方向，那就先用回弹缓冲区完成数据的读取操作，然后再把回弹缓冲区的内容复制到上层的缓冲区中。也就是说，回弹缓冲区是一个中转站，虽然这基本抵消了 DMA 带来的性能提升，但也是无奈之举。

7.9 DMA 统一编程接口

在早期的 Linux 内核源码中，嵌入式处理器的 DMA 部分代码是不统一的，也就是各 SoC 都有自己的一套 DMA 编程接口（某些驱动还保留了原有的接口），为了改变这一局面，内核开发了一个统一的 DMA 子系统——dmaengine。它是一个软件框架，为上层的 DMA 应用提供了统一的编程接口，屏蔽了底层不同 DMAC 的控制细节，大大提高了通用性，也使得上层的 DMA 操作变得更加容易。使用 dmaengine 完成 DMA 数据传输，基本需要以下几个步骤。

（1）分配一个 DMA 通道；

（2）设置一些传输参数；

（3）获取一个传输描述符；

（4）提交传输；

（5）启动所有挂起的传输，传输完成后回调函数被调用。

下面分别介绍这些函数所涉及的 API。

```
    struct dma_chan *dma_request_channel(dma_cap_mask_t mask, dma_filter_fn filter_
fn, void *filter_param);
    typedef bool (*dma_filter_fn)(struct dma_chan *chan, void *filter_param);
    int dmaengine_slave_config(struct dma_chan *chan, struct dma_slave_config *config);
    struct dma_async_tx_descriptor *(*chan->device->device_prep_slave_sg)(
                struct dma_chan *chan, struct scatterlist *sgl,
                unsigned int sg_len, enum dma_data_direction direction,
                unsigned long flags);
    dma_cookie_t dmaengine_submit(struct dma_async_tx_descriptor *desc);
    void dma_async_issue_pending(struct dma_chan *chan);
```

dma_request_channel：申请一个 DMA 通道。第一个参数 mask 描述要申请通道的能力要求掩码，比如指定该通道要满足内存到内存传输的能力。第二个参数 filter_fn 是通道匹配过滤函数，用于指定获取某一满足要求的具体通道。第三个参数 filter_param 是传给过滤函数的参数。

dma_filter_fn：通道过滤函数的类型。

dmaengine_slave_config：对通道进行配置。第一个参数 chan 是要配置的通道，第二个参数 config 是具体的配置信息，包括地址、方向和突发长度等。

device_prep_slave_sg：创建一个用于分散/聚集 DMA 操作的描述符。第一个参数 chan 是使用的通道；第二个参数就是使用 dma_map_sg 初始化好的 struct scatterlist 数组；第三个参数 sg_len 是 DMA 缓冲区的个数；第四个参数 direction 是传输的方向；第五个参数 flags 是 DMA 传输控制的一些标志，比如 DMA_PREP_INTERRUPT 表示在传输完成后要调用回调函数，更多的标志请参见“include/linux/dmaengine.h”。和 device_prep_slave_sg 类似的函数还有很多，这里不一一列举，可以通过函数的名字知道其作用，参数也基本一致。

dmaengine_submit：提交刚才创建的传输描述符 desc，即提交传输，但是传输并没有开始。

dma_async_issue_pending：启动通道 chan 上挂起的传输。

下面以一个内存到内存的 DMA 传输实例来具体说明 dmaengine 的编程方法（完整的代码请参见“下载资源/程序源码/ dma/ex1”）。

```
#include <linux/init.h>
#include <linux/kernel.h>
#include <linux/module.h>

#include <linux/dmaengine.h>
#include <linux/dma-mapping.h>
#include <linux/slab.h>

struct dma_chan *chan;
unsigned int *txbuf;
unsigned int *rxbuf;
dma_addr_t txaddr;
dma_addr_t rxaddr;

static void dma_callback(void *data)
{
        int i;
        unsigned int *p = rxbuf;
        printk("dma complete\n");

        for (i = 0; i < PAGE_SIZE / sizeof(unsigned int); i++)
                printk("%d ", *p++);
        printk("\n");
}

static bool filter(struct dma_chan *chan, void *filter_param)
{
        printk("%s\n", dma_chan_name(chan));
        return strcmp(dma_chan_name(chan), filter_param) == 0;
}

static int __init memcpy_init(void)
{
        int i;
        dma_cap_mask_t mask;
```

```
        struct dma_async_tx_descriptor *desc;
        char name[] = "dma2chan0";
        unsigned int *p;

        dma_cap_zero(mask);
        dma_cap_set(DMA_MEMCPY, mask);
        chan = dma_request_channel(mask, filter, name);
        if (!chan) {
                printk("dma_request_channel failure\n");
                return -ENODEV;
        }

        txbuf = dma_alloc_coherent(chan->device->dev, PAGE_SIZE, &txaddr, GFP_KERNEL);
        if (!txbuf) {
                printk("dma_alloc_coherent failure\n");
                dma_release_channel(chan);
                return -ENOMEM;
        }

        rxbuf = dma_alloc_coherent(chan->device->dev, PAGE_SIZE, &rxaddr, GFP_KERNEL);
        if (!rxbuf) {
                printk("dma_alloc_coherent failure\n");
                dma_free_coherent(chan->device->dev, PAGE_SIZE, txbuf, txaddr);
                dma_release_channel(chan);
                return -ENOMEM;
        }

        for (i = 0, p = txbuf; i < PAGE_SIZE / sizeof(unsigned int); i++)
                *p++ = i;
        for (i = 0, p = txbuf; i < PAGE_SIZE / sizeof(unsigned int); i++)
                printk("%d ", *p++);
        printk("\n");

        memset(rxbuf, 0, PAGE_SIZE);
        for (i = 0, p = rxbuf; i < PAGE_SIZE / sizeof(unsigned int); i++)
                printk("%d ", *p++);
        printk("\n");

        desc = chan->device->device_prep_dma_memcpy(chan, rxaddr, txaddr, PAGE_SIZE, DMA_CTRL_ACK | DMA_PREP_INTERRUPT);
        desc->callback = dma_callback;
        desc->callback_param = NULL;

        dmaengine_submit(desc);
        dma_async_issue_pending(chan);

        return 0;
}

static void __exit memcpy_exit(void)
{
```

```
86         dma_free_coherent(chan->device->dev, PAGE_SIZE, txbuf, txaddr);
87         dma_free_coherent(chan->device->dev, PAGE_SIZE, rxbuf, rxaddr);
88         dma_release_channel(chan);
89 }
90
91 module_init(memcpy_init);
92 module_exit(memcpy_exit);
93
94 MODULE_LICENSE("GPL");
95 MODULE_AUTHOR("Kevin Jiang <jiangxg@farsight.com.cn>");
96 MODULE_DESCRIPTION("simple driver using dmaengine");
```

代码第 40 行和第 41 行先将掩码清零，然后设置掩码为 DMA_MEMCPY，表示要获得一个能完成内存到内存传输的 DMA 通道。代码第 42 行调用 dma_request_channel 来获取一个 DMA 通道，filter 是通道过滤函数，name 是通道的名字。

在 filter 函数中，通过对比通道的名字来确定一个通道，驱动指定要获取 dma2chan0 这个通道。因为 Exynos4412 总共有 3 个 DMA，其中 dma2 专门用于内存到内存的传输，如图 7.8 所示。

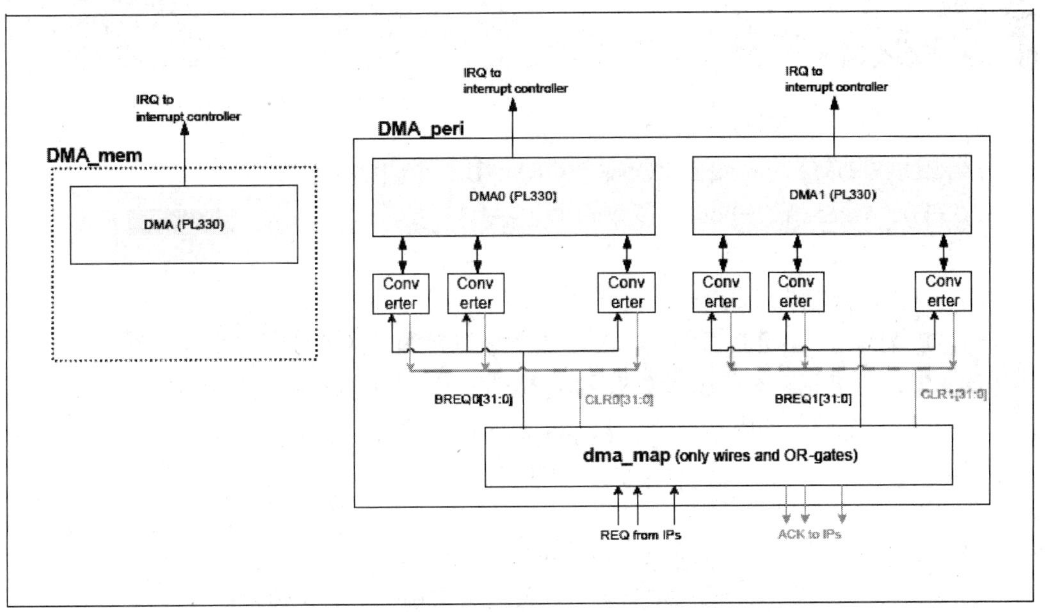

图 7.8　Exynos4412 的 DMA

代码第 48 行至第 61 行，使用 dma_alloc_coherent 建立了两个 DMA 缓冲区的一致性映射，每个缓冲区为一页。txbuf、rxbuf 用于保存虚拟地址，txaddr、rxaddr 用于保存总线地址。代码第 63 行至第 73 行则是初始化这两片内存，用于传输完成后的验证。

代码第 74 行至第 76 行创建了一个内存到内存的传输描述符，指定了目的地址、源地址（都是总线地址）、传输大小和一些标志，并制定了回调函数为 dma_callback，在传输完成后自动被调用。代码第 78 行和第 79 行分别是提交传输并发起传输。dma_callback

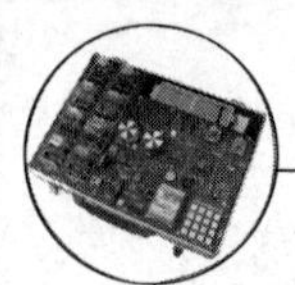

在传输结束后被调用，打印了目的内存里面的内容，如果传输成功，那么目的内存的内容和源内存的内容一样。

在这个例子中并没有进行传输参数设置，因为是内存到内存传输，这些参数是可以自动得到的。编译和测试的命令如下。

```
# make ARCH=arm
# make ARCH=arm modules_install
[root@fs4412 ~]# depmod
[root@fs4412 ~]# modprobe memcpy
……
[   61.230000] dma1chan31
[   61.235000] dma2chan0
[   61.235000] 0 1 2 3 4 5 6 7 8 9 10 11 12 13 14 15 16 17 18 19 20 21 ……
[   61.585000] 0 0 0 0 0 0 0 0 0 0 0 0 0 0 0 0 0 0 0 0 0 0 0 0 0 0 0 0 0 0 ……
[   61.765000] dma complete
[   61.765000] 0 1 2 3 4 5 6 7 8 9 10 11 12 13 14 15 16 17 18 19 20 21 ……
```

7.10 习题

1. Linux 的内存区域有（　）。

[A] ZONE_DMA　　[B] ZONE_NORMAL　　[C] ZONE_HIGHMEM

2. alloc_pages 函数的 order 参数表示（　）。

[A] 分配的页数为 order

[B] 分配的页数为 2 的 order 次方

3. 如果指定了__GFP_HIGHMEM，表示可以在哪些区域分配内存（　）。

[A] ZONE_DMA　　[B] ZONE_NORMAL　　[C] ZONE_HIGHMEM

4. 用于永久映射的函数是（　）

[A] kmap　　[B] kmap_atomic

5. 用于临时映射的函数是（　）

[A] kmap　　[B] kmap_atomic

6. 在内核中如果要分配 128 个字节，使用下面哪个函数比较合适（　）。

[A] alloc_page　　[B] __get_free_pages

[C] malloc　　[D] kmalloc

7. 能分配大块内存，但物理地址空间不一定连续的函数是（　）。

[A] vmalloc　　[B] __get_free_pages

[C] malloc　　[D] kmalloc

8. per-CPU 变量指的是（　）。

[A] 每个 CPU 有一个变量的副本

[B] 多个 CPU 公用一个变量

9．映射 I/O 内存的函数是（　）。

[A] kmap　　[B] ioremap

10．DMA 的传输方向有（　）。

[A] 内存到内存　　[B] 内存到外设　　[C] 外设到内存　　[D] 外设到外设

11．DMA 内存有哪几种形式（　）。

[A] 一致性 DMA 映射　　[B] 流式 DMA 映射

[C] 分散/聚集映射　　[D] DMA 池

[E] 回弹缓冲区

12．使用 dmaengine 完成 DMA 数据传输，一般需要哪些步骤（　）。

[A] 分配一个 DMA 通道　　[B] 设置一些传输参数

[C] 获取一个传输描述符　　[D] 提交传输

[E] 启动所有挂起的传输，传输完成后回调函数被调用

第 8 章 Linux 设备模型

本章目标

之前编写的驱动程序虽然都能正常工作，但是还是存在着一些弊端。本章首先罗列出了这些弊端，然后引出了 Linux 的设备模型，并对核心的底层技术进行了讨论。接下来详述平台设备和驱动的实现方法，在这个过程中将会看到所提到的弊端是如何一个个被解决的。最后讨论了 Linux 内核引入的设备树，并实现了对应的驱动。本章的内容较抽象，需要具备一些面向对象的编程思想。

- ❑ 设备模型基础
- ❑ 总线、设备和驱动
- ❑ 平台设备及其驱动
- ❑ Linux 设备树

在前面的基础上，我们已经能够开发一个功能较完备的字符设备驱动了，但是仔细思考这个驱动，还是会发现一些不足，主要存在下面的一些问题。

（1）设备和驱动没有分离，也就是说，设备的信息是硬编码在驱动代码中的，这给驱动程序造成了极大的限制。如果硬件有所改动，那么必然要修改驱动代码（比如对于前面的 LED 硬件，如果改变了驱动 LED 的管脚，那么就必然要修改 LED 的驱动代码），这样驱动的通用性将会非常差。这是最突出的一个问题，必须要很好地解决。

（2）没有类似于 Windows 系统中的设备管理器，不可以方便查看设备和驱动的信息。

（3）不能自动创建设备节点。

（4）驱动不能自动加载。

（5）U 盘 SD 卡等不能自动挂载。

（6）没有电源管理。

其实这些问题在 Linux 下都是有解决方法的，这些问题的解决主要依托于 Linux 的设备驱动模型，本章后面的内容都会围绕怎样解决这些问题来展开。

8.1 设备模型基础

首先我们来看上面提到的第二个问题，就是关于设备和驱动信息的展示。在 Linux 系统中有一个 sysfs 伪文件系统，挂载于/sys 目录下，该目录详细罗列了所有与设备、驱动和硬件相关的信息。例如，在 FS4412 的终端上，可以使用下面的命令来查看。

```
[root@fs4412 ~]# ls -l /sys
total 0
drwxr-xr-x    2 root     root            0 Jan  1 00:00 block
drwxr-xr-x   19 root     root            0 Jan  1 00:00 bus
drwxr-xr-x   26 root     root            0 Jan  1 00:00 class
drwxr-xr-x    4 root     root            0 Jan  1 00:00 dev
……
[root@fs4412 ~]# ls -l /sys/bus
total 0
……
drwxr-xr-x    4 root     root            0 Jan  1 00:00 i2c
……
drwxr-xr-x    4 root     root            0 Jan  1 00:00 platform
[root@fs4412 ~]# ls -l /sys/devices/
total 0
……
drwxr-xr-x    4 root     root            0 Jan  1 00:00 13800000.serial
……
drwxr-xr-x    9 root     root            0 Jan  1 00:00 platform
[root@fs4412 ~]# ls -l /sys/bus/platform/devices/5000000.ethernet/
total 0
lrwxrwxrwx    1 root     root            0 Jan  1 00:06 driver -> ../../../bus/plat
form/drivers/dm9000
```

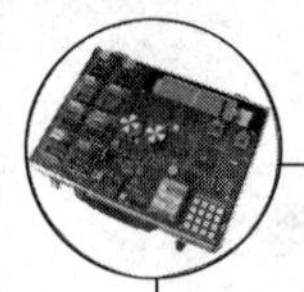


```
    -r--r--r--   1 root    root        4096 Jan  1 00:06 modalias
    drwxr-xr-x   3 root    root           0 Jan  1 00:00 net
    drwxr-xr-x   2 root    root           0 Jan  1 00:06 power
    lrwxrwxrwx   1 root    root           0 Jan  1 00:06 subsystem -> ../../../bus/
platform
    -rw-r--r--   1 root    root        4096 Jan  1 00:06 uevent
    [root@fs4412 ~]# ls -l /sys/bus/platform/drivers/dm9000/
    total 0
    lrwxrwxrwx   1 root    root           0 Jan  1 00:00 5000000.ethernet -> ../../
../../devices/5000000.srom-cs1/5000000.ethernet
    --w-------   1 root    root        4096 Jan  1 00:00 bind
    --w-------   1 root    root        4096 Jan  1 00:00 uevent
    --w-------   1 root    root        4096 Jan  1 00:00 unbind
    [root@fs4412 ~]# ls /sys/bus/platform/devices/ -l
    total 0
    ......
    lrwxrwxrwx   1 root    root           0 Jan  1 00:00 5000000.ethernet -> ../../
../devices/5000000.srom-cs1/5000000.ethernet
    ......
```

在/sys 目录下有很多子目录，例如 block 目录下是块设备、bus 目录下是系统中的所有总线（如 I2C、SPI 和 USB 等）、class 目录下是一些设备类（如 input 输入设备类、tty 终端设备类）、devices 目录下是系统中所有的设备。再仔细查看/sys/bus/platform/devices/5000000.ethernet/目录，它是一个挂接在一个叫 platform 总线下的以太网设备，其目录下的 driver 是一个软链接，指向了../../../bus/platform/drivers/dm9000，也就是说，该设备是被注册在 platform 总线下的一个名叫 dm9000 的驱动程序所驱动。再看对应的驱动目录/sys/bus/platform/drivers/dm9000/，会发现该驱动程序驱动了../../../../devices/5000000.srom-cs1/5000000.ethernet 设备，即驱动了 devices 目录下的以太网设备，而/sys/bus/platform/devices/5000000.ethernet 又是指向../../../devices/5000000.srom-cs1/5000000.ethernet 的软链接。所以也可以说前面的驱动程序驱动了/sys/bus/platform/drivers/dm9000/设备。

上面的内容看起来有点乱，但思路是清晰的，即在总线 bus 目录下有很多具体的总线，而具体的总线目录下有注册的驱动和挂接的设备，注册的驱动程序驱动对应总线目录下的某些具体设备，总线目录下的某些设备被对应总线下的某个驱动程序所驱动。

那么上面这些信息是怎么来的呢。我们知道，伪文件系统在系统运行时才会有内容，也就是说，伪文件系统的目录、文件以及软链接都是动态生成的，这些内容都是反映内核的相关信息，回顾我们之前学习的 proc 接口，不难猜想得出这些信息的生成可以在驱动中来实现。接下来我们就来讨论要生成这些信息的一个重要内核数据结构——struct kobject。

了解 MFC 或者 Qt 的人都知道那些窗口部件都是一层一层继承下来的，而在最上层有一个最基础的类，MFC 的根类是 CObject，而 Qt 的根类则是 QObject。在这里我们将结构看成类，那么 kobject 就是 Linux 设备驱动模型中的根类。作为驱动开发者，我们没有必要了解 kobject 的详细信息，就像作为一个 Qt 应用程序开发者不需要了解 QObject 的详细信息一样。在这里，我们只需知道它和/sys 目录下的目录和文件的关系。

当向内核成功添加一个 kobject 对象后，底层的代码会自动在/sys 目录下生成一个子目录。另外，kobject 可以附加一些属性，并绑定操作这些属性的方法，当向内核成功添加一个 kobject 对象后，其附加的属性会被底层的代码自动实现为对象对应目录下的文件，用户访问这些文件最终就变成了调用操作属性的方法来访问其属性。最后，通过 sys 的 API 接口可以将两个 kobject 对象关联起来，形成软链接。

除了 struct kobject，还有一个叫 struct kset 的类，它是多个 kobject 对象的集合，也就是多个 kobject 对象可以通过一个 kset 集合在一起。kset 本身也内嵌了一个 kobject，它可以作为集合中的 kobject 对象的父对象，从而在 kobject 之间形成父子关系，这种父子关系在/sys 目录下体现为父目录和子目录的关系。而属于同一集合的 kobject 对象形成兄弟关系，在/sys 目录下体现为同级目录。kset 也可以附加属性，从而在对应的目录下产生文件。

为了能更好地了解这部分内容，而又不过分深入细节，特别编写了一个非常简单的模块，为了突出主线，省略了出错处理（完整的代码请参见“下载资源/程序源码/devmodel/ex1”）。

```
#include <linux/init.h>
#include <linux/kernel.h>
#include <linux/module.h>

#include <linux/slab.h>
#include <linux/kobject.h>

static struct kset *kset;
static struct kobject *kobj1;
static struct kobject *kobj2;
static unsigned int val = 0;

static ssize_t val_show(struct kobject *kobj, struct kobj_attribute *attr, char *buf)
{
        return snprintf(buf, PAGE_SIZE, "%d\n", val);
}

static ssize_t val_store(struct kobject *kobj, struct kobj_attribute *attr, const char *buf, size_t count)
{
        char *endp;

        printk("size = %d\n", count);
        val = simple_strtoul(buf, &endp, 10);

        return count;
}

static struct kobj_attribute kobj1_val_attr = __ATTR(val, 0666, val_show, val_store);
static struct attribute *kobj1_attrs[] = {
```

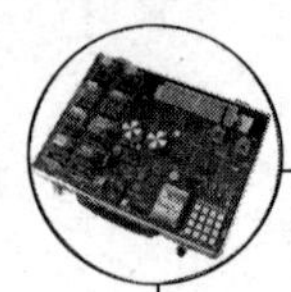


```
30         &kobj1_val_attr.attr,
31         NULL,
32 };
33
34 static struct attribute_group kobj1_attr_group = {
35                 .attrs = kobj1_attrs,
36 };
37
38 static int __init model_init(void)
39 {
40         int ret;
41
42         kset = kset_create_and_add("kset", NULL, NULL);
43         kobj1 = kobject_create_and_add("kobj1", &kset->kobj);
44         kobj2 = kobject_create_and_add("kobj2", &kset->kobj);
45
46         ret = sysfs_create_group(kobj1, &kobj1_attr_group);
47         ret = sysfs_create_link(kobj2, kobj1, "kobj1");
48
49         return 0;
50 }
51
52 static void __exit model_exit(void)
53 {
54         sysfs_remove_link(kobj2, "kobj1");
55         sysfs_remove_group(kobj1, &kobj1_attr_group);
56         kobject_del(kobj2);
57         kobject_del(kobj1);
58         kset_unregister(kset);
59 }
60
61 module_init(model_init);
62 module_exit(model_exit);
63
64 MODULE_LICENSE("GPL");
65 MODULE_AUTHOR("Kevin Jiang <jiangxg@farsight.com.cn>");
66 MODULE_DESCRIPTION("A simple module for device model");
```

代码第 42 行使用 kset_create_and_add 创建并向内核添加了一个名叫 kset 的 kset 对象。代码第 43 行和第 44 行用 kobject_create_and_add 分别创建并向内核添加了两个名叫 kobj1 和 kobj2 的 kobject 对象。代码第 46 行为 kobj1 添加了一组属性 kobj1_attr_group，这组属性中只有一个属性 kobj1_val_attr，属性的名字叫 val，所绑定的读和写的方法分别是 val_show 和 val_store，对应的文件访问权限是 0666。代码第 47 行使用 sysfs_create_link 在 kobj2 下创建了一个 kobj1 的软链接，名叫 kobj1。

代码第 54 行至第 58 行是初始化操作的反操作，用于删除软链接、属性和对象。

属性 val 的读方法将 val 的值以格式%d 打印在 buf 中，那么读取相应的属性文件，则会得到 val 的十进制字符串。属性 val 的写方法是将用户写入文件的内容，即 buf 中的字符串通过 simple_strtoul 将字符串转换成十进制的数值再赋值给 val。

```
# make
# make modules_install
# depmod
# modprobe model
# tree /sys/kset/
/sys/kset/
├── kobj1
│   └── val
└── kobj2
    └── kobj1 -> ../kobj1
# cat /sys/kset/kobj1/val
0
# echo "5" > /sys/kset/kobj2/kobj1/val
# cat /sys/kset/kobj1/val
5
```

在创建 kset 对象时，由于没有指定其父对象，所以 kset 位于/sys 目录下，在创建 kobj1 和 kobj2 时，指定其父对象为 kset 中内嵌的 kobject，所以 kobj1 和 kobj2 位于 kset 目录之下。kobj1 附加了一个属性叫 val，所以在 kobj1 目录下有一个 val 的文件，对该文件可以进行读写，其实就是对属性 val 进行读写。在 kobj2 下创建了一个软链接 kobj1，所以在 kobj2 目录下有 kobj1 的软链接。对象的关系如图 8.1 所示。其中，虚线表示 kobj1、kobj2 属于集合 kset，kobj1 和 kobj2 实线指向 kset 内嵌的 kobject 表示它们的父对象是 kset 内嵌的 kobject。

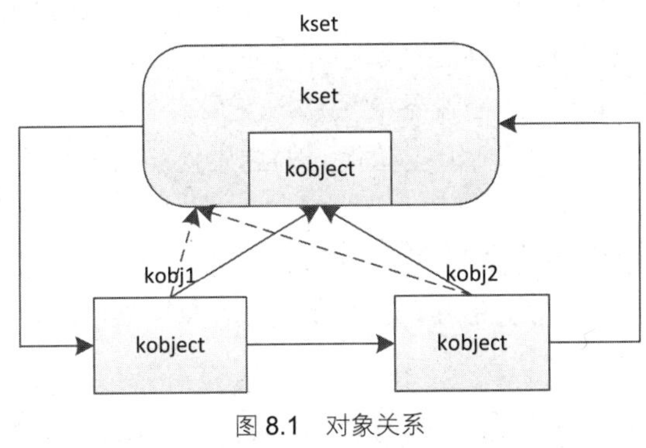

图 8.1　对象关系

8.2 总线、设备和驱动

如图 8.2 所示，在一台拥有 USB 总线的计算机系统上，USB 总线会在外部留出很多 USB 接口，挂接很多 USB 设备。为了让这些设备能正常工作，系统上也会安装其对应的驱动。虽然这些驱动在硬件上和 USB 总线没有直接的连接，但是从软件层面来看，它们是注册在 USB 总线下面的。一个便于理解的简化后的情况是这样的：当接入一个 USB 设备时，USB 总线会立即感知到这件事，并去遍历所有注册在 USB 总线上的驱动（在这

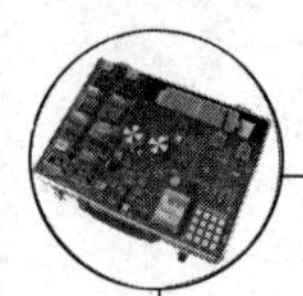

个过程中可能会自动加载一个匹配的 USB 驱动)，然后调用驱动中的一段代码来探测是否能够驱动刚插入的 USB 设备，如果可以，那么总线完成驱动和设备之间的绑定。

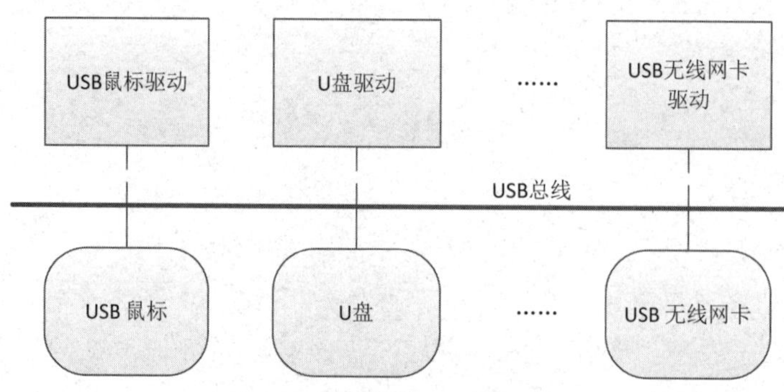

图 8.2　USB 总线、设备和驱动

为了刻画上面的三种对象，Linux 设备模型为这三种对象各自定义了对应的类：struct bus_type 代表总线、struct device 代表设备、struct device_driver 代表驱动。这三者都内嵌了 struct kobject 或 struct kset，于是就会生成对应的总线、设备和驱动的目录。另外，Linux 内核还为这些 kobject 和 kset 对象附加了很多属性，于是也产生了很多对应目录下的文件。可以这样认为，总线、设备和驱动都继承自同一个基类 struct kobject，使用面向对象的思想来理解它们之间的关系会非常容易。将这三者分开来刻画，不仅和现实生活中的情景相符合，更重要的是解决了本章开始提出的第一个问题，那就是实现了设备和驱动的分离。设备专门用来描述设备所占有的资源信息，而驱动和设备绑定成功后，驱动负责从设备中动态获取这些资源信息，当设备的资源改变后，只是设备改变而已，驱动的代码可以不做任何修改，这就大大提高了驱动代码的通用性。另外，总线是联系两者的桥梁，是一条重要的纽带。

为了能够更好地理解这个设备模型对驱动编程带来的影响，又不用过多地深入细节，我们以一个最简单的例子来进行说明（完整的代码请参见“下载资源/程序源码/devmodel/ex2”）。

```
/* vbus.c */

#include <linux/init.h>
#include <linux/kernel.h>
#include <linux/module.h>

#include <linux/device.h>

static int vbus_match(struct device *dev, struct device_driver *drv)
{
        return 1;
}

static struct bus_type vbus = {
        .name = "vbus",
```

```
        .match = vbus_match,
};

EXPORT_SYMBOL(vbus);

static int __init vbus_init(void)
{
        return bus_register(&vbus);
}

static void __exit vbus_exit(void)
{
        bus_unregister(&vbus);
}

module_init(vbus_init);
module_exit(vbus_exit);

MODULE_LICENSE("GPL");
MODULE_AUTHOR("Kevin Jiang <jiangxg@farsight.com.cn>");
MODULE_DESCRIPTION("A virtual bus");
```

```
/* vdrv.c */

#include <linux/init.h>
#include <linux/kernel.h>
#include <linux/module.h>

#include <linux/device.h>

extern struct bus_type vbus;

static struct device_driver vdrv = {
        .name = "vdrv",
        .bus = &vbus,
};

static int __init vdrv_init(void)
{
        return driver_register(&vdrv);
}

static void __exit vdrv_exit(void)
{
        driver_unregister(&vdrv);
}

module_init(vdrv_init);
module_exit(vdrv_exit);

MODULE_LICENSE("GPL");
MODULE_AUTHOR("Kevin Jiang <jiangxg@farsight.com.cn>");
MODULE_DESCRIPTION("A virtual device driver");
```

```
/* vdev.c */

 1 #include <linux/init.h>
 2 #include <linux/kernel.h>
 3 #include <linux/module.h>
 4
 5 #include <linux/device.h>
 6
 7 extern struct bus_type vbus;
 8
 9 static void vdev_release(struct device *dev)
10 {
11 }
12
13 static struct device vdev = {
14         .init_name = "vdev",
15         .bus = &vbus,
16         .release = vdev_release,
17 };
18
19 static int __init vdev_init(void)
20 {
21         return device_register(&vdev);
22 }
23
24 static void __exit vdev_exit(void)
25 {
26         device_unregister(&vdev);
27 }
28
29 module_init(vdev_init);
30 module_exit(vdev_exit);
31
32 MODULE_LICENSE("GPL");
33 MODULE_AUTHOR("Kevin Jiang <jiangxg@farsight.com.cn>");
34 MODULE_DESCRIPTION("A virtual device");
```

在 vbus.c 文件中，代码第 12 行至第 15 行定义了一个代表总线的 vbus 对象，该总线的名字是 vbus，用于匹配驱动和设备的函数是 vbus_match。代码第 21 行向内核注册了该总线。代码第 26 行是总线的注销。为了简单起见，vbus_match 仅仅返回 1，表示传入的设备和驱动匹配成功，而更一般的情况是考察它们的 ID 号是否匹配。

在 vdrv.c 文件中，代码第 9 行至第 12 行定义了一个代表驱动的 vdrv 对象，该驱动的名字是 vdrv，所属的总线是 vbus，这样注册这个驱动时，就会将之注册在 vbus 总线之下。代码第 16 行和第 21 行分别是驱动的注册和注销操作。模块中使用了 vbus 模块导出的符号 vbus。

在 vdev.c 文件中，代码第 13 行至第 17 行定义了一个代表设备的 vdev 对象，该设备的名字是 vdev，是完全用代码虚拟出来的一个设备。所属的总线是 vbus，这样注册这个设备时，就会将之挂接到 vbus 总线之下。还有一个用于释放的函数 vdev_release，为了

简单起见，这个函数什么都没做。代码第 21 行和第 26 行分别是设备的注册和注销。模块中使用了 vbus 模块导出的符号 vbus。

下面是编译和测试的命令。

```
# make
# make modules_install
# depmod
# modprobe vbus
# ls -l /sys/bus/vbus/
total 0
drwxr-xr-x 2 root root    0 Aug 17 13:00 devices
drwxr-xr-x 3 root root    0 Aug 17 12:59 drivers
-rw-r--r-- 1 root root 4096 Aug 17 14:41 drivers_autoprobe
--w------- 1 root root 4096 Aug 17 14:41 drivers_probe
--w------- 1 root root 4096 Aug 17 14:41 uevent
# modprobe vdrv
# ls -l /sys/bus/vbus/drivers/vdrv/
total 0
--w------- 1 root root 4096 Aug 17 13:00 bind
--w------- 1 root root 4096 Aug 17 12:59 uevent
--w------- 1 root root 4096 Aug 17 13:00 unbind
# modprobe vdev
# ls -l /sys/bus/vbus/devices/vdev
lrwxrwxrwx 1 root root 0 Aug 17 14:44 /sys/bus/vbus/devices/vdev -> ../../../
devices/vdev
# ls -l /sys/devices/vdev/
total 0
lrwxrwxrwx 1 root root    0 Aug 17 14:44 driver -> ../../bus/vbus/drivers/vdrv
drwxr-xr-x 2 root root    0 Aug 17 14:44 power
lrwxrwxrwx 1 root root    0 Aug 17 14:43 subsystem -> ../../bus/vbus
-rw-r--r-- 1 root root 4096 Aug 17 14:43 uevent
# ls -l /sys/bus/vbus/drivers/vdrv/
total 0
--w------- 1 root root 4096 Aug 17 13:00 bind
--w------- 1 root root 4096 Aug 17 12:59 uevent
--w------- 1 root root 4096 Aug 17 13:00 unbind
lrwxrwxrwx 1 root root    0 Aug 17 14:44 vdev -> ../../../../devices/vdev
```

在加载了 vbus 模块后，/sys/bus 目录下自动生成了 vbus 目录，并且在 vbus 目录下生成了 devices 和 drivers 两个目录，分别来记录挂接在 vbus 总线上的设备和注册在 vbus 总线上的驱动。当加载了 vdrv 模块后，/sys/bus/vbus/drivers 目录下自动生成了 vdrv 目录，此时还没有设备与之绑定。当加载了 vdev 模块后，/sys/bus/vbus/devices 目录下自动生成了 vdev 目录，并且和../../bus/vbus/drivers/vdrv 的驱动绑定成功，在/sys/devices 目录下也自动生成了 vdev 目录，其实/sys/bus/vbus/devices/vdev 是指向/sys/bus/vbus/devices/vdev 的软链接。最后/sys/bus/vbus/drivers/vdrv/中的 vdev 也指定了其绑定的设备为../../../../devices/vdev。

这和我们在前面看到的 DM9000 网卡非常类似，只是 DM9000 网卡设备是挂接在 platform 总线下的，而驱动也是注册在 platform 总线下的。

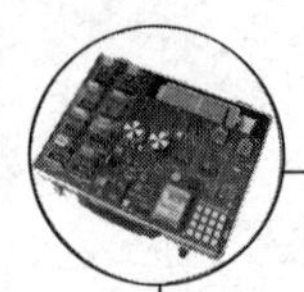

虽然使用 struct bus_type、struct device 和 struct device_driver 能够实现 Linux 设备模型，但是它们的抽象层次还是太高，不能具体地刻画某一种特定的总线。所以一种具体的总线会在它们的基础上派生出来，形成更具体的子类，这些子类对象能够更好地描述相应的对象。比如，针对 USB 总线就派生出了 struct usb_bus_type、struct usb_device 和 struct usb_driver，分别代表具体的 USB 总线、USB 设备和 USB 驱动。通常情况下，总线已经在内核中实现好，我们只需要写对应总线的驱动即可，有时候还会编写相应的设备注册代码。

8.3 平台设备及其驱动

要满足 Linux 设备模型，就必须有总线、设备和驱动。但是有的设备并没有对应的物理总线，比如 LED、RTC 和蜂鸣器等。为此，内核专门开发了一种虚拟总线——platform 总线，用来连接这些没有物理总线的设备或者一些不支持热插拔的设备，DM9000 网卡设备就是挂接在这条总线上的。

8.3.1 平台设备

平台设备是用 struct platform_device 结构来表示的，它的定义如下。

```
struct platform_device {
        const char      *name;
        int             id;
        bool            id_auto;
        struct device   dev;
        u32             num_resources;
        struct resource *resource;

        const struct platform_device_id *id_entry;

        /* MFD cell pointer */
        struct mfd_cell *mfd_cell;

        /* arch specific additions */
        struct pdev_archdata    archdata;
};
```

驱动开发者关心的主要成员如下。

name：设备的名字，在平台总线的 match 函数中可用于同平台驱动的匹配。

id：设备的 ID 号，用于区别同类型的不同平台设备。

dev：内嵌的 struct device。

num_resources：平台设备使用的资源个数。

resource：平台设备的资源列表（数组），指向资源数组中的首元素。

id_entry：用于同平台驱动匹配的 ID，在平台总线的 match 函数中首先尝试匹配该 ID，如果不成功再尝试用 name 成员来匹配。

在平台设备中，最关键的就是设备使用的资源信息的描述，这是实现设备和驱动分离的关键。struct resource 的定义如下。

```
struct resource {
        resource_size_t start;
        resource_size_t end;
        const char *name;
        unsigned long flags;
        struct resource *parent, *sibling, *child;
};
```

驱动开发者关心的主要成员如下。

start：资源的开始，对于 I/O 内存来说就是起始的内存地址，对于中断资源来说就是起始的中断号，对于 DMA 资源来说就是起始的 DMA 通道号。

end：资源的结束。

flags：资源的标志，定义在“include/linux/ioport.h”文件中，最常见的有如下几种。

- IORESOURCE_MEM：资源的类型是内存资源，也包括 I/O 内存。
- IORESOURCE_IRQ：资源的类型是中断资源。
- IORESOURCE_DMA：资源的类型是 DMA 通道资源。

资源可以组成一个树形结构，由成员 parent、sibling 和 child 来完成。

平台设备及其资源通常存在于 BSP（Board Support Package，板级支持包）文件中，该文件通常包含和目标板相关的一些代码。例如对于 QT2410 目标板，其对应的 BSP 文件为 arch/arm/mach-s3c24xx/mach-qt2410.c，现将其描述 CS8900 网卡的平台设备摘录如下。

```
static struct resource qt2410_cs89x0_resources[] = {
        [0] = DEFINE_RES_MEM(0x19000000, 17),
        [1] = DEFINE_RES_IRQ(IRQ_EINT9),
};

static struct platform_device qt2410_cs89x0 = {
        .name           = "cirrus-cs89x0",
        .num_resources  = ARRAY_SIZE(qt2410_cs89x0_resources),
        .resource       = qt2410_cs89x0_resources,
};
```

CS8900 平台设备有两个资源，分别是 IORESOURCE_MEM 和 IORESOURCE_IRQ 两种类型的，并用宏 DEFINE_RES_MEM 和 DEFINE_RES_IRQ 来定义。对于 DEFINE_RES_MEM 宏，里面的两个参数分别是内存的起始地址和大小；对于 DEFINE_RES_IRQ 宏，里面的参数则是中断号。读者可以自行查看这两个宏的定义，最终是对 start、end 和 flags 成员进行了赋值。最终定义的平台设备是 qt2410_cs89x0，ARRAY_SIZE 是用于获取数组元素个数的宏。

向平台总线注册和注销的平台设备的主要函数如下。

```
int platform_add_devices(struct platform_device **devs, int num);
int platform_device_register(struct platform_device *pdev);
void platform_device_unregister(struct platform_device *pdev);
```

platform_add_devices 用于一次注册多个平台设备，platform_device_register 一次只注册一个平台设备。其实，platform_add_devices 是通过多次调用 platform_device_register 来实现的。platform_device_unregister 用于注销平台设备。

当平台总线发现有和平台设备匹配的驱动时，就会调用平台驱动内的一个函数，并传递匹配的平台设备结构地址，平台驱动就可以从中获取设备的资源信息。关于资源操作的主要函数如下。

```
struct resource *platform_get_resource(struct platform_device *dev, unsigned int type, unsigned int num);
resource_size_t resource_size(const struct resource *res);
```

platform_get_resource：从平台设备 dev 中获取类型为 type、序号为 num 的资源。

resource_size：返回资源的大小，其值为 end – start + 1。

例如，在 CS8900 网卡驱动中就有如下的代码来获取资源及其大小。

```
1857        mem_res = platform_get_resource(pdev, IORESOURCE_MEM, 0);
1858        dev->irq = platform_get_irq(pdev, 0);
......
1865        lp->size = resource_size(mem_res);
......
1872        virt_addr = ioremap(mem_res->start, lp->size);
```

代码第 1857 行获取了 IORESOURCE_MEM 资源，序号为 0。代码第 1858 行获取了 IORESOURCE_IRQ 资源，序号也为 0。所以，当资源类型不同后，序号重新开始编号。代码第 1865 行获取了内存资源的大小。代码第 1872 行使用 ioremap 将内存资源进行映射，得到映射后的虚拟地址。

8.3.2 平台驱动

平台驱动是用 struct platform_driver 结构来表示的，它的定义如下。

```
struct platform_driver {
        int (*probe)(struct platform_device *);
        int (*remove)(struct platform_device *);
        void (*shutdown)(struct platform_device *);
        int (*suspend)(struct platform_device *, pm_message_t state);
        int (*resume)(struct platform_device *);
        struct device_driver driver;
        const struct platform_device_id *id_table;
        bool prevent_deferred_probe;
};
```

驱动开发者关心的主要成员如下。

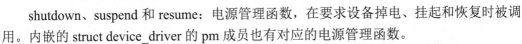

probe：总线发现有匹配的平台设备时调用。

remove：所驱动的平台设备被移除时或平台驱动注销时调用。

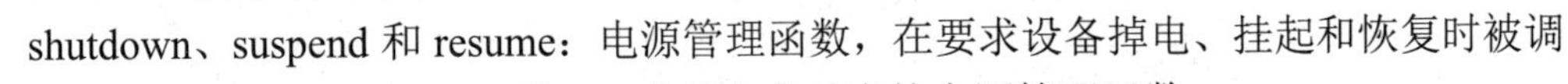

shutdown、suspend 和 resume：电源管理函数，在要求设备掉电、挂起和恢复时被调用。内嵌的 struct device_driver 的 pm 成员也有对应的电源管理函数。

id_table：平台驱动可以驱动的平台设备 ID 列表，可用于和平台设备匹配。

向平台总线注册和注销的平台驱动的主要函数如下。

```
platform_driver_register(drv)
void platform_driver_unregister(struct platform_driver *);
```

因为在驱动中，经常在模块初始化函数中注册一个平台驱动，在清除函数中注销一个平台驱动，所以内核定义了一个宏来简化这些代码，宏的定义如下。

```
#define module_platform_driver(__platform_driver) \
        module_driver(__platform_driver, platform_driver_register, \
                        platform_driver_unregister)

#define module_driver(__driver, __register, __unregister, ...) \
static int __init __driver##_init(void) \
{ \
        return __register(&(__driver) , ##__VA_ARGS__); \
} \
module_init(__driver##_init); \
static void __exit __driver##_exit(void) \
{ \
        __unregister(&(__driver) , ##__VA_ARGS__); \
} \
module_exit(__driver##_exit);
```

8.3.3 平台驱动简单实例

在前面的基础之上，我们可以先来编写一个简单的平台驱动，再编写一个模块来注册两个设备，代码如下（完整的代码请参见“下载资源/程序源码/ devmodel/ex3”）。

```
/* pltdev.c */

#include <linux/init.h>
#include <linux/kernel.h>
#include <linux/module.h>

#include <linux/platform_device.h>

static void pdev_release(struct device *dev)
{
}

struct platform_device pdev0 = {
        .name = "pdev",
        .id = 0,
        .num_resources = 0,
```

```
        .resource = NULL,
        .dev = {
                .release = pdev_release,
        },
};

struct platform_device pdev1 = {
        .name = "pdev",
        .id = 1,
        .num_resources = 0,
        .resource = NULL,
        .dev = {
                .release = pdev_release,
        },
};

static int __init pltdev_init(void)
{
        platform_device_register(&pdev0);
        platform_device_register(&pdev1);

        return 0;
}

static void __exit pltdev_exit(void)
{
        platform_device_unregister(&pdev1);
        platform_device_unregister(&pdev0);
}

module_init(pltdev_init);
module_exit(pltdev_exit);

MODULE_LICENSE("GPL");
MODULE_AUTHOR("Kevin Jiang <jiangxg@farsight.com.cn>");
MODULE_DESCRIPTION("register a platfom device");
```

```
/* pltdrv.c */

#include <linux/init.h>
#include <linux/kernel.h>
#include <linux/module.h>

#include <linux/platform_device.h>

static int pdrv_suspend(struct device *dev)
{
        printk("pdev: suspend\n");
        return 0;
}

static int pdrv_resume(struct device *dev)
{
        printk("pdev: resume\n");
```

```
16         return 0;
17 }
18
19 static const struct dev_pm_ops pdrv_pm_ops = {
20         .suspend = pdrv_suspend,
21         .resume  = pdrv_resume,
22 };
23
24 static int pdrv_probe(struct platform_device *pdev)
25 {
26         return 0;
27 }
28
29 static int pdrv_remove(struct platform_device *pdev)
30 {
31         return 0;
32 }
33
34 struct platform_driver pdrv = {
35         .driver = {
36                 .name    = "pdev",
37                 .owner   = THIS_MODULE,
38                 .pm      = &pdrv_pm_ops,
39         },
40         .probe   = pdrv_probe,
41         .remove  = pdrv_remove,
42 };
43
44 module_platform_driver(pdrv);
45
46 MODULE_LICENSE("GPL");
47 MODULE_AUTHOR("Kevin Jiang <jiangxg@farsight.com.cn>");
48 MODULE_DESCRIPTION("A simple platform driver");
49 MODULE_ALIAS("platform:pdev");
```

在 pltdev.c 文件中，代码第 7 行至第 29 行分别定义了两个平台设备，id 为 0 和 1，以示区别，名字都为 pdev，没有使用任何资源。在模块的初始化函数和清除函数中分别注册和注销了这两个平台设备。

在 pltdrv.c 文件中，代码第 34 行至第 42 行定义了一个平台驱动，名字也为 pdev，这样才能和平台设备匹配。pm 是电源管理函数的集合，实现了挂起和恢复两个电源管理操作。因为是虚拟设备，所以并没有做任何电源管理相关的操作。为了简单，probe 和 remove 函数也只是返回成功而已。代码第 44 行使用 module_platform_driver 这个宏来简化模块初始化函数和卸载函数的编写。

编译和测试的命令如下。

```
# make
# make modules_install
# depmod
# modprobe pltdrv
# modprobe pltdev
```

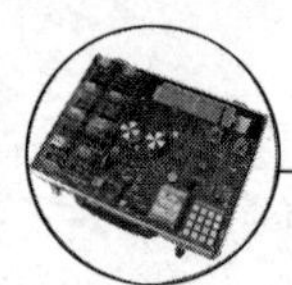


```
# ls /sys/bus/platform/drivers/pdev/ -l
total 0
--w------- 1 root root 4096 Aug 19 12:24 bind
lrwxrwxrwx 1 root root    0 Aug 19 12:24 module -> ../../../../module/pltdrv
lrwxrwxrwx 1 root root    0 Aug 19 12:24 pdev.0 -> ../../../../devices/platform/pdev.0
lrwxrwxrwx 1 root root    0 Aug 19 12:24 pdev.1 -> ../../../../devices/platform/pdev.1
--w------- 1 root root 4096 Aug 19 12:23 uevent
--w------- 1 root root 4096 Aug 19 12:24 unbind
```

从上面的测试结果可以看到，平台驱动驱动了两个设备 pdev.0 和 pdev.1，这是设备名字加 id 构成的名字。

8.3.4 电源管理

在平台驱动里面实现了挂起和恢复两个电源管理函数，从而可以管理设备的电源状态。/sys/devices/platform/pdev.0/power/control 和/sys/devices/platform/pdev.1/power/control 两个文件可以用来管理两个设备的电源控制方式，如果文件的内容为 auto，那么设备的电源会根据系统的状态自动进行管理，为 on 则表示打开。我们首先确定电源控制方式为自动，可以使用下面的命令进行确认。

```
# cat /sys/devices/platform/pdev.0/power/control
auto
# cat /sys/devices/platform/pdev.1/power/control
auto
```

接下来将 Ubuntu 系统挂起，参见图 8.3。

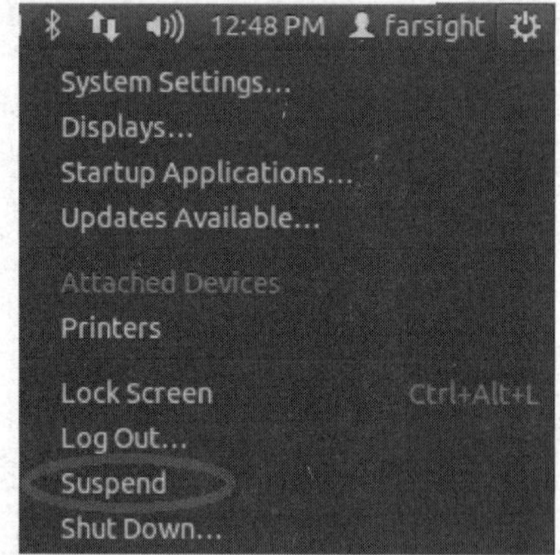

图 8.3 挂起系统

系统挂起后，再重新恢复系统，使用 dmesg 命令可以看到，驱动中的 suspend 和 resume 函数先后都被调用了两次。

```
# dmesg
[  171.396323] pdev: suspend
[  171.396325] pdev: suspend
......
```

```
[  176.699954] pdev: resume
[  176.699959] pdev: resume
……
```

8.3.5 udev 和驱动的自动加载

在上面的例子中，我们可以通过加载模块来向系统添加两个设备，也可以通过移除模块来删除这两个设备。对于这样的操作，我们想使设备被添加到系统后，其驱动能够自动被加载，这对于实际的可支持热插拔的硬件来说更有必要。比如，我们插入一个USB无线网卡，那么对应的驱动就应该自动加载，而不是由用户来手动加载。要做到这一点，就必须利用到一个工具——udev，在嵌入式系统中通常使用mdev，其功能比udev要弱很多，但也可以移植udev到嵌入式系统上。

使用了Linux设备模型后，任何设备的添加、删除或状态修改都会导致内核向用户空间发送相应的事件，这个事件叫uevent，和kobject密切关联。这样用户空间就可以捕获这些事件来自动完成某些操作，如自动加载驱动、自动创建和删除设备节点、修改权限、创建软链接、修改网络设备的名字等。目前实现这个功能的工具就是udev（或mdev），这是一个用户空间的应用程序，捕获来自内核空间发来的事件，然后根据其规则文件进行操作。udev的规则文件为/etc/udev/rules.d目录下后缀为.rules的文件。

udev规则文件用#来注释，除此之外的就是一条一条的规则。每条规则至少包含一个键值对，键分为匹配和赋值两种类型。如果内核发来的事件匹配了规则中的所有匹配键的值，那么这条规则就可以得到应用，并且赋值键被赋予指定的值。一条规则包含了一个或多个键值对，这些键值对用逗号隔开，每个键由操作符规定一个操作，合法的操作符如下。

==和!=：判等，用于匹配键。

=、+=和:=：赋值，用于赋值键，=和:=的区别是前者允许用新值来覆盖原来的值，后者则不允许。+=则是追加赋值。

常见的键如下。

ACTION：事件动作的名字，如add表示添加。

DEVPATH：事件设备的路径。

KERNEL：事件设备的名字。

NAME：节点或网络接口的名字。

SUBSYSTEM：事件设备子系统。

DRIVER：事件设备驱动的名字。

ENV{key}：设备的属性。

OWNER、 GROUP、MODE：设备节点的权限。

RUN：添加一个和设备相关的命令到一个命令列表中。

IMPORT{type}：导入一组设备属性的变量，依赖于类型type。

上面的键有的是匹配键，有的是赋值键，还有的既是匹配键又是赋值键。另外，还

有很多其他的键，在此不一一罗列，详细信息请参见 udev 的 man 手册。

值还可以使用?、*和[]来进行通配，这和正则表达式中的含义是一样的。接下来来看一个例子。

```
ACTION=="add", SUBSYSTEM=="scsi_device", RUN+="/sbin/modprobe sg"
```

它表示当向 SCSI 子系统添加任意设备后都要添加一个命令“/sbin/modprobe sg”到命令列表中，这个命令就是为相应的设备加载 sg 驱动模块。

在 Ubuntu 中自动加载驱动的规则如下，请将这条规则添加到/etc/udev/rules.d/40-modprobe.rules 文件中，如果没有这个文件请新建一个。

```
ENV{MODALIAS}=="?*", RUN+="/sbin/modprobe $env{MODALIAS}"
```

它表示根据模块的别名信息，用 modprobe 命令加载对应的内核模块。为此，我们要给平台驱动一个别名，如 pltdrv.c 文件中代码的第 49 行。pdev 要和驱动中用于匹配平台设备的名字保持一致。

```
49 MODULE_ALIAS("platform:pdev");
```

添加了这一条规则后，加载 pltdev 模块就可以自动加载平台 pltdrv 驱动。

```
# lsmod | grep plt
# modprobe pltdev
# lsmod | grep plt
pltdrv                12553  0
pltdev                12467  0
```

8.3.6　使用平台设备的 LED 驱动

前面我们说过，之前的驱动最大的问题就是没有把设备和驱动分离开，这使得驱动的通用性很差。只要硬件有任何改动（比如换一个管脚，增加或删除 LED 灯），都会导致驱动代码的修改。有了 Linux 设备模型以及平台总线后，我们可以把设备的信息用平台设备来实现，这就大大提高了驱动的通用性。接下来的任务就是把前面的 LED 驱动改造成基于平台总线的设备和驱动。首先是平台设备，代码如下（完整的代码请参见“下载资源/程序源码/ devmodel/ex4”）。

```
/* fsdev.c */

#include <linux/init.h>
#include <linux/kernel.h>
#include <linux/module.h>

#include <linux/platform_device.h>

static void fsdev_release(struct device *dev)
{
}

static struct resource led2_resources[] = {
```

```
        [0] = DEFINE_RES_MEM(0x11000C40, 4),
};

static struct resource led3_resources[] = {
        [0] = DEFINE_RES_MEM(0x11000C20, 4),
};

static struct resource led4_resources[] = {
        [0] = DEFINE_RES_MEM(0x114001E0, 4),
};

static struct resource led5_resources[] = {
        [0] = DEFINE_RES_MEM(0x114001E0, 4),
};

unsigned int led2pin = 7;
unsigned int led3pin = 0;
unsigned int led4pin = 4;
unsigned int led5pin = 5;

struct platform_device fsled2 = {
        .name = "fsled",
        .id = 2,
        .num_resources = ARRAY_SIZE(led2_resources),
        .resource = led2_resources,
        .dev = {
                .release = fsdev_release,
                .platform_data = &led2pin,
        },
};

struct platform_device fsled3 = {
        .name = "fsled",
        .id = 3,
        .num_resources = ARRAY_SIZE(led3_resources),
        .resource = led3_resources,
        .dev = {
                .release = fsdev_release,
                .platform_data = &led3pin,
        },
};

struct platform_device fsled4 = {
        .name = "fsled",
        .id = 4,
        .num_resources = ARRAY_SIZE(led4_resources),
        .resource = led4_resources,
        .dev = {
                .release = fsdev_release,
                .platform_data = &led4pin,
        },
};

```

```
struct platform_device fsled5 = {
        .name = "fsled",
        .id = 5,
        .num_resources = ARRAY_SIZE(led5_resources),
        .resource = led5_resources,
        .dev = {
                .release = fsdev_release,
                .platform_data = &led5pin,
        },
};

static struct platform_device *fsled_devices[]  = {
        &fsled2,
        &fsled3,
        &fsled4,
        &fsled5,
};

static int __init fsdev_init(void)
{
        return platform_add_devices(fsled_devices, ARRAY_SIZE(fsled_devices));
}

static void __exit fsdev_exit(void)
{
        platform_device_unregister(&fsled5);
        platform_device_unregister(&fsled4);
        platform_device_unregister(&fsled3);
        platform_device_unregister(&fsled2);
}

module_init(fsdev_init);
module_exit(fsdev_exit);

MODULE_LICENSE("GPL");
MODULE_AUTHOR("Kevin Jiang <jiangxg@farsight.com.cn>");
MODULE_DESCRIPTION("register LED devices");
```

由上可知，我们分别定义了 4 个平台设备，每一个平台设备代表一个 LED 灯，之所以要这样做，是因为可以任意增加或删除一个 LED 灯。4 个平台设备都有一个 IORESOURCE_MEM 资源，用来描述 2 个寄存器所占用的内存空间；名字都为 fsled，用来和平台驱动匹配；id 分别为 2、3、4、5，用来区别不同的设备。还给每个平台设备的 platform_data 成员赋了值，platform_data 的类型是 void *，用来向驱动传递更多的信息，在这里传递的是每个 LED 灯使用的管脚号，因为只有 I/O 内存是不能够控制一个具体的管脚的。这些平台设备放在 fsled_devices 数组中，在模块初始化函数中使用 platform_add_devices 一次注册到平台总线上。在模块的清除函数中，则使用 platform_device_unregister 来注销。

再来看看平台驱动。

```
#include <linux/init.h>
```

```
#include <linux/kernel.h>
#include <linux/module.h>

#include <linux/fs.h>
#include <linux/cdev.h>

#include <linux/slab.h>
#include <linux/ioctl.h>
#include <linux/uaccess.h>

#include <linux/io.h>
#include <linux/ioport.h>
#include <linux/platform_device.h>

#include "fsled.h"

#define FSLED_MAJOR     256
#define FSLED_DEV_NAME  "fsled"

struct fsled_dev {
        unsigned int __iomem *con;
        unsigned int __iomem *dat;
        unsigned int pin;
        atomic_t available;
        struct cdev cdev;
};

static int fsled_open(struct inode *inode, struct file *filp)
{
        struct fsled_dev *fsled = container_of(inode->i_cdev, struct fsled_dev, cdev);

        filp->private_data = fsled;
        if (atomic_dec_and_test(&fsled->available))
                return 0;
        else {
                atomic_inc(&fsled->available);
                return -EBUSY;
        }
}

static int fsled_release(struct inode *inode, struct file *filp)
{
        struct fsled_dev *fsled = filp->private_data;

        writel(readl(fsled->dat) & ~(0x1 << fsled->pin), fsled->dat);

        atomic_inc(&fsled->available);
        return 0;
}

static long fsled_ioctl(struct file *filp, unsigned int cmd, unsigned long arg)
{
        struct fsled_dev *fsled = filp->private_data;
```

```

	if (_IOC_TYPE(cmd) != FSLED_MAGIC)
		return -ENOTTY;

	switch (cmd) {
	case FSLED_ON:
		writel(readl(fsled->dat) | (0x1 << fsled->pin), fsled->dat);
		break;
	case FSLED_OFF:
		writel(readl(fsled->dat) & ~(0x1 << fsled->pin), fsled->dat);
		break;
	default:
		return -ENOTTY;
	}

	return 0;
}

static struct file_operations fsled_ops = {
	.owner = THIS_MODULE,
	.open = fsled_open,
	.release = fsled_release,
	.unlocked_ioctl = fsled_ioctl,
};

static int fsled_probe(struct platform_device *pdev)
{
	int ret;
	dev_t dev;
	struct fsled_dev *fsled;
	struct resource *res;
	unsigned int pin = *(unsigned int*)pdev->dev.platform_data;

	dev = MKDEV(FSLED_MAJOR, pdev->id);
	ret = register_chrdev_region(dev, 1, FSLED_DEV_NAME);
	if (ret)
		goto reg_err;

	fsled = kzalloc(sizeof(struct fsled_dev), GFP_KERNEL);
	if (!fsled) {
		ret = -ENOMEM;
		goto mem_err;
	}

	cdev_init(&fsled->cdev, &fsled_ops);
	fsled->cdev.owner = THIS_MODULE;
	ret = cdev_add(&fsled->cdev, dev, 1);
	if (ret)
		goto add_err;

	res = platform_get_resource(pdev, IORESOURCE_MEM, 0);
	if (!res) {
		ret = -ENOENT;
```

```
                goto res_err;
        }

        fsled->con = ioremap(res->start, resource_size(res));
        if (!fsled->con) {
                ret = -EBUSY;
                goto map_err;
        }
        fsled->dat = fsled->con + 1;

        fsled->pin = pin;
        atomic_set(&fsled->available, 1);
        writel((readl(fsled->con) & ~(0xF  << 4 * fsled->pin)) | (0x1  << 4 * fsled->pin), fsled->con);
        writel(readl(fsled->dat) & ~(0x1 << fsled->pin), fsled->dat);
        platform_set_drvdata(pdev, fsled);

        return 0;

map_err:
res_err:
        cdev_del(&fsled->cdev);
add_err:
        kfree(fsled);
mem_err:
        unregister_chrdev_region(dev, 1);
reg_err:
        return ret;
}

static int fsled_remove(struct platform_device *pdev)
{
        dev_t dev;
        struct fsled_dev *fsled = platform_get_drvdata(pdev);

        dev = MKDEV(FSLED_MAJOR, pdev->id);

        iounmap(fsled->con);
        cdev_del(&fsled->cdev);
        kfree(fsled);
        unregister_chrdev_region(dev, 1);

        return 0;
}

struct platform_driver fsled_drv = {
        .driver = {
                .name   = "fsled",
                .owner  = THIS_MODULE,
        },
        .probe   = fsled_probe,
        .remove  = fsled_remove,
};
```

```
160
161 module_platform_driver(fsled_drv);
162
163 MODULE_LICENSE("GPL");
164 MODULE_AUTHOR("Kevin Jiang <jiangxg@farsight.com.cn>");
165 MODULE_DESCRIPTION("A simple character device driver for LEDs on FS4412 board");
```

代码第 152 行至第 159 行定义了一个平台驱动 fsled_drv，名字叫 fsled，和平台设备匹配。代码第 161 行是平台驱动注册和注销的简化宏。

在 fsled_probe 函数中，代码第 86 行首先通过 platform_data 获取了管脚号。代码第 88 行以平台设备中的 id 为次设备号。代码第 93 行动态分配了 struct fsled_dev 结构对象。代码第 105 行使用 platform_get_resource 获取了 I/O 内存的资源，这样要操作 GPIO 管脚的两个信息就都获得了，一个是管脚号，一个是 I/O 内存地址。代码第 122 行使用 platform_set_drvdata 将动态分配得到的 fsled 保存到了平台设备中，便于之后的代码能从平台设备中获取 struct fsled_dev 结构对象的地址，是经常会使用到的一种技巧，也是一个驱动支持多个设备的关键。

函数 fsled_remove 中使用了 platform_get_drvdata 得到了对应的 struct fsled_dev 结构对象的地址，其他操作则是函数 fsled_probe 的反操作。

函数 fsled_open 也使用了 container_of 宏得到了对应的 struct fsled_dev 结构对象的地址，并保存在 filp->private_data 中，这也是我前面谈到的一个驱动支持多个设备的技巧。

函数 fsled_ioctl 相比于以前则要简单一些，因为只控制一个对应的 LED 灯。

测试的应用代码则是分别打开了 4 个 LED 设备文件，然后再分别控制，代码比较简单，这里就不再赘述。测试方法和前面基本一致，只是要创建 4 个设备文件，用到 4 个不同的次设备号 2、3、4、5。

8.3.7 自动创建设备节点

前面谈到，内核中设备的添加、删除或修改都会向应用层发送热插拔事件，应用程序可以捕获这些事件来自动完成某些操作，如自动加载驱动、自动创建设备节点等。接下来以 mdev 为例，来说明如何自动创建设备节点。

mdev 创建设备节点有两种方法，一种是运行 mdev -s 命令，一种是实时捕获热插拔事件。mdev -s 命令通常在根文件系统挂载完成后运行一次，它将递归扫描/sys/block 目录和/sys/class 目录下的文件，根据文件的内容来调用 make_device 自动创建设备文件，这在 busybox 中的 mdev 源码中展现得非常清楚。

```
int mdev_main(int argc UNUSED_PARAM, char **argv)
{
……
    if (argv[1] && strcmp(argv[1], "-s") == 0) {
        /*
         * Scan: mdev -s
```

```
        */
......
            recursive_action("/sys/block",
                ACTION_RECURSE | ACTION_FOLLOWLINKS | ACTION_QUIET,
                fileAction, dirAction, temp, 0);
        }
        recursive_action("/sys/class",
            ACTION_RECURSE | ACTION_FOLLOWLINKS,
            fileAction, dirAction, temp, 0);
......
```

另外一种情况则是当内核发生了热插拔事件后，mdev 会自动被调用，这体现在根文件系统中的/etc/init.d/rcS 初始化脚本文件中。

```
echo /sbin/mdev > /proc/sys/kernel/hotplug
```

内核有一种在发生热插拔事件后调用应用程序的方式，那就是执行/proc/sys/kernel/hotplug 文件中的程序，因为这种方式比较简单，所以常用在嵌入式系统之中。而之前说的 udev 使用的则是 netlink 机制。发生热插拔事件时，调用 mdev 程序会将热插拔信息放在环境变量和参数当中，mdev 程序利用这些信息就可以自动创建设备节点，在 mdev 的源码中也有清晰的体现。

```
int mdev_main(int argc UNUSED_PARAM, char **argv)
{
......
        env_devname = getenv("DEVNAME"); /* can be NULL */
        G.subsystem = getenv("SUBSYSTEM");
        action = getenv("ACTION");
        env_devpath = getenv("DEVPATH");
......
        op = index_in_strings(keywords, action);
......
        snprintf(temp, PATH_MAX, "/sys%s", env_devpath);
        if (op == OP_remove) {
......
            if (!fw)
                make_device(env_devname, temp, op);
        }
        else {
            make_device(env_devname, temp, op);
            if (ENABLE_FEATURE_MDEV_LOAD_FIRMWARE) {
                if (op == OP_add && fw)
                    load_firmware(fw, temp);
            }
        }
......
```

上面的代码的总体思路是根据 ACTION 键的值来决定 op 是增加还是移除操作，最终调用 make_device 来自动创建或删除设备节点。

了解了应用层自动创建设备节点的方式后，接下来就需要讨论在驱动中如何实现了。既然自动设备节点的创建要依靠热插拔事件和 sysfs 文件系统，那这和我们之前讨论的

kobject 就是分不开的，mdev 扫描/sys/class 目录暗示我们要创建类，并且在类下面应该有具体的设备。为此，内核提供了相应的 API。

```
    class_create(owner, name)
    void class_destroy(struct class *cls);
    struct device *device_create(struct class *class, struct device *parent, dev_t devt, void *drvdata, const char *fmt, ...);
    void device_destroy(struct class *class, dev_t devt);
```

class_create：创建类，owner 是所属的模块对象指针，name 是类的名字，返回 struct class 对象指针，返回值通过 IS_ERR 宏来判断是否失败，通过 PTR_ERR 宏来获得错误码。

class_destroy：销毁 cls 类。

device_create：在类 class 下创建设备，parent 是父设备，没有则为 NULL。devt 是设备的主次设备号，drvdata 是驱动数据，没有则为 NULL。fmt 是格式化字符串，使用方法类似于 printk。

device_destroy：销毁 class 类下面主次设备号为 devt 的设备。返回值的检查方式同 class_create。

添加了自动创建设备的驱动的主要代码如下（完整的代码请参见“下载资源/程序源码/ devmodel/ex5”）。

```
/* fsled.c */

struct fsled_dev {
……
        struct device *dev;
};

struct class *fsled_cls;
……
static int fsled_probe(struct platform_device *pdev)
{

        fsled->dev = device_create(fsled_cls, NULL, dev, NULL, "led%d", pdev->id);
        if (IS_ERR(fsled->dev)) {
                ret = PTR_ERR(fsled->dev);
                goto dev_err;
        }
……
}
static int fsled_remove(struct platform_device *pdev)
{
……
        device_destroy(fsled_cls, dev);
……
}
……
static int __init fsled_init(void)
{
        int ret;
```

```
176
177         fsled_cls = class_create(THIS_MODULE, "fsled");
178         if (IS_ERR(fsled_cls))
179                 return PTR_ERR(fsled_cls);
180
181         ret = platform_driver_register(&fsled_drv);
182         if (ret)
183                 class_destroy(fsled_cls);
184
185         return ret;
186 }
187
188 static void __exit fsled_exit(void)
189 {
190         platform_driver_unregister(&fsled_drv);
191         class_destroy(fsled_cls);
192 }
193
194 module_init(fsled_init);
195 module_exit(fsled_exit);
```

代码第 177 行使用 class_create 创建了名叫 fsled 的类。代码第 127 行使用 device_create 在 fsled 类下面创建了 led%d 的设备，%d 用平台设备的 id 来替代。在创建过程中，内核会发送热插拔事件给 mdev，mdev 利用这些信息就可以创建设备节点，因为设备的名字和设备号都传递给了 device_create，而内核又会利用这些参数生成热插拔信息。

使用上面的驱动且驱动加载成功后，设备节点就自动被创建了，不需要再手动创建，整个测试过程和前面的例子类似，这里就不再重复了。

8.4 Linux 设备树

8.4.1 Linux 设备树的由来

在 Linux 内核源码的 ARM 体系结构引入设备树之前，相关的 BSP 代码中充斥了大量的平台设备（Platform Device）代码，而这些代码大多都是重复的、杂乱的。之前的内核移植工作有很大一部分工作就是在复制一份 BSP 代码，并修改 BSP 代码中和目标板中与特定硬件相关的平台设备信息。这使得 ARM 体系结构的代码维护者和内核维护者在发布一个新版本内核的一段时间内有大量的工作要做。以至于 Linus Torvalds 在 2011 年 3 月 17 日的 ARM Linux 邮件列表中宣称“Gaah. Guys, this whole ARM thing is a f*cking pain in the ass”。这使得整个 ARM 社区不得不重新慎重地考虑这个问题，于是设备树（Device Tree，DT）被 ARM 社区所采用。

但需要说明的是，在 Linux 中，PowerPC 和 SPARC 体系结构很早就使用了设备树，这并不是一个最近才提出的概念。设备树最初是由开放固件（Open Firmware）使用的，

用来向一个客户程序（通常是一个操作系统）传递数据的通信方法中的一部分内容。在运行时，客户程序通过设备树发现设备的拓扑结构，这样就不需要把硬件信息硬编码到程序中。

8.4.2 Linux 设备树的目的

设备树是一个描述硬件的数据结构，它并没有什么神奇的地方，也不能把所有硬件配置的问题都解决掉。它只是提供了一种语言，将硬件配置从 Linux 内核源码中提取出来。设备树使得目标板和设备变成数据驱动的，它们必须基于传递给内核的数据进行初始化，而不是像以前一样采用硬编码的方式。理论上，这种方式可以带来较少的代码重复率，使单个内核镜像能够支持很多硬件平台。

Linux 使用设备树有以下三个主要原因。

1. 平台识别

第一且最重要的是，内核使用设备树中的数据去识别特定机器（目标板，在内核中称为 machine）。最完美的情况是，内核应该与特定硬件平台无关，因为所有硬件平台的细节都由设备树来描述。然而，硬件平台并不是完美的，所以内核必须在早期初始化阶段识别机器，这样内核才有机会运行与特定机器相关的初始化序列。

在大多数情况下，机器识别是与设备树无关的，内核通过机器的 CPU 或 SOC 来选择初始化代码。以 ARM 平台为例，setup_arch 会调用 setup_machine_fdt，后者遍历 machine_desc 链表，选择最匹配设备树数据的 machine_desc 结构。这是通过查找设备树根节点的 compatible 属性，并把它和 machine_desc 中的 dt_compat 列表中的各项进行比较来决定哪一个 machine_desc 结构是最适合的。

compatible 属性包含一个有序的字符串列表，它以确切的机器名开始，紧跟着一个可选的 board 列表，从最匹配到其他匹配类型。以 Samsung 的 Exynos4x12 系列的 SoC 芯片为例，在 arch/arm/mach-exynos/mach-exynos4-dt.c 文件中的 dt_compat 列表定义如下。

```
static char const *exynos4_dt_compat[] __initdata = {
        "samsung,exynos4210",
        "samsung,exynos4212",
        "samsung,exynos4412",
        NULL
};
```

而在 origen 目标板的设备树源文件 arch/arm/boot/dts/exynos4412-origen.dts 中包含的 exynos4412.dtsi 文件中指定的 compatible 属性如下。

```
compatible = "samsung,exynos4412";
```

这样在内核启动过程中就可以通过传递的设备树数据找到匹配的机器所对应的 machine_desc 结构，如果没找到则返回 NULL。采用这种方式，可以使用一个 machine_desc 支持多个机器，从而降低了代码的重复率。当然，对初始化有特殊要求的机器的初始化过程应该有所区别，这可以通过其他的属性或一些钩子函数来解决。

2. 实时配置

在大多数情况下，设备树是固件与内核之间进行数据通信的唯一方式，所以也用于传递实时或配置数据给内核，比如内核参数、initrd 镜像的地址等。

大多数这种数据被包含在设备树的/chosen 节点，形如：.

```
chosen { bootargs = "console=ttyS0,115200 loglevel=8";
    initrd-start = <0xc8000000>;
    initrd-end = <0xc8200000>;
};
```

bootargs 属性包含内核参数，initrd-*属性定义了 initrd 文件的首地址和大小。chosen 节点也有可能包含任意数量的描述平台特殊配置的属性。

在早期的初始化阶段，页表建立之前，与体系结构初始化相关的代码会多次联合使用不同的辅助回调函数去调用 of_scan_flat_dt 来解析设备树数据。of_scan_flat_dt 遍历设备树并利用辅助函数来提取需要的信息。通常，early_init_dt_scan_chosen 辅助函数用于解析包括内核参数的 chosen 节点；early_init_dt_scan_root 辅助函数用于初始化设备树的地址空间模型；early_init_dt_scan_memory 辅助函数用于决定可用内存的大小和地址。

在 ARM 平台，setup_machine_fdt 函数负责在选取到正确的 machine_desc 结构之后进行早期的设备树遍历。

3. 设备植入

经过板子识别和早期配置数据解析之后，内核进一步进行初始化。期间，unflatten_device_tree 函数被调用，将设备树的数据转换成一种更有效的实时形式。同时，机器特殊的启动钩子函数也会被调用，例如 machine_desc 中的 init_early 函数、init_irq 函数、init_machine 函数等。通过名称我们可以猜想到，init_early 函数会在早期初始化时被执行，init_irq 函数用于初始化中断处理。利用设备树并没有改变这些函数的行为和功能。如果设备树被提供，那么不管是 init_early 函数还是 init_irq 函数都可以调用任何设备树查找函数去获取额外的平台信息。不过 init_machine 函数却需要更多地关注，在 arch/arm/mach-exynos/mach-exynos4-dt.c 文件中 init_machine 函数有如下一条语句：

```
of_platform_populate(NULL, of_default_bus_match_table, NULL, NULL);
```

of_platform_populate 函数的作用是遍历设备树中的节点，把匹配的节点转换成平台设备，然后注册到内核中。

8.4.3 Linux 设备树的使用

1. 基本数据格式

在 Linux 中，设备树文件的类型有.dts、.dtsi 和.dtb。其中，.dtsi 是被包含的设备树源文件，类似于 C 语言中的头文件；.dts 是设备树源文件，可以包含其他.dtsi 文件，由 dtc 编译生成.dtb 文件。

设备树是一个包含节点和属性的简单树状结构。属性就是键值对，而节点可以同时

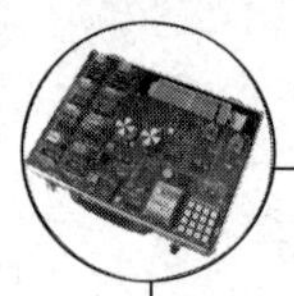

包含属性和子节点。下面就是一个.dts 格式的简单设备树：

```
/ {
    node1 {
        a-string-property = "A string";
        a-string-list-property = "first string", "second string";
        a-byte-data-property = [0x01 0x23 0x34 0x56];
        child-node1 {
            first-child-property;
            second-child-property = <1>;
            a-string-property = "Hello, world";
        };
        child-node2 {
        };
    };
    node2 {
        an-empty-property;
        a-cell-property = <1>; /* each number (cell) is a uint32 */
        child-node1 {
        };
    };
};
```

该设备树包含了下面的内容。

- 一个单独的根节点：/。
- 两个子节点：node1 和 node2。
- 两个 node1 的子节点：child-node1 和 child-node2。
- 一堆分散在设备树中的属性。

其中，属性是简单的键值对，它的值可以为空或包含一个任意字节流。在设备树源文件中有以下几个基本的数据表示形式。

- 文本字符串（无结束符）：可以用双引号表示，如 a-string-property = "A string"。
- cells：32 位无符号整数，用角括号限定，如 second-child-property = <1>。
- 二进制数据：用方括号限定，如 a-byte-data-property = [0x01 0x23 0x34 0x56]。
- 混合表示：使用逗号连在一起，如 mixed-property = "a string", [0x01 0x23 0x45 0x67], <0x12345678>。
- 字符串列表：使用逗号连在一起，如 string-list = "red fish", "blue fish"。

2．设备树实例解析

下面是从 arch/arm/boot/dts/exynos4.dtsi 设备树源文件中抽取出来的内容：

```
#include "skeleton.dtsi"

/ {
    interrupt-parent = <&gic>;

    aliases {
        spi0 = &spi_0;
        ……
        fimc3 = &fimc_3;
```

```
    };

    chipid@10000000 {
        compatible = "samsung,exynos4210-chipid";
        reg = <0x10000000 0x100>;
    };

......
    gic: interrupt-controller@10490000 {
        compatible = "arm,cortex-a9-gic";
        #interrupt-cells = <3>;
        interrupt-controller;
        reg = <0x10490000 0x1000>, <0x10480000 0x100>;
    };
......

    serial@13800000 {
        compatible = "samsung,exynos4210-uart";
        reg = <0x13800000 0x100>;
        interrupts = <0 52 0>;
        clocks = <&clock 312>, <&clock 151>;
        clock-names = "uart", "clk_uart_baud0";
        status = "disabled";
    };

    serial@13810000 {
        compatible = "samsung,exynos4210-uart";
        reg = <0x13810000 0x100>;
        interrupts = <0 53 0>;
        clocks = <&clock 313>, <&clock 152>;
        clock-names = "uart", "clk_uart_baud0";
        status = "disabled";
    };
......

    i2c_0: i2c@13860000 {
        #address-cells = <1>;
        #size-cells = <0>;
        compatible = "samsung,s3c2440-i2c";
        reg = <0x13860000 0x100>;
        interrupts = <0 58 0>;
        clocks = <&clock 317>;
        clock-names = "i2c";
        pinctrl-names = "default";
        pinctrl-0 = <&i2c0_bus>;
        status = "disabled";
    };
......

    amba {
        #address-cells = <1>;
        #size-cells = <1>;
        compatible = "arm,amba-bus";
```

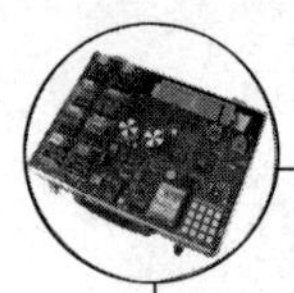


```
            interrupt-parent = <&gic>;
            ranges;

            pdma0: pdma@12680000 {
                compatible = "arm,pl330", "arm,primecell";
                reg = <0x12680000 0x1000>;
                interrupts = <0 35 0>;
                clocks = <&clock 292>;
                clock-names = "apb_pclk";
                #dma-cells = <1>;
                #dma-channels = <8>;
                #dma-requests = <32>;
            };

            ......
        };
    ......
```

（1）包含其他的“.dtsi”文件，如：

```
    #include "skeleton.dtsi"。
```

（2）节点名称，是一个“<名称>[@<设备地址>]”形式的名字。方括号中的内容不是必需的。“名称”是一个不超过 31 位的简单 ascii 字符串，应该根据它所体现的设备来进行命名。如果该节点描述的设备有一个地址就应该加上单元地址，通常，设备地址就是用来访问该设备的主地址，并且该地址也在节点的 reg 属性中列出。关于 reg 属性将会在后面描述。同级节点命名必须是唯一的，但只要地址不同，多个节点也可以使用一样的通用名称。节点名称的例子如下：

```
    serial@13800000
    serial@13810000
```

（3）系统中每个设备都表示为一个设备树节点，每个设备树节点都拥有一个 compatible 属性。

（4）compatible 属性是操作系统用来决定使用哪个设备驱动来绑定到一个设备上的关键因素。compatible 是一个字符串列表，第一个字符串指定了这个节点所表示的确切的设备，该字符串的格式为："<制造商>,<型号>"，其余的字符串则表示其他与之兼容的设备。例如：

```
    compatible = "arm,pl330", "arm,primecell";
```

（5）可编址设备使用以下属性将地址信息编码进设备树：

```
    reg
    #address-cells
    #size-cells
```

每个可编址设备都有一个 reg，它是一个元组表，形式为：reg = <地址 1 长度 1 [地址 2 长度 2] [地址 3 长度 3] ... >。每个元组都表示该设备使用的一个地址范围。每个地址值是一个或多个 32 位整型数列表，称为 cell。同样，长度值也可以是一个 cell 列表或者为空。由于地址和长度字段都是可变大小的变量，那么父节点的 #address-cells 和

#size-cells 属性就用来声明各个字段的 cell 的数量。换句话说，正确解释一个 reg 属性需要用到父节点的#address-cells 和#size-cells 的值。如在 arch/arm/boot/dts/exynos4412-origen.dts 文件中 I2C 设备的相应描述：

```
        i2c@13860000 {
                #address-cells = <1>;
                #size-cells = <0>;
                samsung,i2c-sda-delay = <100>;
                samsung,i2c-max-bus-freq = <20000>;
                pinctrl-0 = <&i2c0_bus>;
                pinctrl-names = "default";
                status = "okay";

                s5m8767_pmic@66 {
                        compatible = "samsung,s5m8767-pmic";
                        reg = <0x66>;
    ……
```

其中，I2C 主机控制器是一个父节点，地址的长度为一个 32 位整型数，地址长度为 0。s5m8767_pmic 是 I2C 主机控制器下面的一个子节点，其地址为 0x66。按照惯例，如果一个节点有 reg 属性，那么该节点的名字就必须包含设备地址，这个设备地址就是 reg 属性里第一个地址值。

关于设备地址还要讨论下面三个方面的内容：

① 内存映射设备。

内存映射的设备应该有地址范围，对于 32 位的地址可以用 1 个 cell 来指定地址值，用一个 cell 来指定范围。而对于 64 位的地址就应该用两个 cell 来指定地址值。还有一种内存映射设备的地址表示方式，就是基地址、偏移和长度。在这种方式中，地址也是用两个 cell 来表示。

② 非内存映射设备。

有些设备没有被映射到 CPU 的存储器总线上，虽然这些设备可以有一个地址范围，但它们并不是由 CPU 直接访问。取而代之的是，父设备的驱动程序会代表 CPU 执行间接访问。这类设备的典型例子就包括上面提到的 I2C 设备，NAND Flash 也属于这类设备。

③ 范围（地址转换）。

根节点的地址空间是从 CPU 的视角进行描述的，根节点的直接子节点使用的也是这个地址域，如 chipid@10000000。但是非根节点的直接子节点就没有使用这个地址域，于是需要把这个地址进行转换，ranges 这个属性就用于此目的。如在 arch/arm/boot/dts/hi3620.dtsi 文件中有下面一段描述。

```
                sysctrl: system-controller@802000 {
                        compatible = "hisilicon,sysctrl";
                        #address-cells = <1>;
                        #size-cells = <1>;
                        ranges = <0 0x802000 0x1000>;
                        reg = <0x802000 0x1000>;
```

```
                smp-offset = <0x31c>;
                resume-offset = <0x308>;
                reboot-offset = <0x4>;

                clock: clock@0 {
                        compatible = "hisilicon,hi3620-clock";
                        reg = <0 0x10000>;
                        #clock-cells = <1>;
                };
        };
```

“sysctrl: system-controller@802000”这个节点是“clock: clock@0”的父节点，在父节点中定义了一个地址范围，这个地址范围由“<子地址 父地址 子地址空间区域大小>”这样一个元组来描述。所以“<0 0x802000 0x1000>”表示的是子地址 0 被映射在父地址的 0x802000-0x0x802FFF 处。而“clock: clock@0”这个子节点刚好使用了这个地址。有些时候，这种映射也是一对一的，即子节点使用和父节点一样的地址域，这可以通过一个空的 ranges 属性来实现。如：

```
amba {
    #address-cells = <1>;
    #size-cells = <1>;
    compatible = "arm,amba-bus";
    interrupt-parent = <&gic>;
    ranges;

    pdma0: pdma@12680000 {
        compatible = "arm,pl330", "arm,primecell";
        reg = <0x12680000 0x1000>;
        interrupts = <0 35 0>;
        clocks = <&clock 292>;
        clock-names = "apb_pclk";
        #dma-cells = <1>;
        #dma-channels = <8>;
        #dma-requests = <32>;
    };
```

“pdma0: pdma@12680000”子节点使用的就是和“amba”父节点一样的地址域。

（6）描述中断连接需要四个属性。

interrupt-controller：一个空的属性，用来定义该节点是一个接收中断的设备，即是一个中断控制器。

#interrupt-cells：一个中断控制器节点的属性，声明了该中断控制器的中断指示符中 cell 的个数，类似于#address-cells。

interrupt-parent：一个设备节点的属性，指向设备所连接的中断控制器。如果这个设备节点没有该属性，那么这个节点继承父节点的这个属性。

interrupts：一个设备节点的属性，含一个中断指示符的列表，对应于该设备上的每个中断输出信号。

```
gic: interrupt-controller@10490000 {
    compatible = "arm,cortex-a9-gic";
```

```
        #interrupt-cells = <3>;
        interrupt-controller;
        reg = <0x10490000 0x1000>, <0x10480000 0x100>;
    };
```

上面的节点表示一个中断控制器，用于接收中断。中断指示符占 3 个 cell。

```
    amba {
        #address-cells = <1>;
        #size-cells = <1>;
        compatible = "arm,amba-bus";
        interrupt-parent = <&gic>;
        ranges;

        pdma0: pdma@12680000 {
            compatible = "arm,pl330", "arm,primecell";
            reg = <0x12680000 0x1000>;
            interrupts = <0 35 0>;
            clocks = <&clock 292>;
            clock-names = "apb_pclk";
            #dma-cells = <1>;
            #dma-channels = <8>;
            #dma-requests = <32>;
        };
```

“amba”节点是一个中断设备，产生的中断连接到“gic”中断控制器，“pdma0: pdma@12680000”是一个“amba”的子节点，继承了父节点的 interrupt-parent 属性，即该设备产生的中断也连接在“gic”中断控制器上。中断指示符占 3 个 cell，“pdma0: pdma@12680000”节点的中断指示符是“<0 35 0>”，其意义是查看内核中的相应文档。因为 GIC 是 ARM 公司开发的一款中断控制器，查看 Documentation/devicetree/bindings/arm/gic.txt 内核文档可知，第一个 cell 是中断类型，0 是 SPI，共享的外设中断，即这个中断由外设产生，可以连接到一个 SoC 中的多个 ARM 核；1 是 PPI，私有的外设中断，即这个中断由外设产生，但只能连接到一个 SoC 中的特定 ARM 核。第二个 cell 是中断号。第三个 cell 是中断的触发类型，0 表示不关心。

（7）aliases 节点用于指定节点的别名。因为引用一个节点要使用全路径，当子节点离根节点较远时，节点名就会显得比较冗长，定义一个别名则比较方便。下面把 spi_0 这个节点定义了一个别名“spi0”。

```
    aliases {
        spi0 = &spi_0;
  ……
```

（8）chosen 节点并不代表一个真正的设备，只是一个为固件和操作系统传递数据的地方，如引导参数。chosen 节点里的数据也不代表硬件。如在 arch/arm/boot/dts/exynos4412-origen.dts 文件中的 chosen 节点定义如下：

```
    chosen {
        bootargs ="console=ttySAC2,115200";
    };
```

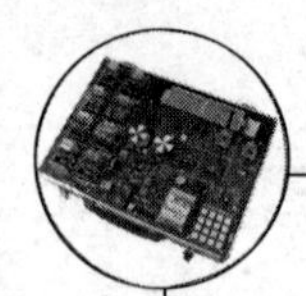

（9）设备特定数据，用于定义特定于某个具体设备的一些属性。这些属性可以自由定义，但是新的设备特定属性的名字都应该使用制造商前缀，以避免和现有标准属性名相冲突。另外，属性和子节点的含义必须存档在 binding 文档中，以便设备驱动程序的程序员知道如何解释这些数据。在内核源码的 Documentation/devicetree/bindings/目录中包含了大量的 binding 文档，当发现设备树中的一些属性不能理解时，在该目录下查看相应的文档都能找到答案。

8.4.4 使用设备树的 LED 驱动

使用设备树是内核的一个必然趋势，目前内核中除了较早的目标板在使用平台设备，新的目标板几乎都使用了设备树。既然如此，我们接下来就把之前的 LED 驱动改造过来。首先要做的就是在设备树源文件中添加相应的 LED 设备树节点，修改 arch/arm/boot/dts/exynos4412-fs4412.dts，加入以下代码。

```

        fsled2@11000C40 {
                compatible = "fs4412,fsled";
                reg = <0x11000C40 0x8>;
                id = <2>;
                pin = <7>;
        };

        fsled3@11000C20 {
                compatible = "fs4412,fsled";
                reg = <0x11000C20 0x8>;
                id = <3>;
                pin = <0>;
        };

        fsled4@114001E0 {
                compatible = "fs4412,fsled";
                reg = <0x114001E0 0x8>;
                id = <4>;
                pin = <4>;
        };

        fsled5@114001E0 {
                compatible = "fs4412,fsled";
                reg = <0x114001E0 0x8>;
                id = <5>;
                pin = <5>;
        };
```

上面的代码添加了 4 个 LED 的设备树节点，compatible 都为“fs4412,fsled”；reg 属性是各自的 I/O 内存；id 属性是自定义属性，表示设备的 id 号；pin 属性也是自定义属性，表示使用的 GPIO 管脚。

代码修改后，使用下面的命令重新编译设备树文件，并且将编译的结果复制到 TFTP 服务器指定的目录下。

```
# make ARCH=arm dtbs
# cp arch/arm/boot/dts/exynos4412-fs4412.dtb /var/lib/tftpboot/
```

接下来就是针对驱动的修改，主要代码如下（完整的代码请参见“下载资源/程序源码/ devmodel/ex6”）。

```
/* fsled.c */

 82 static int fsled_probe(struct platform_device *pdev)
 83 {
......
 89         ret = of_property_read_u32(pdev->dev.of_node, "id", &pdev->id);
 90         if (ret)
 91                 goto id_err;
......
123         ret = of_property_read_u32(pdev->dev.of_node, "pin", &fsled->pin);
124         if (ret)
125                 goto pin_err;
......
146 }
......
163 static const struct of_device_id fsled_of_matches[] = {
164         { .compatible = "fs4412,fsled", },
165         { /* sentinel */ }
166 };
167 MODULE_DEVICE_TABLE(of, fsled_of_matches);
168
169 struct platform_driver pdrv = {
170         .driver = {
171                 .name    = "fsled",
172                 .owner   = THIS_MODULE,
173                 .of_match_table = of_match_ptr(fsled_of_matches),
174         },
175         .probe   = fsled_probe,
176         .remove  = fsled_remove,
177 };
```

代码第 163 行至第 167 行添加了一个 fsled_of_matches 数组，用于和设备树的节点匹配，并且在平台驱动结构中将 of_match_table 进行了相应的赋值。

获得 I/O 内存资源的方法和以前的一样，但是 id 和 pin 是自定义的属性，要获取这两个属性的值，使用了 of_property_read_u32 函数，原型如下。

```
int of_property_read_u32(const struct device_node *np, const char *propname, u32 *out_value);
```

np：设备节点对象地址。

propname：属性的名字。

out_value：回传的属性值。

函数返回 0 表示成功，非 0 则失败。

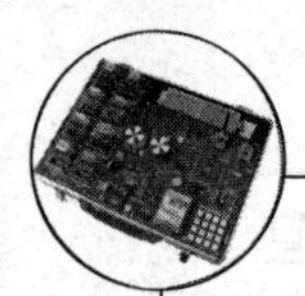

测试方法和之前类似，只是不用再加载注册平台设备的模块了。设备树和内核及模块是分开编译的，所以，如果硬件发生改变，则只需要修改设备树并重新编译即可，内核和驱动模块都不需要重新编译，这是设备树的一个显著优点。

8.5 习题

1．平台设备的 resource 成员用于记录（　）。

[A] 平台设备的资源信息　[B] 平台设备的状态信息

2．udev 是一个工作在（　）的程序。

[A] 用户空间　[B] 内核空间

3．mdev 会扫描（　）目录下的文件来自动创建设备节点。

[A] /dev　[B] /sys/block　[C] /sys/class

4．Linux 设备树的目的是（　）。

[A] 平台识别　[B] 实时配置　[C] 设备植入

5．设备树源文件中常见的基本数据类型有（　）。

[A] 文本字符串　[B] cells　[C] 二进制数据

[D] 文本字符串和二进制数据的混合

[E] 字符串列表

6．编译设备树的命令是（　）。

[A] make uImage　[B] make dtbs

第 9 章 字符设备驱动实例

本章目标

本章综合前面的知识，实现了嵌入式系统的常见外设驱动，包括 LED、按键、ADC、PWM 和 RTC。本章从工程的角度、实用的角度探讨了某些驱动的实现。比如 LED 只是编写了设备树节点，设备就能被正常驱动；按键驱动则分别讨论了基于中断的和基于输入子系统的，还特别讨论了按键的消抖处理。不仅如此，本章还引入了一些新的知识，比如内核统一 GPIO 接口、时钟子系统、pinctrl 子系统等。本章虽然叫“字符设备驱动实例”，但是有些设备并没有实现为字符设备，而是通过 sysfs 文件系统接口来操作的。

- ❑ LED 驱动
- ❑ 基于中断的简单按键驱动
- ❑ 基于输入子系统的按键驱动
- ❑ ADC 驱动
- ❑ PWM 驱动
- ❑ RTC 驱动

9.1 LED 驱动

经常听到的一句话“无招胜有招”是用来形容武林人士的武术修炼的境界已经达到了最高，类似的还有“无声胜有声”、“大音希声，大象希形”等。其实对于驱动也是一样的道理，如果要实现一个设备的驱动，而不必大动干戈，或者连一行驱动代码都不用写，那是不是也意味着驱动开发者的境界达到最高了呢。听起来好像是天方夜谭，但这并不是不可实现的，因为全世界的内核开发者非常热心，只要是能写的驱动，他们基本都已经写了。我们如果能够善于站在这些巨人的肩膀上，那么我们就会工作得更轻松。接下来要讨论的 LED 驱动就要利用内核开发者已经写好的驱动来实现我们想要的功能。在你动手写一个驱动之前，应该先看看内核是否已经实现了这个驱动。如果是，那么这会极大地提高我们的工作效率，毕竟不敲一行代码就能拿到薪水是每一个程序员都追求的终极目标，但是这个千万不能告诉老板。

我们的 LED 是基于 GPIO 的，为此，内核有两个对应的驱动程序，分别是 GPIO 驱动和 LED 驱动，基于 GPIO 的 LED 驱动调用了 GPIO 驱动导出的函数，这一节我们并不关心 GPIO 的驱动(后面会有详细的说明)。关于 LED 驱动，内核文档 Documentation/leds/leds-class.txt 有简单的描述，它实现了一个 leds 类，通过 sysfs 的接口对 LED 进行控制，所以它并没有使用字符设备驱动的框架，严格来说，这一节内容和本章的标题是不符合的。驱动的实现代码请参见 drivers/leds/leds-gpio.c，在这里也不说明，有兴趣的读者可以自己去阅读。

既然驱动已经实现了，那么我们要怎么来让它工作起来呢?首先要配置内核，确保驱动被选配了。在内核源码下运行 make ARCH=arm menuconfig 命令，按照下面的选项进行选择。

```
Device Drivers  --->
     [*] LED Support  --->
          <*>   LED Class Support
          <*>   LED Support for GPIO connected LEDs
          [*]   LED Trigger support  --->
```

驱动选配好后，保存配置，并使用下面的命令重新编译内核，然后再复制到 TFTP 服务器指定的目录下。

```
# make ARCH=arm uImage
# cp arch/arm/boot/uImage /var/lib/tftpboot/
```

驱动配置好之后，就应该在设备树中添加设备节点，设备节点的编写方法请参考内核文档 Documentation/devicetree/bindings/leds/leds-gpio.txt(在编写设备节点之前都在内核文档中找找对应的说明，这是一个良好的习惯)。修改 arch/arm/boot/dts/exynos4412-fs4412.dts，删除之前添加的 LED 设备节点，添加下面的设备节点。

```
    leds {
            compatible = "gpio-leds";

            led2 {
                    label = "led2";
                    gpios = <&gpx2 7 0>;
                    default-state = "off";
            };

            led3 {
                    label = "led3";
                    gpios = <&gpx1 0 0>;
                    default-state = "off";
            };

            led4 {
                    label = "led4";
                    gpios = <&gpf3 4 0>;
                    default-state = "off";
            };

            led5 {
                    label = "led5";
                    gpios = <&gpf3 5 0>;
                    default-state = "off";
            };
    };
```

compatible 属性为 gpio-leds，可以和 LED 驱动匹配。每个 led 节点中的 label 是出现在 sys 目录下的子目录名字。gpios 则指定了该 LED 所连接的 GPIO 口，第三个值为 0 表示高电平点亮 LED 灯，为 1 则表示低电平点亮 LED 灯。default-state 属性的值为 off，则表示默认情况下 LED 灯是熄灭的，为 on 则默认点亮。修改好设备树源文件后，使用下面的命令编译设备树，然后复制到指定目录。

```
# make ARCH=arm dtbs
# cp arch/arm/boot/dts/exynos4412-fs4412.dtb /var/lib/tftpboot/
```

重新启动开发板，使用下面的命令可以看到对应的设备目录。

```
[root@fs4412 ~]# ls -l /sys/class/leds/
total 0
lrwxrwxrwx    1 root     root           0 Jan  1 00:00 led2 -> ../../devices/leds.2/leds/led2
lrwxrwxrwx    1 root     root           0 Jan  1 00:00 led3 -> ../../devices/leds.2/leds/led3
lrwxrwxrwx    1 root     root           0 Jan  1 00:00 led4 -> ../../devices/leds.2/leds/led4
lrwxrwxrwx    1 root     root           0 Jan  1 00:00 led5 -> ../../devices/leds.2/leds/led5
……
```

led2、led3、led4、led5 分别对应了 4 个 LED 灯，在每个目录下都有一个 brightness

文件，通过读取该文件可以获取 LED 灯的当前亮度，通过写该文件可以修改 LED 灯的亮度。因为这些 LED 灯饰连接在 GPIO 端口上面，所以亮度只有 0 和 1，0 表示熄灭，1 表示点亮，命令如下。

```
[root@fs4412 ~]# cat /sys/class/leds/led2/brightness
0
[root@fs4412 ~]# echo "1" > /sys/class/leds/led2/brightness
```

当然，也可以编写一个应用程序来控制 LED 灯的亮灭，应用层测试代码如下（完整的代码请参见“下载资源/程序源码/examples/ex1”）。

```
#include <stdio.h>
#include <stdlib.h>
#include <unistd.h>
#include <errno.h>
#include <fcntl.h>
#include <string.h>

#include <sys/stat.h>
#include <sys/types.h>

#define LED_DEV_PATH    "/sys/class/leds/led%d/brightness"
#define ON              1
#define OFF             0

int fs4412_set_led(unsigned int lednum, unsigned int mode)
{
        int fd;
        int ret;
        char devpath[128];
        char *on = "1\n";
        char *off = "0\n";
        char *m = NULL;

        snprintf(devpath, sizeof(devpath), LED_DEV_PATH, lednum);
        fd = open(devpath, O_WRONLY);
        if (fd == -1) {
                perror("fsled->open");
                return -1;
        }

        if (mode == ON)
                m = on;
        else
                m = off;

        ret = write(fd, m, strlen(m));
        if (ret == -1) {
                perror("fsled->write");
                close(fd);
                return -1;
        }
```

```

	close(fd);
	return 0;
}

int main(int argc, char *argv[])
{
	unsigned int lednum = 2;

	while (1) {
		fs4412_set_led(lednum, ON);
		usleep(500000);
		fs4412_set_led(lednum, OFF);
		usleep(500000);

		lednum++;
		if (lednum > 5)
			lednum = 2;
	}
}
```

代码比较简单，这里不再进行说明。需要注意的是，对 sys 目录下的文件操作要注意文件位置指针，简单的方法就是每次重新打开，使用后再关闭，编译和测试的命令如下，4 个 LED 灯会向前面的例子一样依次闪烁。

```
# arm-none-linux-gnueabi-gcc -o test test.c
# cp test /nfs/rootfs/root/
[root@fs4412 ~]# ./test
```

9.2 基于中断的简单按键驱动

在 FS4412 上面有三个按键，其相关的原理图如图 9.1 所示。

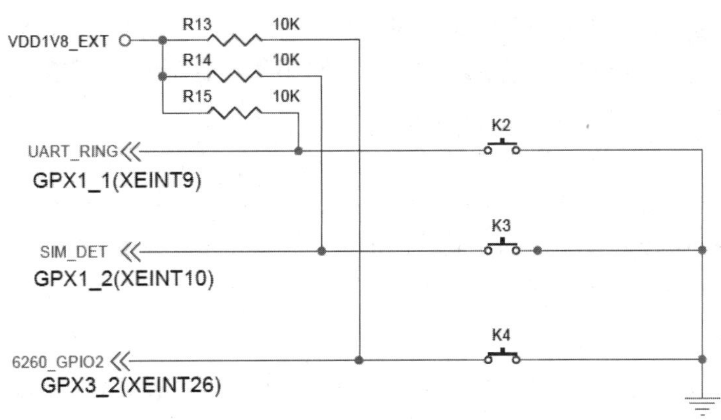

图 9.1　按键原理图

K2 和 K3 可以用作一般按键输入，K4 用于电源管理。进一步结合核心板原理图可知，K2 和 K3 分别接到了 GPX1.1 和 GPX1.2 管脚上，并且这两个管脚还可以当外部中断输入管脚，断号分别是 EINT9 和 EINT10。K2 和 K3 是常开的按键开关，所以这两个管脚平时都处于高电平，当按下按键后，管脚被直接接地，为低电平。也就是说在按键按下的瞬间会产生一个下降沿，在按键松开的时候会产生一个上升沿。我们可以将管脚设置为下降沿触发，从而能及时响应用户的按键输入，也可以设置为双沿触发，这样在按键按下和抬起的时候都会产生中断。

接下来我们首先在设备树中添加节点，为了要描述这两个管脚以中断方式工作，我们需要参考内核文档 Documentation/devicetree/bindings/interrupt-controller/interrupts.txt，该文档中举例说明了中断属性该如何设置。

```
interrupt-parent = <&intc1>;
interrupts = <5 0>, <6 0>;
```

interrupt-parent 指定了中断线所连接的中断控制器节点，interrupts 的值如果有两个 cell，那么第一个 cell 是中断线在中断控制器中的索引，第二个 cell 指的是中断触发方式，0 表示没指定。

为了给出按键设备的节点，我们需要查看其中断控制器节点的内容。因为它们是接在 GPX1 这组管脚上的，根据 gpx1 关键字我们在 arch/arm/boot/dts/exynos4x12-pinctrl.dtsi 文件中可以看到其定义。

```
        gpx1: gpx1 {
                gpio-controller;
                #gpio-cells = <2>;

                interrupt-controller;
                interrupt-parent = <&gic>;
                interrupts = <0 24 0>, <0 25 0>, <0 26 0>, <0 27 0>,
                             <0 28 0>, <0 29 0>, <0 30 0>, <0 31 0>;
                #interrupt-cells = <2>;
        };
```

由此可见，gpx1 确实是一个中断控制器，并且使用的是两个 cell，它总共有 8 根中断线，刚好对应管脚 GPX1.0 到 GPX1.7。我们使用的管脚是 GPX1.1 和 GPX1.2，那么索引自然就是 1 和 2。这也可以通过 gpx1 的父节点 gic 来确定，在 Documentation/devicetree/bindings/arm/gic.txt 内核文档中描述了 interrupts 的三个 cell 的含义，第一个 cell 是 0 表示的是 SPI 中断；第二个 cell 是 SPI 的中断号；第三个 cell 是中断触发方式，为 0 表示没指定。查看 Exynos4412 芯片手册的中断控制器部分，如图 9.2 所示，我们可以看到 EINT9 和 EINT10 中断对应的 SPI 中断号刚好是 25 和 26。

26	58	–	EINT[10]	External Interrupt
25	57	–	EINT[9]	External Interrupt

图 9.2　按键对应的中断号

有了这些信息后，我们就可以给出按键的设备节点，内容如下。

```
keys {
     compatible = "fs4412,fskey";
     interrupt-parent = <&gpx1>;
     interrupts = <1 2>, <2 2>;
};
```

interrupts 属性的第二个 cell 为 2 表示下降沿触发。将上面的代码添加到设备树文件 arch/arm/boot/dts/exynos4412-fs4412.dts 中，并重新编译设备树，然后复制到 TFTP 服务器指定的目录下。

```
# make ARCH=arm dtbs
# cp arch/arm/boot/dts/exynos4412-fs4412.dtb /var/lib/tftpboot/
```

结合前面中断编程和 Linux 设备模型的知识，我们很容易写出这个简单的按键驱动，代码如下（完整的代码请参见“下载资源/程序源码/examples/ex2”）。

```
#include <linux/init.h>
#include <linux/kernel.h>
#include <linux/module.h>

#include <linux/fs.h>
#include <linux/cdev.h>

#include <linux/slab.h>
#include <linux/ioctl.h>
#include <linux/uaccess.h>

#include <linux/of.h>
#include <linux/interrupt.h>
#include <linux/platform_device.h>

struct resource *key2_res;
struct resource *key3_res;

static irqreturn_t fskey_handler(int irq, void *dev_id)
{
        if (irq == key2_res->start)
                printk("K2 pressed\n");
        else
                printk("K3 pressed\n");

        return IRQ_HANDLED;
}

static int fskey_probe(struct platform_device *pdev)
{
        int ret;

        key2_res = platform_get_resource(pdev, IORESOURCE_IRQ, 0);
        key3_res = platform_get_resource(pdev, IORESOURCE_IRQ, 1);

```

```
        if (!key2_res || !key3_res) {
                ret = -ENOENT;
                goto res_err;
        }

        ret = request_irq(key2_res->start, fskey_handler, key2_res->flags&IRQF_TRIGGER_MASK, "key2", NULL);
        if (ret)
                goto key2_err;
        ret = request_irq(key3_res->start, fskey_handler, key3_res->flags&IRQF_TRIGGER_MASK, "key3", NULL);
        if (ret)
                goto key3_err;

        return 0;

key3_err:
        free_irq(key2_res->start, NULL);
key2_err:
res_err:
        return ret;
}

static int fskey_remove(struct platform_device *pdev)
{
        free_irq(key3_res->start, NULL);
        free_irq(key2_res->start, NULL);

        return 0;
}

static const struct of_device_id fskey_of_matches[] = {
        { .compatible = "fs4412,fskey", },
        { /* sentinel */ }
};
MODULE_DEVICE_TABLE(of, fskey_of_matches);

struct platform_driver fskey_drv = {
        .driver = {
                .name    = "fskey",
                .owner   = THIS_MODULE,
                .of_match_table = of_match_ptr(fskey_of_matches),
        },
        .probe   = fskey_probe,
        .remove  = fskey_remove,
};

module_platform_driver(fskey_drv);

MODULE_LICENSE("GPL");
MODULE_AUTHOR("Kevin Jiang <jiangxg@farsight.com.cn>");
MODULE_DESCRIPTION("A simple device driver for Keys on FS4412 board");
```

代码第 33 行和第 34 行使用 platform_get_resource 分别获取了这两个中断资源，代码第 41 行和第 44 行则分别注册了这两个中断，起始的中断号就是资源中的 start 成员，两个中断的处理函数都是 fskey_handler。在 fskey_handler 函数中，根据中断号 irq 来确定哪个按键按下了。这个驱动也不是字符设备驱动，只是一个简单的按键中断测试的模块而已。相应的编译及测试命令如下。

```
# make ARCH=arm
# make ARCH=arm modules_install
[root@fs4412 ~]# depmod
[root@fs4412 ~]# modprobe fskey
[root@fs4412 ~]# [   78.155000] K2 pressed
[   78.315000] K2 pressed
[   78.315000] K2 pressed
[   78.320000] K2 pressed
[   79.185000] K3 pressed
[   83.165000] K3 pressed
[   83.330000] K3 pressed
```

驱动加载后，按下按键在控制台上将会有打印。我们会发现，按键只按了一次，可能会打印几次，选成这个结果的原因就是大家所熟悉的按键抖动。因为一些机械特性，使得在按下和松开按键的时候，产生的波形并不是完美的，现实的波形大概如图 9.3 所示。

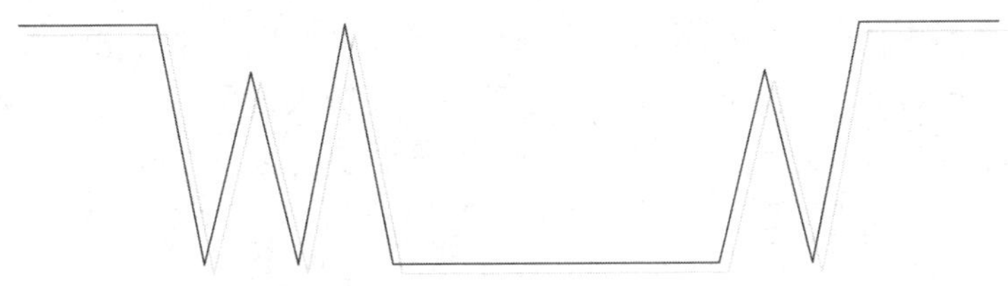

图 9.3　按键按下和松开的波形

在上面的波形中我们看到，下降沿产生了好几次，这就导致中断被触发了好几次。为了解决这个问题，我们必须要对其做消抖处理，简单的做法是使用一个定时器来计算两次中断的时间间隔，如果太小则忽略之后的中断。不过使用中断的方式还是会有一个问题，试想一下，当你长按电脑键盘的一个键会出现什么情况？一般情况下，我们应该能够报告按键的按下、抬起和长按三种事件才比较友好，为此，我们使用下一节的方法来实现一个比较实用的按键设备驱动。

9.3 基于输入子系统的按键驱动

如果想让我们的按键像键盘一样很酷地工作，那么我们就不得不利用内核中的输入子系统。简单来说，输入子系统就是为所有输入设备对上层提供统一接口的一个子系统。常见的输入设备有键盘、鼠标、手写输入板、游戏杆和触摸板等。输入子系统都为其定

义了相应的标准，比如规定了输入事件的表示、按键值和鼠标的相对坐标等。输入子系统的大致层次结构如图 9.4 所示。

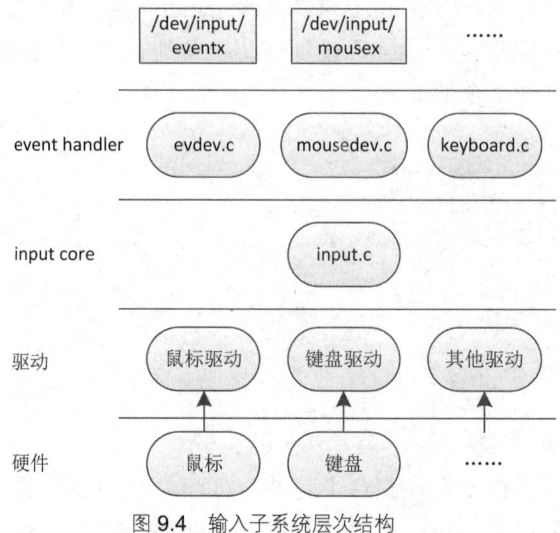

图 9.4　输入子系统层次结构

驱动用于实时获取输入硬件的输入数据，事件处理层用于处理驱动报告的数据，并对上层提供标准的事件信息，输入核心层则用来管理这两层，并建立沟通的桥梁。这个输入子系统还是比较复杂的，但是我们只是编写一个输入设备驱动的话，认识一个重要的数据结构 struct input_dev 和几个常用的 API 就可以了。

```
struct input_dev {
        const char *name;
        const char *phys;
        ……
        struct input_id id;
        ……
        unsigned long evbit[BITS_TO_LONGS(EV_CNT)];
        unsigned long keybit[BITS_TO_LONGS(KEY_CNT)];
        ……
        unsigned int keycodemax;
        unsigned int keycodesize;
        void *keycode;
        ……
};
```

一个输入设备用 struct input_dev 结构对象来表示，主要成员的意义如下。

name：输入设备的名字。

phys：在系统层次结构中设备的物理路径。

id：输入设备的 id，包含总线类型、制造商 ID、产品 ID 和版本号等。

evbit：设备能够报告的事件类型，比如 EV_KEY 表示设备能够报告按键事件，EV_REL 表示设备能够报告相对坐标事件。

keybit：设备能够报告的按键值。

keycodemax：按键编码表的大小。

keycodesize：按键编码表每个编码的大小。

keycode：按键编码表。

输入设备驱动的几个重要 API 如下。

```
    struct input_dev *input_allocate_device(void);
    void input_free_device(struct input_dev *dev);

    int input_register_device(struct input_dev *dev);
    void input_unregister_device(struct input_dev *dev);

    void input_event(struct input_dev *dev, unsigned int type, unsigned int code, int
value);
    void input_report_key(struct input_dev *dev, unsigned int code, int value);
    void input_sync(struct input_dev *dev);
```

input_allocate_device：动态分配一个 struct input_dev 结构对象，返回对象的地址，NULL 表示失败。

input_free_device：释放输入设备 dev。

input_register_device：注册输入设备 dev。

input_unregister_device：注销输入设备 dev。

input_event：报告一个事件，dev 是报告事件的输入设备，type 是事件类型，code 是编码，value 是具体值，根据事件类型的不同而不同。

input_report_key：input_event 的封装，报告的事件类型为 EV_KEY。

input_sync：同步事件。

一个输入设备驱动的实现步骤一般如下。

（1）使用 input_allocate_device 分配一个输入设备对象。

（2）初始化输入设备对象，包括名字、路径、ID、能报告的事件类型和与编码表相关的内容等。

（3）使用 input_register_device 注册输入设备。

（4）在输入设备产生事件时使用 input_event 报告事件。

（5）使用 input_sync 同步事件。

（6）在不需要输入设备时使用 input_unregister_device 注销设备，并用 input_free_device 释放其内存。

介绍完输入子系统及其相关的编程步骤后，我们来讨论按键值的获取和消抖处理。首先，我们使用扫描的方式来获取按键值，而不是中断的方式。也就是将管脚配置为输入，然后定期读取管脚的电平，根据电平的高低来判断按键的状态。其次，关于消抖的处理可以按照图 9.5 的方式进行。

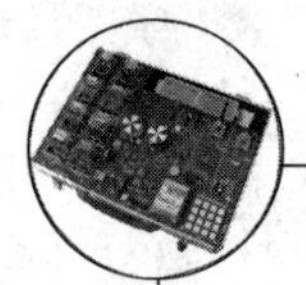

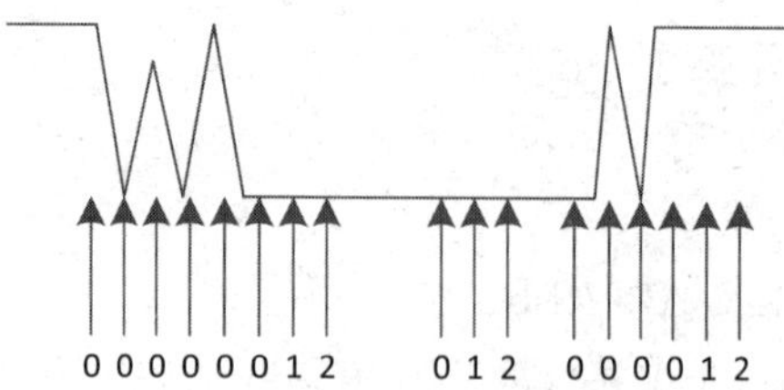

图 9.5 消抖示意图

假设驱动程序每隔 50ms 来扫描按键，每次扫描则要多次获取按键的电平高低值，当连续 3 次读到的按键的电平高低值都一致，才认为成功获取了按键的值，再进行报告。在图 9.5 中，刚开始读到的电平为高，继续读时，电平为低，所以计数清零，再次读取，电平又变高，计数又清零，如此一直继续下去，直到计数为 2 为止。下一次扫描是按键一直被按下，没有抖动，所以计数很顺利到 2。再下一次扫描，也是出现了抖动，计数值不断清零，直到稳定成高电平为止。扫描的间隔时间、每次采样的间隔时间以及计数值可以根据具体的硬件设备而定。

我们前面说过，内核专门针对 GPIO 硬件编写了一个 GPIO 框架代码，这使得我们对 GPIO 的编程变得更加容易，下面就先来看看这些主要的 API。

```
int gpio_request(unsigned gpio, const char *label);
int gpio_request_array(const struct gpio *array, size_t num);
void gpio_free(unsigned gpio);
void gpio_free_array(const struct gpio *array, size_t num);
int gpio_direction_input(unsigned gpio);
int gpio_direction_output(unsigned gpio, int value);
int gpio_get_value(unsigned gpio);
void gpio_set_value(unsigned gpio, int value);
int of_get_gpio(struct device_node *np, int index);
```

gpio_request：申请一个 GPIO，并取名为 label，返回 0 表示成功。

gpio_request_array：申请一组 GPIO，返回 0 表示成功。

gpio_free：释放一个 GPIO。

gpio_free_array：释放一组 GPIO。

gpio_direction_input：设置 GPIO 管脚为输入。

gpio_direction_output：设置 GPIO 管脚为输出。

gpio_get_value：获取输入 GPIO 管脚的状态。

gpio_set_value：设置输出 GPIO 管脚的输出电平。

of_get_gpio：从设备节点 np 中获取第 index 个 GPIO，成功返回 GPIO 编号，失败返回一个负数。

使用上面的 API 对 GPIO 进行编程通常包含下面几个步骤。

（1）使用 of_get_gpio 获取设备节点中描述的 GPIO 对应的编号。

（2）使用 gpio_request 申请对 GPIO 管脚的使用权限，如果已经被其他驱动先申请了，那么再次申请会失败，这种用法和我们之前的 I/O 内存的使用方法是一样的。

（3）使用 gpio_direction_input 或 gpio_direction_output 将 GPIO 管脚配置为输入或输出。

（4）使用 gpio_get_value 或 gpio_set_value 来获取输入 GPIO 管脚的状态或设置输出 GPIO 管脚的输出电平。

（5）如果不再使用 GPIO 管脚，则应该使用 gpio_free 来释放 GPIO 管脚。

有了上面的各方面知识后，我们就可以来编写一个基于输入子系统的按键驱动，代码如下（完整的代码请参见“下载资源/程序源码/examples/ex3”）。

```
#include <linux/init.h>
#include <linux/kernel.h>
#include <linux/module.h>

#include <linux/slab.h>
#include <linux/delay.h>

#include <linux/of.h>
#include <linux/of_gpio.h>
#include <linux/gpio.h>
#include <linux/input.h>
#include <linux/input-polldev.h>
#include <linux/platform_device.h>

#define MAX_KEYS_NUM            (8)
#define SCAN_INTERVAL           (50)    /* ms */
#define KB_ACTIVATE_DELAY        (20)    /* us */
#define KBDSCAN_STABLE_COUNT    (3)

struct fskey_dev {
        unsigned int count;
        unsigned int kstate[MAX_KEYS_NUM];
        unsigned int kcount[MAX_KEYS_NUM];
        unsigned char keycode[MAX_KEYS_NUM];
        int gpio[MAX_KEYS_NUM];
        struct input_polled_dev *polldev;
};

static void fskey_poll(struct input_polled_dev *dev)
{
        unsigned int index;
        unsigned int kstate;
        struct fskey_dev *fskey = dev->private;

        for (index = 0; index < fskey->count; index++)
                fskey->kcount[index] = 0;

        index = 0;
        do {
                udelay(KB_ACTIVATE_DELAY);
                kstate = gpio_get_value(fskey->gpio[index]);
                if (kstate != fskey->kstate[index]) {
                        fskey->kstate[index] = kstate;
                        fskey->kcount[index] = 0;
```

```
            } else {
                    if (++fskey->kcount[index] >= KBDSCAN_STABLE_COUNT) {
                            input_report_key(dev->input, fskey->keycode[index],
!kstate);
                            index++;
                    }
            }
        } while (index < fskey->count);

        input_sync(dev->input);
}

static int fskey_probe(struct platform_device *pdev)
{
        int ret;
        int index;
        struct fskey_dev *fskey;

        fskey = kzalloc(sizeof(struct fskey_dev), GFP_KERNEL);
        if (!fskey)
                return -ENOMEM;

        platform_set_drvdata(pdev, fskey);

        for (index = 0; index < MAX_KEYS_NUM; index++) {
                ret = of_get_gpio(pdev->dev.of_node, index);
                if (ret < 0)
                        break;
                else
                        fskey->gpio[index] = ret;
        }

        if (!index)
                goto gpio_err;
        else
                fskey->count = index;

        for (index = 0; index < fskey->count; index++) {
                ret = gpio_request(fskey->gpio[index], "KEY");
                if (ret)
                        goto req_err;

                gpio_direction_input(fskey->gpio[index]);
                fskey->keycode[index] = KEY_2 + index;
                fskey->kstate[index] = 1;
        }

        fskey->polldev = input_allocate_polled_device();
        if (!fskey->polldev) {
                ret = -ENOMEM;
                goto req_err;
        }

```

```
        fskey->polldev->private = fskey;
        fskey->polldev->poll = fskey_poll;
        fskey->polldev->poll_interval = SCAN_INTERVAL;

        fskey->polldev->input->name = "FS4412 Keyboard";
        fskey->polldev->input->phys = "fskbd/input0";
        fskey->polldev->input->id.bustype = BUS_HOST;
        fskey->polldev->input->id.vendor = 0x0001;
        fskey->polldev->input->id.product = 0x0001;
        fskey->polldev->input->id.version = 0x0100;
        fskey->polldev->input->dev.parent = &pdev->dev;

        fskey->polldev->input->evbit[0] = BIT_MASK(EV_KEY) | BIT_MASK(EV_REP);
        fskey->polldev->input->keycode = fskey->keycode;
        fskey->polldev->input->keycodesize = sizeof(unsigned char);
        fskey->polldev->input->keycodemax = index;

        for (index = 0; index < fskey->count; index++)
                __set_bit(fskey->keycode[index], fskey->polldev->input->keybit);
        __clear_bit(KEY_RESERVED, fskey->polldev->input->keybit);

        ret = input_register_polled_device(fskey->polldev);
        if (ret)
                goto reg_err;

        return 0;

reg_err:
        input_free_polled_device(fskey->polldev);
req_err:
        for (index--; index >= 0; index--)
                gpio_free(fskey->gpio[index]);
gpio_err:
        kfree(fskey);
        return ret;
}

static int fskey_remove(struct platform_device *pdev)
{
        unsigned int index;
        struct fskey_dev *fskey = platform_get_drvdata(pdev);

        input_unregister_polled_device(fskey->polldev);
        input_free_polled_device(fskey->polldev);
        for (index = 0; index < fskey->count; index++)
                gpio_free(fskey->gpio[index]);
        kfree(fskey);

        return 0;
}

static const struct of_device_id fskey_of_matches[] = {
        { .compatible = "fs4412,fskey", },
        { /* sentinel */ }
```

```
151 };
152 MODULE_DEVICE_TABLE(of, fskey_of_matches);
153
154 struct platform_driver fskey_drv = {
155         .driver = {
156                 .name    = "fskey",
157                 .owner   = THIS_MODULE,
158                 .of_match_table = of_match_ptr(fskey_of_matches),
159         },
160         .probe   = fskey_probe,
161         .remove  = fskey_remove,
162 };
163
164 module_platform_driver(fskey_drv);
165
166 MODULE_LICENSE("GPL");
167 MODULE_AUTHOR("Kevin Jiang <jiangxg@farsight.com.cn>");
168 MODULE_DESCRIPTION("A simple device driver for Keys on FS4412 board");
```

代码第 20 行至第 27 行定义了一个结构类型 struct fskey_dev，count 成员表示共有多少个按键；kstate 用于记录按键的上一次状态；kcount 用来记录已经连续多少次采样得到同样的状态，用于消抖；keycode 是报告给上层的按键编码；gpio 用来记录 GPIO 编号；polldev 是一个 polldev 输入设备，特指通过轮询来得到输入设备的输入数据的设备，相当于 struct input_dev 的子类，主要是多了一个 poll 函数来轮询输入设备。

代码第 62 行动态分配了上面所说的结构对象。第 68 行至第 79 行用于获取设备树中描述的 GPIO 对应的编号，并得到了总的 GPIO 管脚数量。第 81 行至第 89 行则分别申请了这些 GPIO 的使用权，并都配置为输入，还将按键编码设置为数字键 2 及之后顺序的值，状态为 1，表示按键是松开的。

代码第 91 行动态分配了一个 struct input_polled_dev 结构对象。第 97 行将 fskey 保存在 private 成员中，方便之后的函数通过 struct input_polled_dev 结构对象来获取 fskey。第 98 行指定了轮询的函数 fskey_poll，在这个函数中将会检测按键的状态并上报键值。poll_interval 是轮询的间隔，这里指定为 50ms。第 101 行至第 107 行是对输入设备结构对象的初始化，包括名字、路径和 ID。第 109 行指定该输入设备能够报告 EV_KEY 时间，并且 EV_REP 说明驱动支持长按键的检测。keycode、keycodesize 和 keycodemax 则是与按键编码表相关的初始化。第 114 行至第 116 行设置了输入设备能够报告的按键编码，回忆前面的 keybit 的描述。KEY_RESERVED 是编号为 0 的键，使用__clear_bit 清除，则表示不报告该键。代码第 118 行注册了该输入设备。

在 fskey_poll 函数中，使用了前面介绍的算法来进行消抖，每次采样的间隔设置为 20μs。当连续 3 次采样的状态都一致时则使用 input_report_key 报告键值，然后继续对下一个按键进行扫描。最后使用 input_sync 来同步，即把之前报告的键值同步到上层。另外，报告的键值!kstate 表示按键是被按下还是被释放。

要编译该驱动，必须要确保内核支持了轮询的输入设备，使用 make ARCH=arm menuconfig 命令，在配置界面中做如下配置。

```
Device Drivers  --->
    Input device support  --->
        <*>  Polled input device skeleton
```

保存好配置后，按照前面的方法重新编译内核，并将以前的设备树节点修改如下。

```
    keys {
        compatible = "fs4412,fskey";
        gpios = <&gpx1 1 0 &gpx1 2 0>;
    };
```

需要特别注意的是，在 arch/arm/boot/dts/exynos4412-fs4412.dts 设备树文件中，上面的两个 GPIO 已经在另外的节点中用到了，但是实际的硬件却没有用作其他节点中定义的功能，所以要保证我们的驱动能成功申请到 GPIO，必须要把那些节点修改好或删除。这里选择删除，涉及的节点有 regulators、pinctrl@11000000 和 keypad@100A0000。修改好设备树源文件后，按照前面的方法进行编译。最后将新生成的文件复制到 TFTP 服务器指定的目录。

测试用的应用层代码如下，因为代码很简单，这里不再进行说明。

```
#include <stdio.h>
#include <stdlib.h>
#include <unistd.h>
#include <errno.h>
#include <fcntl.h>
#include <string.h>

#include <sys/stat.h>
#include <sys/types.h>

#include <linux/input.h>


#define KEY_DEV_PATH "/dev/input/event0"

int fs4412_get_key(void)
{
        int fd;
        struct input_event event;

        fd = open(KEY_DEV_PATH, O_RDONLY);
        if(fd == -1) {
                perror("fskey->open");
                return -1;
        }

        while (1) {
                if(read(fd, &event, sizeof(event)) == sizeof(event)) {
                        if (event.type == EV_KEY && event.value == 1) {
                                close(fd);
                                return event.code;
                        } else
```

```
                                continue;
                } else {
                        close(fd);
                        fprintf(stderr, "fskey->read: read failed\n");
                        return -1;
                }
        }
}

int main(int argc, char *argv[])
{
        while (1)
                printf("key value: %d\n", fs4412_get_key());
}
```

使用下面的命令进行编译和测试。

```
# make ARCH=arm
# make ARCH=arm modules_install
# arm-none-linux-gnueabi-gcc -o test test.c
# cp test /var/lib/tftpboot/
[root@fs4412 ~]# depmod
[root@fs4412 ~]# modprobe fskey
[   18.015000] input: FS4412 Keyboard as /devices/keys.1/input/input0
[root@fs4412 ~]# ./test
key value: 3
key value: 4
key value: 4
key value: 3
```

按下按键，没有了之前的抖动。

9.4 ADC 驱动

ADC 是将模拟信号转换为数字信号的转换器，在 Exynos4412 上有一个 ADC，其主要的特性如下。

（1）量程为 0~1.8V。

（2）精度有 10bit 和 12bit 可选。

（3）采样时钟最高为 5MHz，转换速率最高为 1MSPS。

（4）具有四路模拟输入，同一时刻只有一路进行转换。

（5）转换完成后可以产生中断。

主要的寄存器及各比特位的含义见表 9.1～表 9.4。

表 9.1　ADCCON 寄存器

名　字	比特位	类　型	描　述
RES	[16]	读写	精度选择 0：10 比特 1：12 比特
ECFLAG	[16]	只读	转换结束标志 0：正在转换 1：转换结束
PRSCEN	[16]	读写	预分频使能 0：禁止预分频 1：使能预分频
PRSCVL	[13:6]	读写	ADC 转换器时钟预分频值，范围为 19~255，实际分频值为该值加 1。转换器的输入时钟不得高于 5MHz，如果 APB 总线的时钟频率为 100MHz，那么预分频值不能小于 19
STANDBY	[2]	读写	待机模式选择 0：正常模式 1：待机模式
READ_ START	[1]	读写	读转换启动 0：禁止读 ADC 转换值启动下一次 ADC 转换 1：使能读 ADC 转换值启动下一次 ADC 转换
ENABLE_START	[0]	读写	启动/停止 0：启动 ADC 转换 1：停止 ADC 转换 如果 READ_ START 为 1，该位无效

表 9.2　ADCDAT 寄存器

名　字	比特位	类　型	描　述
DATA	[11:0]	只读	ADC 转换结果值

表 9.3　CLRINTADC 寄存器

名　字	比特位	类　型	描　述
INTADCCLR	[0]	只写	写任意值清除中断

表 9.4　ADCMUX 寄存器

名　字	比特位	类　型	描　述
SEL_MUX	[3:0]	读写	ADC 输入通道选择 0000 = AIN 0 0001 = AIN 1 0010 = AIN 2 0011 = AIN 3

根据上面的寄存器描述，我们大致可以设计出这个 ADC 驱动实现的主要步骤。

（1）初始化 ADC，包括选择精度、设置分频值、设置 ADC 为正常工作模式、设置转换启动方式。

（2）注册 ADC 中断处理函数。

（3）在上层需要 ADC 数据时，选择好 ADC 通道，启动转换，然后等待一个完成量。

（4）转换结束后产生中断，在中断处理函数中获取转换结果值，向 CLRINTADC 寄存器写任意值清除中断，然后唤醒等待完成量的进程。

（5）进程被唤醒，返回转换结果值给上层。

接下来就是要编写 ADC 的设备树节点，代码如下。

```
adc@126C0000 {
        compatible = "fs4412,fsadc";
        reg = <0x126C0000 32>;
        interrupt-parent = <&combiner>;
        interrupts = <10 3>;
};
```

reg 属性可以查阅芯片手册得到其寄存器地址。在这里比较麻烦的是中断属性的设置。在 Exynos4412 中有的中断是直接接入 GIC 中断控制器的，有的中断则是先通过中断组合器（Combiner）将多个中断复合后再接入 GIC 中断控制器的，连接图如图 9.6 所示。

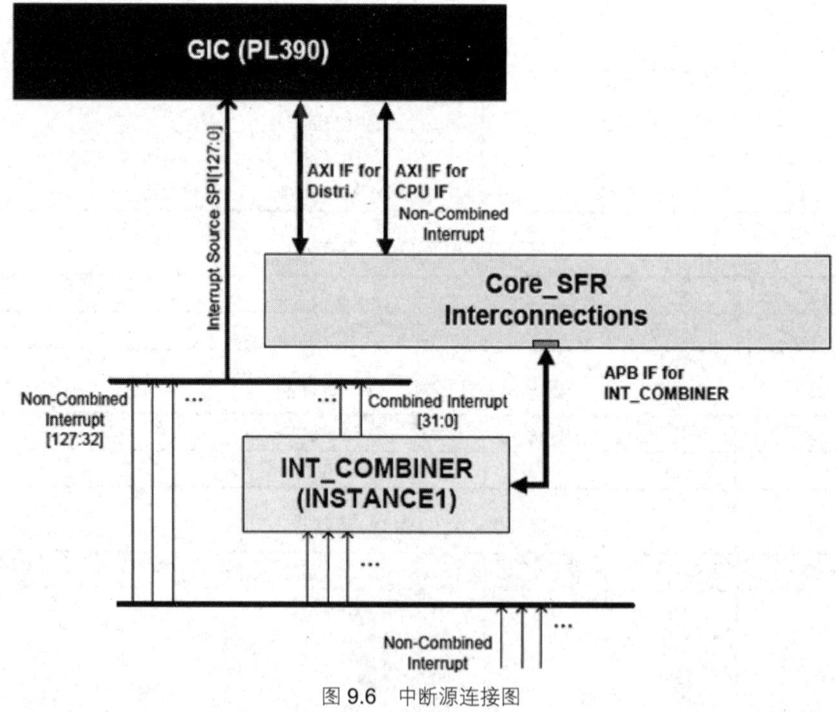

图 9.6　中断源连接图

而 ADC 中断属于 INTG10 这一组中断，手册上的描述如图 9.7 所示。

INTG10	DMC1/DMC0/MIU/L2CACHE	[7]	DMC1_PPC_PEREV_M	DMC1
		[6]	DMC1_PPC_PEREV_A	
		[5]	DMC0_PPC_PEREV_M	DMC0
		[4]	DMC0_PPC_PEREV_A	
		[3]	ADC	General ADC
		[2]	L2CACHE	L2 Cache
		[1]	RP_TIMER	RP
		[0]	GPIO_AUDIO	Audio_SS

图 9.7　ADC 中断所属组

这一组共用一根中断线，中断号如图 9.8 所示。

10	42	IntG10_7	DMC1_PPC_PEREV_M	DMC1
		IntG10_6	DMC1_PPC_PEREV_A	DMC1
		IntG10_5	DMC0_PPC_PEREV_M	DMC0
		IntG10_4	DMC0_PPC_PEREV_A	DMC0
		IntG10_3	ADC	General ADC

图 9.8　ADC 中断号

查阅 Documentation/devicetree/bindings/arm/samsung/interrupt-combiner.txt 内核文档可知：对于这种中断的描述，combiner 是其父中断控制器，所以，interrupt-parent 的值为 <&combiner>。interrupts 属性的第一个 cell 是中断在组合器中的组号，第二个 cell 是中断在该组中的序号。

在 FS4412 目标板上有一个电位器的抽头接在了 AIN3 通道上，原理图如图 9.9 所示。

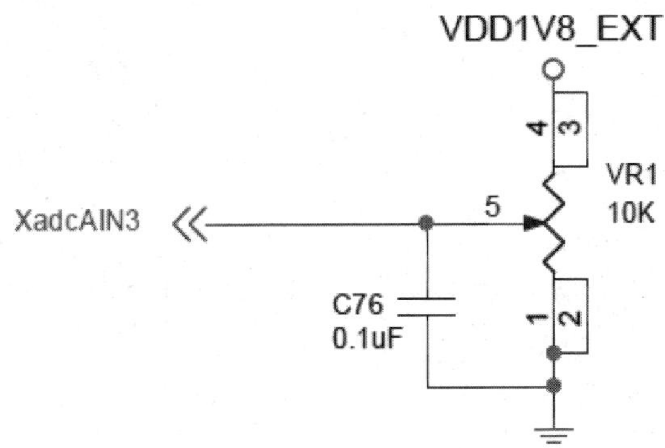

图 9.9　ADC 电路图

接下来就是驱动的实现，主要代码如下（完整的代码请参见“下载资源/程序源码/examples/ex4”）。

```
……
#include "fsadc.h"

#define FSADC_MAJOR     256
```

```
#define FSADC_MINOR     0
#define FSADC_DEV_NAME  "fsadc"

struct fsadc_dev {
        unsigned int __iomem *adccon;
        unsigned int __iomem *adcdat;
        unsigned int __iomem *clrint;
        unsigned int __iomem *adcmux;

        unsigned int adcval;
        struct completion completion;
        atomic_t available;
        unsigned int irq;
        struct cdev cdev;
};

static int fsadc_open(struct inode *inode, struct file *filp)
{
        struct fsadc_dev *fsadc = container_of(inode->i_cdev, struct fsadc_dev, cdev);

        filp->private_data = fsadc;
        if (atomic_dec_and_test(&fsadc->available))
                return 0;
        else {
                atomic_inc(&fsadc->available);
                return -EBUSY;
        }
}

static int fsadc_release(struct inode *inode, struct file *filp)
{
        struct fsadc_dev *fsadc = filp->private_data;

        atomic_inc(&fsadc->available);
        return 0;
}

static long fsadc_ioctl(struct file *filp, unsigned int cmd, unsigned long arg)
{
        struct fsadc_dev *fsadc = filp->private_data;
        union chan_val cv;

        if (_IOC_TYPE(cmd) != FSADC_MAGIC)
                return -ENOTTY;

        switch (cmd) {
        case FSADC_GET_VAL:
                if (copy_from_user(&cv, (union chan_val __user *)arg, sizeof(union chan_val)))
                        return -EFAULT;
                if (cv.chan > AIN3)
                        return -ENOTTY;
```

```
		writel(cv.chan, fsadc->adcmux);
		writel(readl(fsadc->adccon) | 1, fsadc->adccon);
		if (wait_for_completion_interruptible(&fsadc->completion))
			return -ERESTARTSYS;
		cv.val = fsadc->adcval & 0xFFF;
		if (copy_to_user( (union chan_val __user *)arg, &cv, sizeof(union chan_val)))
			return -EFAULT;
		break;
	default:
		return -ENOTTY;
	}

	return 0;
}

static irqreturn_t fsadc_isr(int irq, void *dev_id)
{
	struct fsadc_dev *fsadc = dev_id;

	fsadc->adcval = readl(fsadc->adcdat);
	writel(1, fsadc->clrint);
	complete(&fsadc->completion);

	return IRQ_HANDLED;
}

static struct file_operations fsadc_ops = {
	.owner = THIS_MODULE,
	.open = fsadc_open,
	.release = fsadc_release,
	.unlocked_ioctl = fsadc_ioctl,
};

static int fsadc_probe(struct platform_device *pdev)
{
	int ret;
	dev_t dev;
	struct fsadc_dev *fsadc;
	struct resource *res;

	dev = MKDEV(FSADC_MAJOR, FSADC_MINOR);
	ret = register_chrdev_region(dev, 1, FSADC_DEV_NAME);
	if (ret)
		goto reg_err;

	fsadc = kzalloc(sizeof(struct fsadc_dev), GFP_KERNEL);
	if (!fsadc) {
		ret = -ENOMEM;
		goto mem_err;
	}
	platform_set_drvdata(pdev, fsadc);

```

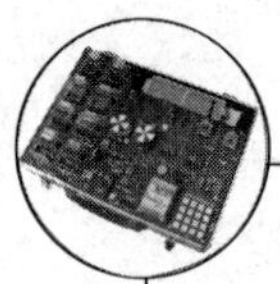


```
        cdev_init(&fsadc->cdev, &fsadc_ops);
        fsadc->cdev.owner = THIS_MODULE;
        ret = cdev_add(&fsadc->cdev, dev, 1);
        if (ret)
                goto add_err;

        res = platform_get_resource(pdev, IORESOURCE_MEM, 0);
        if (!res) {
                ret = -ENOENT;
                goto res_err;
        }

        fsadc->adccon = ioremap(res->start, resource_size(res));
        if (!fsadc->adccon) {
                ret = -EBUSY;
                goto map_err;
        }
        fsadc->adcdat = fsadc->adccon + 3;
        fsadc->clrint = fsadc->adccon + 6;
        fsadc->adcmux = fsadc->adccon + 7;

        fsadc->irq = platform_get_irq(pdev, 0);
        if (fsadc->irq < 0) {
                ret = fsadc->irq;
                goto irq_err;
        }

        ret = request_irq(fsadc->irq, fsadc_isr, 0, "adc", fsadc);
        if (ret)
                goto irq_err;

        writel((1 << 16) | (1 << 14) | (19 << 6), fsadc->adccon);

        init_completion(&fsadc->completion);
        atomic_set(&fsadc->available, 1);

        return 0;
irq_err:
        iounmap(fsadc->adccon);
map_err:
res_err:
        cdev_del(&fsadc->cdev);
add_err:
        kfree(fsadc);
mem_err:
        unregister_chrdev_region(dev, 1);
reg_err:
        return ret;
}

static int fsadc_remove(struct platform_device *pdev)
{
        dev_t dev;
```

```
178         struct fsadc_dev *fsadc = platform_get_drvdata(pdev);
179
180         dev = MKDEV(FSADC_MAJOR, FSADC_MINOR);
181
182         writel((readl(fsadc->adccon) & ~(1 << 16)) | (1 << 2), fsadc->adccon);
183         free_irq(fsadc->irq, fsadc);
184         iounmap(fsadc->adccon);
185         cdev_del(&fsadc->cdev);
186         kfree(fsadc);
187         unregister_chrdev_region(dev, 1);
188         return 0;
189 }
190
191 static const struct of_device_id fsadc_of_matches[] = {
192         { .compatible = "fs4412,fsadc", },
193         { /* sentinel */ }
194 };
195 MODULE_DEVICE_TABLE(of, fsadc_of_matches);
......
```

代码第 26 行至第 29 行是各寄存器的指针。代码第 32 行是用于保存采样（转换）结果的变量。代码第 32 行是用于同步采样结束的完成量。

在 fsadc_probe 函数中，与字符设备相关的代码和前面基本一样，接下来就是资源的获取、I/O 内存的映射、中断的获取和中断处理函数的注册。然后就是初始化 ADC，将 ADCCON 寄存器的第 16 位和第 14 位置 1，表示采样精度为 12 位，使能预分频。并且预分配值设为 19，即为 20 分频，这是因为在 U-Boot 中，我们将 APB 的时钟设为了 100MHz。最后没有设置读启动位，也就意味着，采样的启动是靠 ADCCON 寄存器的比特 0 来控制的。

fsadc_ioctl 函数是处理采样的关键函数，这里用到了自定义的一个联合体 union chan_val，它的定义如下。

```
union chan_val {
        unsigned int chan;
        unsigned int val;
};
```

有两个成员分别是 chan 和 val。命令 FSADC_GET_VAL 是读写类型的，在应用层往驱动层的传递过程中传递的是要使用的 ADC 通道 chan，在驱动层往应用层传递的过程中传递的是得到的采样值 val。代码第 69 行至第 72 行先从应用层得到通道号，然后代码第 73 行将通道号写入到 ADCMUX 寄存器中，接下来将 ADCCON 寄存器的比特 0 置 1，启动采样，最后就调用 wait_for_completion_interruptible 来等待完成量。当采样完成时，中断处理函数自动被调用，代码第 92 行先读取了转换结果值寄存器 ADCDAT，然后将 1 写入 CLRINT 寄存器中，清除中断，最后唤醒等待完成量的进程。进程被唤醒后，代码第 77 行和第 78 行得到采样值，并返回给上层。

测试代码如下。

```
……
int main(int argc, char *argv[])
{
        int fd;
        int ret;
        union chan_val cv;

        fd = open("/dev/adc", O_RDWR);
        if (fd == -1)
                goto fail;

        while (1) {
                cv.chan = 3;
                ret = ioctl(fd, FSADC_GET_VAL, &cv);
                if (ret == -1)
                        goto fail;
                printf("current volatage is: %.2fV\n", 1.8 * cv.val / 4095.0);
                sleep(1);
        }
fail:
        perror("adc test");
        exit(EXIT_FAILURE);
}
```

将数字值转换为对应的模拟值使用了下面的表达式。

```
1.8 * cv.val / 4095.0
```

1.8 是满量程的电压，4095.0 是满量程时对应的数字值（因为是 12 位），cv.val 是采样得到的数字，用 1.8 乘以采样值和满量程数字值之比就能得到当前的电压。

编译和测试的命令如下，旋转电位器旋钮可以看到电压变化。

```
# make ARCH=arm
# make ARCH=arm modules_install
# arm-none-linux-gnueabi-gcc -o test test.c
# cp test /var/lib/tftpboot/
[root@fs4412 ~]# depmod
[root@fs4412 ~]# modprobe fsadc
[root@fs4412 ~]# mknod /dev/adc c 256 6
[root@fs4412 ~]# ./test
current volatage is: 0.53V
current volatage is: 0.52V
current volatage is: 0.53V
current volatage is: 0.00V
current volatage is: 0.89V
current volatage is: 1.80V
current volatage is: 1.80V
```

9.5 PWM 驱动

PWM（Pulse Width Modulation，脉宽调制器），顾名思义就是一个输出脉冲宽度可以调整的硬件器件，其实它不仅脉冲宽度可调，频率也可以调整。它的核心部件是一个硬件定时器，其工作原理可以用图 9.10 来说明。

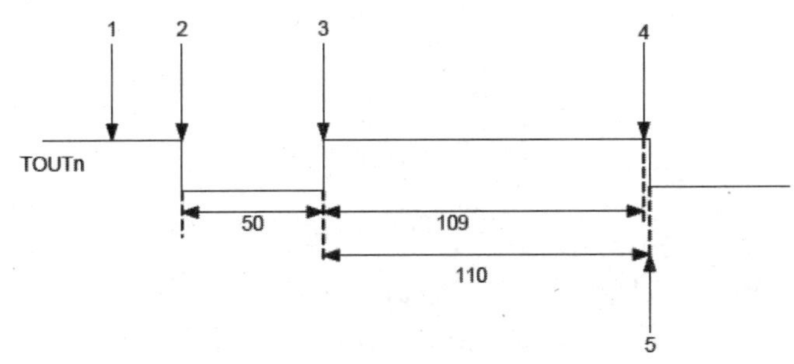

图 9.10　PWM 工作原理

PWM 管脚默认输出高电平，在图 9.10 中的时刻 1 将计数值设为 109，比较值设为 109，在时刻 2 启动定时器，PWM 立即输出低电平，在时钟的作用下，计数器开始做减法计数，当计数值减到和比较值一致时（时刻 3），输出翻转，之后一直输出高电平。当计数到达 0 后（时刻 4），再完成一次计数，在时刻 5 重新从 109 开始计数，输出再次变成低电平，如此周而复始就形成一个矩形波。波形的周期由计数值决定，占空比由比较值决定。在图 9.10 中，占空比为 110/160，如果用于计数的时钟频率为 freq，那么波形的频率就为 freq/160。

FS4412 使用了其中一路 PWM 输出（PWM0，对应管脚是 GPD0.0）接蜂鸣器，其电路原理图如图 9.11 所示。

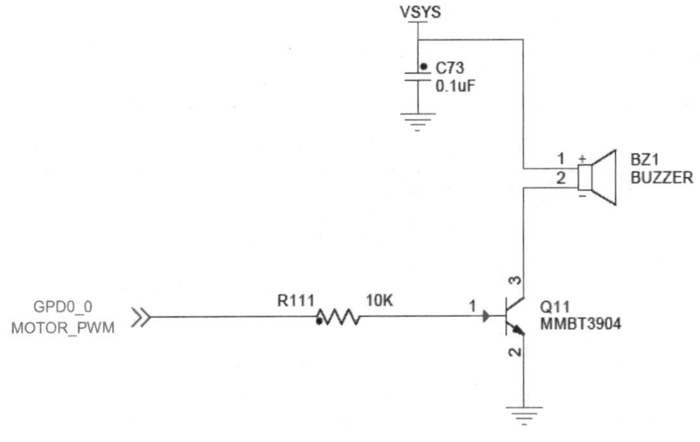

图 9.11　PWM 电路图

PWM0 的内部结构如图 9.12 所示。

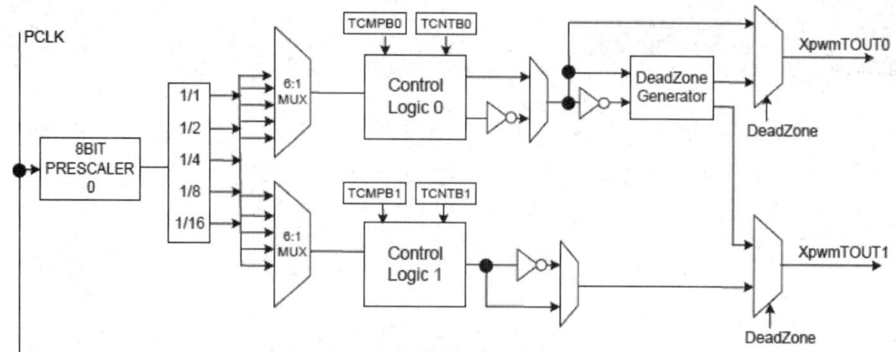

图 9.12　PWM0 内部结构图

PWM 的输入时钟是 PCLK，经过 8 位的预分频后再经过第二次分频的时钟最终给到 PWM0 所对应的计数器 0。TCNTB0 是计数值寄存器，用于控制 PWM 输出波形的频率，TCMPB0 是比较寄存器，用于控制 PWM 输出波形的占空比，其输出还可以选择是否反向，是否有死区控制等（关于死区本书不做介绍）。

接下来以 PWM0 为例，来讨论 PWM 的各寄存器（重点关注相关位），见表 9.5～表 9.9。

表 9.5　TCFG0 寄存器

名　字	比特位	类型	描　述
Prescaler 0	[7:0]	读写	定时器 0 和定时器 1 的预分频值，实际值还要加 1

表 9.6　TCFG1 寄存器

名　字	比特位	类型	描　述
Divider MUX0	[3:0]	读写	定时器 0 二级分配选择 0000 = 1/1 0001 = 1/2 0010 = 1/4 0011 = 1/8 0100 = 1/16

表 9.7　TCON 寄存器

名　字	比特位	类型	描　述
Timer 0 auto reload on/off	[3]	读写	定时器 0 自动重装模式使能 0：单次触发模式 1：自动重装模式
Timer 0 output　inverter on/off	[2]	读写	定时器 0 输出反向使能 0：输出不反向 1：输出反向

续表

名　字	比特位	类型	描　述
Timer 0 manual update	[1]	读写	定时器 0 计数值手动更新 0：无操作 1：更新计数值
Timer 0 start/stop	[0]	读写	定时器 0 启停控制 0：停止 1：启动

表 9.8　TCNTB0 寄存器

名　字	比特位	类型	描　述
Timer 0 count buffer	[31:0]	读写	定时器 0 计数值

表 9.9　TCMPB0 寄存器

名　字	比特位	类型	描　述
Timer 0 compare buffer	[31:0]	读写	定时器 0 比较值

TCON 寄存器的比特 1 比较特殊，当要手动更新 TCNTB0 或 TCMPB0 的值时，先将对应的值写入寄存器，然后将 TCON 寄存器的比特 1 先置 1 再清 0，这样新的值才会生效。

设备树节点的源码如下。

```
beep@139D0000 {
        compatible = "fs4412,fspwm";
        reg = <0x139D0000 0x24>;
        clocks = <&clock 336>;
        clock-names = "timers";
        pinctrl-0 = <&pwm0_out>;
        pinctrl-names = "default";
};
```

因为 PWM 使用到了一个时钟，在这里的 clocks 属性指定了 PWM 所使用的时钟，clock-names 属性则给该时钟取了一个名字叫 timers，方便在驱动中获取该时钟。时钟的编号可以查看 Documentation/devicetree/bindings/clock/exynos4-clock.txt 内核文档。pinctrl-0 属性则描述了 PWM 使用的 GPIO 管脚，它指定管脚是 pwm0_out，相应的设备树节点定义在 arch/arm/boot/dts/exynos4x12-pinctrl.dtsi，内容如下。

```
pwm0_out: pwm0-out {
        samsung,pins = "gpd0-0";
        samsung,pin-function = <2>;
        samsung,pin-pud = <0>;
        samsung,pin-drv = <0>;
};
```

有了这个节点的定义后，我们在驱动中可以利用 pinctrl 子系统的 API 接口函数快捷地将对应管脚设置为想要的配置方式（本书不详细讨论 pinctrl 子系统，但最常用的一个 API 将会在后面说明）。上面的节点表示将 GPD0.0 管脚配置为功能 2，即 PWM0 的输出

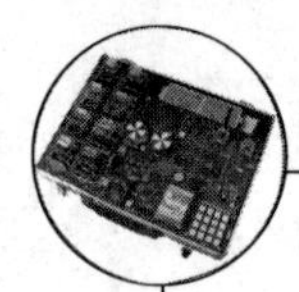

不上拉，驱动强度为最低级别。pinctrl-names 属性是给管脚命名，方便在驱动中获取。

下面就是时钟子系统和 pinctrl 子系统中最常用的函数。

```
struct clk *clk_get(struct device *dev, const char *id);
void clk_put(struct clk *clk);

unsigned long clk_get_rate(struct clk *clk);
int clk_set_rate(struct clk *clk, unsigned long rate);

int clk_prepare_enable(struct clk *clk);
void clk_disable_unprepare(struct clk *clk);

struct pinctrl * devm_pinctrl_get_select_default(struct device *dev);
```

clk_get：从 dev 中的设备节点中获取名字为 id 的时钟，返回 struct clk 结构对象地址，用 IS_ERR 宏判断是否错误，用 PTR_ERR 返回错误代码。

clk_put：释放 clk。

clk_get_rate：获取时钟 clk 的频率。

clk_set_rate：设置时钟 clk 的频率。

clk_prepare_enable：使能时钟。

clk_disable_unprepare：禁止时钟。

devm_pinctrl_get_select_default：从 dev 中的设备节点中获取 pinctrl 管脚，并进行指定的配置。

有了上面的基础之后，就可以编写相应的驱动代码了。下面的驱动用于驱动蜂鸣器发声，所以应用层应该能够启动 PWM、停止 PWM、设置 PWM 输出波形的频率，占空比恒定为 50%。关于频率的设置可以利用下面的公式：

```
out_freq = PCLK / (Prescaler0 + 1) / Divider MUX0 / (TCNTB0 + 1)
```

主要的代码如下（完整的代码请参见“下载资源/程序源码/examples/ex5”）。

```
......
#include "fspwm.h"

#define FSPWM_MAJOR      256
#define FSPWM_MINOR      7
#define FSPWM_DEV_NAME   "fspwm"

struct fspwm_dev {
        unsigned int __iomem *tcfg0;
        unsigned int __iomem *tcfg1;
        unsigned int __iomem *tcon;
        unsigned int __iomem *tcntb0;
        unsigned int __iomem *tcmpb0;
        unsigned int __iomem *tcnto0;
        struct clk *clk;
        unsigned long freq;
        struct pinctrl  *pctrl;
        atomic_t available;
```

```
        struct cdev cdev;
};

......
static long fspwm_ioctl(struct file *filp, unsigned int cmd, unsigned long arg)
{
        struct fspwm_dev *fspwm = filp->private_data;
        unsigned int div;

        if (_IOC_TYPE(cmd) != FSPWM_MAGIC)
                return -ENOTTY;

        switch (cmd) {
        case FSPWM_START:
                writel(readl(fspwm->tcon) | 0x1, fspwm->tcon);
                break;
        case FSPWM_STOP:
                writel(readl(fspwm->tcon) & ~0x1, fspwm->tcon);
                break;
        case FSPWM_SET_FREQ:
                if (arg > fspwm->freq || arg == 0)
                        return -ENOTTY;
                div = fspwm->freq / arg - 1;
                writel(div, fspwm->tcntb0);
                writel(div / 2, fspwm->tcmpb0);
                writel(readl(fspwm->tcon) | 0x2, fspwm->tcon);
                writel(readl(fspwm->tcon) & ~0x2, fspwm->tcon);
                break;
        default:
                return -ENOTTY;
        }

        return 0;
}

static struct file_operations fspwm_ops = {
        .owner = THIS_MODULE,
        .open = fspwm_open,
        .release = fspwm_release,
        .unlocked_ioctl = fspwm_ioctl,
};

static int fspwm_probe(struct platform_device *pdev)
{
        int ret;
        dev_t dev;
        struct fspwm_dev *fspwm;
        struct resource *res;
        unsigned int prescaler0;

        dev = MKDEV(FSPWM_MAJOR, FSPWM_MINOR);
        ret = register_chrdev_region(dev, 1, FSPWM_DEV_NAME);
        if (ret)
```

```
                goto reg_err;

        fspwm = kzalloc(sizeof(struct fspwm_dev), GFP_KERNEL);
        if (!fspwm) {
                ret = -ENOMEM;
                goto mem_err;
        }
        platform_set_drvdata(pdev, fspwm);

        cdev_init(&fspwm->cdev, &fspwm_ops);
        fspwm->cdev.owner = THIS_MODULE;
        ret = cdev_add(&fspwm->cdev, dev, 1);
        if (ret)
                goto add_err;

        res = platform_get_resource(pdev, IORESOURCE_MEM, 0);
        if (!res) {
                ret = -ENOENT;
                goto res_err;
        }

        fspwm->tcfg0 = ioremap(res->start, resource_size(res));
        if (!fspwm->tcfg0) {
                ret = -EBUSY;
                goto map_err;
        }
        fspwm->tcfg1  = fspwm->tcfg0 + 1;
        fspwm->tcon   = fspwm->tcfg0 + 2;
        fspwm->tcntb0 = fspwm->tcfg0 + 3;
        fspwm->tcmpb0 = fspwm->tcfg0 + 4;
        fspwm->tcnto0 = fspwm->tcfg0 + 5;

        fspwm->clk = clk_get(&pdev->dev, "timers");
        if (IS_ERR(fspwm->clk)) {
                ret =  PTR_ERR(fspwm->clk);
                goto get_clk_err;
        }

        ret = clk_prepare_enable(fspwm->clk);
        if (ret < 0)
                goto enable_clk_err;
        fspwm->freq = clk_get_rate(fspwm->clk);

        prescaler0 = readl(fspwm->tcfg0) & 0xFF;
        writel((readl(fspwm->tcfg1) & ~0xF) | 0x4, fspwm->tcfg1);   /* 1/16 */
        fspwm->freq /= (prescaler0 + 1) * 16;                        /* 3125000 */
        writel((readl(fspwm->tcon) & ~0xF) | 0x8, fspwm->tcon); /* auto-reload */

        fspwm->pctrl = devm_pinctrl_get_select_default(&pdev->dev);

        atomic_set(&fspwm->available, 1);

        return 0;
```

```
163
164 enable_clk_err:
165         clk_put(fspwm->clk);
166 get_clk_err:
167         iounmap(fspwm->tcfg0);
168 map_err:
169 res_err:
170         cdev_del(&fspwm->cdev);
171 add_err:
172         kfree(fspwm);
173 mem_err:
174         unregister_chrdev_region(dev, 1);
175 reg_err:
176         return ret;
177 }
178
179 static int fspwm_remove(struct platform_device *pdev)
180 {
181         dev_t dev;
182         struct fspwm_dev *fspwm = platform_get_drvdata(pdev);
183
184         dev = MKDEV(FSPWM_MAJOR, FSPWM_MINOR);
185
186         clk_disable_unprepare(fspwm->clk);
187         clk_put(fspwm->clk);
188         iounmap(fspwm->tcfg0);
189         cdev_del(&fspwm->cdev);
190         kfree(fspwm);
191         unregister_chrdev_region(dev, 1);
192         return 0;
193 }
......
```

代码第 27 行至第 32 行是对应的寄存器虚拟地址成员变量。代码第 33 行是获得的 PCLK 时钟对象指针。代码第 34 行是计算后得到的送入定时器 0 的时钟频率。代码第 35 行是 PWM 输出管脚所对应的 pinctrl 对象指针。

在 fspwm_probe 函数中，和前面一样也是注册字符设备、获取 I/O 资源并进行映射等操作。代码第 142 行至第 151 行是获取 PCLK 时钟，然后使能和获取频率的代码。代码第 153 行获得了预分频值。代码第 154 行将二级分频设置为 16，代码第 155 行则计算得到了输入到定时器 0 的时钟频率。代码第 156 行将定时器设置为自动重装模式，用于持续输出 PWM 波形。代码第 158 行将 GPD0.0 管脚设置为 PWM0 的输出。

在 fspwm_ioctl 函数中，FSPWM_START 是启动 PWM 的命令，将 TCON 的比特 0 置 1 即可。FSPWM_STOP 是停止 PWM 的命令，将 TCON 的比特 0 清 0 即可。FSPWM_SET_FREQ 是设置频率的命令，首先判断了要设置的频率是否超过了范围和是否合法，接下来根据前面的公式计算出了计数值，然后设置了 TCNTB0 和 TCMPB0，最后根据前面的描述操作 TCON 的比特 1 更新新的计数值和比较值。

测试的应用层头文件代码如下。

```
#ifndef _MUSIC_H
#define _MUSIC_H

typedef struct
{
        int pitch;
        int dimation;
} note;

// 1         2          3          4          5          6      7
// C         D          E          F          G          A      B
// 261.6256  293.6648   329.6276   349.2282   391.9954   440    493.8833

// C调
#define DO      262
#define RE      294
#define MI      330
#define FA      349
#define SOL     392
#define LA      440
#define SI      494

#define BEAT    (60000000 / 120)

const note HappyNewYear[] = {
        {DO,   BEAT/2}, {DO,   BEAT/2}, {DO,   BEAT}, {SOL/2, BEAT},
        {MI,   BEAT/2}, {MI,   BEAT/2}, {MI,   BEAT}, {DO,    BEAT},
        {DO,   BEAT/2}, {MI,   BEAT/2}, {SOL,  BEAT}, {SOL,   BEAT},
        {FA,   BEAT/2}, {MI,   BEAT/2}, {RE,   BEAT}, {RE,    BEAT},
        {RE,   BEAT/2}, {MI,   BEAT/2}, {FA,   BEAT}, {FA,    BEAT},
        {MI,   BEAT/2}, {RE,   BEAT/2}, {MI,   BEAT}, {DO,    BEAT},
        {DO,   BEAT/2}, {MI,   BEAT/2}, {RE,   BEAT}, {SOL/2, BEAT},
        {SI/2, BEAT/2}, {RE,   BEAT/2}, {DO,   BEAT}, {DO,    BEAT},
};

#endif
```

note 表示的是一个音符，pitch 表示音高，dimation 表示音符演奏的时间。HappyNewYear 是《新年好》歌曲的各音符表示。测试的应用层代码如下。

```
......
#include "fspwm.h"
#include "music.h"

#define ARRAY_SIZE(a)    (sizeof(a) / sizeof(a[0]))

int main(int argc, char *argv[])
{
        int i;
        int fd;
        int ret;
        unsigned int freq;

```

```
        fd = open("/dev/pwm", O_RDWR);
        if (fd == -1)
                goto fail;

        ret = ioctl(fd, FSPWM_START);
        if (ret == -1)
                goto fail;

        for (i = 0; i < ARRAY_SIZE(HappyNewYear); i++) {
                ret = ioctl(fd, FSPWM_SET_FREQ, HappyNewYear[i].pitch);
                if (ret == -1)
                        goto fail;
                usleep(HappyNewYear[i].dimation);
        }

        ret = ioctl(fd, FSPWM_STOP);
        if (ret == -1)
                goto fail;

        exit(EXIT_SUCCESS);
fail:
        perror("pwmtest");
        exit(EXIT_FAILURE);
}
```

代码中首先打开了设备，然后启动了 PWM 输出，在 for 循环中依次取出乐曲中的各个音符，然后设置频率，再延时指定的时间，这就完成了乐曲的演奏，最后停止了 PWM。

编译和测试的命令如下，如果工作正常会听到《新年好》的音乐声。

```
# make ARCH=arm
# make ARCH=arm modules_install
# arm-none-linux-gnueabi-gcc -o test test.c
# cp test /var/lib/tftpboot/
[root@fs4412 ~]# depmod
[root@fs4412 ~]# modprobe fspwm
[root@fs4412 ~]# mknod /dev/pwm c 256 7
[root@fs4412 ~]# ./test
```

9.6 RTC 驱动

RTC（Real Time Clock，实时时钟）用于产生年、月、日、时、分、秒的硬件器件。现在的计算机系统上几乎都包含了这个器件，有的 RTC 还带闹钟功能。它的工作原理也非常简单，就是将 1Hz 的时钟用于计数，按照不同的进制产生进位，从而生成上面的时间。

Exynos4412 上自带一个 RTC，带闹钟的功能，为了简单，我们省略对这部分内容的讨论，只关心和时间相关的寄存器，见表 9.10 和表 9.11。

表 9.10　RTCCON 寄存器

名　字	比特位	类　型	描　述
CTLEN	[0]	读写	RTC 控制使能 0：禁止改变时间 1：允许改变时间

表 9.11　BCDSEC 寄存器

名　字	比特位	类　型	描　述
SECDATA	[6:4]	读写	BCD 码的秒值，0~5
	[3:0]	读写	BCD 码的秒值，0~9

上面只列出了秒时间的寄存器，类似的还有分、天、月等。上面涉及一个 BCD 码，所谓的 BCD 码就是用十六进制来表示十进制，比如 0x59 就是十进制的 59。Linux 内核提供了两者之间相互转换的宏，bcd2bin 是将 BCD 码转换成一般的整形数，bin2bcd 则相反。

下面是 RTC 的设备树节点。

```
rtc@10070000 {
        compatible = "fs4412,fsrtc";
        reg = <0x10070000 0x100>;
        clocks = <&clock 346>;
        clock-names = "rtc";
        status = "okay";
};
```

时钟属性请参照 Documentation/devicetree/bindings/clock/exynos4-clock.txt 内核文档。status 属性设定为 okay，是因为该节点在 arch/arm/boot/dts/exynos4.dtsi 中已经定义过了，在那里 status 的值为 disabled，表示禁止，要使能该节点就需要将 status 属性改为 okay。

驱动的实现比较简单，在时间的设置方面，首先将 RTCCON 寄存器的比特 0 置 1，然后将时间值转换成 BCD 码再写入到相应的寄存器，最后将 RTCCON 寄存器的比特 0 清 0 即可。时间获取则读出寄存器的值，然后将 BCD 码转成一般的整数即可。关于时间定义了一个结构 struct rtc_time，请参见源码的头文件。关键的驱动代码如下（完整的代码请参见“下载资源/程序源码/examples/ex6”）。

```
static long fsrtc_ioctl(struct file *filp, unsigned int cmd, unsigned long arg)
{
        struct fsrtc_dev *fsrtc = filp->private_data;
        struct rtc_time time;

        if (_IOC_TYPE(cmd) != FSRTC_MAGIC)
                return -ENOTTY;

        switch (cmd) {
        case FSRTC_SET:
                if (copy_from_user(&time, (struct rtc_time __user *)arg, sizeof
```

```
(struct rtc_time)))
                    return -ENOTTY;
            writel(readl(fsrtc->rtccon) | 0x1, fsrtc->rtccon);

            writel(bin2bcd(time.tm_sec ),  fsrtc->bcdsec);
            writel(bin2bcd(time.tm_min ),  fsrtc->bcdmin);
            writel(bin2bcd(time.tm_hour),  fsrtc->bcdhour);
            writel(bin2bcd(time.tm_mday),  fsrtc->bcdday);
            writel(bin2bcd(time.tm_mon ),  fsrtc->bcdmon);
            writel(bin2bcd(time.tm_year - 2000),  fsrtc->bcdyear);

            writel(readl(fsrtc->rtccon) & ~0x1, fsrtc->rtccon);
            break;
    case FSRTC_GET:
            time.tm_sec  = bcd2bin(readl(fsrtc->bcdsec));
            time.tm_min  = bcd2bin(readl(fsrtc->bcdmin));
            time.tm_hour = bcd2bin(readl(fsrtc->bcdhour));
            time.tm_mday = bcd2bin(readl(fsrtc->bcdday));
            time.tm_mon  = bcd2bin(readl(fsrtc->bcdmon));
            time.tm_year = bcd2bin(readl(fsrtc->bcdyear)) + 2000;

            if (copy_to_user((struct rtc_time __user *)arg, &time, sizeof
(struct rtc_time)))
                    return -ENOTTY;
            break;
    default:
            return -ENOTTY;
    }

    return 0;
}
```

上面的代码比较简单，在此不再多解释。需要注意的是，手册给出的 BCDDAYWEEK 和 BCDDAY 两个寄存器的地址交换了，需要交换过来。另外，寄存器存放的年份只有 3 位，所以固定添加了 2000 的偏移。应用层的测试代码也请参见下载资源里面的源码。

测试的结果如下。

```
# make ARCH=arm
# make ARCH=arm modules_install
# arm-none-linux-gnueabi-gcc -o test test.c
# cp test /var/lib/tftpboot/
[root@fs4412 ~]# depmod
[root@fs4412 ~]# modprobe fsrtc
[root@fs4412 ~]# mknod /dev/rtc c 256 8
[root@fs4412 ~]# ./test
2016-8-8 23:59:59
2016-8-9 0:0:0
2016-8-9 0:0:1
2016-8-9 0:0:2
2016-8-9 0:0:3
2016-8-9 0:0:4
2016-8-9 0:0:5
```

其实 Linux 内核针对 RTC 有一个现成的框架，类似于输入子系统一样，我们只需要使用相应的 API，然后再实现要求的接口函数即可。Exynos4412 的 RTC 驱动在内核中也已经实现好了，请参见内核源码 drivers/rtc/rtc-s3c.c，这个源码留给读者自己去分析。那么我们要如何使用这个驱动呢?首先将设备树节点改为下面的样子。

```
        rtc@10070000 {
                status = "okay";
        };
```

没错，确实这么简单，因为在 arch/arm/boot/dts/exynos4.dtsi 中已经定义过该节点了，现在只需要使能该节点即可。另外就是要确认内核中驱动已经被选配，参见下面的配置项。

```
Device Drivers  --->
     [*] Real Time Clock  --->
          <*>   Samsung S3C series SoC RTC
```

重新编译设备树和内核后，复制文件到 TFTP 服务器指定的目录，启动开发板，使用下面的命令可以确认驱动工作正常。

```
[root@fs4412 ~]# cat /sys/class/rtc/rtc0/date
2000-01-01
[root@fs4412 ~]# cat /sys/class/rtc/rtc0/time
00:00:52
```

第10章 总线类设备驱动

本章目标

一条总线可以将多个设备连接在一起，提高了系统的可扩展性能。这个互联的系统通常由三部分组成：总线控制器、物理总线（一组信号线）和设备。总线控制器和设备通过总线连接在一起，总线控制器可以发起对总线上设备的访问操作。通常总线控制器有一个驱动程序，用于控制总线控制器来操作总线，从而来访问设备，这一类驱动通常在内核中都已实现了。连接在总线上的设备也可能有一段程序要运行，这段程序可能是不基于操作系统的裸机程序（俗称固件），也可能是基于操作系统的一个驱动。最后还有一类驱动程序，它们通常调用总线控制器的驱动程序来完成对总线上具体设备的访问，这类驱动程序的叫法不一，在本书中统称为设备驱动（一定要和前面说到的运行在设备本身的固件或驱动区分开），这也是本章重点讨论的内容。本章依次讨论了最常见的I2C总线、SPI总线、USB总线和PCI总线的设备驱动。

- ❑ I2C设备驱动
- ❑ SPI设备驱动
- ❑ USB设备驱动
- ❑ PCI设备驱动

10.1 I2C 设备驱动

10.1.1 I2C 协议简介

I2C（Intel-Integrated Circuit）是由飞利浦（现在叫恩智浦）公司开发的一种慢速两线制总线协议。最初总线的速率定为100KHz，经过发展，速率出现了400KHz、3.4MHz、1MHz和5MHz的不同等级，目前大多数器件都支持400KHz。不过速率是可变的，比如一个支持400KHz的器件，完全可以工作在299KHz这个速率上，只要不超过400KHz即可。I2C总线为那些不需要经常访问、低带宽的设备提供了一种廉价的互联方式，被广泛地应用在嵌入式系统设备当中。不过I2C总线协议有商标上的一些限制，有些厂家为了避免这种限制，使用了另外一种总线协议SMBus（System Management Bus）。SMBus总线协议其实是I2C总线协议的一个子集，绝大多数I2C设备都能够在SMBus总线上工作。现在的计算机主板通常使用SMBus总线，最常见的就是内存条上的EEPROM配置芯片。

I2C总线由SCL（串行时钟线）和SDA（串行数据线）两条线组成，其上连接有主机控制器（Master，在Linux驱动中称为Adapter）和从设备（Slave，在Linux驱动中称为Client）。所有的访问操作都是由主机控制器发起的，在同一条总线上可以有多个主机控制器，当多个主机控制器同时对设备发起访问时，由协议的冲突检测和仲裁机制来保证只有一个主机控制器对从设备进行访问。多个从设备是通过从设备的地址来区分的，地址分为7位地址和10位地址两种，常见的是7位地址。图10.1是具有两个主机控制器的I2C总线连接图，总线控制器由微控制器来充当，从设备有门阵列、LCD驱动器、ADC和EEPROM。

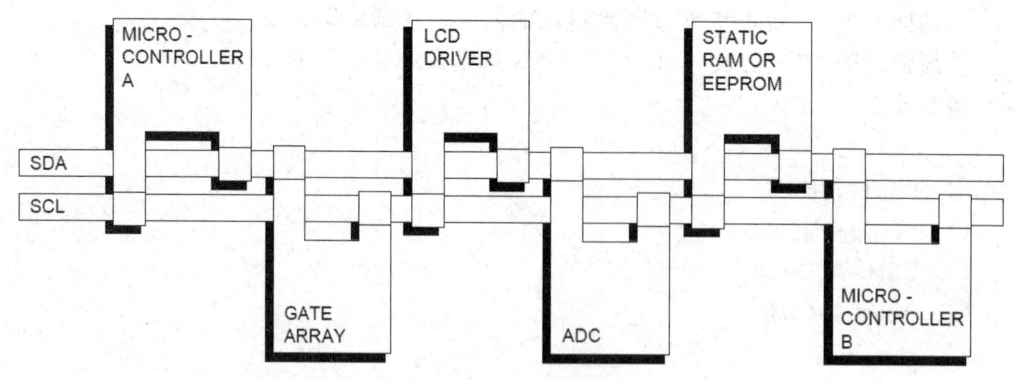

图 10.1　I2C 连接图

下面以图示方式来说明I2C的总线时序，如图10.2所示。

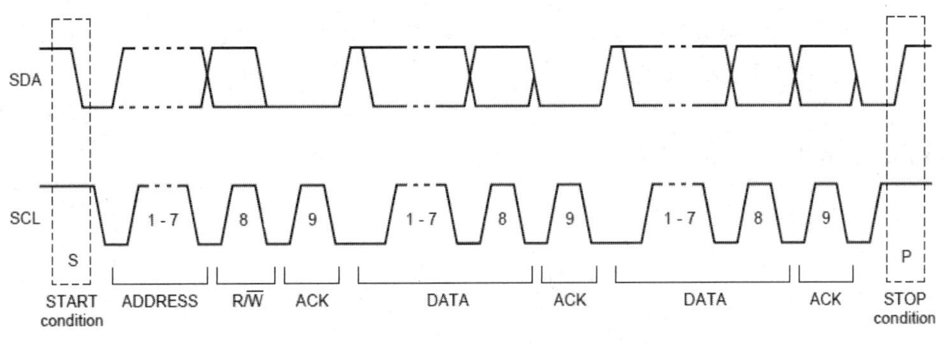

图 10.2　I2C 时序图

开始位：当 SCL 为高电平时，SDA 由高电平变为低电平的期间，如图 10.2 中最左边的 START condition 所标记的区域，这表示主机控制器要开始对从机发起访问了。

地址位：接下来的 7 个时钟周期，主机控制器将会发送从机的 7 位地址（如果是 10 位地址需要分两次发送），如图 10.2 中 ADDRESS 所标记的区域。

读/写位：在第 8 个时钟周期，如果 SDA 为高电平则表示接下来要读取从机的数据，如果是低电平则表示主机要写数据到从机，如图 10.2 中 R/$\overline{W}$ 所标记的区域。

应答位：在第 9 个时钟周期由从机进行应答，低电平为 ACK，高电平为 NACK，如果从机响应，应该发 ACK。

数据位：在接下来的若干个周期内，主机可以持续读取数据（如果读/写位为读），或写数据（如果读/写位为写），每次数据传输完成（如图 10.2 中的 DATA 所标记的区域）也要进行应答，是读则由主机控制器来应答，是写则由从机来应答，只是在主机读完最后一个字节的数据后应该以 NACK 来应答。

停止位：：当 SCL 为高电平时，SDA 由低电平变为高电平的期间，如图 10.2 中最右边的 STOP condition 所标记的区域，这表示主机控制器结束了对从机的访问。

I2C 从设备内部通常有若干个寄存器，每个寄存器都有一个地址，对这些从设备的访问通常是顺序访问的。比如上次从寄存器 2 开始连续访问了 4 个寄存器，那么下次访问将从寄存器 6 开始。不过按照图 10.3 和图 10.4 的时序，可以实现随机的读和写访问。

Master	S	AD+W		RA		DATA		DATA		P
Slave			ACK		ACK		ACK		ACK	

图 10.3　随机写访问

Master	S	AD+W		RA		S	AD+R			ACK		NACK	P
Slave			ACK		ACK			ACK	DATA		DATA		

图 10.4　随机读访问

随机写访问是在主机发送完从机地址和写标志位，从机应答后，主机继续写寄存器地址，如图 10.3 中的 RA 所示。当从机对写入的寄存器地址进行应答后，主机才写入真

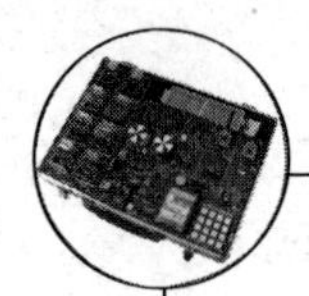

正的数据。对随机读访问则要复杂一些，在寄存器地址写入，从机应答后，主机需要再次发送开始位，然后发送从机地址和读标志位，之后才是读操作。

10.1.2 Linux I2C 驱动

I2C 驱动层次结构如图 10.5 所示。

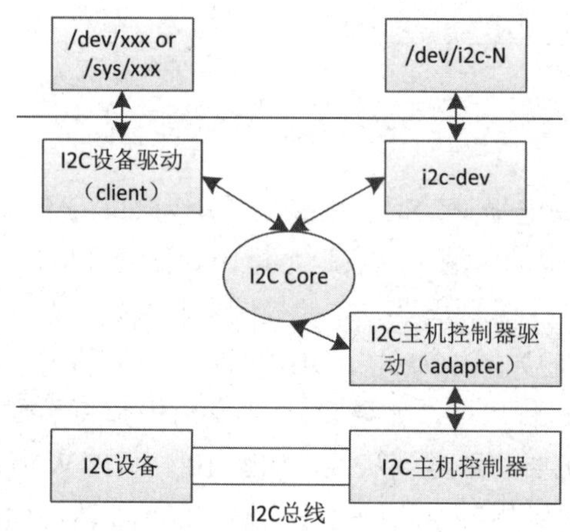

图 10.5　I2C 驱动层次结构图

I2C 主机驱动：I2C 主机控制器的驱动，一般由 SoC 芯片厂商负责设计实现，用于控制 I2C 主机控制器发出时序信号。

I2C Core：为上层提供统一的 API 接口和对其他模块进行注册和注销等管理等。

I2C 设备驱动：调用 I2C Core 提供的统一 API，根据 I2C 设备的访问规范，控制 I2C 主机控制器发出不同的时序信号，对 I2C 设备进行访问。该驱动称为内核层 I2C 设备驱动。

i2c-dev：将 I2C 主机控制器实现为一个字符设备，应用程序可以直接访问/dev/i2c-N 来访问 I2C 主机控制器，从而对 I2C 设备发起访问，该应用程序称为应用层 I2C 设备驱动。

I2C Core 为屏蔽不同的 I2C 主机控制器驱动提供了可能，可以使 I2C 设备驱动仅关心如何操作 I2C 设备，而不需要了解 I2C 主机控制器的细节，从而使 I2C 设备驱动可以独立的存在，适用于各种不同的硬件平台。

I2C 驱动和我们之前接触到的平台总线设备驱动非常类似，都有总线、设备和驱动这三者。I2C 的设备由 struct i2c_client 来进行描述，类似于 struct platform_device，但是我们较少自己来创建这个结构对象。通常，在一个嵌入式系统中，我们是知道一个 I2C 设备的地址、驱动的名字和连接的主机控制器等信息的。对 I2C 设备的描述和向内核的注册操作可以通过类似于下面的代码来实现（请参见“arch/arm/mach-s3c24xx/mach-mini2440.c”）。

```
static struct at24_platform_data at24c08 = {
        .byte_len       = SZ_8K / 8,
        .page_size      = 16,
};
```

```

static struct i2c_board_info mini2440_i2c_devs[] __initdata = {
        {
                I2C_BOARD_INFO("24c08", 0x50),
                .platform_data = &at24c08,
        },
};
......
        i2c_register_board_info(0, mini2440_i2c_devs,
                                ARRAY_SIZE(mini2440_i2c_devs));
```

i2c_board_info 用于描述某些信息已知的 I2C 设备，通常用 I2C_BOARD_INFO 宏来描述基本信息，包括驱动的名字和设备的地址。上面的代码定义了一个 i2c_board_info 的数组 mini2440_i2c_devs，里面有一个设备，其对应的 I2C 设备驱动的名字是 24c08，设备地址为 0x50。另外，platform_data 指定了其他的一些设备数据，如这片 EEPROM 的存储容量和页大小信息。最后使用 i2c_register_board_info 将 mini2440_i2c_devs 数组中的所有设备都注册到了 0 号 I2C 总线上。

但随着设备树的出现，上述方法基本被淘汰了，取而代之的是用设备树节点来进行 I2C 设备的描述。Exynos4412 的 I2C 设备节点描述请参见内核文档 Documentation/devicetree/bindings/i2c/i2c-s3c2410.txt。在该文档中，给出了一个具体的实例，代码如下。

```
        i2c@13870000 {
                compatible = "samsung,s3c2440-i2c";
                reg = <0x13870000 0x100>;
                interrupts = <345>;
                samsung,i2c-sda-delay = <100>;
                samsung,i2c-max-bus-freq = <100000>;
                /* Samsung GPIO variant begins here */
                gpios = <&gpd1 2 0 /* SDA */
                         &gpd1 3 0 /* SCL */>;
                /* Samsung GPIO variant ends here */
                /* Pinctrl variant begins here */
                pinctrl-0 = <&i2c3_bus>;
                pinctrl-names = "default";
                /* Pinctrl variant ends here */
                #address-cells = <1>;
                #size-cells = <0>;

                wm8994@1a {
                        compatible = "wlf,wm8994";
                        reg = <0x1a>;
                };
        };
```

i2c@13870000 是一个 I2C 主机控制器节点，里面的 compatible、reg、interrupts 等属性指定了其匹配的主机控制器驱动、I/O 内存的范围和使用的中断等信息。作为一个 I2C 设备驱动开发者来说，这些信息我们通常不关心。我们需要关心的是接在这个主机控制器上的 I2C 设备的子节点如何来描述。上面例子中的子节点 wm8994@1a 中的 compatible

属性给出了匹配的驱动，而 reg 指定了 I2C 设备的地址。也就是说，如果我们要编写一个 I2C 设备的节点信息，则只需要在对应的 I2C 主机控制器节点中编写一个子节点，给出 compatible 和 reg 属性即可。对比一下，这其实和 i2c_board_info 所描述的信息基本一样，只是形式不同而已。

在内核的启动过程中，会自动将这些信息转换为一个 struct i2c_client 结构对象，当有匹配的驱动注册时，同样会像平台驱动一样，调用其 probe 函数。接下来我们就来看看 I2C 驱动，核心的数据结构是 struct i2c_driver，其定义如下。

```
struct i2c_driver {
……
        int (*probe)(struct i2c_client *, const struct i2c_device_id *);
        int (*remove)(struct i2c_client *);
        void (*shutdown)(struct i2c_client *);
        int (*suspend)(struct i2c_client *, pm_message_t mesg);
        int (*resume)(struct i2c_client *);
……
        struct device_driver driver;
        const struct i2c_device_id *id_table;
……
};
```

上面省略了 I2C 设备驱动开发者较少关心的成员，不难发现，这和前面的 struct platform_driver 基本一样，所以在此就不再赘述。

struct i2c_driver 相关的主要 API 罗列如下。

```
i2c_add_driver(driver)
void i2c_del_driver(struct i2c_driver *driver);
void i2c_set_clientdata(struct i2c_client *dev, void *data);
void *i2c_get_clientdata(const struct i2c_client *dev);
int i2c_check_functionality(struct i2c_adapter *adap, u32 func);
```

i2c_add_driver：添加 I2C 设备驱动。

i2c_del_driver：删除 I2C 设备驱动。

i2c_set_clientdata：将 data 保存在 struct i2c_client 结构中。

i2c_get_clientdata：从 struct i2c_client 中获取保存的数据。

i2c_check_functionality：检查 I2C 从设备所绑定的主机控制器是否支持 func 中指定的所有功能，常见的功能如下。

```
I2C_FUNC_10BIT_ADDR：十位地址
I2C_FUNC_SMBUS_READ_BYTE_DATA：单字节随机读
I2C_FUNC_SMBUS_WRITE_BYTE_DATA：单字节随机写
I2C_FUNC_SMBUS_READ_BLOCK_DATA：多字节随机读
I2C_FUNC_SMBUS_WRITE_BLOCK_DATA：多字节随机写
```

简单的 I2C 数据收发相关的函数原型如下。

```
int i2c_master_send(const struct i2c_client *client, const char *buf, int count);
int i2c_master_recv(const struct i2c_client *client, char *buf, int count);
int i2c_transfer(struct i2c_adapter *adap, struct i2c_msg *msgs, int num);
```

i2c_master_send：向 I2C 从设备写数据，I2C 设备的地址包含在 client 中，要写的数据缓冲区地址为 buf，写的字节数为 count，返回成功写入的字节数，负数表示失败。

i2c_master_recv：从 I2C 从设备读数据，参数和返回值同写操作。

i2c_transfer：可以将几个读写操作合并在一起执行的函数，adap 是执行读写操作的 I2C 主机控制器，msgs 是消息数组，num 是消息的条数。消息的结构类型定义如下。

```
struct i2c_msg {
        __u16 addr;
        __u16 flags;
        __u16 len;
        __u8 *buf;
};
```

addr：I2C 从设备的地址。

flags：操作的一些标志，常见的有 I2C_M_RD，表示本次是读操作。I2C_M_TEN，表示使用的是 10 位 I2C 设备地址。

len：本次要读或写的数据字节数。

buf：数据缓冲区指针。

如果要向设备先写后读，可以通过类似于下面的代码来实现。

```
msgs[0].len=1;
msgs[0].addr=0x48;
msgs[0].flags=0;
msgs[0].buf=txbuf;
msgs[0].buf[0]=0x0;

msgs[1].len=2;
msgs[1].addr=0x48;
msgs[1].flags=I2C_M_RD;
msgs[1].buf=rxbuf;
msgs[1].buf[0]=0;
msgs[1].buf[1]=0;

i2c_transfer(client->adapter, msgs, 2);
```

上面的代码构造了两条消息，两条消息都是要操作设备地址为 0x48 的 I2C 设备，第一条消息是向设备写 1 个字节的数据，第二条消息是读两个字节的数据。

i2c_transfer 不要求每条消息的地址都是一样的，该函数返回被成功执行的消息条数，为负表示失败。

还有一些适合于 SMBus 的更简单的 API，如下所示。

```
s32 i2c_smbus_read_byte_data(struct i2c_client *client, u8 command);
s32 i2c_smbus_write_byte_data(struct i2c_client *client, u8 command, u8 value);
s32 i2c_smbus_read_block_data(struct i2c_client *client, u8 command, u8 *values);
s32 i2c_smbus_write_block_data(struct i2c_client *client, u8 command, u8 length,
const u8 *values);
```

上面的函数为单字节或多字节的随机读写函数，command 是 SMBus 中的命令，通常

是 I2C 设备内部的寄存器地址。返回的是实际读写的字节数，为负表示失败。其他参数都很好理解，这里不再详细说明。

我们前面谈到，如果把 I2C 主机控制器实现为一个字符设备，应用程序可以通过对应的设备来直接访问 I2C 主机控制器，从而产生相应的时序来访问 I2C 从设备，这样的应用程序叫应用层 I2C 设备驱动。不过这需要配置内核，以确保这一功能被选中，配置如下。

```
Device Drivers  --->
    -*- I2C support  --->
        <*>   I2C device interface
```

内核配置并重新编译后，目标板使用新的内核镜像，系统启动后，可以看到如下的设备。

```
[root@fs4412 ~]# ls -l /dev/i2c-*
crw-rw----    1 root     root       89,   0 Jan  1  1970 /dev/i2c-0
```

使能的主机控制器节点越多，设备文件就会越多。

应用层也有相关的 API，最主要的如下。

```
ioctl(file, I2C_SLAVE, long addr)
ioctl(file, I2C_FUNCS, unsigned long *funcs)
ioctl(file, I2C_RDWR, struct i2c_rdwr_ioctl_data *msgset)
__s32 i2c_smbus_read_byte_data(int file, __u8 command);
__s32 i2c_smbus_write_byte_data(int file, __u8 command, __u8 value);
__s32 i2c_smbus_read_block_data(int file, __u8 command, __u8 *values);
__s32 i2c_smbus_write_block_data(int file, __u8 command, __u8 length, __u8 *values);
```

I2C_SLAVE：设置要访问的从机设备地址。

I2C_FUNCS：获取主机控制器的功能。

I2C_RDWR：读写 I2C 设备，读写操作由 msgset 来指定，其类型定义如下。

```
struct i2c_rdwr_ioctl_data {
     struct i2c_msg *msgs;
     int nmsgs;
  }
```

其中的 struct i2c_msg 我们在前面已经见过了。针对前面的内核层 I2C 设备驱动的例子而言，应用层 I2C 设备驱动代码如下。

```
i2c_data.nmsgs=2;
i2c_data.msgs[0].len=1;
i2c_data.msgs[0].addr=0x48;
i2c_data.msgs[0].flags=0;
i2c_data.msgs[0].buf=txbuf;
i2c_data.msgs[0].buf[0]=0x0;

i2c_data.msgs[1].len=2;
i2c_data.msgs[1].addr=0x48;
i2c_data.msgs[1].flags=I2C_M_RD;
i2c_data.msgs[1].buf=rxbuf;
```

```
i2c_data.msgs[1].buf[0]=0;
i2c_data.msgs[1].buf[1]=0;

ioctl(fd,I2C_RDWR,(unsigned long)&i2c_data);
```

i2c_smbus_read_byte_data 之类的函数和前面内核层中的含义一样，此处不再细述。

10.1.3 I2C 设备驱动实例

在 FS4412 目标板上有一个集陀螺仪、三轴加速度传感器和温度传感器于一体的器件 MPU6050，相关的原理图如图 10.6 所示。

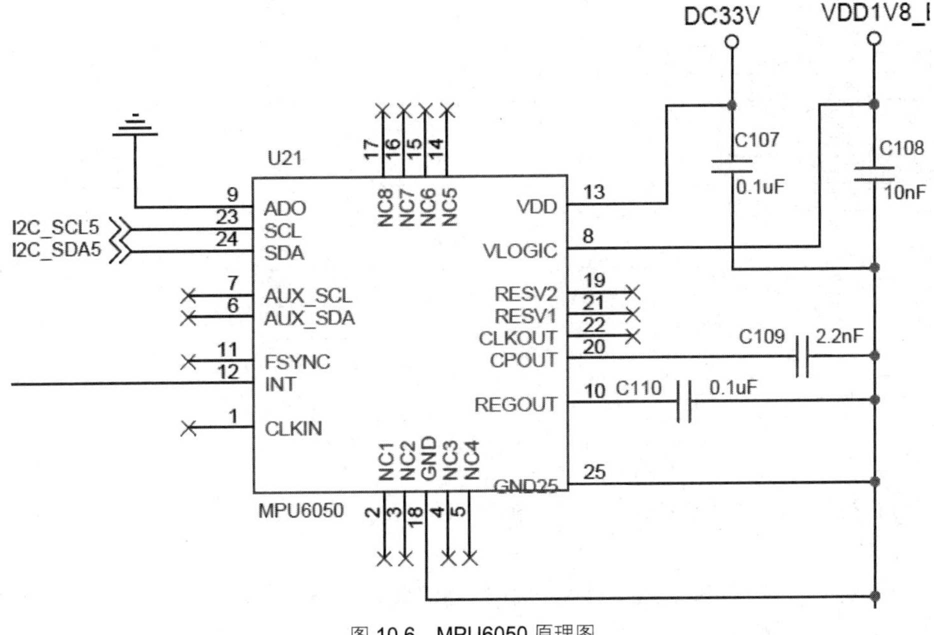

图 10.6　MPU6050 原理图

MPU6050 连接在 Exynos4412 编号为 5 的 I2C 主机控制器上，MPU6050 设备的地址为 0x68，根据前面的知识并查阅 Exynos4412 的用户手册，可以得出相应的设备节点代码。

```
	i2c@138B0000 {
		samsung,i2c-sda-delay = <100>;
		samsung,i2c-max-bus-freq = <20000>;
		pinctrl-0 = <&i2c5_bus>;
		pinctrl-names = "default";
		status = "okay";

		mpu6050@68 {
			compatible = "fs4412,mpu6050";
			reg = <0x68>;
		};
	};
```

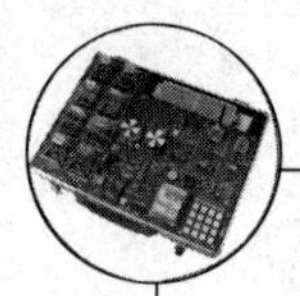

重新编译设备树给目标板使用，系统启动后，将会多出一个 i2c-5 的字符设备。

```
[root@fs4412 ~]# ls -l /dev/i2c-*
crw-rw----    1 root     root      89,   0 Jan  1  1970 /dev/i2c-0
crw-rw----    1 root     root      89,   5 Jan  1  1970 /dev/i2c-5
```

MPU6050 的寄存器非常多，但是只是简单获取一些传感数据，关注如图 10.7 所示的几个寄存器就可以了。

19	25	SMPLRT_DIV	R/W	SMPLRT_DIV[7:0]							
1A	26	CONFIG	R/W	-	-	EXT_SYNC_SET[2:0]			DLPF_CFG[2:0]		
1B	27	GYRO_CONFIG	R/W	-	-	-	FS_SEL [1:0]		-	-	-
1C	28	ACCEL_CONFIG	R/W	XA_ST	YA_ST	ZA_ST	AFS_SEL[1:0]				
3B	59	ACCEL_XOUT_H	R	ACCEL_XOUT[15:8]							
3C	60	ACCEL_XOUT_L	R	ACCEL_XOUT[7:0]							
3D	61	ACCEL_YOUT_H	R	ACCEL_YOUT[15:8]							
3E	62	ACCEL_YOUT_L	R	ACCEL_YOUT[7:0]							
3F	63	ACCEL_ZOUT_H	R	ACCEL_ZOUT[15:8]							
40	64	ACCEL_ZOUT_L	R	ACCEL_ZOUT[7:0]							
41	65	TEMP_OUT_H	R	TEMP_OUT[15:8]							
42	66	TEMP_OUT_L	R	TEMP_OUT[7:0]							
43	67	GYRO_XOUT_H	R	GYRO_XOUT[15:8]							
44	68	GYRO_XOUT_L	R	GYRO_XOUT[7:0]							
45	69	GYRO_YOUT_H	R	GYRO_YOUT[15:8]							
46	70	GYRO_YOUT_L	R	GYRO_YOUT[7:0]							
47	71	GYRO_ZOUT_H	R	GYRO_ZOUT[15:8]							
48	72	GYRO_ZOUT_L	R	GYRO_ZOUT[7:0]							
6B	107	PWR_MGMT_1	R/W	DEVICE _RESET	SLEEP	CYCLE	-	TEMP_DIS	CLKSEL[2:0]		

图 10.7　MPU6050 的主要寄存器

SMPLRT_DIV：采样时钟分频值，相应的公式为：采样率 ＝ 陀螺仪输出频率 / (1 + SMPLRT_DIV)。

CONFIG：EXT_SYNC_SET 是外部同步的配置，不需要设为 0 即可。DLPF_CFG 是数字低通滤波器的配置，它将决定陀螺仪和三轴加速度传感器的带宽和延时值，最大可配置的值为 6。

GYRO_CONFIG：陀螺仪配置寄存器，FS_SEL 用于选择陀螺仪的输出范围，设置值和范围如图 10.8 所示。

FS_SEL	Full Scale Range
0	± 250 °/s
1	± 500 °/s
2	± 1000 °/s
3	± 2000 °/s

图 10.8　陀螺仪输出范围

ACCEL_CONFIG：三轴加速度传感器配置寄存器，AFS_SEL 用于三轴加速度传感器的输出范围，设置值和范围如图 10.9 所示。

AFS_SEL	Full Scale Range
0	± 2g
1	± 4g
2	± 8g
3	± 16g

图 10.9　三轴加速度传感器输出范围

ACCEL_xxx、TEMP_xxx、GYRO_xxx：传感器输出值，三者的换算关系如下。

三轴加速度 = 采样值 / *n*，*n* 根据 FS_SEL 的值 0、1、2、3 分别对应为 16384、8192、4096、2048。

温度 = 采样值 / 340 + 36.53。

陀螺仪角速度 = 采样值 / *n*，*n* 根据 AFS_SEL 的值 0、1、2、3 分别对应为 131、65.5、32.8、16.4。

PWR_MGMT_1：电源管理寄存器 1。DEVICE_RESET 用于复位整个芯片。SLEEP 是休眠控制，为 1 表示休眠。CYCLE 是循环模式控制，如果 SLEEP 为 0，CYCLE 为 1，那么传感器将会定期醒来进行采样。TEMP_DIS 为 1 禁止温度传感器，CLKSEL 为 0 选择内部的 8MHz 时钟。

根据以上对寄存器的介绍，可以写出如下的应用层 I2C 设备驱动代码（完整的代码请参见“下载资源/程序源码/i2c/ex1”）。

```
#include <stdio.h>
#include <stdlib.h>
#include <sys/types.h>
#include <sys/stat.h>
#include <sys/ioctl.h>
#include <fcntl.h>
#include <errno.h>

#include "i2c-dev.h"

#define SMPLRT_DIV       0x19
#define CONFIG          0x1A
#define GYRO_CONFIG      0x1B
#define ACCEL_CONFIG     0x1C
#define ACCEL_XOUT_H     0x3B
#define ACCEL_XOUT_L     0x3C
#define ACCEL_YOUT_H     0x3D
#define ACCEL_YOUT_L     0x3E
#define ACCEL_ZOUT_H     0x3F
#define ACCEL_ZOUT_L     0x40
#define TEMP_OUT_H       0x41
#define TEMP_OUT_L       0x42
#define GYRO_XOUT_H      0x43
#define GYRO_XOUT_L      0x44
#define GYRO_YOUT_H      0x45
#define GYRO_YOUT_L      0x46
```

```
#define GYRO_ZOUT_H     0x47
#define GYRO_ZOUT_L     0x48
#define PWR_MGMT_1      0x6B

void swap_int16(short *val)
{
        *val = (*val << 8) | (*val >> 8);
}

int main(int argc, char *argv[])
{
        int fd;
        int ret;
        short accelx, accely, accelz;
        short temp;
        short gyrox, gyroy, gyroz;
        unsigned char *p;

        fd = open("/dev/i2c-5", O_RDWR);
        if (fd == -1)
                goto fail;

        if (ioctl(fd, I2C_SLAVE, 0x68) < 0)
                goto fail;

        i2c_smbus_write_byte_data(fd, PWR_MGMT_1, 0x80);
        usleep(200000);
        i2c_smbus_write_byte_data(fd, PWR_MGMT_1, 0x40);
        i2c_smbus_write_byte_data(fd, PWR_MGMT_1, 0x00);

        i2c_smbus_write_byte_data(fd, SMPLRT_DIV,   0x7);
        i2c_smbus_write_byte_data(fd, CONFIG,       0x6);
        i2c_smbus_write_byte_data(fd, GYRO_CONFIG,  0x3 << 3);
        i2c_smbus_write_byte_data(fd, ACCEL_CONFIG, 0x3 << 3);

        while (1) {
                accelx = i2c_smbus_read_word_data(fd, ACCEL_XOUT_H);
                swap_int16(&accelx);
                accely = i2c_smbus_read_byte_data(fd, ACCEL_YOUT_H);
                swap_int16(&accely);
                accelz = i2c_smbus_read_byte_data(fd, ACCEL_ZOUT_H);
                swap_int16(&accelz);

                printf("accelx: %.2f\n", accelx / 2048.0);
                printf("accely: %.2f\n", accely / 2048.0);
                printf("accelz: %.2f\n", accelz / 2048.0);

                temp = i2c_smbus_read_word_data(fd, TEMP_OUT_H);
                swap_int16(&temp);
                printf("temp: %.2f\n", temp / 340.0 + 36.53);

                gyrox = i2c_smbus_read_word_data(fd, GYRO_XOUT_H);
                swap_int16(&gyrox);
```

```
80                 gyroy = i2c_smbus_read_byte_data(fd, GYRO_YOUT_H);
81                 swap_int16(&gyroy);
82                 gyroz = i2c_smbus_read_byte_data(fd, GYRO_ZOUT_H);
83                 swap_int16(&gyroz);
84
85                 printf("gyrox: %.2f\n", gyrox / 16.4);
86                 printf("gyroy: %.2f\n", gyroy / 16.4);
87                 printf("gyroz: %.2f\n", gyroz / 16.4);
88
89                 sleep(1);
90         }
91
92 fail:
93         perror("i2c test");
94         exit(EXIT_FAILURE);
95 }
```

代码第 9 行包含了一个 i2c-dev.h 头文件，该文件中包含了 i2c_smbus_read_word_data 等函数的定义。代码第 11 行至第 29 行是相关寄存器地址的宏定义。代码第 45 行打开了 /dev/i2c-5，因为根据前面的分析，MPU6050 是连接在 5 号主机控制器上的。代码第 49 行将 I2C 设备的地址设置为 0x68，也就是 MPU6050 的设备地址。代码第 52 行复位整个芯片，然后休眠了 200ms，等待芯片复位完成，再将 SLEEP 位先置 1 后置 0，确保其不处于 SLEEP 模式。代码第 57 行设置采样时钟分频值为 7，第 58 行设置 DLPF_CFG 的值为 6，那么采样率为 1KHz / (1 + 7) = 125Hz。代码第 59 行和第 60 行分别设置陀螺仪的的输出范围为±-2000 和三轴加速度的输出范围为±16。代码第 60 行至第 90 行则读出采样值，然后根据前面的换算关系进行换算并打印输出。

编译和测试的命令如下。

```
# arm-none-linux-gnueabi-gcc -O2 -o test test.c
# cp test /nfs/rootfs/root/
[root@fs4412 ~]# ./test
accelx: 0.01
accely: 0.00
accelz: 1.00
temp: 36.51
gyrox: -5.43
gyroy: 0.00
gyroz: 0.00
```

内核层 I2C 设备驱动代码如下（完整的代码请参见“下载资源/程序源码/i2c/ex2”）。

```
......
struct mpu6050_dev {
        struct i2c_client *client;
        atomic_t available;
        struct cdev cdev;
};
......
static long mpu6050_ioctl(struct file *filp, unsigned int cmd, unsigned long arg)
```

```
{
        struct mpu6050_dev *mpu6050 = filp->private_data;
        struct atg_val val;

        if (_IOC_TYPE(cmd) != MPU6050_MAGIC)
                return -ENOTTY;

        switch (cmd) {
        case MPU6050_GET_VAL:
                val.accelx = i2c_smbus_read_word_data(mpu6050->client, ACCEL_XOUT_H);
                val.accely = i2c_smbus_read_word_data(mpu6050->client, ACCEL_YOUT_H);
                val.accelz = i2c_smbus_read_word_data(mpu6050->client, ACCEL_ZOUT_H);
                val.temp   = i2c_smbus_read_word_data(mpu6050->client, TEMP_OUT_H);
                val.gyrox  = i2c_smbus_read_word_data(mpu6050->client, GYRO_XOUT_H);
                val.gyroy  = i2c_smbus_read_word_data(mpu6050->client, GYRO_YOUT_H);
                val.gyroz  = i2c_smbus_read_word_data(mpu6050->client, GYRO_ZOUT_H);
                  val.accelx = be16_to_cpu(val.accelx);
                  val.accely = be16_to_cpu(val.accely);
                  val.accelz = be16_to_cpu(val.accelz);
                  val.temp   = be16_to_cpu(val.temp);
                  val.gyrox  = be16_to_cpu(val.gyrox);
                  val.gyroy  = be16_to_cpu(val.gyroy);
                  val.gyroz  = be16_to_cpu(val.gyroz);
                  if (copy_to_user((struct atg_val __user *)arg, &val, sizeof(struct atg_val)))
                          return -EFAULT;
                  break;
        default:
                  return -ENOTTY;
        }

        return 0;
}
......
static int mpu6050_probe(struct i2c_client *client, const struct i2c_device_id *id)
{
......
        mpu6050 = kzalloc(sizeof(struct mpu6050_dev), GFP_KERNEL);
        if (!mpu6050) {
                ret = -ENOMEM;
                goto mem_err;
        }
        i2c_set_clientdata(client, mpu6050);
        mpu6050->client = client;
......
        if (!i2c_check_functionality(client->adapter, I2C_FUNC_SMBUS_WORD_DATA)) {
                ret = -ENOSYS;
                goto fun_err;
        }

        i2c_smbus_write_byte_data(client, PWR_MGMT_1, 0x80);
        msleep(200);
```

```
143         i2c_smbus_write_byte_data(client, PWR_MGMT_1, 0x40);
144         i2c_smbus_write_byte_data(client, PWR_MGMT_1, 0x00);
145
146         i2c_smbus_write_byte_data(client, SMPLRT_DIV,   0x7);
147         i2c_smbus_write_byte_data(client, CONFIG,       0x6);
148         i2c_smbus_write_byte_data(client, GYRO_CONFIG,  0x3 << 3);
149    1     i2c_smbus_write_byte_data(client, ACCEL_CONFIG, 0x3 << 3);
150
151         atomic_set(&mpu6050->available, 1);
......
163 }
......
178 static const struct i2c_device_id mpu6050_id[] = {
179         {"mpu6050", 0},
180         {}
181 };
182
183 MODULE_DEVICE_TABLE(i2c, mpu6050_id);
184
185 static struct i2c_driver mpu6050_driver = {
186         .probe          =       mpu6050_probe,
187         .remove         =       mpu6050_remove,
188         .id_table       =       mpu6050_id,
189         .driver = {
190                 .owner  =       THIS_MODULE,
191                 .name   =       "mpu6050",
192         },
193 };
194
195 module_i2c_driver(mpu6050_driver);
......
```

代码第 43 行至第 47 行定义了 struct mpu6050_dev 结构类型，成员 client 用于保存匹配的 client 对象。代码第 178 行至第 195 行是对 I2C 驱动的定义和注册相关的操作。代码第 127 行将分配得到的 struct mpu6050_dev 结构对象地址存入 client 中，方便之后从 client 中获取。代码第 136 行使用 i2c_check_functionality 验证 I2C 主机控制器是否具有一个字的随机读写能力。代码第 141 行至第 149 行是对 MPU6050 的初始化，和前面应用层的 I2C 设备驱动一样。mpu6050_ioctl 函数中读取寄存器的值，将大端转换成小端后复制给用户。

测试用的应用层代码比较简单，在此不再列出，以下是编译和测试的命令。

```
$ make ARCH=arm
$ make ARCH=arm modules_install
$ arm-none-linux-gnueabi-gcc -o test test.c
$ cp test /nfs/rootfs/root/
[root@fs4412 ~]# depmod
[root@fs4412 ~]# modprobe mpu6050
[root@fs4412 ~]# mknod /dev/mpu6050 c 256 9
[root@fs4412 ~]# ./test
accelx: 0.01
accely: 0.03
accelz: 1.01
```

```
temp: 34.84
gyrox: -5.43
gyroy: 2.01
gyroz: 0.24
```

10.2 SPI 设备驱动

10.2.1 SPI 协议简介

SPI（Serial Peripheral Interface）由 Motorola 开发，他并不是严格意义上的标准协议，但是几乎所有的厂商都遵从这一协议，所以可以说它是一个“事实上的”协议。SPI 是同步四线制全双工的串行总线，目前速率最高可达 50MHz，也属于主从式结构，所有的传输都是通过主机来发起的，但和 I2C 总线不一样的是，总线上只能有一个主机控制器。各个从机通过不同的片选线来进行选择，典型的连接图如图 10.10 所示。

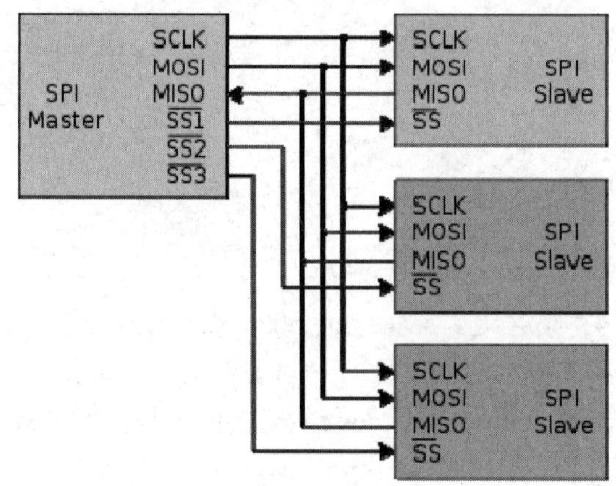

图 10.10　SPI 设备连接图

Master 是主机，有 3 个片选信号 $\overline{SS1}$、$\overline{SS2}$、$\overline{SS3}$，分别接 3 个从机（Slave），由片选信号来决定哪个从机被选中，从而与之通信。4 根信号线的含义如下。

SCLK（Serial Clock）：串行时钟线，由主机发出。

MOSI（Master Output, Slave Input）：主出从入，即主机发数据从机接收数据的线。

MISO（Master Input, Slave Output）：主入从出，即从机发数据主机接收数据的线。

SS（Slave Select）：从机选择线，由主机发出，低电平有效。

因为在主机通过 MOSI 发数据的同时也可以通过 MISO 接收数据，所以 SPI 总线是全双工的。所有的数据都通过 SCLK 信号进行同步，所以它也是同步的总线。SPI 总线的典型时序图如图 10.11 所示。

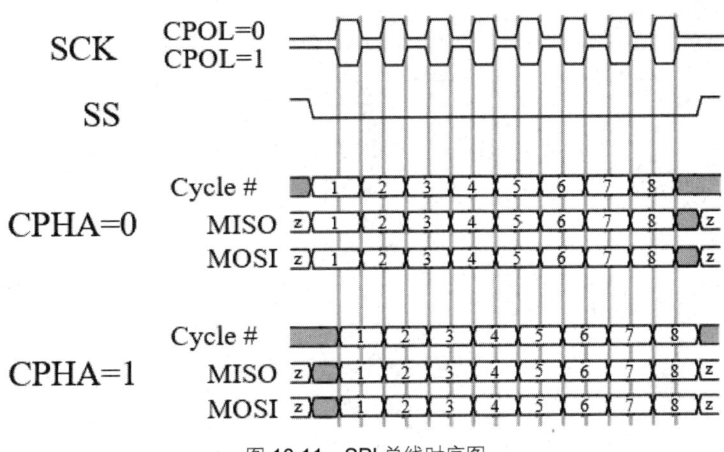

图 10.11　SPI 总线时序图

图中 CPOL 代表 SCLK 的极性，CPOL 为 0 表示平时 SCLK 为低电平，CPOL 为 1 表示平时 SCLK 为高电平。CPHA 代表数据采样时的 SCLK 相位，CPHA 为 0 表示在 SCLK 的前沿采样数据（可能是上升沿，也可能是下降沿），后沿输出数据；CPHA 为 1 表示在 SCLK 的前沿输出数据，后沿采集数据。于是有下面四种组合。

CPOL=0，CPHA=0：SCLK 平时为低电平，在 SCLK 的上升沿采样 MISO 的数据，在 SCLK 的下降沿从 MOSI 输出数据。

CPOL=0，CPHA=1：SCLK 平时为低电平，在 SCLK 的上升沿从 MOSI 输出数据，在 SCLK 的下降沿采样 MISO 的数据。

CPOL=1，CPHA=0：SCLK 平时为高电平，在 SCLK 的上升沿从 MOSI 输出数据，在 SCLK 的下降沿采样 MISO 的数据。

CPOL=1，CPHA=1：SCLK 平时为高电平，在 SCLK 的上升沿采样 MISO 的数据，在 SCLK 的下降沿从 MOSI 输出数据。

如果将 CPOL 作为模式的高位，CPHA 作为模式的低位，那么上面四种模式就可以编号为 0、1、2、3，其中模式 0 和模式 3 是常用模式。

10.2.2　Linux SPI 驱动

SPI 驱动和 I2C 驱动非常类似，都有主机控制器驱动（称为 controller 驱动，主机控制器在驱动中叫 master）、SPI Core 和 SPI 设备驱动（称为 protocol 驱动），如图 10.12 所示。使用这种结构的目的也是将主机和设备分离，因此 SPI 设备驱动不需要关心主机控制器的细节。同样的，通过 spidev 也可以将主机控制器实现为一个字符设备，使应用程序可以直接控制 SPI 主机控制器来产生时序信号，实现对 SPI 设备的访问，这个应用程序也称为应用层 SPI 设备驱动。在内核层的 SPI 设备驱动之上是其他驱动框架，用于实现特定的设备功能，如 RTC、MTD 等。

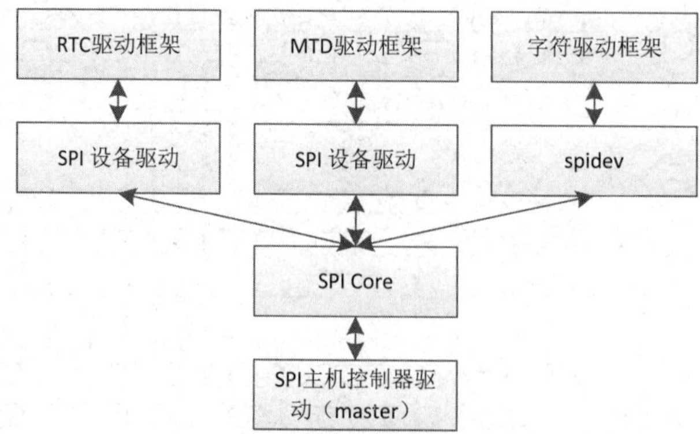

图 10.12　SPI 驱动层次结构图

SPI 的主机控制器驱动一般也是由 SoC 芯片设计厂商来实现的，我们关注更多的是 SPI 设备驱动。首先讲解 SPI 设备的表示方法，相应的结构类型定义如下。

```
struct spi_device {
        struct device            dev;
        struct spi_master        *master;
        u32                     max_speed_hz;
        u8                      chip_select;
        u8                      bits_per_word;
        u16                     mode;
        int                     irq;
        void                    *controller_state;
        void                    *controller_data;
        char                    modalias[SPI_NAME_SIZE];
        int                     cs_gpio;
};
```

主要的成员含义如下。

master：所连接的 SPI 主机控制器。

max_speed_hz：设备工作的最高频率。

chip_select：所用的片选线。

mode：设备工作的模式。

cs_gpio：如果用 GPIO 管脚充当片选信号，那么 cs_gpio 为 GPIO 的管脚号。

和 I2C 设备驱动一样，我们通常不直接构造 struct spi_device 结构对象，而是通过 struct spi_board_info 结构对象来描述 SPI 设备，并用 spi_register_board_info 来注册 SPI 设备，比如在 arch/arm/mach-s3c24xx/mach-jive.c 中就有下面的代码。

```
static struct spi_board_info __initdata jive_spi_devs[] = {
        [0] = {
                .modalias       = "VGG2432A4",
                .bus_num        = 1,
                .chip_select    = 0,
                .mode           = SPI_MODE_3,
                .max_speed_hz   = 100000,
                .platform_data  = &jive_lcm_config,
```

```
                .controller_data = (void *)S3C2410_GPB(7),
        }, {
......
};

......
spi_register_board_info(jive_spi_devs, ARRAY_SIZE(jive_spi_devs));
```

当然，现在使用设备树节点来描述 SPI 设备已经成为了主流，所以接下来重点介绍 SPI 设备的设备树节点表示方法。Exynos4412 的 SPI 设备节点的编写请参照 Documentation/devicetree/bindings/spi/spi-samsung.txt 内核文档，相关代码如下。

```
        spi_0: spi@12d20000 {
                #address-cells = <1>;
                #size-cells = <0>;
                pinctrl-names = "default";
                pinctrl-0 = <&spi0_bus>;

                w25q80bw@0 {
                        #address-cells = <1>;
                        #size-cells = <1>;
                        compatible = "w25x80";
                        reg = <0>;
                        spi-max-frequency = <10000>;

                        controller-data {
                                cs-gpio = <&gpa2 5 1 0 3>;
                                samsung,spi-feedback-delay = <0>;
                        };
......
                };
        };
```

spi_0: spi@12d20000 是主机控制器的节点，我们重点关注的是 pinctrl 属性，这指定了主机控制器所使用的管脚。w25q80bw@0 是子节点，代表接在这个主机控制器上的 SPI 设备。#address-cells 和#size-cells 都为 1，固定不变。compatible 用于匹配驱动，reg 是使用的片选，spi-max-frequency 是设备工作的最高频率。cs-gpio 是片选所使用的 GPIO。samsung,spi-feedback-delay 是 MISO 上面的采样时钟相移，可以设置的值为 0、1、2、3，分别表示移相 0 度、90 度、180 度、270 度。

内核在启动的过程中会自动把上面的 SPI 设备树节点转化为 struct spi_device 结构对象，当有匹配的驱动时，会调用驱动中的 probe 函数，接下来就来看看 SPI 设备驱动的数据结构 struct spi_driver，其类型定义如下。

```
struct spi_driver {
        const struct spi_device_id *id_table;
        int                     (*probe)(struct spi_device *spi);
        int                     (*remove)(struct spi_device *spi);
        void                    (*shutdown)(struct spi_device *spi);
        int                     (*suspend)(struct spi_device *spi, pm_message_t mesg);
        int                     (*resume)(struct spi_device *spi);
```

```
        struct device_driver    driver;
    };
```

这种形式在前面我们已经看过几次了，这里不再细述。和驱动相关的 API 如下。

```
int spi_register_driver(struct spi_driver *sdrv);
void spi_unregister_driver(struct spi_driver *sdrv);
void spi_set_drvdata(struct spi_device *spi, void *data);
void *spi_get_drvdata(struct spi_device *spi);
```

这些函数和 I2C 的相关函数类似，其作用和参数的意义都很容易理解，这里不再细述。

接下来是 SPI 数据的传输，它和 I2C 类似，也是由一条消息来定义一次传输的，不过 SPI 是全双工的，通常要一边发送数据一边接收数据，并且发送的数据和接收的数据通常字节数相等。为了描述这一对缓冲区，SPI 特别定义了一个结构，最主要的成员如下。

```
struct spi_transfer {
        const void      *tx_buf;
        void           *rx_buf;
        unsigned        len;
……
};
```

tx_buf：指向发送缓冲区。

rx_buf：指向接收缓冲区。

len：缓冲区长度。

struct spi_transfer 结构对象构成一个传输事务，多个传输事务构成一条消息，消息中的传输事务以链表的形式组织在一起，消息的结构类型为 struct spi_message，相关的 API 如下。

```
void spi_message_init(struct spi_message *m);
void spi_message_add_tail(struct spi_transfer *t, struct spi_message *m);
void spi_transfer_del(struct spi_transfer *t);
int spi_sync(struct spi_device *spi, struct spi_message *message);
```

spi_message_init：初始化消息 m。

spi_message_add_tail：将传输事务 t 加入到消息 m 中的链表。

spi_transfer_del：从链表中删除传输事务 t。

spi_sync：发起 spi 设备上的事务传输，同步等待所有事务完成。

使用传输事务和消息进行数据传输的典型代码范例如下。

```
        struct spi_message message;
        u16 etx, erx;
        int status;
        struct spi_transfer tran = {
                .tx_buf = &etx,
                .rx_buf = &erx,
                .len = 2,
        };
```

```
        etx = cpu_to_be16(tx);
        spi_message_init(&message);
        spi_message_add_tail(&tran, &message);
        status = spi_sync(s->spi, &message);
        if (status) {
                dev_warn(&s->spi->dev, "error while calling spi_sync\n");
                return -EIO;
        }
```

SPI 也提供了一些简化的传输函数，它们的原型如下。

```
    int spi_write(struct spi_device *spi, const void *buf, size_t len)
    int spi_read(struct spi_device *spi, void *buf, size_t len)
    int spi_write_then_read(struct spi_device *spi, const void *txbuf, unsigned n_tx,
void *rxbuf, unsigned n_rx);
```

spi_write：将 buf 中的数据写 len 个字节到 spi 设备，返回 0 表示成功，负数表示失败。

spi_read：从 spi 设备中读 len 个字节到 buf，返回 0 表示成功，负数表示失败。

spi_write_then_read：将 txbuf 中的数据写 n_tx 个字节到 spi 设备中，然后再从 spi 设备中读 n_rx 个字节的数据到 rxbuf，返回 0 表示成功，负数表示失败。

和 I2C 驱动类似，可以实现一个字符设备，应用程序通过操作该字符设备来通过 SPI 主机控制器收发数据，从而对 SPI 从设备进行访问。内核中的配置如下所示。

```
    Device Drivers  --->
       [*] SPI support  --->
           <*>   User mode SPI device driver support
```

另外，也需要在设备树中添加一个 SPI 设备节点，用于匹配 spidev 驱动，设备节点至少包含如下内容。

```
                dh2228@0 {
                        compatible = "rohm,dh2228fv";
                        spi-max-frequency = <1000000>;
                        reg = <0>;
                };
```

SPI 应用层驱动主要使用 ioctl 对 SPI 设备进行操作，常用的命令如下。

SPI_IOC_RD_MODE：获取 SPI 主机控制器的模式。

SPI_IOC_WR_MODE：设置 SPI 主机控制器的模式。

SPI_IOC_RD_BITS_PER_WORD：获取 SPI 的字长。

SPI_IOC_WR_BITS_PER_WORD：设置 SPI 的字长。

SPI_IOC_RD_MAX_SPEED_HZ：获取 SPI 的最高工作速率。

SPI_IOC_WR_MAX_SPEED_HZ：设置 SPI 的最高工作速率。

SPI_IOC_MESSAGE(N)：执行 *N* 个传输事务。

应用层要通过 SPI 进行数据的传输也是用消息描述的，消息内部也包含传输事务，应用层的传输事务的数据结构如下。

```
struct spi_ioc_transfer {
        __u64           tx_buf;
        __u64           rx_buf;

        __u32           len;
        __u32           speed_hz;

        __u16           delay_usecs;
        __u8            bits_per_word;
        __u8            cs_change;
        __u32           pad;

};
```

tx_buf：发送数据的缓冲区，不发送数据可以为 NULL。

rx_buf：接收数据的缓冲区，不接收数据可以为 NULL。

len：传输的字节数。

speed_hz：进行传输时，主机控制器的工作速率。

delay_usecs：片选信号无效的延时。

bits_per_word：传输使用的字长。

cs_change：如果非 0，表示在下一次传输前首先要将片选无效。

pad：用于结构大小控制。

应用层 SPI 设备驱动的编程步骤大致如下。

（1）使用 open 打开/dev /spiB.C 设备。

（2）使用 ioctl 函数和 SPI_IOC_WR_MODE、SPI_IOC_WR_BITS_PER_WORD、SPI_IOC_WR_MAX_SPEED_HZ 命令设置好工作模式、字长和工作速率。

（3）构造 struct spi_ioc_transfer 结构对象，设置好要发送的数据和数据长度等信息。

（4）使用 ioctl 函数和 SPI_IOC_MESSAGE(N)命令执行传输操作，如果有读取的数据，则当 SPI_IOC_MESSAGE(N)命令执行完成后，可以从 struct spi_ioc_transfer 结构对象的接收缓冲区中获取。

（5）不使用设备时，用 close 关闭设备文件。

10.2.3 SPI 设备驱动范例

应用层的 SPI 设备驱动的代码形式如下。

```
……
#include <linux/types.h>
#include <linux/spi/spidev.h>

int main(int argc, char **argv)
{
        int fd;
        unsigned char mode = SPI_MODE_0;
        struct spi_ioc_transfer xfer[2];
        unsigned char tx_buf[32];
```

```
20         unsigned char rx_buf[32];
21         int status;
22
23         fd = open("/dev/spidev2.0", O_RDWR);
24         if (fd < 0)
25                 goto fail;
26
27         if (ioctl(fd, SPI_IOC_WR_MODE, &mode) < 0)
28                 goto fail;
29
30         memset(xfer, 0, sizeof(xfer));
31         memset(tx_buf, 0, sizeof(tx_buf));
32         memset(rx_buf, 0, sizeof(rx_buf));
33         tx_buf[0] = 0xAA;
34         xfer[0].tx_buf = (unsigned long)tx_buf;
35         xfer[0].len = 1;
36
37         if(ioctl(fd, SPI_IOC_MESSAGE(1), xfer) < 0)
38                 goto fail;
39
40         close(fd);
41
42         return 0;
43
44 fail:
45         perror("spi test");
46         exit(EXIT_FAILURE);
47 }
```

首先要包含头文件 linux/spi/spidev.h，代码第 23 行打开了 SPI 设备文件。代码第 27 行设置了 SPI 主机控制器的工作模式为 SPI_MODE_0，这要根据操作的具体 SPI 设备而定，通常在设备的数据手册上能够查阅到相关的内容。xfer 是传输事务结构对象，一个对象对应一个传输事务。代码第 30 行至第 35 行初始化了传输事务，并初始化了发送缓冲区内的内容。一次需要执行多少个传输事务需要根据实际的情况而定，发送缓冲区的内容也要根据实际情况而定，通常是操作 SPI 设备的一些命令。代码第 37 行执行传输，因为只有一个传输事务，所以命令为 SPI_IOC_MESSAGE(1)，参数为 xfer，即传输事务对象的地址。

内核层的 SPI 设备驱动代码形式如下。

```
#include <linux/spi/spi.h>

struct xxx_dev {
        struct spi_device *spi;
        atomic_t available;
        struct cdev cdev;
};

……
```

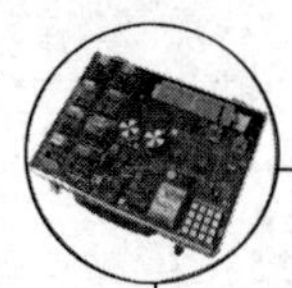


```
static ssize_t xxx_read(struct file *filp, char __user *buf, size_t count, loff_t *pos)
{
        struct xxx_dev *xxx = filp->private_data;
        unsigned char rx_buf[256];

        spi_read(xxx->spi, rx_buf, count);
        copy_to_user(buf, rx_buf, count);
}

static ssize_t xxx_write(struct file *filp, const char __user *buf, size_t count, loff_t *pos)
{
        struct xxx_dev *xxx = filp->private_data;
        unsigned char tx_buf[256];

        copy_from_user(tx_buf, buf, count);
        spi_write(xxx->spi, tx_buf, count);
}

static long xxx_ioctl(struct file *filp, unsigned int cmd, unsigned long arg)
{
        struct xxx_dev *xxx = filp->private_data;
        unsigned char tx_buf[256];
        unsigned char rx_buf[256];
        struct spi_transfer t = {
                .tx_buf = tx_buf,
                .rx_buf = rx_buf,
                .len = _IOC_SIZE(cmd),
        };
        struct spi_message m;
        int ret;

        switch (cmd) {
                case XXX_CMD:
                        copy_from_user(tx_buf, (void __user *)arg, _IOC_SIZE(cmd));
                        spi_message_init(&m);
                        spi_message_add_tail(&t, &m);
                        ret = spi_sync(xxx->spi, &m);
                        break;
                default:
                        return -ENOTTY;
        }

        return 0;
}

static struct file_operations xxx_ops = {
        .owner = THIS_MODULE,
        .open = xxx_open,
        .release = xxx_release,
        .read = xxx_read,
```

```
        .write = xxx_write,
        .unlocked_ioctl = xxx_ioctl,
};

static int xxx_probe(struct spi_device *spi)
{
        struct xxx_dev *xxx;

        spi->mode = SPI_MODE_0;
        spi->bits_per_word = 8;
        spi_setup(spi);


        xxx = kzalloc(sizeof(struct xxx_dev), GFP_KERNEL);
        spi_set_drvdata(spi, xxx);

        return 0;
}

static int xxx_remove(struct spi_device *spi)
{
        struct xxx_dev *xxx = spi_get_drvdata(spi);

        kfree(xxx);
        return 0;
}

static const struct spi_device_id xxx_id_table[] = {
        {
                .name           = "xxx",
        },
        { }
};
MODULE_DEVICE_TABLE(spi, xxx_id_table);

static struct spi_driver xxx_driver = {
        .driver = {
                .name = "xxx",
                .owner = THIS_MODULE,
        },
        .id_table = xxx_id_table,
        .probe = xxx_probe,
        .remove = xxx_remove,
};

module_spi_driver(xxx_driver);

MODULE_LICENSE("GPL");
```

首先要包含 linux/spi/spi.h 头文件，在设备的结构中包含 struct spi_device *类型的 spi 成员，它是指向 SPI 设备的对象指针，在 probe 函数中传入，保存后可以方便以后使用。

代码第 119 行至第 135 行是 SPI 驱动的设备 id 表、SPI 驱动的结构变量定义和驱动的注册、注销，这和前面的平台驱动、I2C 驱动都非常类似。

在 xxx_probe 函数中，设置了 SPI 设备结构对象中的工作模式和字长，并使用 spi_setup 对 SPI 主机控制器进行了设置，模式和字长需要根据具体的设备而定。spi_set_drvdata 以及 xxx_remove 函数中的 spi_get_drvdata 用于设置和获取驱动数据，这在前面的平台驱动和 I2C 驱动中也有类似的代码。

xxx_read 函数中直接使用 spi_read 去读取 SPI 设备，这是内核提供的一个简化的读取操作，但是实际如何读取 SPI 的数据，还要根据 SPI 设备的数据手册而定，通常可能会先发送一些命令，然后才能读取数据。

xxx_write 函数直接使用 spi_write 函数去写 SPI 设备，但是通常情况下，SPI 设备接收到数据后也会返回一些数据，比如状态信息等，可以在写之后再来获取这些状态，或者是边写边获取状态。

xxx_ioctl 函数则是用传输事务和消息来对 SPI 设备进行访问操作的，这是更一般的形式。过程也和前面谈到的类似，首先初始化传输事务，然后使用 spi_message_init 函数初始化消息，接下来用 spi_message_add_tail 将传输事务添加到消息中的传输事务链表的尾部，最后使用 spi_sync 同步执行传输操作，返回的数据可以从传输事务的接收缓冲区中获取。

10.3 USB 设备驱动

10.3.1 USB 协议简介

USB（Universal Serial Bus，通用串行总线）正如它的名字一样，是用来连接 PC 外设的一种通用串行总线，即插即用和易扩展是它最大的特点。所谓即插即用，是 PC 不需要断电就可以连接外设，并且不需要在硬件上通过跳线来配置设备。易扩展则是它可以很容易扩展出更多的接口来连接更多的外设。USB 的协议主要经过了 USB1.1、USB2.0 和 USB3.0 三个阶段。目前 PC 上很多 USB 接口都支持 USB3.0，但是在嵌入式系统上主要使用的还是 USB2.0 协议，所以后面也只讨论 USB2.0 协议。USB2.0 有三种标准的速率，分别是低速 1.5Mb/s、全速 12Mb/s 和高速 480Mb/s，在设备接入主机时会自动协商，最后确定一个速率。相比于前面的 I2C 和 SPI，USB 协议要复杂得多，本节从驱动开发者的角度来讨论协议中相关的一些内容。图 10.13 是 USB 的拓扑结构图（引自 USB 2.0 协议，后面有些图也引自该协议）。

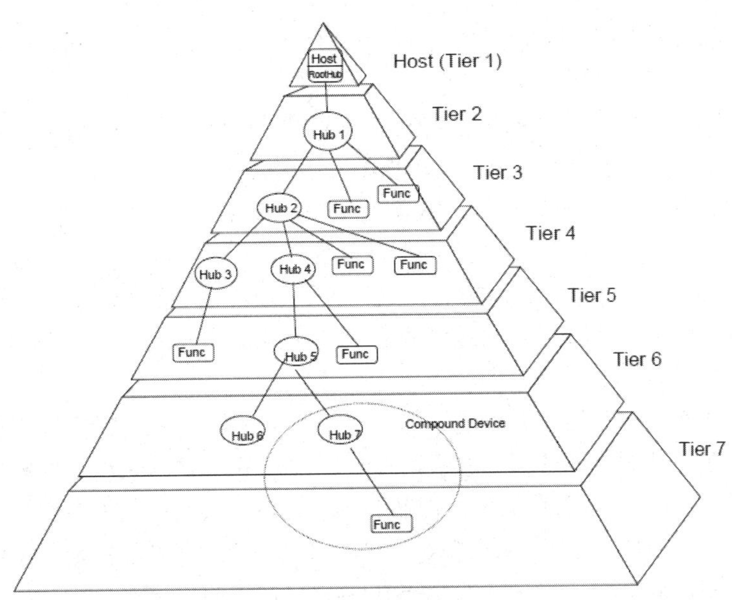

图 10.13　总线拓扑结构

USB 也是主从结构的总线，整个拓扑结构呈金字塔形状，为星形连接，最上面的一层就是主机，下面各层分别为连接在主机上的设备，下面分别进行介绍。

USB 主机，Host：由它来发起 USB 的传输，还有一个 RootHub，通常和 USB 主机控制器集成在一起。它是一根集线器，为主机控制器提供至少一个连接设备的 USB 接口。

USB 设备，分为 Hub 和 Function。Hub 是集线器，用于总线的扩展，提供更多的 USB 接口。Function 是 USB 功能设备，也就是常见的 USB 外设，后面讨论的 USB 设备驱动也是针对这个 Function 而言的。

USB2.0 规定，除主机外，下面连接的 USB 设备层数最多为 6 层。每个 USB 设备都有一个唯一的地址，USB 设备地址使用 7 位地址，所以地址范围为 0~127。0 地址是一个特殊地址，当一个新的 USB 设备插入到 USB 接口时，使用该地址和主机进行通信，主机随后会分配一个地址给该设备。所以理论上一个 USB 主机最多可以连接 127 个 USB 设备。

一个 USB 物理设备由一个或多个 USB 逻辑设备组成，一个 USB 逻辑设备体现为一个“接口”，接口又是由一组“端点”所组成，接下来分别进行说明。

按照协议上的描述，端点是可唯一识别的 USB 设备的一部分，它是主机与设备间通信流的一个终点。每个端点都有一个地址，地址为 4 位宽。从主机的角度来定义，端点又有输入（数据从设备到主机）和输出（数据从主机到设备）两个方向，所以一个 USB 设备最多有 32 个端点。主机通过设备地址和端点地址来寻址一个 USB 设备上的具体端点。端点 0 是一个特殊的端点，必不可少，主要用于 USB 设备的枚举。USB 设备内部存在着大量的资源信息，当一个 USB 设备接入到 USB 主机后，USB 主机会主动获取这些信息，这时用到的就是端点 0。

接口是逻辑上的概念，它是若干个端点的集合，用于实现某一具体功能，如果一个USB 设备有多个接口，那么它就是一个多功能设备。

除此之外，还有一个配置的概念，它是多个接口的集合，同一时刻只能有一个配置有效。最终，多个配置构成了一个 USB 设备。大多数 USB 设备只有一个配置和一个接口。有了上面的概念后，再来理解 USB 的通信流就很容易了。

如图 10.14 所示，主机（Host）上的客户软件（Client Software）通过缓冲区（Buffer）和一个 USB 逻辑设备（USB Logical Device）的一个接口（Interface）中的某一端点进行数据传输，客户软件的缓冲区和端点之间的通信就构成了一个管道（Pipe），传输的类型分为以下四种。

（1）控制传输：突发的、非周期性的、用于请求/响应的通信。主要用于命令和状态的操作，如前面提到的枚举过程中的数据传输。只有端点 0 默认用于控制传输，所以端点 0 也叫作控制端点（通常用于什么传输的端点就叫什么端点，如用于控制传输的端点就叫控制端点）。USB 协议定义了很多标准的命令（请求）以及这些命令的响应，这些数据就是通过控制传输来完成的。另外，USB 协议允许厂商自定义命令，也用控制传输来完成。

（2）等时传输：有的也叫作同步传输，用于主机和设备之间周期性、连续的通信，通常用于对时间性要求高，但不太关心数据正确性的场合，比如音频数据的传输，如果传输速率不能满足要求，声音会出现停顿，但少量的数据错误，并不会太影响声音所提供的信息。

（3）中断传输：周期性的、确保延迟不超过一个规定值的传输。这里的中断并不是我们之前所说的中断，其更像是轮询。比如对于 100ms 周期的中断传输，主机会保证在 100ms 内发起一次传输。键盘、鼠标等设备通常使用这种传输模式，主机会定期获取设备的按键信息。

（4）块传输：也叫批量传输，非周期性的大数据传输。主要用于大量数据的传输，且对传输的延时不特别限制的情况，比如磁盘设备等。

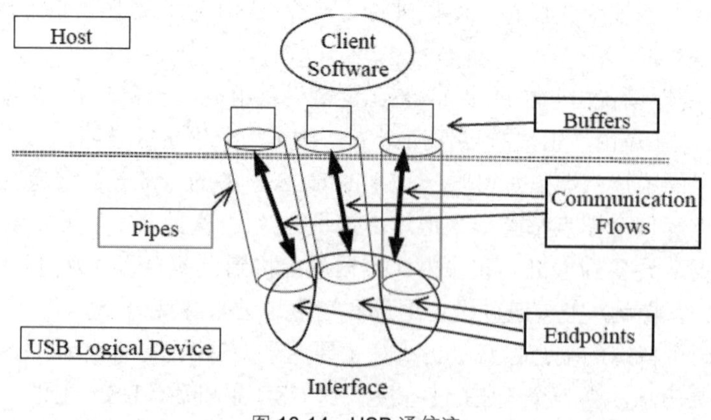

图 10.14　USB 通信流

最后还要说明的是，协议对各种传输的最大包长都做了规定，以全速模式为例，控制传输的最大包长为 64 字节，等时传输为 1023 字节，中断传输为 64 字节，块传输可以在 8、16、32、64 字节中选择。所以一个数据大于最大包长，都要分几次来传输。另外，设备厂商的各端点的最大包长还要根据具体的设备来定，它可能还会小于协议中规定的最大包长，不过这些信息都可以在枚举阶段获得。

10.3.2 Linux USB 驱动

Linux 的 USB 驱动层次结构和前面讲解的 I2C 和 SPI 都差不多，也分为主机控制器驱动和设备驱动，因为主机控制器驱动通常由 SoC 生产厂商负责实现，所以下面只讨论 USB 设备驱动。我们前面说过，一个 USB 逻辑设备体现为一个接口，Linux 中代表接口的结构是 struct usb_interface，里面有一个成员 cur_altsetting，指向了主机侧对接口的描述结构 struct usb_host_interface，该结构包含了接口中所包含的端点个数和各端点的配置描述符的详细信息。这些信息是在一个 USB 设备接入到主机时，在枚举过程中获得的。这些结构的内容都比较多，在此不一一列出，在实例代码中将会对用到的成员做相应的说明。

接下来看看代表 USB 设备驱动的结构，其定义如下（只列出了驱动开发者关心的成员）。

```
struct usb_driver {
        const char *name;

        int (*probe) (struct usb_interface *intf, const struct usb_device_id *id);
        void (*disconnect) (struct usb_interface *intf);
......
        int (*suspend) (struct usb_interface *intf, pm_message_t message);
        int (*resume) (struct usb_interface *intf);
......
        const struct usb_device_id *id_table;
......
};
```

name：驱动的名字，应该在整个 USB 驱动中唯一，且应该和模块的名字一致。

probe：驱动用于探测接口 intf 是否是要驱动的接口，返回 0 表示接口和驱动绑定成功。

disconnect：在驱动卸载或设备拔掉的时候调用。

suspend、resume：用于电源管理。

id_table：驱动支持的 USB 设备 ID 列表。USB 设备内部保存了厂商 ID 和设备 ID，在枚举的过程中会获得这些信息，USB 总线驱动用获得的信息来匹配 USB 驱动中的 ID 表，如果匹配则会调用驱动中的 probe 函数来进一步对接口进行绑定。

与 USB 设备驱动和接口相关的函数原型或宏如下。

```
usb_register(driver)
```

```
void usb_deregister(struct usb_driver *);
struct usb_device *interface_to_usbdev(struct usb_interface *intf);
void usb_set_intfdata(struct usb_interface *intf, void *data);
void *usb_get_intfdata(struct usb_interface *intf);
```

usb_register：注册 USB 设备驱动 driver。

usb_deregister：注销 USB 设备驱动。

interface_to_usbdev：通过接口 intf 返回包含的 USB 设备结构 struct usb_device 对象指针。

usb_set_intfdata：保存 data 到接口 intf 中。

usb_get_intfdata：从接口 intf 中获取之前保存的数据指针。

前面讲过，主机客户软件和设备端点之间是通过管道来通信的，驱动从接口中获取端点信息（包括地址、类型和方向）后就可以来构造这个管道，相应的宏如下。

```
usb_sndctrlpipe(dev, endpoint)
usb_rcvctrlpipe(dev, endpoint)
usb_sndisocpipe(dev, endpoint)
usb_rcvisocpipe(dev, endpoint)
usb_sndbulkpipe(dev, endpoint)
usb_rcvbulkpipe(dev, endpoint)
usb_sndintpipe(dev, endpoint)
usb_rcvintpipe(dev, endpoint)
```

另外，还可以通过下面的函数来获取管道的最大包长。

```
__u16 usb_maxpacket(struct usb_device *udev, int pipe, int is_out);
```

有了管道之后，驱动就可以和 USB 设备的端点进行通信了。Linux 中用 struct urb 来和 USB 设备的端点进行通信，这类似于 I2C 总线或 SPI 总线中的消息。该结构的成员比较多，在此就不一一列出了。围绕 struct urb 的主要函数如下。

```
    struct urb *usb_alloc_urb(int iso_packets, gfp_t mem_flags);
    void usb_free_urb(struct urb *urb);
    int usb_submit_urb(struct urb *urb, gfp_t mem_flags);
    int usb_unlink_urb(struct urb *urb);
    void usb_kill_urb(struct urb *urb);
    void usb_fill_control_urb(struct urb *urb, struct usb_device *dev, unsigned int
pipe, unsigned char *setup_packet, void *transfer_buffer, int buffer_length, usb_
complete_t complete_fn, void *context);
    void usb_fill_bulk_urb(struct urb *urb, struct usb_device *dev, unsigned int pipe,
void *transfer_buffer, int buffer_length, usb_complete_t complete_fn, void *context);
    void usb_fill_int_urb(struct urb *urb, struct usb_device *dev, unsigned int pipe,
void *transfer_buffer, int buffer_length, usb_complete_t complete_fn, void *context,
int interval);
```

usb_alloc_urb：动态分配一个 struct urb 结构对象，iso_packets 是该 URB 用于等时传输包的个数，不用于等时传输则为 0。mem_flags 是内存分配的掩码。

usb_free_urb：释放 URB。

usb_submit_urb：提交一个 URB，发起 USB 传输。

usb_unlink_urb：撤销一个提交的URB，并不等待URB被终止后才返回，用于不能休眠的上下文中。

usb_kill_urb：撤销一个提交的URB，等待URB被终止后才返回。

usb_fill_control_urb：填充一个用于控制传输的URB，urb是待填充的urb对象指针，dev是要通信的USB设备对象指针，pipe是用于通信的管道，setup_packet是协议的建立包的地址，transfer_buffer是传输数据的缓冲区地址，buffer_length是传输数据的缓冲区长度，complete_fn指向URB完成后的回调函数，context指向可被USB驱动程序设置的数据块。

usb_fill_bulk_urb和usb_fill_int_urb分别用于填充块传输URB和中断传输URB，参数的含义和上面的一致，其中中断传输的interval参数用于指定中断传输的时间间隔。

USB的传输通常使用下面的步骤来进行。

（1）使用usb_alloc_urb来分配一个URB。

（2）根据传输的类型来填充一个URB。等时传输没有相应的函数，需要手动来实现。

（3）使用usb_submit_urb来提交一个URB来发起传输。

（4）用完成量或等待队列来等待一个URB的完成。

（5）URB传输完成后，完成回调函数被调用，在这里唤醒等待的进程。

（6）进程被唤醒后检查URB的执行结果，包括状态信息和实际完成的传输字节数等。

（7）如果中途需要撤销URB，则使用usb_unlink_urb或usb_kill_urb。

（8）不使用URB可以通过usb_free_urb来释放。

一个分配了的URB可以多次使用，不需要每次分配，但要在提交前重新填充。URB的完成状态通过status成员来获取，实际完成的传输字节数通过actual_length成员来获取。

使用URB来完成USB传输可以做到比较精细的控制，但是使用比较复杂。Linux内核封装了一些方便使用的函数，主要如下。

```
int usb_control_msg(struct usb_device *dev, unsigned int pipe, __u8 request, __u8 requesttype, __u16 value, __u16 index, void *data, __u16 size, int timeout);
int usb_interrupt_msg(struct usb_device *usb_dev, unsigned int pipe, void *data, int len, int *actual_length, int timeout);
int usb_bulk_msg(struct usb_device *usb_dev, unsigned int pipe, void *data, int len, int *actual_length, int timeout);
```

usb_control_msg：用于发起控制传输。dev是要通信的USB设备对象指针，pipe是用于通信的管道，request是协议中的请求字段，requesttype是请求的类型，value和index也是协议中对应的字段。data是指向缓冲区的指针，size是缓冲区数据大小，timeout是超时值。

usb_interrupt_msg和usb_bulk_msg分别用于发起中断传输和块传输。actual_length是实际完成的传输字节数。

10.3.3 USB 设备驱动实例

本书使用的 USB 设备是 cepark 电子园上面的《圈圈教你玩 USB》配套学习板的 V2 版开发板（开发板只提供了 Windows 平台的驱动源码），选用该开发板的原因是设备侧很简单，价格非常便宜，但是基本的功能都可以得以验证。设备的实物图如图 10.15 所示。

开发板上有一片 STC89C52RC 单片机和一片 PDIUSBD12 USB 设备侧的接口芯片。PDIUSBD12 除控制端点外还有 4 个端点，本书使用开发板配套源码中的自定义设备，这 4 个端点分别是中断输入（端点地址 0x81）、中断输出（端点地址 0x01）、批量输入（端点地址 0x82）和批量输出（端点地址 0x02）。设备应用层的通信协议如下。

（1）中断输入端点用于返回 8 个按键的值和按键按下、释放的计数值，长度为 8 个字节，每个字节的含义参见后面的代码。

（2）中断输出端点用于控制 8 个 LED 灯的亮灭，长度为 8 个字节，每个字节的含义参见后面的代码。

（3）批量输入端点用于返回串口收到的数据。

（4）批量输出端点用于发送数据给串口，也就是说，批量输入端点和批量输出端点完成了 USB 和串口数据的透传。

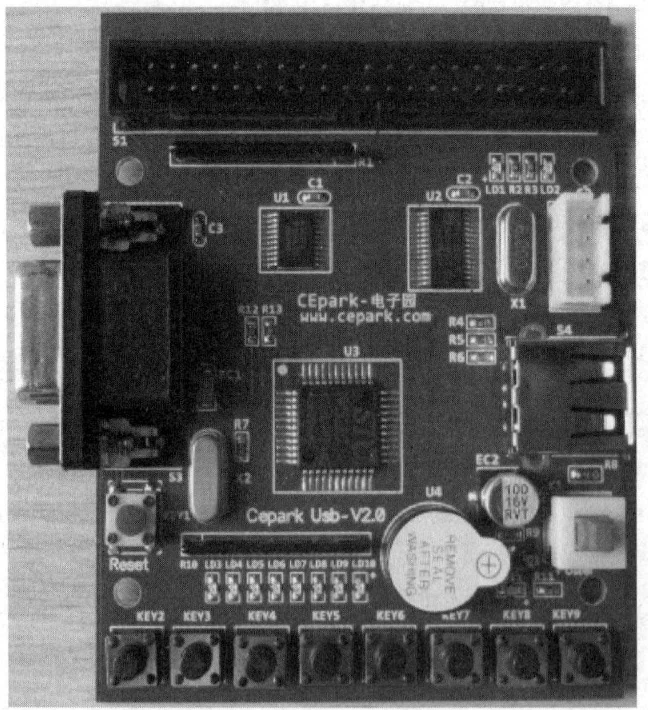

图 10.15　USB 设备开发板

该 USB 设备的 Linux 驱动代码如下（完整的代码请参见“下载资源/程序源码/usb/ex1”）。为了尽量突出 USB 驱动的核心，并没有加入并发控制相关的代码。另外，设备的次设备号是动态增加的，所以设备拔掉后再插入次设备号会变化，这也是为了简化代码。

```
#include <linux/init.h>
#include <linux/kernel.h>
#include <linux/module.h>

#include <linux/cdev.h>
#include <linux/fs.h>
#include <linux/usb.h>
#include <linux/slab.h>
#include <linux/sched.h>
#include <linux/types.h>
#include <linux/errno.h>
#include <linux/uaccess.h>

#include "pdiusbd12.h"

#define PDIUSBD12_MAJOR         256
#define PDIUSBD12_MINOR         10
#define PDIUSBD12_DEV_NAME      "pdiusbd12"

struct pdiusbd12_dev {
        int pipe_ep1_out;
        int pipe_ep1_in;
        int pipe_ep2_out;
        int pipe_ep2_in;
        int maxp_ep1_out;
        int maxp_ep1_in;
        int maxp_ep2_out;
        int maxp_ep2_in;
        struct urb *ep2inurb;
        int errors;
        unsigned int ep2inlen;
        unsigned char ep1inbuf[16];
        unsigned char ep1outbuf[16];
        unsigned char ep2inbuf[64];
        unsigned char ep2outbuf[64];
        struct usb_device *usbdev;
        wait_queue_head_t wq;
        struct cdev cdev;
        dev_t dev;
};

static unsigned int minor = PDIUSBD12_MINOR;

static int pdiusbd12_open(struct inode *inode, struct file *filp)
{
        struct pdiusbd12_dev *pdiusbd12;

```

```
        pdiusbd12 = container_of(inode->i_cdev, struct pdiusbd12_dev, cdev);
        filp->private_data = pdiusbd12;

        return 0;
}

static int pdiusbd12_release(struct inode *inode, struct file *filp)
{
        struct pdiusbd12_dev *pdiusbd12;

        pdiusbd12 = container_of(inode->i_cdev, struct pdiusbd12_dev, cdev);
        usb_kill_urb(pdiusbd12->ep2inurb);

        return 0;
}

void usb_read_complete(struct urb * urb)
{
        struct pdiusbd12_dev *pdiusbd12 = urb->context;

        switch (urb->status) {
                case 0:
                        pdiusbd12->ep2inlen = urb->actual_length;
                        break;
                case -ECONNRESET:
                case -ENOENT:
                case -ESHUTDOWN:
                default:
                        pdiusbd12->ep2inlen = 0;
                        break;
        }
        pdiusbd12->errors = urb->status;
        wake_up_interruptible(&pdiusbd12->wq);
}

static ssize_t pdiusbd12_read(struct file *filp, char __user *buf, size_t count, loff_t *f_ops)
{
        int ret;
        struct usb_device *usbdev;
        struct pdiusbd12_dev *pdiusbd12 = filp->private_data;

        count = count > sizeof(pdiusbd12->ep2inbuf) ? sizeof(pdiusbd12->ep1inbuf) : count;

        ret = count;
        usbdev = pdiusbd12->usbdev;
        usb_fill_bulk_urb(pdiusbd12->ep2inurb, usbdev, pdiusbd12->pipe_ep2_in, pdiusbd12->ep2inbuf, ret, usb_read_complete, pdiusbd12);
        if (usb_submit_urb(pdiusbd12->ep2inurb, GFP_KERNEL))
                return -EIO;
        interruptible_sleep_on(&pdiusbd12->wq);

```

```
        if (pdiusbd12->errors)
                return pdiusbd12->errors;
        else {
                if (copy_to_user(buf, pdiusbd12->ep2inbuf, pdiusbd12->ep2inlen))
                        return -EFAULT;
                else
                        return pdiusbd12->ep2inlen;
        }
}

static ssize_t pdiusbd12_write(struct file *filp, const char __user *buf, size_t count, loff_t *f_ops)
{
        int len;
        ssize_t ret = 0;
        struct pdiusbd12_dev *pdiusbd12 = filp->private_data;

        count = count > sizeof(pdiusbd12->ep2outbuf) ? sizeof(pdiusbd12->ep2outbuf) : count;
        if (copy_from_user(pdiusbd12->ep2outbuf, buf, count))
                return -EFAULT;

        ret = usb_bulk_msg(pdiusbd12->usbdev, pdiusbd12->pipe_ep2_out, pdiusbd12->ep2outbuf, count, &len, 10 * HZ);
        if (ret)
                return ret;
        else
                return len;
}

long pdiusbd12_ioctl(struct file *filp, unsigned int cmd, unsigned long arg)
{
        int ret;
        int len;
        struct pdiusbd12_dev *pdiusbd12 = filp->private_data;

        if (_IOC_TYPE(cmd) != PDIUSBD12_MAGIC)
                return -ENOTTY;

        switch (cmd) {
        case PDIUSBD12_GET_KEY:
                ret = usb_interrupt_msg(pdiusbd12->usbdev, pdiusbd12->pipe_ep1_in, pdiusbd12->ep1inbuf, 8, &len, 10 * HZ);
                if (ret)
                        return ret;
                else {
                        if (copy_to_user((unsigned char __user *)arg, pdiusbd12->ep1inbuf, len))
                                return -EFAULT;
                        else
                                return 0;
                }
                break;
```

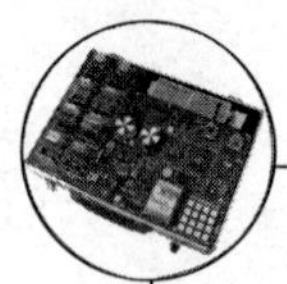


```
        case PDIUSBD12_SET_LED:
                if (copy_from_user(pdiusbd12->ep1outbuf, (unsigned char __user *) arg, 8))
                        return -EFAULT;
                ret = usb_interrupt_msg(pdiusbd12->usbdev, pdiusbd12->pipe_ep1_out, pdiusbd12->ep1outbuf, 8, &len, 10 * HZ);
                if (ret)
                        return ret;
                else
                        return 0;
        default:
                return -ENOTTY;
        }

        return 0;
}

static struct file_operations pdiusbd12_ops = {
        .owner = THIS_MODULE,
        .open = pdiusbd12_open,
        .release = pdiusbd12_release,
        .read = pdiusbd12_read,
        .write = pdiusbd12_write,
        .unlocked_ioctl = pdiusbd12_ioctl,
};

int pdiusbd12_probe(struct usb_interface *intf, const struct usb_device_id *id)
{
        static struct pdiusbd12_dev *pdiusbd12;
        struct usb_device *usbdev;
        struct usb_host_interface *interface;
        struct usb_endpoint_descriptor *endpoint;
        int ret = 0;

        pdiusbd12 = kmalloc(sizeof(struct pdiusbd12_dev), GFP_KERNEL);
        if (!pdiusbd12)
                return -ENOMEM;

        usbdev = interface_to_usbdev(intf);
        interface = intf->cur_altsetting;
        if (interface->desc.bNumEndpoints != 4) {
                ret = -ENODEV;
                goto out_no_dev;
        }

        /* EP1 Interrupt IN */
        endpoint = &interface->endpoint[0].desc;
        if (!(endpoint->bEndpointAddress & 0x80)) {     /* IN */
                ret = -ENODEV;
                goto out_no_dev;
        }
        if ((endpoint->bmAttributes & 0x7F) != 3) {     /* Interrupt */
                ret = -ENODEV;
```

```
                goto out_no_dev;
        }
        pdiusbd12->pipe_ep1_in = usb_rcvintpipe(usbdev, endpoint->bEndpointAddress);
        pdiusbd12->maxp_ep1_in = usb_maxpacket(usbdev, pdiusbd12->pipe_ep1_in, usb_pipeout(pdiusbd12->pipe_ep1_in));

        /* EP1 Interrupt Out */
        endpoint = &interface->endpoint[1].desc;
        if (endpoint->bEndpointAddress & 0x80) {        /* OUT */
                ret = -ENODEV;
                goto out_no_dev;
        }
        if ((endpoint->bmAttributes & 0x7F) != 3) {     /* Interrupt */
                ret = -ENODEV;
                goto out_no_dev;
        }
        pdiusbd12->pipe_ep1_out = usb_sndintpipe(usbdev, endpoint->bEndpointAddress);
        pdiusbd12->maxp_ep1_out = usb_maxpacket(usbdev, pdiusbd12->pipe_ep1_out, usb_pipeout(pdiusbd12->pipe_ep1_out));

        /* EP2 Bulk IN */
        endpoint = &interface->endpoint[2].desc;
        if (!(endpoint->bEndpointAddress & 0x80)) {     /* IN */
                ret = -ENODEV;
                goto out_no_dev;
        }
        if ((endpoint->bmAttributes & 0x7F) != 2) {     /* Bulk */
                ret = -ENODEV;
                goto out_no_dev;
        }
        pdiusbd12->pipe_ep2_in = usb_rcvintpipe(usbdev, endpoint->bEndpointAddress);
        pdiusbd12->maxp_ep2_in = usb_maxpacket(usbdev, pdiusbd12->pipe_ep2_in, usb_pipeout(pdiusbd12->pipe_ep2_in));

        endpoint = &interface->endpoint[3].desc;
        if (endpoint->bEndpointAddress & 0x80) {        /* OUT */
                ret = -ENODEV;
                goto out_no_dev;
        }
        if ((endpoint->bmAttributes & 0x7F) != 2) {     /* Bulk */
                ret = -ENODEV;
                goto out_no_dev;
        }
        pdiusbd12->pipe_ep2_out = usb_sndintpipe(usbdev, endpoint->bEndpointAddress);
        pdiusbd12->maxp_ep2_out = usb_maxpacket(usbdev, pdiusbd12->pipe_ep2_out, usb_pipeout(pdiusbd12->pipe_ep2_out));

        pdiusbd12->ep2inurb = usb_alloc_urb(0, GFP_KERNEL);
        pdiusbd12->usbdev = usbdev;
```

```
        usb_set_intfdata(intf, pdiusbd12);

        pdiusbd12->dev = MKDEV(PDIUSBD12_MAJOR, minor++);
        ret = register_chrdev_region (pdiusbd12->dev, 1, PDIUSBD12_DEV_NAME);
        if (ret < 0)
                goto out_reg_region;

        cdev_init(&pdiusbd12->cdev, &pdiusbd12_ops);
        pdiusbd12->cdev.owner = THIS_MODULE;
        ret = cdev_add(&pdiusbd12->cdev, pdiusbd12->dev, 1);
        if (ret)
                goto out_cdev_add;

        init_waitqueue_head(&pdiusbd12->wq);

        return 0;

out_cdev_add:
        unregister_chrdev_region(pdiusbd12->dev, 1);
out_reg_region:
        usb_free_urb(pdiusbd12->ep2inurb);
out_no_dev:
        kfree(pdiusbd12);
        return ret;
}

void pdiusbd12_disconnect(struct usb_interface *intf)
{
        struct pdiusbd12_dev *pdiusbd12 = usb_get_intfdata(intf);

        cdev_del(&pdiusbd12->cdev);
        unregister_chrdev_region(pdiusbd12->dev, 1);
        usb_kill_urb(pdiusbd12->ep2inurb);
        usb_free_urb(pdiusbd12->ep2inurb);
        kfree(pdiusbd12);
}

static struct usb_device_id id_table [] = {
        { USB_DEVICE(0x8888, 0x000b) },
        { }
};
MODULE_DEVICE_TABLE(usb, id_table);

static struct usb_driver pdiusbd12_driver =
{
        .name  = "pdiusbd12",
        .id_table = id_table,
        .probe = pdiusbd12_probe,
        .disconnect = pdiusbd12_disconnect,
};

module_usb_driver(pdiusbd12_driver);
```

```
295 MODULE_LICENSE("GPL");
296 MODULE_AUTHOR("Kevin Jiang <jiangxg@farsight.com.cn>");
297 MODULE_DESCRIPTION("PDIUSBD12 driver");
```

代码中 struct pdiusbd12_dev 结构中的成员包含了 4 个端点对应的管道和 4 个端点的最大包大小，ep2inurb 是输入端点 2 使用的 urb，用于演示 urb 的使用。errors 和 ep2inlen 是传输完成后端点的状态信息和实际得到的字节数，接下来是 4 个端点使用的缓冲区。wq 是等待队列头，用于等待输入端点 2 的传输完成。

代码第 279 行至第 293 行是 USB 驱动的定义和相应的注册、注销，id_table 中的 0x8888 和 0x000b 是设备的厂商 ID 和设备 ID，这在 USB 设备插入后可以通过 lsusb 命令查看。

在 pdiusbd12_probe 函数中，使用 interface_to_usbdev 通过传入的接口 intf 来获取包含该接口的 USB 设备对象指针，该对象指针在后面的 USB 传输中将会多次使用。代码第 190 行至第 200 行，将第一个端点（中断输入端点 1）的信息获取到，然后判断其端点的方向和端点的类型是否正确，如果正确则使用 usb_rcvintpipe 创建一个管道，使用 usb_maxpacket 来获取端点的最大允许的包大小。代码第 201 行到第 238 行，使用同样的方法来创建另外 3 个节点对应的管道。代码第 240 行使用 usb_alloc_urb 分配了一个批量输入端点 2 使用的 URB，接下来保存了 USB 设备对象指针并将指针 pdiusbd12 使用 usb_set_intfdata 保存到了接口 intf 中。

pdiusbd12_read 函数首先调整了读取的字节数，然后使用了 usb_fill_bulk_urb 来填充 URB，并指定回调函数为 usb_read_complete，接下来使用 usb_submit_urb 来提交 URB，并使用 interruptible_sleep_on 来等待回调函数的唤醒。URB 传输完成后，usb_read_complete 函数被调用，在该函数中获取了传输的状态和实际传输的字节数，然后使用 wake_up_interruptible 唤醒了读进程。读进程则根据状态来决定是否复制数据，并返回错误码或实际读取到的字节数。

pdiusbd12_write 函数要简单一些，它首先将用户的数据复制到输出端点 2 的缓冲区中，然后使用 usb_bulk_msg 发起了一次传输。函数返回后，len 变量中存放了实际发送的字节数，10 * HZ 则指定了超时时间为 10 秒。

pdiusbd12_ioctl 函数和 pdiusbd12_write 函数使用的方法类似，使用了 usb_interrupt_msg 发起了中断传输，分别获取了按键值和对设备写入数据，控制 LED 灯的亮灭。

测试代码如下。

```
#include <stdio.h>
#include <stdlib.h>
#include <sys/types.h>
#include <sys/stat.h>
#include <sys/ioctl.h>
#include <fcntl.h>
#include <errno.h>

#include "pdiusbd12.h"

int main(int argc, char *argv[])
```

```
{
        int fd;
        int ret;
        unsigned char key[8];
        unsigned char led[8];
        unsigned int count, i;

        fd = open("/dev/pdiusbd12", O_RDWR);
        if (fd == -1)
                goto fail;

        while (1) {
                ret = ioctl(fd, PDIUSBD12_GET_KEY, key);
                if (ret == -1) {
                        if (errno == ETIMEDOUT)
                                continue;
                        else
                                goto fail;
                }
                switch (key[0]) {
                case 0x00:
                        puts("KEYn released");
                        break;
                case 0x01:
                        puts("KEY2 pressed");
                        break;
                case 0x02:
                        puts("KEY3 pressed");
                        break;
                case 0x04:
                        puts("KEY4 pressed");
                        break;
                case 0x08:
                        puts("KEY5 pressed");
                        break;
                case 0x10:
                        puts("KEY6 pressed");
                        break;
                case 0x20:
                        puts("KEY7 pressed");
                        break;
                case 0x40:
                        puts("KEY8 pressed");
                        break;
                case 0x80:
                        puts("KEY9 pressed");
                        break;
                }

                if (key[0] != 0) {
                        led[0] = key[0];
                        ret = ioctl(fd, PDIUSBD12_SET_LED, key);
                        if (ret == -1)
```

```
                goto fail;
            }
        }
fail:
        perror("usb test");
        exit(EXIT_FAILURE);
}
```

上面的测试代码只实现了中断端点的测试，使用 PDIUSBD12_GET_KEY 命令将会触发底层的驱动发起中断输入传输，当有按键按下时，ioctl 函数将会返回按键信息，否则在 10 秒后超时，如果超时则重新进行下一次循环。得到的按键信息存放在第一个字节，每个按键对应一个比特位，按键按下，相应的比特位置 1，其他的字节可以忽略。使用 PDIUSBD12_SET_LED 命令可以发起中断输出传输，8 个字节只有第一个字节有效，第一个字节的每一个比特位控制一个 LED 灯，为 1 则点亮，为 0 则熄灭，这样刚好可以用按键值去控制 LED 灯的亮灭。所以程序实现的功能是：按下一个按键后，一个对应的 LED 灯被点亮。

下面是编译和测试的命令。

```
# make
# make modules_install
# depmod
# modprobe pdiusbd12
# mknod /dev/pdiusbd12 c 256 10
# gcc -o test test.c
# ./test
KEY2 pressed
KEYn released
KEY3 pressed
KEYn released
```

如果要测试端点 2，首先将 USB 设备上的串口接在主机上，用串口终端软件打开这个串口，波特率为 9600。然后用 echo 命令向 USB 设备写入数据，数据就会通过串口发送给串口终端软件显示。用 cat 命令读 USB 设备，则在串口终端上输入的数据就会被 cat 命令读回并显示。

10.4 PCI 设备驱动

10.4.1 PCI 协议简介

PCI（Peripheral Component Interconnect，外设部件互联）局部总线是由 Intel 公司联合其他几家公司一起开发的一种总线标准，最初是为了替代 ISA 之类的总线，用于解决当时的图形化界面显示器的带宽问题。相比于 ISA 总线，它最大的特点是高带宽、突发

传输和即插即用。在 PCI 3.0 的规范中，PCI 局部总线的时钟速率有 33MHz、66MHz 和 133MHz 三种标准速率，支持的数据位宽有 32 位和 64 位两种。所以最低的数据传输率为 33MHz × 32bit = 132MB/s，即每秒 132M 字节，这完全满足当时的图形显卡的要求。突发传输是指其地址总线和数据总线复用，在传输开始时先发地址，然后再连续传输若干个字节的数据，这样做的好处是可以减少芯片的管脚，并且一个传输周期可以完成若干个字节的传输。即插即用和前面谈到的 USB 类似，总线上的设备存放有配置信息，在初始化的过程中，主机会主动获取这些信息，从而分配其所需要的资源，这会在后面做更详细的介绍。随着 PCI 局部总线的发展，其应用的领域也越来越广泛，现在 PC 中独立的网卡、声卡、数据采集卡等使用的都是 PCI 局部总线。后来又推出了串行的标准，叫 PCI-Express，其传输速率相当高，在 PCI-Express 3.0 规范中，其传输率可以达到 8GT/s，即每秒 8G 次传输。因为使用的广泛性，在某些嵌入式系统中也使用了 PCI 或 PCI-Express 局部总线。下面简单介绍一下 PCI 3.0 规范中驱动开发者需要关心的内容，图 10.16 是 PCI 系统的连接框图（引自 PCI 3.0 规范）。

处理器（Processor）通过 Host/PCI 桥（Bridge）连接到了 0 号 PCI 局部总线（PCI Local Bus #0），在这条局部总线上，有声卡（Audio）、动态视频（Motion Video）、图形显卡（Graphics）、网卡（LAN）和 SCSI 控制器等。通过 PCI-to-PCI Bridge，又扩展出了 1 号 PCI 局部总线（PCI Local Bus #1），在这条总线上又接入了其他 PCI 功能设备。另外，还有 PCI-ISA 桥，可以将 PCI 总线转换为传统的 ISA 总线。

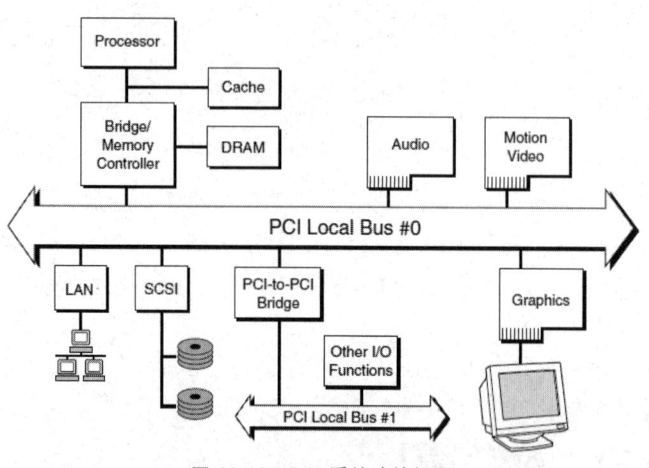

图 10.16　PCI 系统连接框图

PCI 局部总线也是主从结构，在 PCI 的规范中主设备叫发起者（Initiator），从设备叫目标（Target），传输由主设备发起，从设备进行响应。一个 PCI 设备都要实现目标的功能，但也可以实现发起者的功能，也就是说，一个设备既可以在某一时刻做主设备，也可以在另一个时刻做从设备。并且一条总线上允许有多个主设备，由仲裁器来决定哪个主设备可以获得总线的控制权。下面我们仅讨论 PCI 的从设备。

PCI 定义了三个物理地址空间，包括内存地址空间、I/O 地址空间和配置地址空间。

其中配置地址空间是必需的，这个地址空间用于对设备的硬件进行配置。为了更好地理解这三个地址空间的访问，我们先来看看 PCI 的典型写传输时序图，如图 10.17 所示（引自 PCI 3.0 规范）。

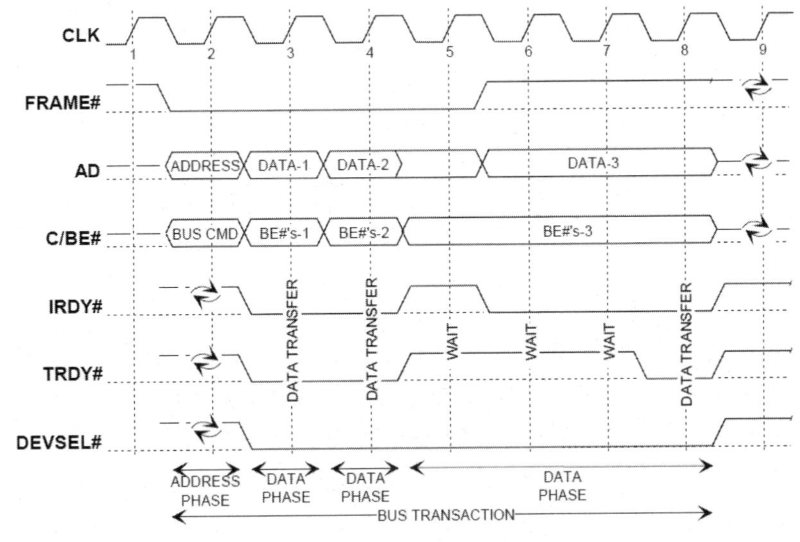

图 10.17　PCI 基本写操作

当发起者要对目标进行写操作时，会先将 FRAME 拉低，在之后的第一个时钟周期，AD 总线上是发送地址，C/BE 是总线的命令，用于确定一个更具体的写操作，DEVSEL 是被选中的目标发出的确认信号。在之后的若干个周期，AD 总线上是要写入的数据，C/BE 上是字节使能，用于确定哪个字节是有效的。IRDY 和 TRDY 分别是发起者和目标的准备信号，当任一个无效时，都会自动插入等待周期。在最后一个数据周期，FRAME 无效，但传输最终完成是在 FRAME 无效后 IRDY 也无效的时刻。PCI 的读传输操作和写基本类似，只是数据的方向相反。上面涉及的总线命令如图 10.18 所示（引自 PCI 3.0 规范）。

C/BE[3::0]#	Command Type
0000	Interrupt Acknowledge
0001	Special Cycle
0010	I/O Read
0011	I/O Write
0100	Reserved
0101	Reserved
0110	Memory Read
0111	Memory Write
1000	Reserved
1001	Reserved
1010	Configuration Read
1011	Configuration Write
1100	Memory Read Multiple
1101	Dual Address Cycle
1110	Memory Read Line
1111	Memory Write and Invalidate

图 10.18　总线命令

I/O 读、I/O 写、内存读、内存写、配置读和配置写即我们前面提到的三个物理地址空间的读写。我们首先来看配置空间是如何寻址的，地址结构如图 10.19 所示。

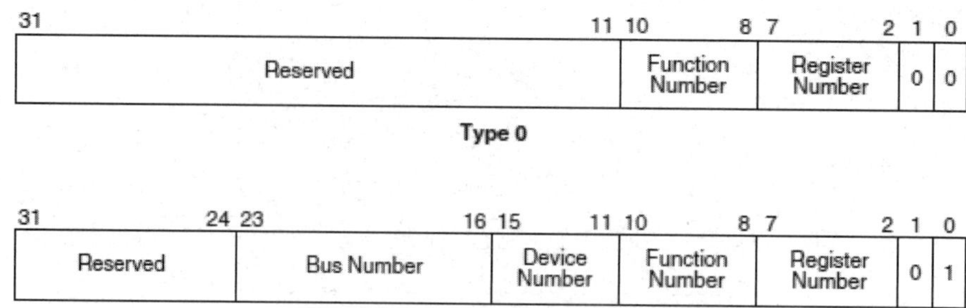

图 10.19 配置空间寻址

PCI 规范定义了两种类型的配置空间地址，Type 0 用于选择总线上的一个设备，Type 1 用于将请求传递给另一条总线。地址中的各个字段的含义如下。

Bus Number：8 位总线地址，在 256 条 PCI 局部总线中选择一条。

Device Number：5 位设备地址，在一条总线上的 32 个物理设备中选择一个。

Function Number：3 位功能地址，在一个物理设备上的 8 个功能中选择一个功能，也就是说，PCI 设备和 USB 设备类似，一个物理设备可以有多个功能，从而实现多个逻辑设备。

Register Number：用于选择配置空间中的一个 32 位寄存器。

在 PCI 规范中，对配置空间的各寄存器都有具体的定义，整个配置空间有 64 个字节，我们并不需要关心配置空间中每个寄存器的含义，下面列出最主要的一些寄存器（其他寄存器的定义及地址请参见 PCI 规范）。

Vendor ID：16 位，硬件厂商 ID。

Device ID：16 位，设备 ID。

Class Code：24 位，外设所属的类别，如大容量存储设备控制器类、网络控制器类、显示控制器类等。为 0 表示不属于某一具体的类。

Subsystem Vendor ID：16 位，子系统厂商 ID。

Subsystem ID：16 位，子系统 ID。

Base Address Registers：32 位，在计算机启动的过程中，会检查所有的 PCI 设备，其中一个重要的操作就是要获取其使用的内存空间和 I/O 空间的大小，然后给每一个空间分配一个基址，这个基址就是存放在基址寄存器中的。配置空间中共有 6 个这样的基址寄存器，在 Linux 驱动中简称 bar。

上面的 ID 和 Class 用于匹配驱动程序，基址则用于驱动进行资源获取和映射操作，后面会进行更详细的描述。有了基址寄存器后，对内存空间和 I/O 空间的访问问题也就迎刃而解了，因为我们只需要发出相应的内存地址或 I/O 地址就可以访问对应的空间了。

10.4.2 Linux PCI 驱动

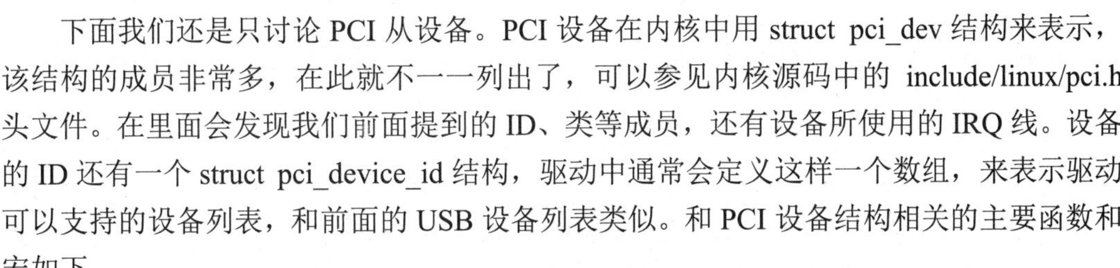

下面我们还是只讨论 PCI 从设备。PCI 设备在内核中用 struct pci_dev 结构来表示，该结构的成员非常多，在此就不一一列出了，可以参见内核源码中的 include/linux/pci.h 头文件。在里面会发现我们前面提到的 ID、类等成员，还有设备所使用的 IRQ 线。设备的 ID 还有一个 struct pci_device_id 结构，驱动中通常会定义这样一个数组，来表示驱动可以支持的设备列表，和前面的 USB 设备列表类似。和 PCI 设备结构相关的主要函数和宏如下。

```
int pci_enable_device(struct pci_dev *dev);
void pci_disable_device(struct pci_dev *dev);
pci_resource_start(dev, bar)
pci_resource_end(dev, bar)
pci_resource_flags(dev, bar)
pci_resource_len(dev,bar)
int pci_request_regions(struct pci_dev *pdev, const char *res_name);
void pci_release_regions(struct pci_dev *pdev);
```

pci_enable_device：使能 PCI 设备，在操作 PCI 设备之前必须先使能设备。

pci_disable_device：禁止 PCI 设备。

pci_resource_start：获取 dev 中第 bar 个基址寄存器中记录的资源起始地址。

pci_resource_end：获取 dev 中第 bar 个基址寄存器中记录的资源结束地址。

pci_resource_flags：获取 dev 中第 bar 个基址寄存器中记录的资源标志，是内存资源还是 I/O 资源。

pci_resource_len：获取 dev 中第 bar 个基址寄存器中记录的资源大小。

pci_request_regions：申请 PCI 设备 pdev 内的内存资源和 I/O 资源，取名为 res_name。

pci_release_regions：释放 PCI 设备 pdev 内的内存资源和 I/O 资源。

内核中用 struct pci_driver 结构来表示 PCI 设备驱动，相关的主要函数和宏如下。

```
pci_register_driver(driver)
void pci_unregister_driver(struct pci_driver *dev);
void pci_set_drvdata(struct pci_dev *pdev, void *data);
void *pci_get_drvdata(struct pci_dev *pdev);
```

pci_register_driver：注册 PCI 设备驱动 driver。

pci_unregister_driver：注销 PCI 设备驱动 dev。

pci_set_drvdata：保存 data 指针到 PCI 设备 pdev 中。

pci_get_drvdata：从 PCI 设备 pdev 中获取保存的指针。

PCI 设备的配置空间访问的主要函数如下。

```
int pci_read_config_byte(const struct pci_dev *dev, int where, u8 *val);
int pci_read_config_word(const struct pci_dev *dev, int where, u16 *val);
int pci_read_config_dword(const struct pci_dev *dev, int where, u32 *val);
int pci_write_config_byte(const struct pci_dev *dev, int where, u8 val);
int pci_write_config_word(const struct pci_dev *dev, int where, u16 val);
int pci_write_config_dword(const struct pci_dev *dev, int where, u32 val);
```

上面的函数分别实现了对配置空间的字节、字（16 位）和双字（32 位）的读写操作。

10.4.3 PCI 设备驱动实例

本书使用的 PCI 设备是南京沁恒公司的 CH368EVT 评估板，该评估板使用了一片该公司设计的 CH368 PCI-Express 接口芯片，虽然是 PCI-Express 协议，但是在驱动上二者可以兼容，只是 PCI-Express 速率更高，能够支持更多的功能。选用该评估板的原因是其价格低廉，完全国产，也能够全面验证三个空间的读写操作。其实物图如图 10.20 所示。

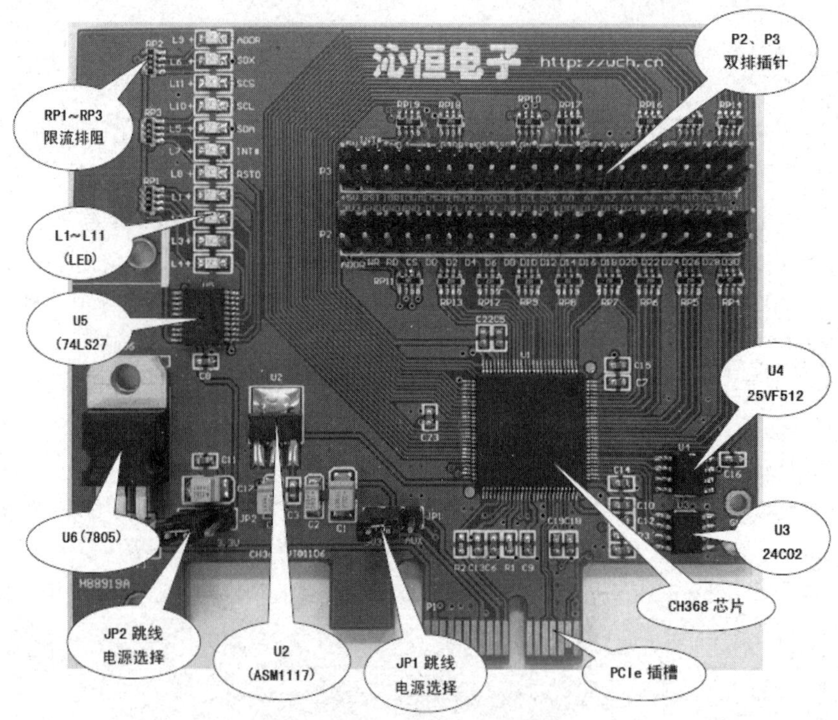

图 10.20　CH368EVT 实物图

L1~L4 这 4 个 LED 显示 I/O 数据端口 D3~D0 位的状态。灯亮代表 1，灯灭代表 0。CH368 的配置空间定义如图 10.21 所示。

厂商 ID 和设备 ID 是我们比较关心的内容，驱动的设备列表中的 ID 要和这里的一致。第一个基址寄存器是 I/O 地址空间的基址，有 232 个字节，定义如图 10.22 所示。另外，CH368 的内存空间有 32KB。

地址	寄存器名称	寄存器属性	系统复位后默认值
01H-00H	VID 厂商标识：Vendor ID	SSSS	1C00H
03H-02H	DID 设备标识：Device ID	SSSS	5834H
05H-04H	命令寄存器：Command	RRRRRWRWRWRRRWWW	0000000000000000
07H-06H	状态寄存器：Status	RRRRRRRRRRRRRRRR	000000000001x000
08H	芯片版本：Revision ID	SS	10H
0BH-09H	设备类代码：Class Code	SSSSSS	100000H
0FH-0CH		RRRRRRWW	00000000H
13H-10H	I/O 基址：I/O Base Address	WWWWWWRR	00000001H
17H-14H	存储器基址： Memory Base Address	WWWWWWWWWWWWWWWW WRRRRRRRRRRRRRRR	0000000000000000 0000000000001000
2BH-18H		RRRR....RRRR	0000....0000H
2DH-2CH	子系统厂商标识： Subsystem Vendor ID	SSSS	与 VID 相同
2FH-2EH	子系统标识：Subsystem ID	SSSS	与 DID 相同
33H-30H	扩展 ROM 基址： ROM Base Address	WWWWWWWWWWWWWWWW WRRRRRRRRRRRRRRW	0000000000000000 0000000000000000
3BH-34H		RRRR....RRRR	0000....0060H
3FH-3CH	中断号和中断引脚等： Interrupt Line & Pin	RRRRRRRRRRRRRRRR RRRRRRRRWWWWWWWW	0000000000000000 0000000100000000
FFFH-40H	保留	（禁止使用）	（禁止使用）

图 10.21　CH368 配置空间

偏移地址	寄存器名称	简称	寄存器属性	系统复位后默认值
E7H-00H	标准的本地 I/O 端口	IOXR	WW	连接到 I/O 设备
E8H	通用输出寄存器	GPOR	WWWRRWWW	000rr111
E9H	通用变量寄存器	GPVR	WWWWWWWW	00001010
EAH	通用输入寄存器	GPIR	RRRRRRRR	11111rr1
EBH	中断控制寄存器	INTCR	RRRWWWWW	rrr00000
EFH-ECH	被动并行接口的数据寄存器	SLVDR	WWWWWWWW	xxxxxxxxH
F1H-F0H	A15-A0 地址设定寄存器	ADRSR	WWWW	8000H
F2H	保留		（禁止使用）	xxH
F3H	存储器数据存取寄存器	MEMDR	WW	连接到存储器
F7H-F4H	数据总线静态输入寄存器	DBUSR	RRRRRRRR	xxxxxxxxH
F8H	杂项控制和状态寄存器	MICSR	WRRRRWRW	1rrr10r1
F9H	保留		（禁止使用）	xxH
FAH	读写速度控制寄存器	SPDCR	RWWWWWWW	r0000111
FBH	被动并行接口的控制寄存器	SLVCR	WRRRWWRR	000r0000
FCH	硬件循环计数寄存器	CNTR	RR	xxH
FDH	SPI 控制寄存器	SPICR	WWWRRRRR	0000xxxx
FEH	SPI 数据寄存器	SPIDR	WW	xxH
FFH	保留		（禁止使用）	xxH

图 10.22　CH368 I/O 空间

该设备的 Linux 驱动代码如下（完整的代码请参见“下载资源/程序源码/pci/ex1”）。为了尽量突出 PCI 驱动的核心，并没有加入并发控制相关的代码。

```
#include <linux/init.h>
#include <linux/kernel.h>
#include <linux/module.h>

#include <linux/cdev.h>
```

```
#include <linux/fs.h>
#include <linux/slab.h>
#include <linux/pci.h>
#include <linux/io.h>
#include <linux/ioport.h>
#include <linux/uaccess.h>

#include "ch368.h"

#define CH368_MAJOR     256
#define CH368_MINOR     11
#define CH368_DEV_NAME  "ch368"

struct ch368_dev {
        void __iomem *io_addr;
        void __iomem *mem_addr;
        unsigned long io_len;
        unsigned long mem_len;
        struct pci_dev *pdev;
        struct cdev cdev;
        dev_t dev;
};

static unsigned int minor = CH368_MINOR;

static int ch368_open(struct inode *inode, struct file *filp)
{
        struct ch368_dev *ch368;

        ch368 = container_of(inode->i_cdev, struct ch368_dev, cdev);
        filp->private_data = ch368;

        return 0;
}

static int ch368_release(struct inode *inode, struct file *filp)
{
        return 0;
}

static ssize_t ch368_read(struct file *filp, char __user *buf, size_t count, loff_t *f_ops)
{
        int ret;
        struct ch368_dev *ch368 = filp->private_data;

        count = count > ch368->mem_len ? ch368->mem_len : count;
        ret = copy_to_user(buf, ch368->mem_addr, count);

        return count - ret;
}

```

```
static ssize_t ch368_write(struct file *filp, const char __user *buf, size_t count, loff_t *f_ops)
{
        int ret;
        struct ch368_dev *ch368 = filp->private_data;

        count = count > ch368->mem_len ? ch368->mem_len : count;
        ret = copy_from_user(ch368->mem_addr, buf, count);

        return count - ret;
}

static long ch368_ioctl(struct file *filp, unsigned int cmd, unsigned long arg)
{
        union addr_data ad;
        struct ch368_dev *ch368 = filp->private_data;

        if (_IOC_TYPE(cmd) != CH368_MAGIC)
                return -ENOTTY;

        if (copy_from_user(&ad, (union addr_data __user *)arg, sizeof(union addr_data)))
                return -EFAULT;

        switch (cmd) {
        case CH368_RD_CFG:
                if (ad.addr > 0x3F)
                        return -ENOTTY;
                pci_read_config_byte(ch368->pdev, ad.addr, &ad.data);
                if (copy_to_user((union addr_data __user *)arg, &ad, sizeof(union addr_data)))
                        return -EFAULT;
                break;
        case CH368_WR_CFG:
                if (ad.addr > 0x3F)
                        return -ENOTTY;
                pci_write_config_byte(ch368->pdev, ad.addr, ad.data);
                break;
        case CH368_RD_IO:
                ad.data = ioread8(ch368->io_addr + ad.addr);
                if (copy_to_user((union addr_data __user *)arg, &ad, sizeof(union addr_data)))
                        return -EFAULT;
                break;
        case CH368_WR_IO:
                iowrite8(ad.data, ch368->io_addr + ad.addr);
                break;
        default:
                return -ENOTTY;
        }

        return 0;
```

```
}

static struct file_operations ch368_ops = {
        .owner = THIS_MODULE,
        .open = ch368_open,
        .release = ch368_release,
        .read = ch368_read,
        .write = ch368_write,
        .unlocked_ioctl = ch368_ioctl,
};

static int ch368_probe(struct pci_dev *pdev, const struct pci_device_id *id)
{
        int ret;

        unsigned long io_start;
        unsigned long io_end;
        unsigned long io_flags;
        unsigned long io_len;
        void __iomem *io_addr = NULL;

        unsigned long mem_start;
        unsigned long mem_end;
        unsigned long mem_flags;
        unsigned long mem_len;
        void __iomem *mem_addr = NULL;

        struct ch368_dev *ch368;

        ret = pci_enable_device(pdev);
        if(ret)
                goto enable_err;

        io_start  = pci_resource_start(pdev, 0);
        io_end    = pci_resource_end(pdev, 0);
        io_flags  = pci_resource_flags(pdev, 0);
        io_len    = pci_resource_len(pdev, 0);

        mem_start = pci_resource_start(pdev, 1);
        mem_end   = pci_resource_end(pdev, 1);
        mem_flags = pci_resource_flags(pdev, 1);
        mem_len   = pci_resource_len(pdev, 1);

        if (!(io_flags & IORESOURCE_IO) || !(mem_flags & IORESOURCE_MEM)) {
                ret = -ENODEV;
                goto res_err;
        }

        ret = pci_request_regions(pdev, "ch368");
        if (ret)
                goto res_err;

```

```
        io_addr = ioport_map(io_start, io_len);
        if (io_addr == NULL) {
                ret = -EIO;
                goto ioport_map_err;
        }

        mem_addr = ioremap(mem_start, mem_len);
        if (mem_addr == NULL) {
                ret = -EIO;
                goto ioremap_err;
        }

        ch368 = kzalloc(sizeof(struct ch368_dev), GFP_KERNEL);
        if (!ch368) {
                ret = -ENOMEM;
                goto mem_err;
        }
        pci_set_drvdata(pdev, ch368);

        ch368->io_addr = io_addr;
        ch368->mem_addr = mem_addr;
        ch368->io_len = io_len;
        ch368->mem_len = mem_len;
        ch368->pdev = pdev;

        ch368->dev = MKDEV(CH368_MAJOR, minor++);
        ret = register_chrdev_region (ch368->dev, 1, CH368_DEV_NAME);
        if (ret < 0)
                goto region_err;

        cdev_init(&ch368->cdev, &ch368_ops);
        ch368->cdev.owner = THIS_MODULE;
        ret = cdev_add(&ch368->cdev, ch368->dev, 1);
        if (ret)
                goto add_err;

        return 0;

add_err:
        unregister_chrdev_region(ch368->dev, 1);
region_err:
        kfree(ch368);
mem_err:
        iounmap(mem_addr);
ioremap_err:
        ioport_unmap(io_addr);
ioport_map_err:
        pci_release_regions(pdev);
res_err:
        pci_disable_device(pdev);
enable_err:
        return ret;
```

```
209 }
210
211 static void ch368_remove(struct pci_dev *pdev)
212 {
213         struct ch368_dev *ch368 = pci_get_drvdata(pdev);
214
215         cdev_del(&ch368->cdev);
216         unregister_chrdev_region(ch368->dev, 1);
217         iounmap(ch368->mem_addr);
218         ioport_unmap(ch368->io_addr);
219         kfree(ch368);
220         pci_release_regions(pdev);
221         pci_disable_device(pdev);
222 }
223
224 static struct pci_device_id ch368_id_table[] =
225 {
226         {0x1C00, 0x5834, 0x1C00, 0x5834, 0, 0, 0},
227         {0,}
228 };
229 MODULE_DEVICE_TABLE(pci, ch368_id_table);
230
231 static struct pci_driver ch368_driver = {
232         .name = "ch368",
233         .id_table = ch368_id_table,
234         .probe = ch368_probe,
235         .remove = ch368_remove,
236 };
237
238 module_pci_driver(ch368_driver);
239
240 MODULE_LICENSE("GPL");
241 MODULE_AUTHOR("Kevin Jiang <jiangxg@farsight.com.cn>");
242 MODULE_DESCRIPTION("CH368 driver");
```

代码第 19 行至第 27 行是设备结构的定义，包含了保存映射之后的 I/O 地址和内存地址的 io_addr 和 mem_addr 指针成员、保存 I/O 地址空间大小和内存地址空间大小的 io_len 和 mem_len 成员、保存 PCI 设备结构的 pdev 指针成员。该 PCI 设备实现为一个字符设备，所以有 cdev 和 dev 成员。

代码第 224 行至第 242 行是 PCI 驱动结构的定义、注册和注销。ch368_id_table 是该驱动支持的设备列表，其中的 ID 号要和图 10.21 中的 ID 号一致。

当有匹配的 PCI 设备被检测到后，ch368_probe 函数自动被调用。代码第 134 行首先使能了 PCI 设备，代码第 138 行至第 146 行分别获取了 I/O 和内存的物理地址、标志和长度信息。代码第 148 行至第 151 行判断了获取的标志内的资源类型信息，如果不和预期的相同，则设备探测失败。代码第 153 行至第 167 行申请了 PCI 设备所声明的资源，然后进行了映射，获得了对应的虚拟地址。代码第 169 行至第 180 行分配了 struct ch368_dev 结构的内存空间，并对各成员进行了相应的初始化，还使用 pci_set_drvdata 函数将该结构地址保存在了 PCI 设备结构之中，方便之后从 PCI 设备结构中获得该地址。该函数之后的代码是字符设备相关的注册操作。ch368_remove 做的工作和 ch368_probe 函数相反。

ch368_open 和 ch368_release 没有做太多的工作，ch368_read 和 ch368_write 则是针对内存空间的读和写，因为在这片内存空间没有对应外接的设备，所以没有实际意义。比较实际的操作是在 ch368_ioctl 中，CH368_RD_CFG 命令用来读取配置空间的数据，CH368_WR_CFG 命令用于向配置空间写入数据。CH368_RD_IO 和 CH368_WR_IO 则分别是对 I/O 空间进行读和写。union addr_data 用于传送地址和返回数据，这和 ADC 驱动的例子是类似的。

应用层的测试代码如下。

```
#include <stdio.h>
#include <stdlib.h>
#include <sys/types.h>
#include <sys/stat.h>
#include <sys/ioctl.h>
#include <fcntl.h>
#include <errno.h>

#include "ch368.h"

int main(int argc, char *argv[])
{
        int i;
        int fd;
        int ret;
        union addr_data ad;
        unsigned char id[4];

        fd = open("/dev/ch368", O_RDWR);
        if (fd == -1)
                goto fail;

        for (i = 0; i < sizeof(id); i++) {
                ad.addr = i;
                if (ioctl(fd, CH368_RD_CFG, &ad))
                        goto fail;
                id[i] = ad.data;
        }

        printf("VID: 0x%02x%02x, DID: 0x%02x%02x\n", id[1], id[0], id[3], id[2]);

        i = 0;
        ad.addr = 0;
        while (1) {
                ad.data = i++;
                if (ioctl(fd, CH368_WR_IO, &ad))
                        goto fail;
```

```
                i %= 15;
                sleep(1);
        }
fail:
        perror("pci test");
        exit(EXIT_FAILURE);
}
```

上面的代码在打开设备后先读取了配置空间的前 4 个字节，根据 PCI 规范，这 4 个字节刚好是厂商 ID 和设备 ID。接下来在 while 循环中对 I/O 空间的第一个字节依次写入了 0～15，这样 PCI 设备上的 4 个 LED 灯就会按照此规律被点亮。前面说过，4 个 LED 反映了写入 I/O 空间的数据的低 4 位的状态，数据位为 1 对应的灯被点亮，数据位为 0 对应的灯熄灭。

使用下面的命令进行编译和测试。需要说明的是，需要有一台安装了 Linux 系统的物理机，并且物理机上要有对应的 PCIE 插槽才能插入该设备并进行测试。

```
# mknod /dev/ch368 c 256 11
# make
# make modules_install
# depmod
# modprobe ch368
# gcc -o test test.c
# ./test
VID: 0x1c00, DID: 0x5834
```

10.5 习题

1. I2C 总线协议规定是由（　）来进行应答的。

[A] 数据发送者　　[B] 数据接收者

2. I2C 总线协议规定所有访问都是由（　）来发起的。

[A] 主设备　　[B] 从设备

3. SPI 是（　）总线。

[A] 同步　　[B] 异步

4. SPI 总线是（　）的。

[A] 单主　　[B] 多主

5. SPI 总线是（　）的。

[A] 单工　　[B] 半双工　　[C] 全双工

6. USB 的传输类型分为（　）。

[A] 控制传输　　[B] 等时传输

[C] 中断传输　　[D] 块传输

7．USB 的接口是由多个（　）组成的。

[A] 配置　　[B] 管道　　[C] 端点

8．PCI 的配置空间包括（　）信息。

[A] 厂商 ID　　[B] 设备 ID

[C] 基地址　　[D] 地址空间大小

第 11 章 块设备驱动

本章目标

块设备驱动是 Linux 的第二大类驱动，和前面的字符设备驱动有较大的差异。要想充分理解块设备驱动，需要对系统的各层都有所了解。本章以完成一个虚拟磁盘驱动为目的，依次介绍了磁盘结构、块设备相关的内核组件、块设备驱动所涉及的核心数据结构和函数接口，并在此基础之上用两种方法实现了虚拟磁盘的驱动。

- ❑ 磁盘结构
- ❑ 块设备内核组件
- ❑ 块设备驱动核心数据结构和函数
- ❑ 块设备驱动实例

11.1 磁盘结构

作为一个 Linux 块设备驱动开发者，虽然可以不必太关心块设备硬件及机械上的实现细节就能够写出块设备驱动，但是如果了解一些块设备硬件及机械上的基本概念，还是有助于对整个子系统的理解的。在块设备中，最具典型意义的设备就是磁盘，一个磁盘的内部构造如图 11.1 所示。

图 11.1　磁盘内部结构实物图（图片来自网络）

主轴被伺服电机带动，在磁盘的读写过程中，盘片会高速旋转。盘片上涂覆了磁性介质，可以被磁化，通过磁化的极性不同来记录二进制的 0 或 1。磁化和磁感应的部件是磁头，它被固定在磁头传动臂上面，磁头传动臂在磁头传动轴的带动下进行摆动，从而使磁头位于盘片不同的半径位置。为了提高磁盘的存储容量，一个磁盘内部通常是由多个盘片重叠在一起的，并且盘片的反面也有磁头，它的内部立体示意图如图 11.2 所示。

图 11.2　磁盘内部立体示意图（图片来自网络）

盘片在旋转的过程中，磁头（Head）在盘片上的轨迹构成一个磁道（Track），不同

的盘片上同半径的磁道构成柱面（Cylinder），将一个磁道划分成多个小的扇形区域叫作扇区（Sector）。于是一个磁盘的容量可以通过下面的公式来计算：

磁盘容量 = 磁头数 × 柱面数 × 每磁道扇区数 × 每扇区字节数

用 fdisk 命令格式化一个磁盘时通常会看到如下的信息（这是一个 2GB 的 U 盘）。

```
Disk /dev/sdb: 1977 MB, 1977614336 bytes
61 heads, 62 sectors/track, 1021 cylinders, total 3862528 sectors
Units = sectors of 1 * 512 = 512 bytes
Sector size (logical/physical): 512 bytes / 512 bytes
```

它表示该磁盘有 61 个磁头，1021 个柱面，每个磁道被划分为 62 个扇区，扇区的大小在逻辑上和在物理上都是 512 个字节，于是磁盘总的扇区数为：

$$61 \times 1021 \times 62 = 3861442$$

但是代码中显示总扇区为 3862528，多出了 1086 个扇区，这是怎么回事呢？原来，扇区在使用的过程中会损坏，多出的扇区用于替换那些坏掉的扇区，这部分多出的扇区叫作再分配扇区。当再分配扇区使用过多时，说明磁盘的扇区损坏率已经比较高了，应更换磁盘。另外，代码中的磁头数、柱面数等都是逻辑上的概念了。按照这个扇区计算的容量就和显示的相符了。

11.2 块设备内核组件

当用户层发起对硬盘的访问操作时，将会涉及图 11.3 中的一些内核组件，现在将各个组件的大概作用描述如下。

VFS（Virtual File System，虚拟文件系统）：为应用程序提供统一的文件访问接口，屏蔽了各个具体文件系统的操作细节，是对所有文件系统的一个抽象。

Disk Caches：硬盘高速缓存，用于缓存最近访问的文件数据，如果能在高速缓存中找到，就不必去访问硬盘，毕竟硬盘的访问速度要慢很多。

Disk Filesystem：文件系统，属于映射层（Mapping Layer）。在应用程序开发者的眼中，一个文件是线性存储的，但实际上它们很有可能是分散存放在硬盘的不同扇区上的。文件系统最主要的作用就是要把对文件从某个位置开始的若干个字节访问转换为对磁盘上某些扇区的访问。它是文件在应用层的逻辑视图到磁盘上的物理视图的一个映射。

Generic Block Layer：通用块层，用于启动具体的块 I/O 操作的层。它是对具体硬盘设备的抽象，使得内核的上层不用关心磁盘硬件上的细节信息。

I/O Scheduler Layer：I/O 调度层，负责将通用块层的块 I/O 操作进行调度、排序和合并操作，使对硬盘的访问更高效。这在后面还会进一步进行说明。

Block Device Driver：块设备驱动，也就是块设备驱动开发者写的驱动程序，是我们接下来讨论的话题。

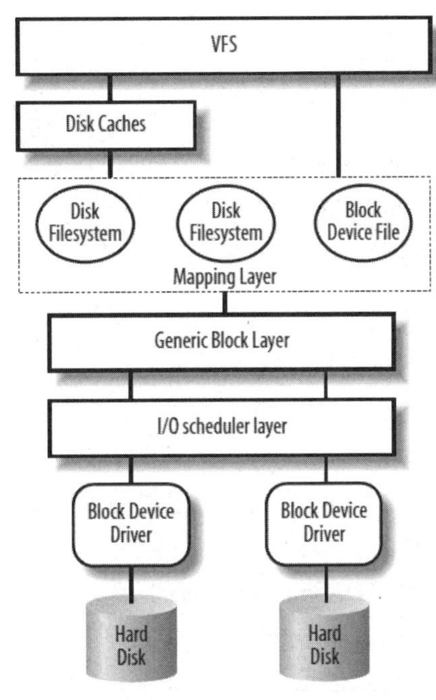

图 11.3　块设备内核组件（图片引自 *Understanding The Linux Kernel*）

11.3 块设备驱动核心数据结构和函数

下面讨论的数据结构和函数都是针对 3.14 版本的内核源码而言的，低于这个版本的源码有些定义和用法不一样，当然高于这个版本的也可能会有一些新的变化（这是因为块设备子系统还在活跃地变化过程中）。

和字符设备一样，块设备也有主次设备号，只是次设备号对应的是块设备的不同分区。相关的函数如下。

```
int register_blkdev(unsigned int major, const char *name);
void unregister_blkdev(unsigned int major, const char *name);
```

register_blkdev：名字虽然是注册块设备，但实际上是注册主设备号。major 是要注册的主设备号，取值为 1～255，如果为 0 则表示让内核分配一个空闲的主设备号。name 是和这个号绑定的名字，在整个系统中是唯一的。返回值分两种情况，如果 major 参数是 1~255 之间的数，那么返回 0 表示成功，返回负数表示失败。如果 major 是 0，则返回的正数是分配得到的主设备号，返回负数表示失败。

unregister_blkdev：注销已注册的主设备号 major。

由于块设备的内核的其他组件完成了很多功能，所以块设备驱动基本不需要关心像 struct block_device 这样的结构了。驱动开发者更关心的是一个硬盘的整体抽象，内核用 struct gendisk 结构来表示，其中需要驱动开发者初始化的成员如下。

```
struct gendisk {
        int major;
        int first_minor;
        int minors;
        char disk_name[DISK_NAME_LEN];
        const struct block_device_operations *fops;
        struct request_queue *queue;
        void *private_data;
……
};
```

major：主设备号，赋值为注册成功的主设备号。

first_minor：第一个次设备号，通常赋值为 0，磁盘的设备号为注册的主设备号和 0，其他分区的次设备号逐个递增。

minors：次设备号的最大值，因为次设备号通常从 0 开始，所以也表示块设备最大的分区数。该值被设定后不能再修改。

disk_name：块设备的名字，如 sda、mmcblk0 等。内核会自动在该名字后追加次设备号作为次设备的名字，如 sda1、mmcblk0p1 等。

private_data：块设备驱动可以使用该成员保存指向其内部数据的指针。

queue：请求队列，这个会在后面详细介绍。

fops：块设备的操作方法集，和字符设备驱动一样，该结构中是一些函数指针，主要成员如下。

```
struct block_device_operations {
        int (*open) (struct block_device *, fmode_t);
        void (*release) (struct gendisk *, fmode_t);
        int (*ioctl) (struct block_device *, fmode_t, unsigned, unsigned long);
        int (*media_changed) (struct gendisk *);
        int (*revalidate_disk) (struct gendisk *);
        int (*getgeo)(struct block_device *, struct hd_geometry *);
……
};
```

open：打开块设备时调用，比如用于开始旋转光盘，准备之后的读写操作。

release：关闭块设备时调用。

ioctl：用于完成一些控制操作，但是对块设备的控制很大一部分都被上层的内核组件先截获并处理了，所以在块设备驱动中该函数几乎什么都不用做。

media_changed：用于检测可移动设备的介质是否被更换，如果更换了返回一个非 0 值。如果不是可移动设备，该函数不用实现。

revalidate_disk：当介质被更换时，上层内核组件调用该函数，使驱动有机会对设备重新进行一些初始化操作。

getgeo：向上层返回一些块设备的几何结构信息，如磁头数、柱面数、总的扇区数等，格式化的软件会用到这些参数，如前面提到的 fdisk。

和字符设备不同的是，在操作方法集合中并没有包含与读、写相关的操作，实际上

这些操作是通过请求队列和与之绑定的请求处理函数来完成的，后面我们会详细谈到这一点。

围绕 struct gendisk 结构，主要有下面一些函数。

```
struct gendisk *alloc_disk(int minors);
void add_disk(struct gendisk *disk);
void del_gendisk(struct gendisk *disk);
struct kobject *get_disk(struct gendisk *disk);
void put_disk(struct gendisk *disk);
void set_capacity(struct gendisk *disk, sector_t size);
sector_t get_capacity(struct gendisk *disk);
```

alloc_disk：动态分配一个 struct gendisk 结构对象，返回对象的地址，NULL 表示失败。minors 表示最大分区数。该函数还负责初始化 struct gendisk 结构对象内的部分成员，应该使用该函数来获取 struct gendisk 结构对象。

add_disk：添加 disk 到内核中，在 disk 完全初始化完成并能处理块 I/O 操作之前，不能调用该函数，因为在该函数的执行过程中，上层的内核组件就会对块设备发起访问，比如获取块设备上的分区信息。

del_gendisk：从内核中删除 disk。

get_disk：增加 disk 的引用计数。

put_disk：减少 disk 的引用计数。

set_capacity：以 512 字节为一扇区进行计数，设置块设备用扇区数表示的容量。如果块设备的物理扇区不是 512 字节，也必须按照 512 字节为一扇区来设定容量。

get_capacity：获取块设备的总扇区数。

最后来讨论块设备驱动中最重要的部分——块 I/O 操作。一个块 I/O 操作就是从块设备上读取若干个块数据到缓冲区中，或将缓冲区中的若干个块数据写入到块设备。块最小为块设备扇区大小，最大为一页内存，但必须是扇区大小的整数倍，所以常见的块大小为 512 字节、1024 字节、2048 字节和 4096 字节。前面我们说过，当块设备的上层内核组件决定要对块设备进行访问时，将会启动块 I/O 操作。在正常情况下，这个操作由 submit_bio 函数发起，其中涉及一个重要的数据结构——struct bio。先不看这个结构的定义，直觉上，这个结构应该包含一次块 I/O 操作的一些信息：起始扇区号、扇区数量（或字节数）、读写方式和缓冲区。因为只有具备这些信息，我们才能完成一次 I/O 操作。不过实际上这个结构要更复杂一些，其定义如下。

```
struct bio {
        struct bio              *bi_next;
        struct block_device      *bi_bdev;
        unsigned long            bi_flags;
        unsigned long            bi_rw
        struct bvec_iter         bi_iter;
        unsigned int             bi_phys_segments;
        unsigned int             bi_seg_front_size;
        unsigned int             bi_seg_back_size;
        atomic_t                bi_remaining;
```

```
        bio_end_io_t            *bi_end_io;
        void                    *bi_private;
        unsigned short           bi_vcnt;
        unsigned short           bi_max_vecs;
        atomic_t                bi_cnt;
        struct bio_vec           *bi_io_vec;
        struct bio_set           *bi_pool;
        struct bio_vec           bi_inline_vecs[0];
};
```

bi_next：指向下一个 struct bio 结构对象，用于将提交的 bio（块 I/O 结构对象，以后都简称 bio）形成一个链表。

bi_bdev：bio 的目标块设备对象指针，在该块设备上完成块 I/O 操作。

bi_flags：一些状态和命令的标志。

bi_rw：读写标志。

bi_iter：用于遍历 bvec 的迭代器。

bi_phys_segments、bi_seg_front_size、bi_seg_back_size：用于合并操作的成员。

bi_remaining、bi_cnt：与 bio 相关的引用计数。

bi_end_io：完成块 I/O 操作后的回调函数指针。

bi_private：通常用于指向父 bio。

bi_vcnt：该 bio 所包含的 bio_vec 个数。

bi_max_vecs：该 bio 所包含的最大 bio_vec 个数。

bi_io_vec：指向 bio_vec 数组首元素的指针。

bi_pool：自定义的 bio 和 bio_vec 内存池。

bi_inline_vecs：内嵌的 bio_vec 数组，用在 bio_vec 个数较少时。

上面的内容比较多，涉及的知识点也比较多，驱动开发者应始终重点关注前面提到的四点信息，即起始扇区号、扇区数量（或字节数）、读写方式和缓冲区。bi_rw 是读写标志，除此之外，好像就没有其他对我们有用的信息了。这确实是一件让人感到沮丧的事，但是细心观察就会发现部分成员是结构成员，再继续查找就会发现，在 bi_iter 中就包含了对应的信息，接下来看看 struct bvec_iter 结构的定义。

```
struct bvec_iter {
        sector_t                bi_sector;
        unsigned int             bi_size;
        unsigned int             bi_idx;
        unsigned int             bi_bvec_done;
};
```

bi_sector：要访问的块设备扇区号，迭代器中遍历的第一个 bio_vec 元素的扇区号就是起始扇区号。

bi_size、bi_bvec_done：未完成和已完成的字节数。

bi_idx：当前处理的 bio_vec 在数组中的下标。

从上面的信息中我们知道，要访问的块设备扇区号在迭代器的 bi_sector 成员中，用这个迭代器可以遍历 bio 中的 bi_io_vec 数组的每一个元素。我们还有两个重要的信息没有找到，那就是扇区数量（或字节数）和缓冲区，显然这些信息应该放在 bio_vec 中，该结构的定义如下。

```
struct bio_vec {
        struct page     *bv_page;
        unsigned int    bv_len;
        unsigned int    bv_offset;
};
```

bv_page：缓冲区所在的物理内存页的管理对象指针。

bv_len：该 bio_vec 要完成的块操作字节数。

bv_offset：缓冲区在物理内存页中的偏移。

说了那么多，其实它们之间的关系可以通过图 11.4 来展示。

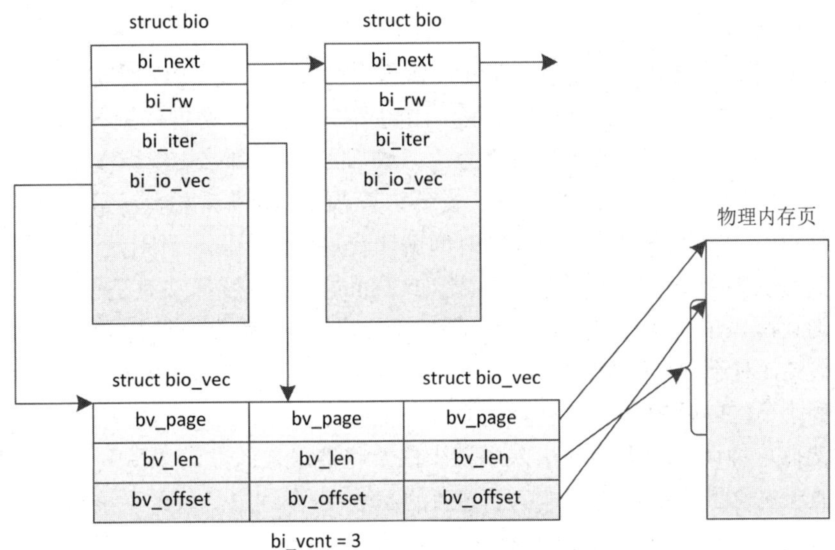

图 11.4　bio 结构

一个块 I/O 操作用一个 struct bio 结构来表示，上层递交的块 I/O 操作可以放在一个链表中，用 bi_next 指针来链接。bi_rw 用来说明本次块 I/O 操作是读还是写，bi_io_vec 指向了一个 struct bio_vec 结构对象数组中的首元素，在 struct bio_vec 结构中，bv_page 描述了用于块 I/O 操作的缓冲区所在的物理内存页，bv_len 表示该 bio_vec 要读写的字节数，bv_offset 是缓冲区在所在物理内存页中的偏移。一个 bio 由 bi_vcnt 个 bio_vec 来组成，要完成一个块 I/O 操作，就要遍历 bio 中的每一个 bio_vec。可以使用迭代器 bi_iter 进行遍历，它描述了正在进行的 bio_vec，初始时，bi_iter 迭代器对应第一个 bio_vec。

和 bio 相关的主要函数和宏如下。

```
bio_data_dir(bio)
bio_for_each_segment(bvl, bio, iter)
__bio_kmap_atomic(bio, iter)
```

```
    __bio_kunmap_atomic(addr)
    void bio_endio(struct bio *bio, int error);
```

bio_data_dir：获取本次块 I/O 操作的读写方向，在同一个 bio 中的 bio_vec 的读写都是一致的，要么全是读，要么全是写。

bio_for_each_segment：用迭代器 iter 遍历 bio 中的每一个 bio_vec，得到的 bio_vec 是 bvl。

__bio_kmap_atomic：将迭代器 iter 对应的 bio_vec 中的物理页面映射，支持高端内存，返回的是映射后再加上 bv_offset 偏移的虚拟地址。

__bio_kunmap_atomic：解除前面的映射。

bio_endio：结束一个 bio，error 为 0 表示 bio 正常结束，否则是其他错误码，比如-EIO。

一个块 I/O 操作之所以要用这么复杂的形式来表示，一是便于分散/聚集 I/O 的操作，也可以利用分散/聚集 DMA 来进行数据传输。二是映射的方式可以使它既能处理普通内存，也能处理高端内存。

当块设备的上层内核组件启动了块 I/O 操作后，bio 可以由 I/O 调度器来进行合理的调度，从而提高 I/O 效率。举个例子来说，当随后提交的 bio 访问的扇区和前一个 bio 访问的扇区相邻，并且访问方式相同（都为读，或都为写），那么 I/O 调度器就可以将这两个 bio 进行合并。另外，对于磁盘这类块设备，其寻道时间非常长，通常在毫秒级，但是一旦磁头移动到对应的磁道上，访问的时间就比较短了。所以，针对这一类块设备，I/O 调度器可以通过 bio 的顺序来提高效率。比如，Linus 电梯调度算法就是让磁盘上的块 I/O 操作排序为让磁头单向往主轴方向移动或单向往磁盘边缘移动，这样就可以有效减少寻道时间。不过，对于固态硬盘、U 盘和 SD 卡这类设备而言，这种调度又是多余的，因为它们访问哪个扇区的时间都一样。

为了支持这种调度，内核又引入了请求以及将请求排队的请求队列的概念。简单来说，一个请求包含了多个合并和排序了之后的 bio，每个请求又放入了请求队列中。在内核中，请求是用 struct request 结构来表示的，该结构的成员非常多，下面仅列出对理解驱动开发有帮助的几个成员。

```
struct request {
        struct list_head queuelist;
        struct request_queue *q;
        struct bio *bio;
        struct bio *biotail;
};
```

queuelist：链表成员，用于将多个请求组织成一个链表。

q：当前请求属于的请求队列。

bio：请求中包含的第一个 bio 对象。

biotail：请求中包含的最后一个 bio 对象。

请求队列是用 request_queue 结构来表示的，最主要的成员如下所示。

```
struct request_queue {
        struct list_head         queue_head;
        request_fn_proc          *request_fn;
        make_request_fn          *make_request_fn;
};
```

queue_head：请求队列的链表头。

request_fn：指向由块设备驱动开发者提供的请求处理函数。采用这种方式内核会把块 I/O 请求（bio）首先经过排序、合并等手段来形成请求（struct request），然后再把请求放入到请求队列中，最后调用块设备驱动开发者提供的由该函数指针指向的请求处理函数来处理这个队列中的请求。

make_request_fn：指向用于构造请求的函数（将 bio 排序、合并的函数），该函数可以由内核提供默认的请求构造函数，那么驱动开发者就应该提供请求处理函数来处理请求，这通常用于磁盘这类设备。还可以由驱动开发者来实现一个用于构造请求的函数，然后该指针指向这个函数，这通常适用对 bio 的排序和合并操作有特殊要求的设备，或者根本不需要将 bio 排序和合并的设备（驱动开发者也就不需要提供请求处理函数了），如固态硬盘、U 盘和 SD 卡等。

围绕请求和请求队列有如下常用的宏或函数。

```
struct request_queue *blk_alloc_queue(gfp_t gfp_mask);
void blk_queue_make_request(struct request_queue *q,make_request_fn *mfn);
struct request_queue *blk_init_queue(request_fn_proc*rfn,spinlock_t*lock);
blk_queue_logical_block_size(struct request_queue *q,unsigned short size);
void blk_cleanup_queue(struct request_queue *q);
struct request *blk_fetch_request(struct request_queue *q);
__rq_for_each_bio(_bio, rq);
bool __blk_end_request_cur(struct request *rq, int error);
```

blk_alloc_queue：分配一个请求队列。

blk_queue_make_request：为请求队列 q 指定请求构造函数 mfn。

blk_init_queue：分配并初始化一个请求队列，由内核提供默认的请求构造函数，请求处理函数为 rfn，因为内核和驱动都要使用队列，所以内核在调用驱动提供的请求处理函数前首先要获得 lock 自旋锁，这防止了在请求处理的过程中内核为块设备安排其他的请求。但这也使得请求处理函数在原子上下文，带来了之前讨论自旋锁时引入的编程限制。当然也可以先释放锁，在非原子上下文中完成这些在原子上下文中受限的操作，然后再获取自旋锁。不过在自旋锁释放期间，不能访问请求队列。

通常情况下，blk_alloc_queue 和 blk_queue_make_request 是联合使用的，表示不使用内核提供的默认请求构造函数，而是使用驱动提供的请求构造函数，而这种情况往往又不需要构造请求，直接在请求构造函数中处理 bio 即可，所以请求队列完全成了一种形式。

blk_queue_logical_block_size：设置逻辑扇区的大小，应该设置成块设备能访问的最小数据块大小，绝大多数的设备都是 512 字节。

blk_cleanup_queue：清空并销毁队列。

blk_fetch_request：取出队列中最顶端的请求。

__blk_end_request_cur：以状态 error 完成一个请求，并更新请求。如请求都完成则返回假，否则返回真。

11.4 块设备驱动实例

下面分别展示直接处理 bio 和使用请求队列来实现的两种块设备驱动实例(这些代码都基于 Linux-3.14.25 内核源码)。块设备用一片 8MB 字节的内存来模拟，这和内核中的 ramdisk 之类的块设备驱动类似，但是更简化。首先介绍直接处理 bio 的驱动代码（完整的代码请参见“下载资源/程序源码/block/ex1”)。

```
#include <linux/init.h>
#include <linux/kernel.h>
#include <linux/module.h>

#include <linux/fs.h>
#include <linux/slab.h>
#include <linux/genhd.h>
#include <linux/blkdev.h>
#include <linux/hdreg.h>
#include <linux/vmalloc.h>

#define VDSK_MINORS             4
#define VDSK_HEADS              4
#define VDSK_SECTORS            16
#define VDSK_CYLINDERS          256
#define VDSK_SECTOR_SIZE        512
#define VDSK_SECTOR_TOTAL       (VDSK_HEADS * VDSK_SECTORS * VDSK_CYLINDERS)
#define VDSK_SIZE               (VDSK_SECTOR_TOTAL * VDSK_SECTOR_SIZE)

static int vdsk_major = 0;
static char vdsk_name[] = "vdsk";

struct vdsk_dev
{
        u8 *data;
        int size;
        spinlock_t lock;
        struct gendisk *gd;
        struct request_queue *queue;
};

struct vdsk_dev *vdsk = NULL;

static int vdsk_open(struct block_device *bdev, fmode_t mode)
{
        return 0;
}
```

```c

static void vdsk_release(struct gendisk *gd, fmode_t mode)
{
}

static int vdsk_ioctl(struct block_device *bdev, fmode_t mode, unsigned cmd, unsigned long arg)
{
        return 0;
}

static int vdsk_getgeo(struct block_device *bdev, struct hd_geometry *geo)
{
        geo->cylinders = VDSK_CYLINDERS;
        geo->heads = VDSK_HEADS;
        geo->sectors = VDSK_SECTORS;
        geo->start = 0;
        return 0;
}

static void vdsk_make_request(struct request_queue *q, struct bio *bio)
{
        struct vdsk_dev *vdsk;
        struct bio_vec bvec;
        struct bvec_iter iter;
        unsigned long offset;
        unsigned long nbytes;
        char *buffer;

        vdsk = q->queuedata;

        bio_for_each_segment(bvec, bio, iter) {
                buffer = __bio_kmap_atomic(bio, iter);
                offset = iter.bi_sector * VDSK_SECTOR_SIZE;
                nbytes = bvec.bv_len;

                if ((offset + nbytes) > get_capacity(vdsk->gd) * VDSK_SECTOR_SIZE) {
                        bio_endio(bio, -EINVAL);
                        return;
                }

                if (bio_data_dir(bio) == WRITE)
                        memcpy(vdsk->data + offset, buffer, nbytes);
                else
                        memcpy(buffer, vdsk->data + offset, nbytes);

                __bio_kunmap_atomic(bio);
        }

        bio_endio(bio, 0);
}

static struct block_device_operations vdsk_fops = {
```

```
        .owner = THIS_MODULE,
        .open = vdsk_open,
        .release = vdsk_release,
        .ioctl = vdsk_ioctl,
        .getgeo = vdsk_getgeo,
};

static int __init vdsk_init(void)
{
        vdsk_major = register_blkdev(vdsk_major, vdsk_name);
        if (vdsk_major <= 0)
                return -EBUSY;

        vdsk = kzalloc(sizeof(struct vdsk_dev), GFP_KERNEL);
        if (!vdsk)
                goto unreg_dev;

        vdsk->size = VDSK_SIZE;
        vdsk->data = vmalloc(vdsk->size);
        if (!vdsk->data)
                goto free_dev;

        spin_lock_init(&vdsk->lock);
        vdsk->queue = blk_alloc_queue(GFP_KERNEL);
        if (vdsk->queue == NULL)
                goto free_data;
        blk_queue_make_request(vdsk->queue, vdsk_make_request);
        blk_queue_logical_block_size(vdsk->queue, VDSK_SECTOR_SIZE);
        vdsk->queue->queuedata = vdsk;

        vdsk->gd = alloc_disk(VDSK_MINORS);
        if (!vdsk->gd)
                goto free_queue;

        vdsk->gd->major = vdsk_major;
        vdsk->gd->first_minor = 0;
        vdsk->gd->fops = &vdsk_fops;
        vdsk->gd->queue = vdsk->queue;
        vdsk->gd->private_data = vdsk;
        snprintf(vdsk->gd->disk_name, 32, "vdsk%c", 'a');
        set_capacity(vdsk->gd, VDSK_SECTOR_TOTAL);
        add_disk(vdsk->gd);

        return 0;

free_queue:
        blk_cleanup_queue(vdsk->queue);
free_data:
        vfree(vdsk->data);
free_dev:
        kfree(vdsk);
unreg_dev:
        unregister_blkdev(vdsk_major, vdsk_name);
```

```
143         return -ENOMEM;
144 }
145
146 static void __exit vdsk_exit(void)
147 {
148         del_gendisk(vdsk->gd);
149         put_disk(vdsk->gd);
150         blk_cleanup_queue(vdsk->queue);
151         vfree(vdsk->data);
152         kfree(vdsk);
153         unregister_blkdev(vdsk_major, vdsk_name);
154 }
155
156 module_init(vdsk_init);
157 module_exit(vdsk_exit);
158
159 MODULE_LICENSE("GPL");
160 MODULE_AUTHOR("Kevin Jiang <jiangxg@farsight.com.cn>");
161 MODULE_DESCRIPTION("This is an example for Linux block device driver");
```

代码第 12 行至第 18 行定义了关于虚拟磁盘的一些几何信息，包括最大分区数、磁头数、柱面数、每个扇区字节数和计算得到的总扇区数和容量。代码第 20 行至第 30 行定义了一个代表设备的结构，包含了指向 8MB 字节内存的 data 指针、描述虚拟磁盘大小的 size、描述磁盘的 gendisk 结构对象指针、请求队列 queue 和与之绑定的自旋锁 lock。

在 vdsk_init 函数中，首先使用 register_blkdev 注册了主设备号，因为参数 vdsk_major 为 0，所以内核会分配一个空闲的主设备号。接下来使用 spin_lock_init 初始化了自旋锁（该自旋锁其实并没有用到），使用 blk_alloc_queue 分配了一个请求队列，并用 blk_queue_make_request 来告诉内核使用驱动提供的 vdsk_make_request 请求构造函数。使用 blk_queue_logical_block_size 设置了逻辑块大小，并将 vdsk 对象指针保存到了请求队列中，方便之后从请求队列中获取该数据。最后使用 alloc_disk 分配了一个 gendisk 结构对象，并初始化其中相应的成员。用 set_capacity 设置了磁盘容量后，就用 add_disk 向内核添加了 gendisk。

块设备的操作方法集合 vdsk_fops 指定了 open、release 和 ioctl 函数，因为是虚拟设备，所以在这些函数中并不做具体的事情。vdsk_getgeo 则返回了虚拟磁盘的几何数据。

该块设备驱动中最重要的函数是请求构造函数 vdsk_make_request，但正如我们前面所说，在这个函数中并没有构造请求，而是直接去处理了 bio。代码第 68 行使用 bio_for_each_segment 宏遍历 bio 中的每一个 bio_vec，将得到的 bio_vec 中的物理页面使用__bio_kmap_atomic 进行映射，该函数自动处理缓冲区在页面中的偏移。接下来获取了起始扇区号，并将扇区号转换为 8MB 内存中的偏移量，后面获取了读写字节数，并判断了操作的范围是否超过了虚拟磁盘的边界。如果没有超过边界，则根据读写方向把数据从虚拟磁盘的内存中复制到缓冲区或将缓冲区的数据复制到虚拟磁盘的内存中，复制完成后使用__bio_kunmap_atomic 解除映射。当每一个 bio_vec 都被遍历完之后，使用 bio_endio 结束这个块 I/O 请求。

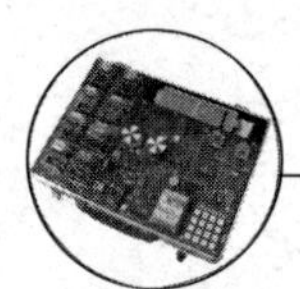

下面是使用请求队列的驱动代码（完整的代码请参见“下载资源/程序源码/block/ex2”）。

```
#include <linux/init.h>
#include <linux/kernel.h>
#include <linux/module.h>

#include <linux/fs.h>
#include <linux/slab.h>
#include <linux/genhd.h>
#include <linux/blkdev.h>
#include <linux/hdreg.h>
#include <linux/vmalloc.h>


#define VDSK_MINORS             4
#define VDSK_HEADS              4
#define VDSK_SECTORS            16
#define VDSK_CYLINDERS          256
#define VDSK_SECTOR_SIZE        512
#define VDSK_SECTOR_TOTAL       (VDSK_HEADS * VDSK_SECTORS * VDSK_CYLINDERS)
#define VDSK_SIZE               (VDSK_SECTOR_TOTAL * VDSK_SECTOR_SIZE)

static int vdsk_major = 0;
static char vdsk_name[] = "vdsk";

struct vdsk_dev
{
        int size;
        u8 *data;
        spinlock_t lock;
        struct gendisk *gd;
        struct request_queue *queue;
};

static struct vdsk_dev *vdsk = NULL;

static int vdsk_open(struct block_device *bdev, fmode_t mode)
{
        return 0;
}

static void vdsk_release(struct gendisk *gd, fmode_t mode)
{
}

static int vdsk_ioctl(struct block_device *bdev, fmode_t mode, unsigned cmd,
unsigned long arg)
{
        return 0;
}

static int vdsk_getgeo(struct block_device *bdev, struct hd_geometry *geo)
```

```
{
        geo->cylinders = VDSK_CYLINDERS;
        geo->heads = VDSK_HEADS;
        geo->sectors = VDSK_SECTORS;
        geo->start = 0;
        return 0;
}

static void vdsk_request(struct request_queue *q)
{
        struct vdsk_dev *vdsk;
        struct request *req;
        struct bio *bio;
        struct bio_vec bvec;
        struct bvec_iter iter;
        unsigned long offset;
        unsigned long nbytes;
        char *buffer;

        vdsk = q->queuedata;
        req = blk_fetch_request(q);
        while (req != NULL) {
                __rq_for_each_bio(bio, req) {
                        bio_for_each_segment(bvec, bio, iter) {
                                buffer = __bio_kmap_atomic(bio, iter);
                                offset = iter.bi_sector * VDSK_SECTOR_SIZE;
                                nbytes = bvec.bv_len;

                                if ((offset + nbytes) > get_capacity(vdsk->gd) *
VDSK_SECTOR_SIZE)
                                        return;

                                if (bio_data_dir(bio) == WRITE)
                                        memcpy(vdsk->data + offset, buffer, nbytes);
                                else
                                        memcpy(buffer, vdsk->data + offset, nbytes);

                                __bio_kunmap_atomic(bio);
                        }
                }

                if (!__blk_end_request_cur(req, 0))
                        req = blk_fetch_request(q);
        }
}

static struct block_device_operations vdsk_fops = {
        .owner = THIS_MODULE,
        .open = vdsk_open,
        .release = vdsk_release,
        .ioctl = vdsk_ioctl,
        .getgeo = vdsk_getgeo,
};
```

```

static int __init vdsk_init(void)
{
	vdsk_major = register_blkdev(vdsk_major, vdsk_name);
	if (vdsk_major <= 0)
		return -EBUSY;

	vdsk = kzalloc(sizeof(struct vdsk_dev), GFP_KERNEL);
	if (!vdsk)
		goto unreg_dev;

	vdsk->size = VDSK_SIZE;
	vdsk->data = vmalloc(vdsk->size);
	if (!vdsk->data)
		goto free_dev;

	spin_lock_init(&vdsk->lock);
	vdsk->queue = blk_init_queue(vdsk_request, &vdsk->lock);
	blk_queue_logical_block_size(vdsk->queue, VDSK_SECTOR_SIZE);
	vdsk->queue->queuedata = vdsk;

	vdsk->gd = alloc_disk(VDSK_MINORS);
	if (!vdsk->gd)
		goto free_data;

	vdsk->gd->major = vdsk_major;
	vdsk->gd->first_minor = 0;
	vdsk->gd->fops = &vdsk_fops;
	vdsk->gd->queue = vdsk->queue;
	vdsk->gd->private_data = vdsk;
	snprintf(vdsk->gd->disk_name, 32, "vdsk%c", 'a');
	set_capacity(vdsk->gd, VDSK_SECTOR_TOTAL);
	add_disk(vdsk->gd);
	return 0;

free_data:
	blk_cleanup_queue(vdsk->queue);
	vfree(vdsk->data);
free_dev:
	kfree(vdsk);
unreg_dev:
	unregister_blkdev(vdsk_major, vdsk_name);
	return -ENOMEM;
}

static void __exit vdsk_exit(void)
{
	del_gendisk(vdsk->gd);
	put_disk(vdsk->gd);
	blk_cleanup_queue(vdsk->queue);
	vfree(vdsk->data);
	kfree(vdsk);
	unregister_blkdev(vdsk_major, vdsk_name);
```

```
155 }
156
157 module_init(vdsk_init);
158 module_exit(vdsk_exit);
159
160 MODULE_LICENSE("GPL");
161 MODULE_AUTHOR("Kevin Jiang <jiangxg@farsight.com.cn>");
162 MODULE_DESCRIPTION("This is an example for Linux block device driver");
```

代码中大部分内容和直接处理 bio 的代码相同，区别在于两个方面：第一个是使用 blk_init_queue 来分配并初始化请求队列，这就让内核用默认的请求构造函数来处理块 I/O 操作。第二个则是提供了请求队列绑定的请求处理函数 vdsk_request。当 bio 经过 I/O 调度器转换成请求，并排队到请求队列后，该函数被调用。

vdsk_request 函数中使用了三层循环来处理请求，最外层是代码第 71 行的 while 循环，它使用 blk_fetch_request 来取出队列中的每一个请求，并用__blk_end_request_cur 来完成请求。代码第 72 行是中间层的循环，使用__rq_for_each_bio 从请求中取出每一个 bio。代码第 73 行则是最内层的循环，使用 bio_for_each_segment 从 bio 中取出每一个 bio_vec。对 bio_vec 的处理方法和前面的方法一样。

下面是在目标板上的测试方法，如果在宿主机上测试，那么宿主机内核的版本应该是 3.14。测试的过程是：加载驱动，对虚拟磁盘进行分区、格式化，挂载分区，创建文件并向文件中写入数据，读出数据，删除文件，取消挂载，卸载驱动。因为信息较多，所以将输入的命令的字体加粗了。在测试中也可以发现，块设备的设备节点是自动创建的，并不需要用 mknod 命令来创建设备节点，在驱动中我们也没有做特别的处理。

```
# make ARCH=arm
# make ARCH=arm modules_install
[root@fs4412 ~]# depmod
[root@fs4412 ~]# modprobe vdsk
[   12.260000] vdska: unknown partition table
[root@fs4412 ~]# fdisk /dev/vdska
Device contains neither a valid DOS partition table, nor Sun, SGI, OSF or GPT disklabel
Building a new DOS disklabel. Changes will remain in memory only,
until you decide to write them. After that the previous content
won't be recoverable.


Command (m for help): n
Command action
   e   extended
   p   primary partition (1-4)
p
Partition number (1-4): 1
First cylinder (1-256, default 1): Using default value 1
Last cylinder or +size or +sizeM or +sizeK (1-256, default 256): Using default value 256

Command (m for help): w
The partition table has been altered.
Calling ioctl() to re-read partition table
```

```
[   23.930000]  vdska: vdska1
[root@fs4412 ~]# mkfs.ext2 /dev/vdska1
Filesystem label=
OS type: Linux
Block size=1024 (log=0)
Fragment size=1024 (log=0)
2048 inodes, 8184 blocks
409 blocks (5%) reserved for the super user
First data block=1
Maximum filesystem blocks=262144
1 block groups
8192 blocks per group, 8192 fragments per group
2048 inodes per group
[root@fs4412 ~]# mount -t ext2 /dev/vdska1 /mnt
[root@fs4412 ~]# echo "Block driver test" > /mnt/test.txt
[root@fs4412 ~]# cat /mnt/test.txt
Block driver test
[root@fs4412 ~]# rm /mnt/test.txt
[root@fs4412 ~]# umount /mnt
[root@fs4412 ~]# rmmod vdsk
```

11.5 习题

1．块设备驱动中，set_capacity 和 get_capacity 函数是按照（　）为扇区大小的。

[A] 设备物理扇区大小　　[B] 512 字节

[C] 1024 字节　　[D] 2048 字节

2．块设备的容量计算公式是（　）。

[A] 磁头数 × 柱面数 × 每磁道扇区数 × 每扇区字节数

[B] 柱面数 × 每磁道扇区数 × 每扇区字节数

3．要完成一个 bio 请求，需要遍历（　）。

[A] 该 bio 中的每一个 bvec

[B] 该 bio 中的每一个 page

4．要完成一个 request 请求，需要遍历（　）。

[A] 该 request 中的每一个 bio

[B] 每一个 bio 中的每一个 bvec

第 12 章 网络设备驱动

本章目标

网络设备驱动是 Linux 的第三大类驱动，也是我们学习的最后一类 Linux 驱动。本章首先简单介绍了网络协议层次结构，然后简单讨论了 Linux 内核中网络实现的层次结构。接下来着重介绍了网络设备驱动所涉及的核心数据结构和函数接口。在此基础之上实现了一个虚拟的网络设备驱动，并以该驱动框架为蓝本，分析了 DM9000 网卡的驱动。最后简单介绍了 NAPI 的意义和实现过程。

- ❑ 网络层次结构
- ❑ 网络设备驱动核心数据结构和函数
- ❑ 网络设备驱动实例
- ❑ DM9000 网络设备驱动代码分析
- ❑ NAPI

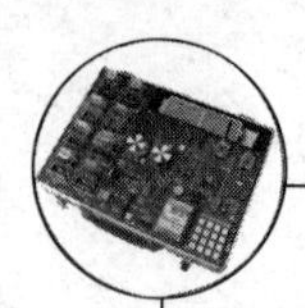

12.1 网络层次结构

ISO（International Organization for Standardization，国际标准化组织）设计的 OSI（Open System Interconnection，开放系统互联）参考模型将网络划分成 7 个层次，这种参考模型虽然没有得到真正意义上的应用，但是几乎所有的互联系统的设计都参考了该模型，所以它称得上真正的参考模型。OSI 在 Internet 上的一个现实版的分层模型就是 TCP/IP 层次模型，两者的对应关系如图 12.1 所示。

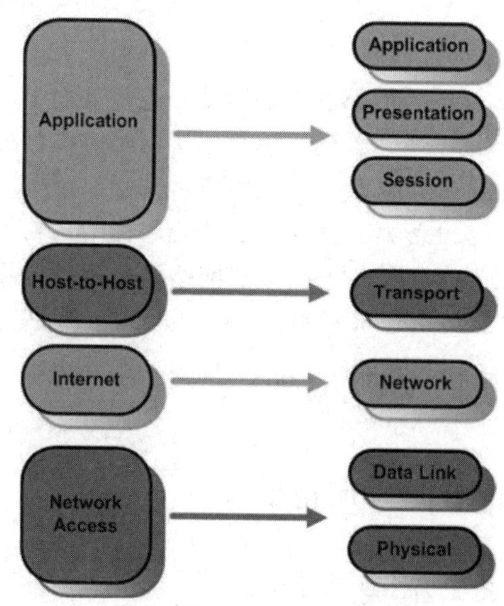

图 12.1　TCP/IP 和 OSI 层次对应

Network Access（网络访问层）对应了 Data Link（数据链路层）和 Physical（物理层），包含了信号的电气特性，传输介质的机械特性（属于物理层）和帧格式定义，差错处理，流量控制，链路的建立、维护和释放（属于数据链路层）等的处理。每一个硬件设备都应该有一个唯一的 ID，这个 ID 也叫硬件地址或 MAC 地址。

Internet（互联网络层）对应了 Network（网络层），利用数据链路层提供的两个相邻端点之间的数据帧的传送功能，进一步管理网络中的数据通信，将数据设法从源端经过若干个中间节点传送到目的端，从而向运输层提供最基本的端到端的数据传送服务。本层提供重要的寻址和路由选择服务，在 TCP/IP 中，本层的地址是 IP 地址。

Host-to-Host（主机到主机）对应 Transport（传输层），提供端到端的传输，在 TCP/IP 中，本层使用端口号进行寻址。

Application（应用层）对应 Application、Presentation（表示层）和 Session（会话层），

从应用程序的角度来看网络连接，在两个应用之间建立通信连接之后，应用层负责传输实际的应用数据。

Linux 将网络协议实现在内核内部，整个系统的层次结构如图 12.2 所示。

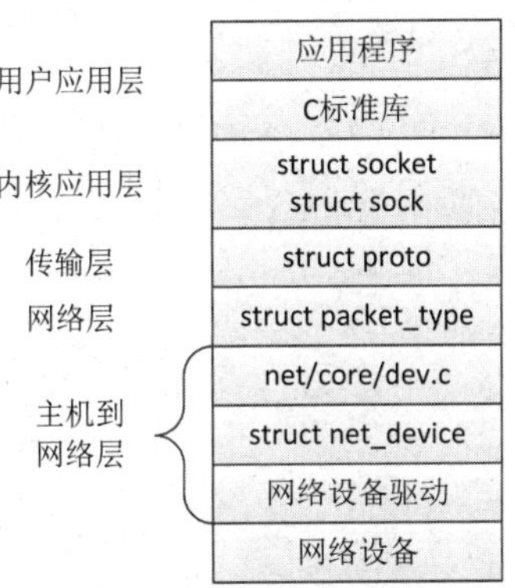

图 12.2 Linux 网络层次结构

在这里，我们关注的是网络设备驱动，它负责了数据链路层的一部分工作。可以很容易地想见，网络设备驱动最主要的工作就是驱动网络设备（通常也叫网卡）将数据发送出去，或者将网络设备收到的数据往上层递交，更简单地说就是负责网络数据的收发。我们知道，网络数据是按包为单位来组织的，这样网络设备驱动就和块设备驱动非常类似。网络设备驱动负责将数据包“写入”网络或从网络中“读取”数据包，从而完成上层的请求。但是，它们之间还是有一些差别的。首先，网络设备没有设备节点，因此没有使用文件系统的那套接口对网络设备进行访问，使用的是另一套套接字编程接口。其次，网络设备通常是基于中断的方式工作的，在收到数据包后，会产生相应的中断，网络驱动从网卡中获取数据包后进行必要的验证，然后主动将数据包递交给上层。而块设备驱动在读取方向上也是被动地接受上层的请求。

网络设备驱动在这里担当了承上启下的作用，使上层的网络协议层不必关心底层的硬件细节信息。另外，驱动本身基本也与协议无关，不需要解析网络数据包，只负责数据包的收发。

当然，除了数据包收发的主要工作之外，网络设备驱动还要负责大量的管理任务，如设置硬件地址、修改传输参数、错误处理和统计、流量控制等。

12.2 网络设备驱动核心数据结构和函数

网络设备驱动中一个重要的数据结构是 struct net_device，这个结构非常庞大，以至于设计这个结构的内核开发人员都在这个结构的定义前加了这样一句注释“Actually, this whole structure is a big mistake”。我们也只关心这个结构中和驱动相关的一部分。

```
struct net_device {
        char                  name[IFNAMSIZ];
        unsigned long          mem_end;
        unsigned long          mem_start;
        unsigned long          base_addr;
        int                   irq;
        struct net_device_stats stats;
        const struct net_device_ops *netdev_ops;
        const struct ethtool_ops *ethtool_ops;
        unsigned int           flags;
        unsigned int           mtu;
        unsigned short         type;
        unsigned short         hard_header_len;
        unsigned char          addr_len;
        struct netdev_hw_addr_list      uc;
        struct netdev_hw_addr_list      mc;
        unsigned char          *dev_addr;
        unsigned char          broadcast[MAX_ADDR_LEN];
        struct netdev_queue     *_tx ____cacheline_aligned_in_smp;
        unsigned int           num_tx_queues;
        unsigned int           real_num_tx_queues;
        unsigned long          tx_queue_len;
        unsigned long          trans_start;
        int                   watchdog_timeo;
        struct timer_list      watchdog_timer;
};
```

name：网络设备的名字，如 ethx 表示以太网设备、pppx 表示 PPP 连接类型的设备、isdnx 表示 ISDN 卡、lo 表示环回设备。

mem_end、mem_start：如 PCI 网卡之类的网络设备的共享内存的结束地址和起始地址。

base_addr：如 PCI 网卡之类的网络设备的 I/O 端口地址。

irq：网卡使用的中断号。

stats：网卡的统计信息，包括 rx_packets、tx_packets、rx_bytes、tx_bytes、rx_errors、tx_errors、rx_dropped、tx_dropped 之类的收发统计信息。

netdev_ops：网络设备的操作方法集合，后面会更详细地进行描述。

ethtool_ops：用户层 ethtool 工具在驱动中对应的操作方法集合，例如使用 ethtool -d eth0 命令可以查看 eth0 网络设备的所有寄存器内容。

flags：一组接口的标志。

mtu：接口的 MTU（最大传输单元）值，对于以太网设备来说通常是 1500 个字节。

type：接口的硬件类型。

hard_header_len：硬件头长度，以太网是 14 个字节。

addr_len：硬件地址长度，以太网为 MAC 地址，长度为 6 个字节。

uc：单播 MAC 地址列表。

mc：多播 MAC 地址列表。

dev_addr：指向硬件地址的指针。

broadcast：广播的硬件地址。

_tx：网络设备的发送数据包队列。

num_tx_queues：由 alloc_netdev_mq 函数分配的属于当前网络设备的发送队列的数量。

real_num_tx_queues：当前活动的发送队列的数量。

tx_queue_len：每个队列允许的最大帧数量。

trans_start：用 jiffies 表示的数据包开始发送的时间。

watchdog_timeo：数据包发送的超时时间。

watchdog_timer：发送超时的定时器，如果超时时间到期，数据包还没被发送出去，那么驱动提供的超时函数将会被调用。

网络设备的操作方法集合由 struct net_device_ops 结构来描述，该结构中有很多函数指针指向不同的函数，用于对网络设备进行不同的操作，但我们最关心的还是与数据的发送处理相关的内容，下面也只列出部分内容。

```
struct net_device_ops {
        int                     (*ndo_init)(struct net_device *dev);
        int                     (*ndo_open)(struct net_device *dev);
        int                     (*ndo_stop)(struct net_device *dev);
        netdev_tx_t              (*ndo_start_xmit) (struct sk_buff *skb,
                                          struct net_device *dev);
        int                     (*ndo_set_mac_address)(struct net_device *dev,
                                              void *addr);
        int                     (*ndo_validate_addr)(struct net_device *dev);
        int                     (*ndo_do_ioctl)(struct net_device *dev,
                                        struct ifreq *ifr, int cmd);
        int                     (*ndo_change_mtu)(struct net_device *dev,
                                          int new_mtu);
        void                    (*ndo_tx_timeout) (struct net_device *dev);
        struct net_device_stats* (*ndo_get_stats)(struct net_device *dev);
};
```

ndo_init：当网络设备注册后，该函数被调用，用于网络设备的后期初始化操作，没有特殊要求则为 NULL。

ndo_open：当激活网络设备时，该函数被调用。

ndo_stop：当网络设备被禁用时，该函数被调用。

ndo_start_xmit：当一个网络数据包需要发送时，该函数被调用，函数应该返回 NETDEV_TX_OK 或 NETDEV_TX_BUSY。

ndo_set_mac_address：当需要改变 MAC 地址时，该函数被调用，可以为 NULL。

ndo_validate_addr：用于验证 MAC 地址是否合法有效。

ndo_do_ioctl：用于处理通用接口代码不能处理的用户请求。

ndo_change_mtu：当用户想要改变设备的 MTU 时，该函数被调用。

ndo_tx_timeout：当发送超时时，该函数被调用。

ndo_get_stats：用于获取网络设备的统计信息。

围绕 struct net_device 结构的主要函数和宏如下。

```
alloc_netdev(sizeof_priv, name, setup)
void *netdev_priv(const struct net_device *dev);
void free_netdev(struct net_device *dev);
alloc_etherdev(sizeof_priv)
void ether_setup(struct net_device *dev);
int register_netdev(struct net_device *dev);
void unregister_netdev(struct net_device *dev);
```

alloc_netdev：用于分配并且初始化一个 struct net_device 结构对象，并且还在该对象的后面分配了 sizeof_priv 字节大小的空间用于存放驱动的私有数据。为了提高访问的效率，驱动私有的数据开始地址对齐到 32 字节的边界，所以在内存上的布局大致如图 12.3 所示。

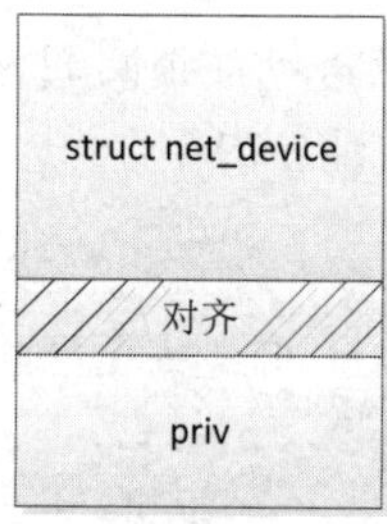

图 12.3 分配 struct net_device 内存分布

参数 name 是网络设备的名字，参数 setup 是一个指向用于进一步初始化 struct net_device 结构对象的函数指针。

netdev_priv：用于获取驱动私有数据区的起始地址。

free_netdev：释放 struct net_device 结构对象。

alloc_etherdev：是专门针对分配并初始化以太网设备的 struct net_device 结构对象的一个宏，它的名字为 eth%d，也就是 eth 后面跟一个设备序号的数字，setup 方法为 ether_setup。另外，这个宏还给该网络设备在发送方向和接收方向上分别分配了一个队列。

ether_setup：针对以太网设备的 struct net_device 结构对象中相关成员的初始化，代码如下。

```
void ether_setup(struct net_device *dev)
{
        dev->header_ops          = &eth_header_ops;
        dev->type               = ARPHRD_ETHER;
        dev->hard_header_len     = ETH_HLEN;
        dev->mtu                = ETH_DATA_LEN;
        dev->addr_len            = ETH_ALEN;
        dev->tx_queue_len        = 1000; /* Ethernet wants good queues */
        dev->flags              = IFF_BROADCAST|IFF_MULTICAST;
        dev->priv_flags          |= IFF_TX_SKB_SHARING;

        memset(dev->broadcast, 0xFF, ETH_ALEN);
}
```

上面设置了以太网协议头的操作方法集为 eth_header_ops，然后对类型、硬件头长度、MTU、硬件地址长度、发送队列的最大帧数目、一些标志和广播地址进行了设置。

register_netdev：注册网络设备。

unregister_netdev：注销网络设备。

网络数据的收发是基于队列的，在收发方向上各有单独的队列，上层要发送的数据包先送入发送队列，然后再通过网络设备驱动发送，网卡接收到的数据包放入接收队列，然后上层从接收队列中取出数据包进行协议解析。与队列相关的主要操作有如下的函数。

```
void netif_start_queue(struct net_device *dev);
void netif_stop_queue(struct net_device *dev);
```

netif_start_queue：允许上层通过 hard_start_xmit 函数发送数据包。

netif_stop_queue：禁止上层通过 hard_start_xmit 函数发送数据包，这样可以在网络设备驱动中完成流控。

上面的数据包操作都是关于发送的，在网络设备操作方法集合里也没有数据包接收方向的接口函数。其实我们在前面也说过，网络设备驱动应该在收到数据包的时候“主动”将数据包递交给上层，一般这是发生在网卡的接收中断函数中的（网卡一般都是按中断的方式工作的）。在软中断的章节我们也提到过，网卡的接收中断的下半部完成对数据包的进一步处理，包括校验和拆包等，这样就完成了数据包向上层逐层传递的过程。这个向上层递交数据包的操作通过下面的函数来进行。

```
int netif_rx(struct sk_buff *skb);
```

该函数返回 NET_RX_SUCCESS 表示成功，返回 NET_RX_DROP 表示包被丢弃。这里又引出一个关键的数据结构 struct sk_buff，即套接字缓冲区，用于在各层之间传递数据包。但是该缓冲区不仅仅是一片容纳数据包的内存，还需要有额外的一些管理信息。数据包在网络协议层之间流动，处理它的效率必须要高。假如在下层向上层的递交过程中，下层的协议去掉协议头后将剩下的数据复制到上层，这会涉及大量的复制工作，显然这会影响效率。解决这个问题的方法就是要在各层协议间共享同一个缓冲区，在层与层之间传递缓冲区的指针。不过，因为网络数据包的特殊性，即在向下层传递的过程中要添加协议包头和可能在尾部的校验，向上层传递的过程中又要去掉协议包头和可能的尾部校验，因此层与层之间传递的指针必须要变化才行。struct sk_buff 这个巧妙的数据结构就能实现这一功能，如果不考虑分散/聚集 I/O 的处理，那么要理解它还是比较容易的。下面列出该结构最主要的成员。

```
struct sk_buff {
        struct sk_buff          *next;
        struct sk_buff          *prev;
        ktime_t                 tstamp;
        struct net_device       *dev;
        unsigned int            len, data_len;
        __be16                  protocol;
```

```
        __u16                  transport_header;
        __u16                  network_header;
        __u16                  mac_header;
        sk_buff_data_t          tail;
        sk_buff_data_t          end;
        unsigned char           *head, *data;
        unsigned int           truesize;
};
```

next、prev：链接 skb（套接字缓冲区，以后用 skb 来简称这个数据结构对象）的指针。

tstamp：收到数据包的时间戳。

dev：指向收到该数据包的网络设备结构对象的指针。

len：所有数据的长度，包括了用于分散/聚集（分片）数据的长度。

data_len：分片数据的长度。

protocol：网络设备驱动收到的数据包的协议类型。

transport_header：传输层的数据包头的偏移地址。

network_header：网络层数据包头的偏移地址。

mac_header：数据链路层的数据包头的偏移地址。

tail：如果没有使用偏移来表示，那么 tail 是指向有效数据的尾部的指针，否则是有效数据尾部的偏移地址。

end：如果没有使用偏移来表示，那么 end 是指向数据缓冲区（没有分片）的尾部的指针，否则是缓冲区尾部的偏移地址。

head：指向数据缓冲区的头部。

data：指向有效数据的头部。

可以通过一个比较简单的无分片 skb 来直观展示上述关键成员，如图 12.4 所示。

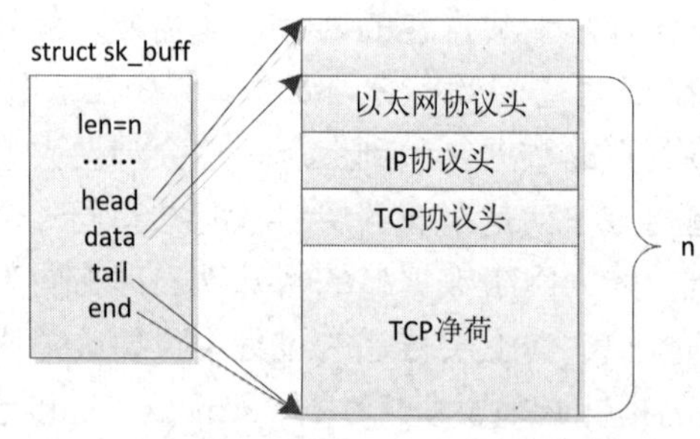

图 12.4　无分片的 skb 示意图

围绕 struct sk_buff 结构有一些操作函数，现在将最常用的函数和宏分别罗列如下，并给出操作的示意图。

```
struct sk_buff *alloc_skb(unsigned int size, gfp_t priority);
struct sk_buff *dev_alloc_skb(unsigned int length);
void kfree_skb(struct sk_buff *skb);
dev_kfree_skb(a);
```

alloc_skb、dev_alloc_skb：用于分配并初始化 skb，size 或 length 是缓冲区的大小，priority 是内存分配掩码。dev_alloc_skb 用于不能休眠的上下文中。

kfree_skb、dev_kfree_skb：释放 skb，kfree_skb 和 alloc_skb 配对使用，dev_kfree_skb 和 dev_alloc_skb 配对使用。

刚分配的 skb 示意图如图 12.5 所示，为了简化问题，忽略了为提高缓冲区访问效率的对齐处理。

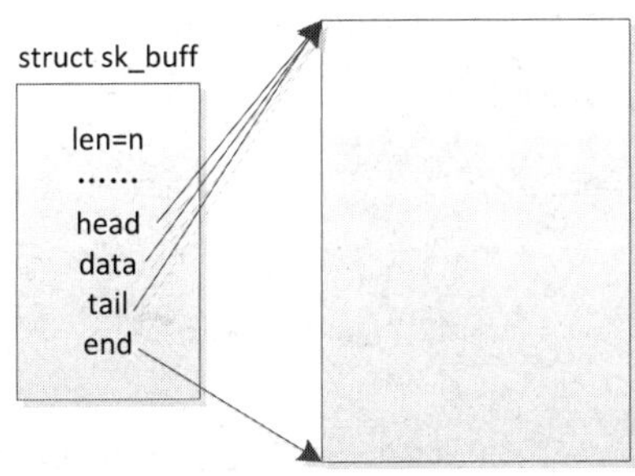

图 12.5　新分配的 skb 示意图

```
static inline void skb_reserve(struct sk_buff *skb, int len)
{
        skb->data += len;
        skb->tail += len;
}
```

skb_reserve：通过源码我们知道，该函数是将 data 和 tail 同时向 end 方向偏移 len 个字节。通常是在刚分配好 skb 后为了预留足够的协议头空间或为了对齐的操作，如图 12.6 所示。

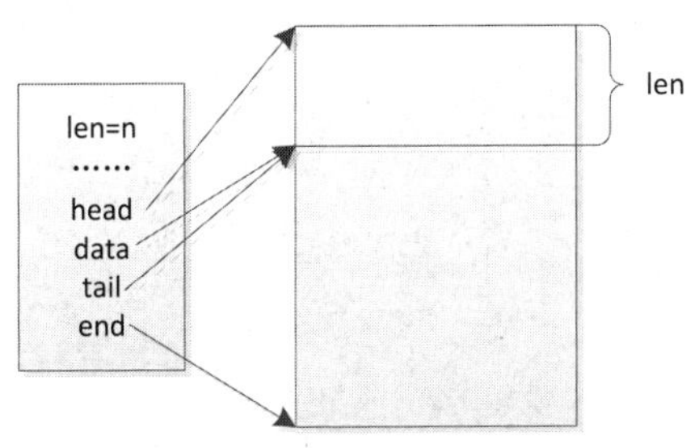

图 12.6　skb_reserve 示意图

```
unsigned char *skb_put(struct sk_buff *skb, unsigned int len)
{
......
        skb->tail += len;
        skb->len  += len;
......
}
```

skb_put：将 tail 向 end 方向偏移 len 个字节，如图 12.7 所示。在 put 操作之前，tail 处于实线箭头的位置；在 put 操作之后，tail 在虚线箭头的位置。函数返回 put 操作之前的 tail 指针，通常用于添加尾部数据。

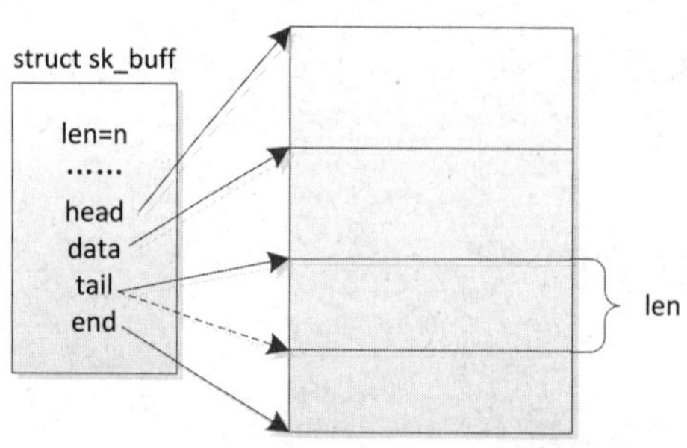

图 12.7　skb_ put 示意图

```
unsigned char *skb_push(struct sk_buff *skb, unsigned int len)
{
        skb->data -= len;
        skb->len  += len;
……
}
```

skb_push：将 data 向 head 方向偏移 len 个字节，如图 12.8 所示。在 push 操作之前，data 处于实线箭头的位置；在 push 操作之后，data 在虚线箭头的位置。函数返回 push 操作之后的 data 指针，通常用于添加协议头数据。

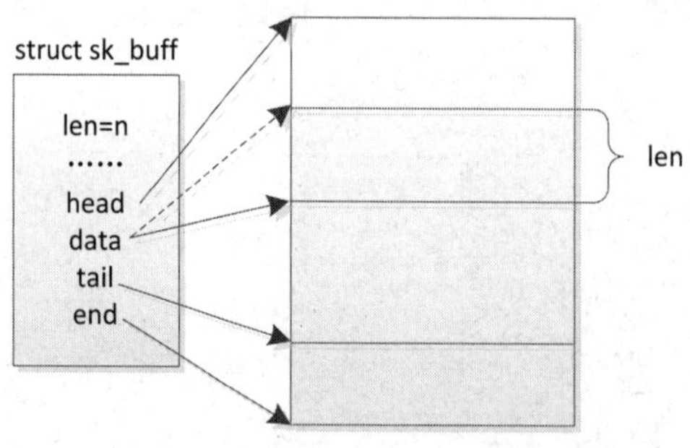

图 12.8　skb_ push 示意图

```
unsigned char *skb_pull(struct sk_buff *skb, unsigned int len)
{
……
        skb->len -= len;
……
        return skb->data += len;
}
```

skb_pull：将 data 向 end 方向偏移 len 个字节，如图 12.9 所示。在 pull 操作之前，data

处于实线箭头的位置；在 push 操作之后，data 在虚线箭头的位置。函数返回 pull 操作之后的 data 指针，通常用于去掉协议头数据。

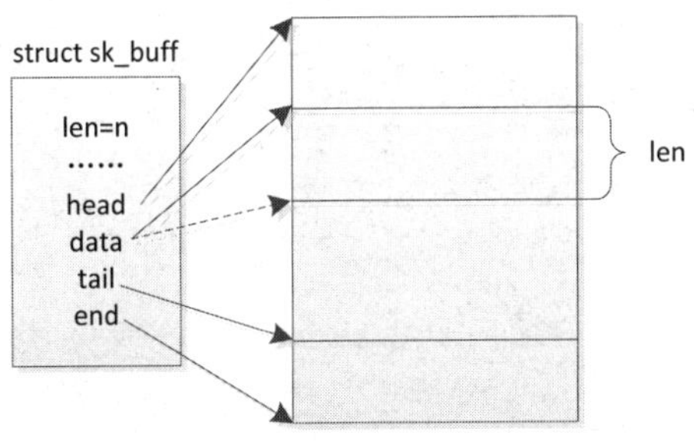

图 12.9　skb_ pull 示意图

12.3 网络设备驱动实例

本节实现一个虚拟网络设备的驱动，其目的是使用数据结构和函数来搭建一个网络设备驱动的基本框架。这个虚拟的网络设备是基于内存的，也就是说，要通过网络设备发送的数据包都在驱动内部环回回去，可以实现 ping 命令的测试。但是源 IP 地址和目的 IP 地址应该不一样，否则上层的内核网络代码将直接使用系统自带的环回网络设备来完成环回。为了欺骗上层的网络模块，让上层感觉数据包被正常发送出去，然后被对端环回回来，在虚拟网络设备驱动的内部，将源地址和目的地址的最后一个字节做了交换，如图 12.10 所示。

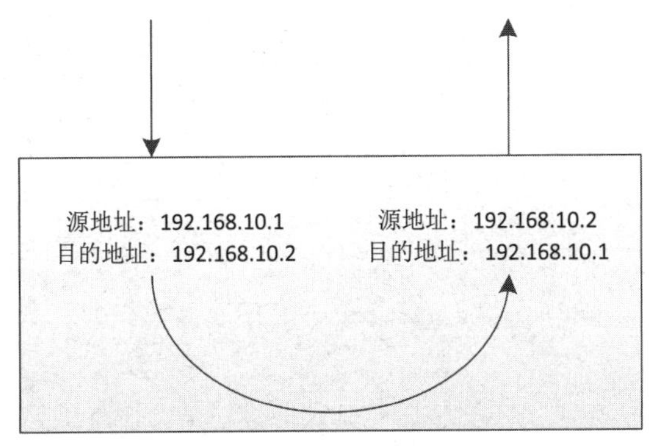

图 12.10　内部环回示意图

驱动的代码如下（完整的代码请参见“下载资源/程序源码/net/ex1”）。

```
/* vnet.h */

#ifndef __VNET_H__
#define __VNET_H__
```

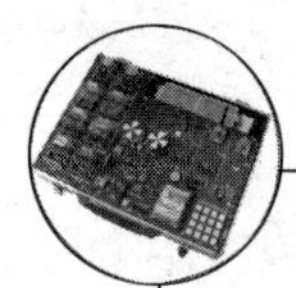


```

#define DEBUG 1

struct vnet_priv {
        struct sk_buff *txskb;
        int rxlen;
        unsigned char rxdata[ETH_DATA_LEN];
};

#endif
```

在 vnet.h 头文件中定义了一个结构 struct vnet_priv，成员 txskb 用于记录发送的 skb，在发送成功后释放这个 skb。rxdata 则是用于从虚拟网卡中获取的数据包的临时缓冲区，rxlen 记录从虚拟网卡中获取的数据包的长度。

```
#include <linux/init.h>
#include <linux/kernel.h>
#include <linux/module.h>

#include <linux/netdevice.h>
#include <linux/etherdevice.h>
#include <linux/skbuff.h>

#include <linux/ip.h>

#include "vnet.h"

struct net_device *vnet_dev;

static int vnet_open(struct net_device *dev)
{
        netif_start_queue(dev);
        return 0;
}

static int vnet_stop(struct net_device *dev)
{
        netif_stop_queue(dev);
        return 0;
}

void vnet_rx(struct net_device *dev)
{
        struct sk_buff *skb;
        struct vnet_priv *priv = netdev_priv(dev);

        skb = dev_alloc_skb(priv->rxlen + 2);
        if (IS_ERR(skb)) {
                printk(KERN_NOTICE "vnet: low on mem - packet dropped\n");
                dev->stats.rx_dropped++;
                return;
        }
        skb_reserve(skb, 2);
```

```
        memcpy(skb_put(skb, priv->rxlen), priv->rxdata, priv->rxlen);

        skb->dev = dev;
        skb->protocol = eth_type_trans(skb, dev);
        skb->ip_summed = CHECKSUM_UNNECESSARY;
        dev->stats.rx_packets++;
        dev->stats.rx_bytes += priv->rxlen;
        netif_rx(skb);

        return;
}

static void vnet_rx_int(char *buf, int len, struct net_device *dev)
{
        struct vnet_priv *priv;

        priv = netdev_priv(dev);
        priv->rxlen = len;
        memcpy(priv->rxdata, buf, len);
        vnet_rx(dev);

        return;
}

static void vnet_hw_tx(char *buf, int len, struct net_device *dev)
{
#if DEBUG
        int i;
#endif

        struct iphdr *ih;
        struct net_device *dest;
        struct vnet_priv *priv;
        u32 *saddr, *daddr;

        if (len < sizeof(struct ethhdr) + sizeof(struct iphdr)) {
                printk("vnet: Packet too short (%i octets)\n", len);
                return;
        }

#if DEBUG
        printk("len is %i\n", len);
        printk("data: ");
        for (i = 0; i < len; i++)
                printk(" %02x",buf[i] & 0xff);
        printk("\n");
#endif

        ih = (struct iphdr *)(buf + sizeof(struct ethhdr));
        saddr = &ih->saddr;
        daddr = &ih->daddr;
        ((u8 *)saddr)[3] = ((u8 *)saddr)[3] ^ ((u8 *)daddr)[3];
        ((u8 *)daddr)[3] = ((u8 *)saddr)[3] ^ ((u8 *)daddr)[3];
```

```
        ((u8 *)saddr)[3] = ((u8 *)saddr)[3] ^ ((u8 *)daddr)[3];

        ih->check = 0;
        ih->check = ip_fast_csum((unsigned char *)ih,ih->ihl);

#if DEBUG
        printk("len is %i\n", len);
        printk("data: ");
        for (i = 0; i < len; i++)
                printk(" %02x",buf[i] & 0xff);
        printk("\n\n");
#endif

        dest = vnet_dev;
        vnet_rx_int(buf, len, dest);

        dev->stats.tx_packets++;
        dev->stats.tx_bytes += len;
        priv = netdev_priv(dev);
        dev_kfree_skb(priv->txskb);
}

static netdev_tx_t vnet_tx(struct sk_buff *skb, struct net_device *dev)
{
        int len;
        char *data, shortpkt[ETH_ZLEN];
        struct vnet_priv *priv = netdev_priv(dev);

        data = skb->data;
        len = skb->len;
        if (len < ETH_ZLEN) {
                memset(shortpkt, 0, ETH_ZLEN);
                memcpy(shortpkt, skb->data, skb->len);
                len = ETH_ZLEN;
                data = shortpkt;
        }
        dev->trans_start = jiffies;
        priv->txskb = skb;
        vnet_hw_tx(data, len, dev);

        return 0;
}

static const struct net_device_ops vnet_ops = {
        .ndo_open               = vnet_open,
        .ndo_stop               = vnet_stop,
        .ndo_start_xmit          = vnet_tx,
};


static int __init vnet_init(void)
{
        int status;
```

```
145         struct vnet_priv *priv;
146 
147         vnet_dev = alloc_etherdev(sizeof(struct vnet_priv));
148         if (IS_ERR(vnet_dev))
149                 return -ENOMEM;
150 
151         ether_setup(vnet_dev);
152         vnet_dev->netdev_ops = &vnet_ops;
153         vnet_dev->flags |= IFF_NOARP;
154         priv = netdev_priv(vnet_dev);
155         memset(priv, 0, sizeof(struct vnet_priv));
156 
157         status = register_netdev(vnet_dev);
158         if (status) {
159                 free_netdev(vnet_dev);
160                 return status;
161         }
162 
163         return 0;
164 }
165 
166 static void __exit vnet_exit(void)
167 {
168 
169         unregister_netdev(vnet_dev);
170         free_netdev(vnet_dev);
171 }
172 
173 module_init(vnet_init);
174 module_exit(vnet_exit);
175 
176 MODULE_LICENSE("GPL");
177 MODULE_AUTHOR("Kevin Jiang <jiangxg@farsight.com.cn>");
178 MODULE_DESCRIPTION("Virtual ethernet driver");
```

代码第 147 行使用 alloc_etherdev 分配了一个 struct net_device 结构对象的内存空间和 struct vnet_priv 结构对象的内存空间，并按照以太网的相关属性初始化了 struct net_device 结构对象。代码第 151 行再次调用 ether_setup 初始化了 struct net_device 结构对象。代码第 152 行指定了网络设备的操作方法集合为 vnet_ops，只实现了 3 个最基本的函数接口，分别是 ndo_open、ndo_stop 和 ndo_start_xmit，这个在后面会进一步描述。代码第 153 行给 struct net_device 结构对象的 flags 成员添加了 IFF_NOARP 标志，这对这里的虚拟网络设备非常重要，因为没有真实的硬件，所以也没有办法完成 ARP 操作。代码第 154 行使用 netdev_priv 获取了 struct vnet_priv 结构对象的地址，然后将该结构对象的内存清零。代码第 157 行使用 register_netdev 注册了网络设备。代码第 169 行和第 170 行则是在模块卸载的时候进行注销和释放内存的操作。

在 vnet_open 函数中使用 netif_start_queue 来启动发送队列，从而允许上层发送数据包。而在 vnet_stop 函数中则使用 netif_stop_queue 来停止发送队列。这两个操作完成了最基本的网络设备激活和禁止的操作。

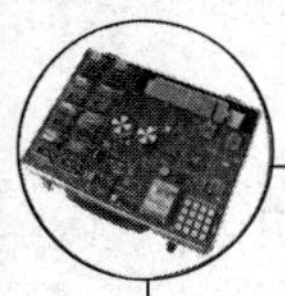

数据包的发送由 vnet_tx 函数来启动，代码第 120 行和第 121 行首先获取了要发送数据包的缓冲区起始地址和数据包的长度。如果数据包的长度小于以太网允许的最短数据包长度，那么代码第 122 行和第 127 行则对数据包进行填充，以使数据包满足最短包长度的要求。代码第 128 行记录了数据包发送的时间，代码第 129 行记录了要发送数据包的 skb 结构对象指针，方便在发送完成后释放该 skb。最后，代码第 130 行调用 vnet_hw_tx 函数来真正发送数据包。

在 vnet_hw_tx 函数中，代码第 74 行至第 77 行依然是对数据包长度的判断。代码第 79 行至第 85 行则是为了调试方便将原始数据包的内容打印出来。代码第 87 行至第 92 行则是取出源 IP 地址和目的 IP 地址，然后将最后一个字节进行交换。代码第 94 行和第 95 行重新计算校验和。这部分代码和协议相关，不应该出现在网络设备驱动的代码中，但是为了完成环回操作，我们必须要修改地址。代码第 97 行至第 103 行也是调试的目的，将修改后的数据包内容打印出来。代码第 105 行指定了应该接收该数据包的网络设备（也就是该虚拟网络设备本身），然后调用 vnet_rx_int 在目的网络设备上模拟产生了一次接收中断，从而来完成数据包的接收，这个将在后面进一步讨论。数据包发送成功后，代码第 108 行和第 109 行完成了发送统计信息的维护，代码第 110 行和第 111 行释放了发送的 skb。

vnet_rx_int 是模拟的数据包接收中断函数，代码第 56 行记录了接收数据包的长度，代码第 57 行从网络设备中将数据包复制到了临时的接收缓冲区 rxdata 中，然后调用 vnet_rx 做进一步的处理。在 vnet_rx 函数中，代码第 32 行使用 dev_alloc_skb 函数分配了一个 skb，虽然是模拟的中断，使用的还是 dev_alloc_skb 函数。skb 的缓冲区长度为 rxlen + 2，多分配 2 个字节是为了对齐处理。因为以太网的协议包头为 14 个字节，再多偏移 2 个字节，可以使以太网数据包除去协议头后的净荷数据是 16 字节对齐的，有利于充分利用高速缓存来加快对数据的处理过程。代码第 38 行使用 skb_reserve 函数保留 2 个字节正是这个目的。代码第 39 行首先使用 skb_put 函数将 tail 向 end 方向偏移 rxlen 个字节，函数返回的是 put 之前的 tail 指针，然后将数据从临时缓冲区复制到了 skb 中。复制完成后的 skb 示意图如图 12.11 所示。

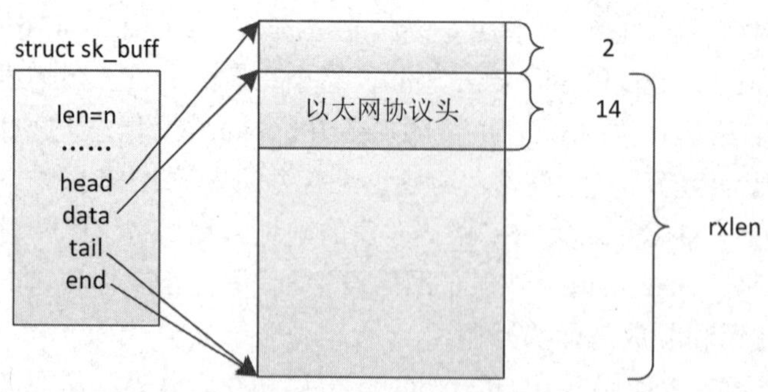

图 12.11　虚拟网络设备接收 skb 示意图

代码第 41 行记录接收该数据包的网络设备。代码第 42 行指示接收到的数据包的协议，方便上层对该数据包进行拆包处理。代码第 43 行告诉上层代码不需要做校验和校验，因为是直接的内存复制。代码第 44 行和第 45 行维护接收数据包的统计计数，最后使用 netif_rx 向上层递交数据包。

编译和测试的命令如下，使用 dmesg 可以查看调试信息，也可以交叉编译，在目标板上运行。

```
# make
# make modules_install
# depmod
# modprobe vnet
# ifconfig -a
......

eth1      Link encap:Ethernet  HWaddr 00:00:00:00:00:00
          BROADCAST NOARP MULTICAST  MTU:1500  Metric:1
          RX packets:0 errors:0 dropped:0 overruns:0 frame:0
          TX packets:0 errors:0 dropped:0 overruns:0 carrier:0
          collisions:0 txqueuelen:1000
          RX bytes:0 (0.0 B)  TX bytes:0 (0.0 B)

lo        Link encap:Local Loopback
          inet addr:127.0.0.1  Mask:255.0.0.0
          inet6 addr: ::1/128 Scope:Host
          UP LOOPBACK RUNNING  MTU:65536  Metric:1
          RX packets:205 errors:0 dropped:0 overruns:0 frame:0
          TX packets:205 errors:0 dropped:0 overruns:0 carrier:0
          collisions:0 txqueuelen:0
          RX bytes:15488 (15.4 KB)  TX bytes:15488 (15.4 KB)
# ifconfig eth1 192.168.80.1
# ping -c 2 192.168.80.2
PING 192.168.80.2 (192.168.80.2) 56(84) bytes of data.
64 bytes from 192.168.80.2: icmp_seq=1 ttl=64 time=0.151 ms
64 bytes from 192.168.80.2: icmp_seq=2 ttl=64 time=0.222 ms

--- 192.168.80.2 ping statistics ---
2 packets transmitted, 2 received, 0% packet loss, time 999ms
rtt min/avg/max/mdev = 0.151/0.186/0.222/0.038 ms
```

12.4 DM9000 网络设备驱动代码分析

本节将对 DM9000 网络设备驱动做简要的分析，主要是分析其中的核心框架代码，以进一步说明上面的框架是如何应用在真实的网络设备驱动中的。

DM9000 在 FS4412 目标板上的原理图如图 12.12 所示。

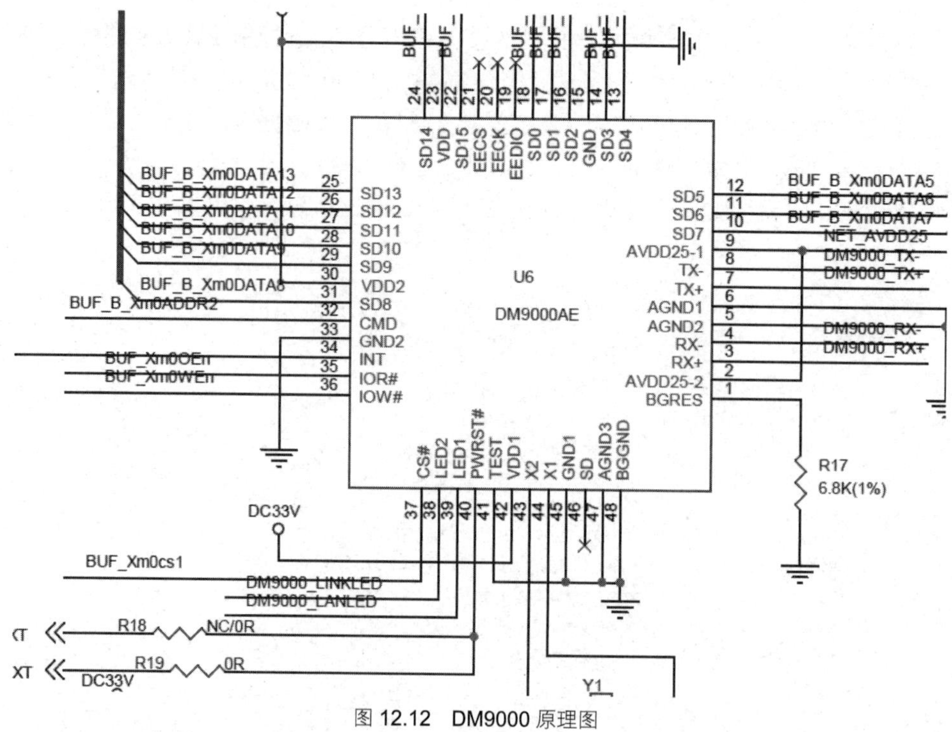

图 12.12 DM9000 原理图

DM9000AE 网卡芯片通过存储器总线和 Exynos4412 CPU 芯片相连，片选信号（第 37 脚）连接到了 Exynos4412 的 Xm0CSn1 管脚（在图中未体现，需要查看完整的原理图），查看 Exynos4412 的用户手册可知，该片选信号所对应的存储器基地址为 0x05000000。DM9000AE 的 CMD 管脚接在了地址总线的 ADDR2 上，该管脚决定是访问 DM9000AE 芯片内部的地址寄存器还是数据寄存器。根据这种接法可知，这两个寄存器的起始地址分别为 0x05000000 和 0x05000004。而数据总线的宽度为 16 位，所以这两个寄存器的结束地址分别为 0x05000001 和 0x05000005。芯片输出了一个中断，连接在了 Exynos4412 CPU 芯片的 GPX0 组的 6 号管脚上（对应的中断为 XEINT6），查看 DM9000AE 的芯片手册可知，该管脚为高电平触发方式。

DM9000 网络设备驱动是基于平台驱动的，所以要在设备树文件中编写一个设备树节点，这可以参考内核文档 Documentation/devicetree/bindings/net/davicom-dm9000.txt。根据该文档和上面的硬件信息，得出该设备节点的定义如下。

```
srom-cs1@5000000 {
        compatible = "simple-bus";
        #address-cells = <1>;
        #size-cells = <1>;
        reg = <0x5000000 0x1000000>;
        ranges;

        ethernet@5000000 {
              compatible = "davicom,dm9000";
              reg = <0x5000000 0x2 0x5000004 0x2>;
```

```
                        interrupt-parent = <&gpx0>;
                        interrupts = <6 4>;
                        davicom,no-eeprom;
                        mac-address = [00 0a 2d a6 55 a2];
                };
        };
```

代码首先定义了一个用于地址转换的父节点 srom-cs1@5000000，该节点的地址范围是 0x5000000～0x5FFFFFF，子节点的地址和大小分别用一个 cell（一个 32 位的二进制数）来表示，1∶1 映射。ethernet@5000000 是其中的一个子节点，用于描述以太网卡的相关设备信息。其中 compatible 的值为“davicom,dm9000”，和驱动里面的设备列表相符合。而 reg 属性则指定了两个寄存器的起始地址和大小，根据前面关于硬件原理图的分析，不难给出这个属性的值。而 interrupt-parent 则给出了使用中断的父节点，在设备树源文件所包含的一个文件 arch/arm/boot/dts/exynos4x12-pinctrl.dtsi 中，定义了如下的一个关于 GPX0 组管脚的中断节点的定义。

```
                gpx0: gpx0 {
                        gpio-controller;
                        #gpio-cells = <2>;

                        interrupt-controller;
                        interrupt-parent = <&gic>;
                        interrupts = <0 16 0>, <0 17 0>, <0 18 0>, <0 19 0>,
                                     <0 20 0>, <0 21 0>, <0 22 0>, <0 23 0>;
                        #interrupt-cells = <2>;
                };
```

该节点是一个中断控制器，共有 8 个中断，分别对应 GPX0 的 8 个管脚。对 interrupts 的解释需要参考 Documentation/devicetree/bindings/arm/gic.txt 文档，其中第一个数字表示中断的类型为 SPI；第二个数字表示 SPI 的号，查阅 Exynos4412 的芯片手册可知 EINT6 中断对应的 SPI 中断号为 22；最后一个数字表示的是中断触发的类型，0 为未指定。

ethernet@5000000 节点中的 interrupts 属性表示使用了 gpx0 这组中断的以 0 开始计数的第 6 个中断（<0 22 0>这个中断），中断的触发类型为高电平触发。该属性值的解读可以参考 Documentation/devicetree/bindings/interrupt-controller/interrupts.txt 文档中的内容。从硬件原理图分析的结果不难给出该属性的值。

接下来的属性“davicom,no-eeprom”表示 DM9000AE 芯片没有外接 EEPROM 配置芯片，而 mac-address 属性则指定了以太网卡的 MAC 地址。这些都可以通过查阅 Documentation/devicetree/bindings/net/davicom-dm9000.txt 文档来解释。

DM9000 网络设备驱动的代码的路径为 drivers/net/ethernet/davicom/dm9000.c，代码最后的几行就是支持的设备列表和平台驱动的注册和注销，这和我们之前编写的平台驱动类似，这里就不再列出代码了。对网络设备的初始化和注册发生在 dm9000_probe 函数中，接下来做简要的分析。

```
        ndev = alloc_etherdev(sizeof(struct board_info));
```

```
……
1430        db = netdev_priv(ndev);
```

在 dm9000_probe 函数中，代码第 1421 行，函数一开始使用 alloc_etherdev 分配了网络设备对象的内存，并使用 netdev_priv 得到了私有数据的起始地址。

```
1440        db->addr_res = platform_get_resource(pdev, IORESOURCE_MEM, 0);
1441        db->data_res = platform_get_resource(pdev, IORESOURCE_MEM, 1);
1442        db->irq_res  = platform_get_resource(pdev, IORESOURCE_IRQ, 0);
……
1474        iosize = resource_size(db->addr_res);
1475        db->addr_req = request_mem_region(db->addr_res->start, iosize,
1476                                          pdev->name);
1477
……
1484        db->io_addr = ioremap(db->addr_res->start, iosize);
……
1492        iosize = resource_size(db->data_res);
1493        db->data_req = request_mem_region(db->data_res->start, iosize,
1494                                          pdev->name);
……
1502        db->io_data = ioremap(db->data_res->start, iosize);
……
1511        ndev->base_addr = (unsigned long)db->io_addr;
1512        ndev->irq       = db->irq_res->start;
```

代码第 1440 行至第 1442 行分别获取了两个寄存器的地址和中断号，然后使用 ioremap 对这两个寄存器进行了映射，最后将 I/O 端口地址记录在设备对象的 base_addr 成员中，将中断号记录在了设备对象的 irq 成员中。

接下来设置了端口数据总线的宽度，因为 DM9000 是一个系列的芯片，有的宽度是 8 位，有的宽度是 16 位，也有宽度是 32 位的，FS4412 目标板使用的是 16 位。在数据位宽设定好了后，就可以对设备进行访问，以判断硬件是否真实存在。

```
1558        for (i = 0; i < 8; i++) {
1559            id_val  = ior(db, DM9000_VIDL);
1560            id_val |= (u32)ior(db, DM9000_VIDH) << 8;
1561            id_val |= (u32)ior(db, DM9000_PIDL) << 16;
1562            id_val |= (u32)ior(db, DM9000_PIDH) << 24;
1563
1564            if (id_val == DM9000_ID)
1565                break;
1566            dev_err(db->dev, "read wrong id 0x%08x\n", id_val);
1567        }
1568
1569        if (id_val != DM9000_ID) {
1570            dev_err(db->dev, "wrong id: 0x%08x\n", id_val);
1571            ret = -ENODEV;
1572            goto out;
1573        }
1574
1575        /* Identify what type of DM9000 we are working on */
1576
```

```
    id_val = ior(db, DM9000_CHIPR);
    dev_dbg(db->dev, "dm9000 revision 0x%02x\n", id_val);

    switch (id_val) {
    case CHIPR_DM9000A:
            db->type = TYPE_DM9000A;
            break;
    case CHIPR_DM9000B:
            db->type = TYPE_DM9000B;
            break;
    default:
            dev_dbg(db->dev, "ID %02x => defaulting to DM9000E\n", id_val);
            db->type = TYPE_DM9000E;
    }
```

上面的代码先多次读取 DM9000 的 ID 号（因为前面几次读取可能会失败），然后再判断 ID 号是否正确，如果正确，那么说明硬件存在，继续读取芯片的类型 ID，并根据该 ID 做进一步的设置。这里用到的 ior 宏是先将 DM9000 内部寄存器的地址写入到地址寄存器中，然后再读数据寄存器，iow 宏有类似的过程，只是后面是写数据寄存器。这样就可以通过两个寄存器来访问 DM9000 内部的 256 个寄存器。

```
1601        ether_setup(ndev);
1602
1603        ndev->netdev_ops        = &dm9000_netdev_ops;
1604        ndev->watchdog_timeo    = msecs_to_jiffies(watchdog);
1605        ndev->ethtool_ops       = &dm9000_ethtool_ops;
1606
1607        db->msg_enable       = NETIF_MSG_LINK;
1608        db->mii.phy_id_mask  = 0x1f;
1609        db->mii.reg_num_mask = 0x1f;
1610        db->mii.force_media  = 0;
1611        db->mii.full_duplex  = 0;
1612        db->mii.dev          = ndev;
1613        db->mii.mdio_read    = dm9000_phy_read;
1614        db->mii.mdio_write   = dm9000_phy_write;
......
1635        if (!is_valid_ether_addr(ndev->dev_addr)) {
......
1645        ret = register_netdev(ndev);
......
```

接下来使用了 ether_setup 又一次初始化了设备对象 ndev，然后将操作方法集、发送超时和 ethtool 对应的接口分别进行了初始化。代码第 1608 行至第 1614 行是与 PHY 相关的初始化，因为 DM9000 内部集成了一个 PHY，后面又使用几种方法来尝试获得 MAC 地址，如果都失败了就随机生成一个 MAC 地址，最后使用 register_netdev 注册了网络设备。在 dm9000_probe 函数中还使用 INIT_DELAYED_WORK(&db->phy_poll, dm9000_poll_work)初始化了一个延时函数 dm9000_poll_work。这个函数用于定期检测网线的连接状态，在网卡激活时启动该函数，在网卡禁止时停止该检测。

接下来我们还是主要关注 DM9000 网络设备的激活、停止、发送数据包和接收数据

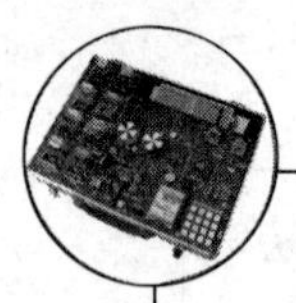

包的部分。DM9000 网络设备激活的函数是 dm9000_open，代码如下。

```
1282 static int
1283 dm9000_open(struct net_device *dev)
1284 {
……
1299         /* GPIO0 on pre-activate PHY, Reg 1F is not set by reset */
1300         iow(db, DM9000_GPR, 0); /* REG_1F bit0 activate phyxcer */
1301         mdelay(1); /* delay needs by DM9000B */
1302
1303         /* Initialize DM9000 board */
1304         dm9000_reset(db);
1305         dm9000_init_dm9000(dev);
1306
1307         if (request_irq(dev->irq, dm9000_interrupt, irqflags, dev->name, dev))
……
1314         netif_start_queue(dev);
1315
1316         dm9000_schedule_poll(db);
……
1319 }
```

代码第 1300 行激活了 PHY。代码第 1304 行和第 1305 行复位并初始化了 DM9000 芯片。代码第 1307 行注册了中断处理函数 dm9000_interrupt。最后启动了队列并调度了延时工作函数 dm9000_poll_work 的运行。

DM9000 网络设备禁止的函数是 dm9000_stop，它的工作刚好和激活函数相反，这里就不再列出代码了。

DM9000 网络设备的数据包发送函数是 dm9000_start_xmit，代码如下。

```
static int
dm9000_start_xmit(struct sk_buff *skb, struct net_device *dev)
{
……
        if (db->tx_pkt_cnt > 1)
                return NETDEV_TX_BUSY;

……
        writeb(DM9000_MWCMD, db->io_addr);

        (db->outblk)(db->io_data, skb->data, skb->len);
        dev->stats.tx_bytes += skb->len;

        db->tx_pkt_cnt++;
……
        if (db->tx_pkt_cnt == 1) {
                dm9000_send_packet(dev, skb->ip_summed, skb->len);
        } else {
……
                db->queue_pkt_len = skb->len;
                db->queue_ip_summed = skb->ip_summed;
                netif_stop_queue(dev);
        }
```

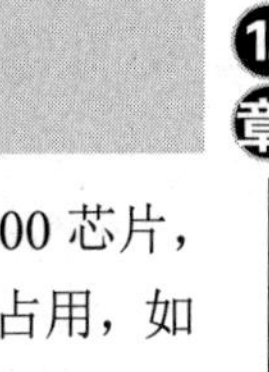

```
......
1036        dev_kfree_skb(skb);
......
1039 }
```

DM9000 内部采用双缓冲机制，可以同时将两个待发送的数据包写入 DM9000 芯片，然后再依次发送。代码第 1011 行首先判断 DM9000 内部的两个缓冲区是否都被占用，如果是则返回忙。如果不是，那么在代码第 1017 行至第 1020 行就将数据包写入 DM9000 内部的缓冲区。如果目前只有一个缓冲区被占用，那么在代码第 1025 行马上启动数据包的发送；如果两个缓冲区都被占用，则记录好信息，并且停止队列。最后释放包含发送数据包的 skb。当数据包发送完成后，DM9000 会产生一个发送中断，这会导致前面注册的中断处理函数被调用，在中断处理函数中进一步调用 dm9000_tx_done 函数，代码如下。

```
1046 static void dm9000_tx_done(struct net_device *dev, board_info_t *db)
1047 {
......
1059                if (db->tx_pkt_cnt > 0)
1060                     dm9000_send_packet(dev, db->queue_ip_summed,
1061                                         db->queue_pkt_len);
1062                netif_wake_queue(dev);
1063        }
1064 }
```

代码主要是对发送统计信息进行了维护，如果 DM9000 内部还有一个缓冲区的数据未发送则立即启动下一个数据包的发送。接下来调用了 netif_wake_queue 函数重新启动了队列，这样就完成了流控操作。

当 DM9000 接收到数据包后会产生中断，导致中断处理函数被调用，中断处理函数进一步调用 dm9000_rx 函数来完成对接收数据包的处理，代码如下。

```
1075 static void
1076 dm9000_rx(struct net_device *dev)
1077 {
......
1149                if (GoodPacket &&
1150                    ((skb = netdev_alloc_skb(dev, RxLen + 4)) != NULL)) {
1151                     skb_reserve(skb, 2);
1152                     rdptr = (u8 *) skb_put(skb, RxLen - 4);
......
1156                     (db->inblk)(db->io_data, rdptr, RxLen);
1157                     dev->stats.rx_bytes += RxLen;
......
1160                     skb->protocol = eth_type_trans(skb, dev);
......
1167                     netif_rx(skb);
1168                     dev->stats.rx_packets++;
......
1175        } while (rxbyte & DM9000_PKT_RDY);
1176 }
```

在 dm9000_rx 函数中，首先对数据包的正确性做了判断，如果数据包是好的，那么

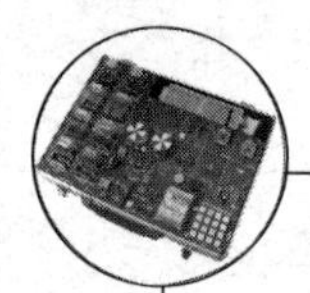

使用 netdev_alloc_skb 分配了 skb，然后在代码第 1156 行将数据包从 DM9000 内部的接收缓冲区中读入了 skb 中。代码第 1160 行设置了数据包的数据链路层的协议后，在代码第 1167 行使用 netif_rx 递交了数据包，并维护了接收统计计数信息。在 dm9000_rx 函数中，当处理完一个数据包后，要判断是否还有数据包未处理，如果有则继续处理，直到所有的数据包都处理完。

另外，当发送数据包超时时，dm9000_timeout 超时函数将会被调用。在该函数中，最主要的就是复位并重新初始化了 DM9000 芯片。

可以发现，DM9000 网络设备驱动除了硬件处理的细节，主体框架和我们上一节实现的虚拟网络设备驱动是一样的。

12.5 NAPI

一直以来，中断都意味着高效的处理，因为现在 I/O 的速度一般远远低于 CPU 的处理速度。如果让 CPU 轮询 I/O 的状态，在 I/O 准备好的情况下再进行处理的话，大量宝贵的 CPU 时间被浪费在无谓的轮询等待上，这显然是不合适的。所以，普遍的教科书都一致推荐使用中断来代替轮询。但是，如果中断非常频繁地发生，中断的机制不一定会比轮询具有更高的效率。因为中断进入和退出需要保护现场和恢复现场，频繁发生的中断将会导致在这方面的处理太消耗时间，轮询反而是更合适的选择。在这种情况下每次轮询几乎都会成功，也就不存在等待的时间消耗了。现在千兆以太网已经很常见，人们对高带宽的要求也是越来越强烈，短期密集型数据包的到来的情况越来越多。为了适应这一情况，Linux 开发了 NAPI（New API）机制，这种机制的实现思想也非常直观：以轮询为主，以中断为辅。平时设备以中断方式进行工作，接收到数据包后先进入中断处理函数进行处理，然后转为轮询的方式进行工作，持续接收后续的数据包，满足一定的条件后退出轮询模式，再以中断的方式进行工作。

但不是每一个网络设备都能实现 NAPI 机制，必须要满足以下两个条件：

（1）设备能够保留多个接收到的数据包，如多缓冲机制。否则，后面新到来的数据包将会被丢弃，进入轮询模式后也就没有意义了。

（2）能独立禁止接收数据包产生的中断。否则如果将其他中断也禁止，将会严重影响其他设备的工作。

为了支持 NAPI 机制，内核引入了新的数据结构 struct napi_struct，定义如下。

```
struct napi_struct {
       struct list_head       poll_list;
       unsigned long          state;
       int                   weight;
       unsigned int           gro_count;
       int                   (*poll)(struct napi_struct *, int);
#ifdef CONFIG_NETPOLL
```

```
        spinlock_t              poll_lock;
        int                     poll_owner;
#endif
        struct net_device        *dev;
        struct sk_buff          *gro_list;
        struct sk_buff          *skb;
        struct list_head         dev_list;
        struct hlist_node        napi_hash_node;
        unsigned int            napi_id;
};
```

最重要的成员有 3 个，分别是 poll_list、weight 和 poll，其中 poll_list 将所有要轮询的网络设备通过链表链接起来，weight 是该设备被轮询的时间的一个权重。也就是说，如果系统中有多个网络设备都实现了 NAPI，那么内核将会轮询这个链表中的每一个设备，而每个设备轮询多长时间是由 weight 这个权重来决定的。当轮询一个具体的设备时，又会进一步轮询多个接收的数据包。所以完整的轮询有两个层次，先是设备这一层次，然后是一个设备的多个接收数据包这一层次。poll 是指向网络设备驱动实现的轮询函数的指针。围绕这个结构，有下面一些函数。

```
void netif_napi_add(struct net_device *dev, struct napi_struct *napi, int (*poll)(struct napi_struct *, int), int weight);
void netif_napi_del(struct napi_struct *napi);
void napi_enable(struct napi_struct *n);
void napi_disable(struct napi_struct *n);
void napi_schedule(struct napi_struct *n);
void napi_complete(struct napi_struct *n);
```

上面函数的含义都比较直观，这里就不再一一介绍了。接下来以 drivers/net/ethernet/realtek/r8169.c 驱动代码为例来说明 NAPI 的使用方法。

（1）定义一个 struct napi_struct 结构对象。

```
......
struct rtl8169_private {
......
        struct napi_struct napi;
```

（2）使用 netif_napi_add 函数初始化并注册 struct napi_struct 结构对象。

```
static int
rtl_init_one(struct pci_dev *pdev, const struct pci_device_id *ent)
{
......
        netif_napi_add(dev, &tp->napi, rtl8169_poll, R8169_NAPI_WEIGHT);
```

其中，参数 dev 是网络设备对象指针，&tp->napi 是要初始化的 struct napi_struct 结构对象地址，rtl8169_poll 是驱动中实现的轮询函数，R8169_NAPI_WEIGHT 是多个设备间轮询的权重。

（3）在 open 函数中使用 napi_enable 函数使能 NAPI 机制。

```
static int rtl_open(struct net_device *dev)
{
```

```
……
        napi_enable(&tp->napi);
```

（4）在中断处理函数中禁止中断，然后调度 NAPI。

```
static irqreturn_t rtl8169_interrupt(int irq, void *dev_instance)
{
……
                        rtl_irq_disable(tp);
                        napi_schedule(&tp->napi);
```

（5）注册的轮询函数被调用，在轮询函数中处理数据包。

```
static int rtl8169_poll(struct napi_struct *napi, int budget)
{
……
                work_done = rtl_rx(dev, tp, (u32) budget);
……
        if (work_done < budget) {
                napi_complete(napi);

                rtl_irq_enable(tp, enable_mask);
                mmiowb();
        }

        return work_done;
}
```

其中，参数 budget 是内核允许设备接收的数据包的个数，当接收到足够的数据包后，使用 napi_complete 退出轮询，并重新使能中断。

（6）在 stop 函数中使用 napi_disable 禁止轮询。

```
static void rtl8169_down(struct net_device *dev)
{
……
        napi_disable(&tp->napi);
        netif_stop_queue(dev);
```

（7）在注销的相关函数中使用 netif_napi_del 注销 NAPI。

```
static void rtl_remove_one(struct pci_dev *pdev)
{
……
        netif_napi_del(&tp->napi);

        unregister_netdev(dev);
```

12.6 习题

1．（　）函数是将 skb 的 data 和 tail 同时向 end 方向偏移 len 个字节。

[A] skb_reserve　　[B] skb_put

[C] skb_push　　[D] skb_pull

2．（　）函数是将 tail 向 end 方向偏移 len 个字节。

[A] skb_reserve　　[B] skb_put

[C] skb_push　　[D] skb_pull

3．（　）函数是将 data 向 head 方向偏移 len 个字节。

[A] skb_reserve　　[B] skb_put

[C] skb_push　　[D] skb_pull

4．（　）函数是将 data 向 end 方向偏移 len 个字节。

[A] skb_reserve　　[B] skb_put

[C] skb_push　　[D] skb_pull

5．以太网的硬件头长度为（　）个字节。

[A] 14　　[B] 48　　[C] 64　　[D] 1500

6．NAPI 是否是完全使用轮询的机制来实现数据包的接收的（　）。

[A] 是　　[B] 否

第13章 内核调试技术

本章目标

编写驱动程序难免会遇到一些问题，要快速地解决这些问题，就需要熟练掌握内核的各种调试方法。本章介绍了各种 Linux 内核调试方法，内核的调试需要从内核源码本身、调试工具等方面做好准备。通过本章的学习，可以了解不同调试方法的特点和使用方法，再根据需要选择不同的内核调试方式。

- ❑ 内核调试方法
- ❑ 内核打印函数
- ❑ 获取内核信息
- ❑ 处理出错信息
- ❑ 内核源码调试

13.1 内核调试方法

对于庞大的 Linux 内核软件工程，单靠阅读代码查找问题已经非常困难，需要借助调试技术解决 BUG。通过合适的调试手段，可以有效地查找和判断 BUG 的位置和原因。

13.1.1 内核调试概述

当内核运行出现错误的时候，首先要明确定义和可靠地重现这个错误现象。如果一个 BUG 不能重现，修正时只能凭想象和读代码。内核、用户空间和硬件之间的交互非常复杂，在特定配置、特定机器、特殊负载条件下，运行某些程序可能会产生一个 BUG，但在其他条件下就不一定产生。这在嵌入式 Linux 系统上很常见，例如：在 X86 平台上运行正常的驱动程序，在 ARM 平台上就可能会出现 BUG。在跟踪 BUG 的时候，掌握的信息越多越好。

内核的 BUG 是多种多样的，可能由于不同原因出现，并且表现形式也多种多样。BUG 的范围从完全不正确的代码（如没有在适当的地址存储正确的值）到同步的错误（如不适当地对一个共享变量加锁）。BUG 的表现形式也各种各样，从系统崩溃的错误操作到系统性能差等。

通常 BUG 是一系列事件，内核代码的错误使用户程序出现错误。例如，一个不带引用计数的共享结构可能引起条件竞争。没有合适的统计，一个进程可以释放这个结构，但是另外一个进程仍然想要用它。第二个进程可能会使用一个无效的指针访问一个不存在的结构。这就会导致空指针访问、读垃圾数据，如果这个数据还没有被覆盖，也可能基本正常。对空指针访问会产生 oops；垃圾数据会导致数据错误（接下来可能是错误的行为或者 oops）；内核报告 oops 或者错误的行为。内核开发者必须处理这个错误，知道这个数据是在释放以后访问的，这存在一个条件竞争。修正的方法是为这个结构添加引用计数，并且可能需要加锁保护。

调试内核很难，实际上内核不同于其他软件工程。内核有操作系统独特的问题，例如时间管理和条件竞争，这可以使多个线程同时在内核中执行。

因此，调试 BUG 需要有效的调试手段。几乎没有一种调试工具或者方法能够解决全部问题。即使在一些集成测试环境中，也要划分不同测试调试功能，例如跟踪调试、内存泄漏测试、性能测试等。掌握的调试方法越多，调试 BUG 就越方便。Linux 有很多开放源码的工具，每一个工具的调试功能都是专一的，所以这些工具的实现一般也比较简单。

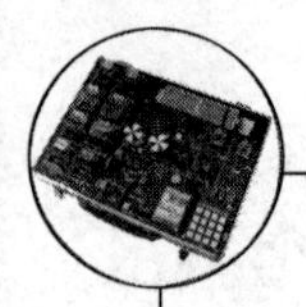

13.1.2 学会分析内核源程序

由于内核的复杂性，无论使用什么调试手段，都需要熟悉内核源码。只有熟悉了内核各部分的代码实现，才能够找到准确的跟踪点；只有熟悉操作系统的内核机制，才能准确地判断系统运行状态。

对于初学者来说，阅读内核源码将是非常枯燥的工作。最好先掌握一种搜索工具，学会从源码树中搜索关键词。当能够对内核源码进行情景分析的时候，你就能感到其中的乐趣了。

调试是无法逃避的任务。进行调试有很多种方法，比如将消息打印到屏幕上、使用调试器，或只是考虑程序执行的情况并仔细地分析问题所在。

在修正问题之前，必须先找出问题的源头。举例来说，对于段错误，需要了解段错误发生在代码的哪一行。一旦发现了代码中出错的行，就要确定该方法中变量的值、方法被调用的方式以及错误如何发生的详细情况。使用调试器将使找出所有这些信息变得很简单。如果没有调试器可用，还可以使用其他的工具。（请注意：有些 Linux 软件产品中可能并不提供调试器）。

13.1.3 调试方法介绍

内核调试方法很多，主要有以下四类。

- 打印函数。
- 获取内核信息。
- 处理出错信息。
- 内核源码调试。

在调试内核之前，通常需要配置内核的调试选项。图 13.1 给出了“Kernel hacking”菜单下的各种调试选项。不同的调试方法需要配置对应的选项。

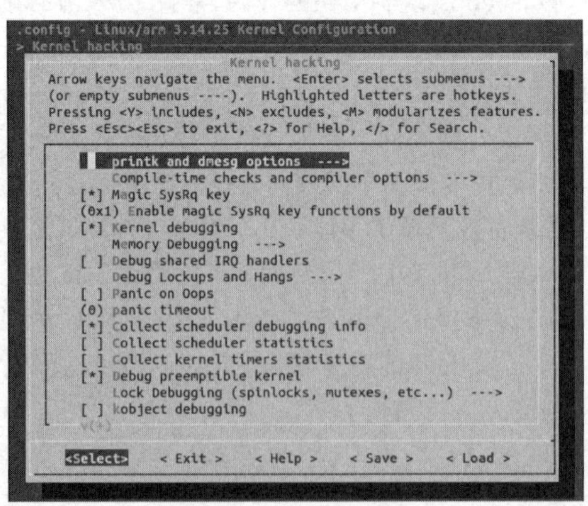

图 13.1 内核调试选项

每一种调试选项都有不同的调试功能，并且不是所有的调试选项在所有的平台上都能被支持。这里介绍一些“Kernel hacking”的调试选项，具体配置使用可以根据情况选择。

（1）printk and dmesg options

该子菜单中的若干选项用来决定 printk 打印和 dmesg 输出的一些特性，如是否在打印信息前加上时间信息、默认的打印级别以及延迟打印的时间。

（2）Compile-time checks and compiler options

该子菜单中的若干选项用来决定编译时的检查和设置一些编译选项，如内核是否可调试（是否加“-g”选项）；是否使能“__deprecated”逻辑（禁止该选项将不会得到如“warning: 'foo' is deprecated (declared at kernel/power/somefile.c:1234)”等信息）；是否使能“__must_check”逻辑（禁止该选项将不会进行必须检查，如有的函数的返回值必须要求检查，如果没有检查编译器将会产生警告）；设置栈的帧数上限值等。

（3）Magic SysRq key

CONFIG_MAGIC_SYSRQ（Magic SysRq key 选项所对应的内核源码宏定义，后面选项类似，不再进行说明）使能系统请求键，可以用于系统调试。

（4）Kernel debugging

CONFIG_DEBUG_KERNEL 选择调试内核选项以后，才可以显示有关的内核调试子项。大部分内核调试选项都依赖于它。

（5）Memory Debugging

该子菜单中的若干选项用来选择内核内存调试的一些选项。

（6）Debug shared IRQ handlers

CONFIG_DEBUG_SHIRQ 共享中断的相关调试使能。

（7）Debug Lockups and Hangs

该子菜单中的若干选项用来选择内核死锁和挂起的一些调试功能，如死锁检测、挂起检测、挂起的超时设置等。

（8）Panic on Oops

CONFIG_PANIC_ON_OOPS 在 Oops 信息输出后是否 Panic，内核输出 Oops 信息并不意味着内核就一定不能继续往下运行，选择该选项意味着一旦 Oops 后内核就在一个预定的时间后重启和一直死循环。

（9）panic timeout

CONFIG_PANIC_TIMEOUT 配置 Panic 的超时值，为 0 表示死循环。

（10）Collect scheduler debugging info

CONFIG_SCHED_DEBUG 调度器调试信息收集，保存在/proc/sched_debug 文件中。

（11）Collect scheduler statistics

CONFIG_SCHEDSTATS 调度器统计信息收集，保存在/proc/schedstat 文件中。

（12）Collect kernel timers statistics

CONFIG_TIMER_STATS 定时器统计信息收集，保存在/proc/timer_stats 文件中。

（13）Debug preemptible kernel

CONFIG_DEBUG_PREEMPT 使能内核抢占调试功能。如果在非抢占安全的状况下使用，将打印警告信息，还可以探测抢占技术下溢。

（14）Lock Debugging (spinlocks, mutexes, etc...)

自旋锁、互斥锁的一些调试选项。

（15）kobject debugging

CONFIG_DEBUG_KOBJECT 使能一些额外的 kobject 调试信息发送到 syslog。

（16）Debug filesystem writers count

CONFIG_DEBUG_WRITECOUNT 使能后能捕获对 vfsmount 结构中的针对写者进行计数的成员的错误使用。

（17）Debug linked list manipulation

CONFIG_DEBUG_LIST 使能对链表使用的额外检查。

（18）Debug SG table operations

CONFIG_DEBUG_SG 使能对集—散表的检查，能帮助驱动找到未能正确初始化集—散表的问题。

（19）Debug notifier call chains

CONFIG_DEBUG_NOTIFIERS 使能对通知调用链的完整性检查，帮助内核开发者确定模块正确地从通知调用链上注销。

（20）Debug credential management

CONFIG_DEBUG_CREDENTIALS 使能一些对证书管理的调试检查。

（21）RCU Debugging

RCU 的一些调试选项。

（22）Force extended block device numbers and spread them

CONFIG_DEBUG_BLOCK_EXT_DEVT 用于强制大多数块设备号是从扩展空间分配并延伸它们，以便发现那些假定设备号是按预先决定的连续设备号进行分配的内核或用户代码路径。使能该选项可能导致内核启动失败。

（23）Notifier error injection

CONFIG_NOTIFIER_ERROR_INJECTION 提供人为向特定通知链回调的功能，如错误。

（24）Fault-injection framework

CONFIG_FAULT_INJECTION 提供失败注入框架。

（25）Tracers

跟踪器的一些选项。

（26）Runtime Testing

运行时测试选项。

（27）Enable debugging of DMA-API usage

CONFIG_DMA_API_DEBUG 用于设备驱动对 DMA 的 API 函数的使用调试。

（28）Test module loading with 'hello world' module

CONFIG_TEST_MODULE 编译一个“test_module”模块，用于模块加载测试。

（29）Test user/kernel boundary protections

CONFIG_TEST_USER_COPY 编译一个“test_user_copy”模块，用于测试内核空间和用户空间的数据复制（copy_to/from_user）是否能正常工作。

（30）Sample kernel code

CONFIG_SAMPLES 用于编译一些内核的实例代码，如 kobject 和 kfifo 的实例代码。

（31）KGDB: kernel debugger

CONFIG_KGDB 内核远程调试的选项。

（32）Export kernel pagetable layout to userspace via debugfs

CONFIG_ARM_PTDUMP 通过 debugfs 向用户空间导出内核空间的页表布局。

（33）Filter access to /dev/mem

CONFIG_STRICT_DEVMEM 禁止该选项则允许用户空间访问整个内存，包括用户空间和内核空间的所有内存。

（34）Enable stack unwinding support (EXPERIMENTAL)

CONFIG_ARM_UNWIND 使用编译器在内核自动生成的信息来提供栈展开的支持。

（35）Verbose user fault messages

CONFIG_DEBUG_USER 当一个应用程序因为异常崩溃时，内核打印一个是什么原因造成崩溃的简短信息。

（36）Kernel low-level debugging functions

CONFIG_DEBUG_LL 用于在内核中包含 printascii、printch 和 printhex 函数的定义。这对于调试在控制台初始化之前代码会很有帮助。但是这会指定一个串口，给移植性带来了一些问题。

（37）Kernel low-level debugging port (Use S3C UART 2 for low-level debug)

选择串口 2 作为内核低级别调试输出端口。

（38）Early printk

CONFIG_EARLY_PRINTK 使能内核的早期打印输出。

（39）On-chip ETM and ETB

CONFIG_OC_ETM 使能片上嵌入的跟踪宏单元跟踪缓存驱动。

（40）Write the current PID to the CONTEXTIDR register

CONFIG_PID_IN_CONTEXTIDR 使能该选项后，内核会把当前进程的 PID 写入 CONTEXTIDR 寄存器的 PROCID 域。

（41）Set loadable kernel module data as NX and text as RO

CONFIG_DEBUG_SET_MODULE_RONX 用于捕获对可加载模块的代码段和只读数据段的意外修改。

13.2 内核打印函数

嵌入式系统一般都可以通过串口与用户交互。大多数 Bootloader 可以向串口打印信息，并且接收命令。内核同样可以向串口打印信息。但是在内核启动过程中，不同阶段的打印函数不同。分析这些打印函数的实现，可以更好地调试内核。

13.2.1 内核镜像解压前的串口输出函数

如果在配置内核时选择了以下的选项：

```
System Type  --->
    (2) S3C UART to use for low-level messages
Kernel hacking  --->
    [*] Kernel low-level debugging functions (read help!)
        Kernel low-level debugging port (Use S3C UART 2 for low-level debug)
```

那么在内核自解压时就会通过串口 2 打印如下信息：

```
Uncompressing Linux... done, booting the kernel.
```

这句话的打印是因为在 decompresss_kernel()函数中调用了 putstr()函数，直接向串口打印内核解压的信息。

putstr()函数实现了向串口输出字符串的功能。因为不同的处理器可以有不同的串口控制器，所以 putstr()函数的实现依赖于硬件平台。下面分析一下 Exynos4412 平台中 putstr()函数的使用及实现。

```
/* arch/arm/boot/compressed/misc.c */

static void putstr(const char *ptr);
……
#include CONFIG_UNCOMPRESS_INCLUDE /* 内核配置后，在自动生成的配置头文件
                include/generated/autoconf.h 中，该宏定义如下：
                #define CONFIG_UNCOMPRESS_INCLUDE "mach/uncompress.h" */
……
static void putstr(const char *ptr)
{
        char c;

        while ((c = *ptr++) != '\0') {
                if (c == '\n')
                        putc('\r');
                putc(c);
        }

        flush();
}
……
```

```
/* arch/arm/mach-exynos/include/mach/uncompress.h */
……
#include <plat/uncompress.h>
……
/* arch/arm/plat-samsung/include/plat/uncompress.h */
……
static void putc(int ch)
{
        if (!config_enabled(CONFIG_DEBUG_LL))
                return;

        if (uart_rd(S3C2410_UFCON) & S3C2410_UFCON_FIFOMODE) {
                int level;

                while (1) {
                        level = uart_rd(S3C2410_UFSTAT);
                        level &= fifo_mask;

                        if (level < fifo_max)
                                break;
                }

        } else {
                /* not using fifos */

                while    ((uart_rd(S3C2410_UTRSTAT)    &    S3C2410_UTRSTAT_TXE)    !=
S3C2410_UTRSTAT_TXE)
                        barrier();
        }

        /* write byte to transmission register */
        uart_wr(S3C2410_UTXH, ch);
}
……
```

从上面的代码分析可知，在arch/arm/boot/compressed/misc.c文件中调用了putstr函数，该函数循环打印字符，直到字符串结束，如果是换行符，再补充打印一个回车符，从而实现回车换行的效果。具体的打印由 putc 函数来实现，该函数被定义在 arch/arm/plat-samsung/include/plat/uncompress.h 文件中。putc 首先判断了底层调试宏开关是否打开，如果不是则直接返回，如果是则进一步检查是否使能了 FIFO。如果 FIFO 使能则一直等待，直到 FIFO 可用，如果没有使能，则一直等待发送缓冲可用，最后将要发送的字符写入发送寄存器中。很明显，数据是否能够通过串口正常发送，需要依赖于在 U-Boot 中是否将该串口正确初始化，这也是内核启动代码对 U-Boot 的一个要求。不过 U-Boot 的代码通常都会初始化一个串口来打印信息，所以这个条件通常也是满足的。这里的 putstr 只在内核解压时使用，内核解压后调用不了该函数，而内核解压部分的代码几乎不会出错，所以驱动开发者很少使用该函数。

13.2.2 内核镜像解压后的串口输出函数

在内核解压完成后，跳转到 vmlinux 镜像入口，这时还没有初始化控制台设备，但是执行系统初始化的过程中也可能出现严重的错误，导致系统崩溃。怎样才能报告这种错误信息呢？可以通过 printascii 子程序来向串口打印。

printascii、printhex8 等子程序包含在 arch/arm/kernel/debug.S 文件中。如果要编译链接这些子程序，需要内核使能“Kernel low-level debugging functions”选项。

printascii 子程序实现向串口打印字符串的功能，printhex 也调用了 printascii 子程序来显示数字。在 printascii 子程序中，调用了宏（macro）：addruart、waituart、senduart、busyuart，这些宏都是在 arch/arm/include/debug/exynos.S 和 arch/arm/include/debug samsung.S /中定义的。printascii 函数的代码如下。

```
/* arch/arm/kernel/debug.S */
……
#include CONFIG_DEBUG_LL_INCLUDE    /*内核配置后，在自动生成的配置头文件
                include/generated/autoconf.h 中，该宏定义如下：
#define CONFIG_DEBUG_LL_INCLUDE "debug/exynos.S" */
……
ENTRY(printascii)
              addruart_current r3, r1, r2
              b      2f
1:            waituart r2, r3
              senduart r1, r3
              busyuart r2, r3
              teq     r1, #'\n'
              moveq   r1, #'\r'
              beq     1b
2:            teq     r0, #0
              ldrneb  r1, [r0], #1
              teqne   r1, #0
              bne     1b
              mov     pc, lr
ENDPROC(printascii)
```

首先调用了 addruart_current 获得调试串口的物理地址和虚拟地址，调用返回后 r3 保存的是物理地址、r1 是虚拟地址、r2 是一个临时寄存器。然后跳转到局部标号 2 去执行代码，r0 是指向要打印的字符串的指针，判断不为空指针后，取出一个字符，并判断是否是字符串的结尾，如果不是则跳转到局部标号 1 执行代码。从局部标号 1 开始，首先等待串口可用，然后发送字符，接下来等待发送完成，最后判断要发送的字符是否是换行字符，如果是则补一个回车字符。在函数中调用的宏都比较简单，这里就不再详细分析了。

printascii 函数的使用也非常简单，首先声明该函数，然后传入要打印的字符串指针即可，实例代码如下。

```
extern void printascii(char *);
asmlinkage void __init start_kernel(void)
```

```
    {
            char * command_line;
            extern const struct kernel_param __start___param[], __stop___param[];

            printascii("enter start_kernel\n");
    ……
```

13.2.3 内核打印函数

Linux 内核标准的系统打印函数是 printk。printk 函数具有极好的健壮性，不受内核运行条件的限制，在系统运行期间都可以使用。printk 日志级别如表 13.1 所示。

表 13.1 printk 日志级别

日 志 级 别	说 明	日 志 级 别	说 明
KERN_EMERG	紧急情况，系统可能会死掉	KERN_WARNING	警告信息
KERN_ALERT	需要立即响应的问题	KERN_NOTICE	普通但是可能有用的信息
KERN_CRIT	重要情况	KERN_INFO	情报信息
KERN_ERR	错误信息	KERN_DEBUG	调试信息

这些级别有助于内核控制信息的紧急程度，判断是否向串口输出等。正如 printk 函数的日志级别，printk 函数的实现也比较复杂。printk 函数不是直接向控制台设备或串口打印信息，而是把打印信息先写到缓冲区里面。下面分析一下 printk 函数的代码实现。

```
    /* kernel/printk/printk.c */
    /* 不指定级别的 printk 函数用这个默认级别……*/
    #define DEFAULT_MESSAGE_LOGLEVEL CONFIG_DEFAULT_MESSAGE_LOGLEVEL /* KERN_WARNING
级别 */
    ……
    #define MINIMUM_CONSOLE_LOGLEVEL 1 /* 控制台可以使用的最小级别数 */
    #define DEFAULT_CONSOLE_LOGLEVEL 7 /* 任何比 KERN_DEBUG 更严重级别的信息都显示 */

    int console_printk[4] = { /* 定义控制台的默认打印级别 */
          DEFAULT_CONSOLE_LOGLEVEL,     /* console_loglevel */
          DEFAULT_MESSAGE_LOGLEVEL,     /* default_message_loglevel */
          MINIMUM_CONSOLE_LOGLEVEL,     /* minimum_console_loglevel */
          DEFAULT_CONSOLE_LOGLEVEL,     /* default_console_loglevel */
    };
    ……
    /* 这是 printk 函数的实现，它可以在任何上下文中调用。
     * 对控制台操作之前，先尝试获得 console_lock 锁，
     * 如果成功，那么将会把输出记录下来并调用控制台驱动程序；
     * 如果失败，把输出信息写到日志缓冲区中，并立即返回。
     * console_sem 信号量的拥有者在 console_unlock 函数中
     * 将会发现有一个新的输出，然后会在释放这个锁之前将输出信息
     * 通过控制台打印
     */
    asmlinkage int printk(const char *fmt, ...)
    {
            va_list args;
            int r;
```

```
#ifdef CONFIG_KGDB_KDB
	if (unlikely(kdb_trap_printk)) {
		va_start(args, fmt);
		r = vkdb_printf(fmt, args);
		va_end(args);
		return r;
	}
#endif
	va_start(args, fmt);          /* 使用变参 */
	r = vprintk_emit(0, -1, NULL, 0, fmt, args); /* vprintk_emit 函数完成打印任务 */
	va_end(args);

	return r;
}
EXPORT_SYMBOL(printk);

asmlinkage int vprintk_emit(int facility, int level,
		    const char *dict, size_t dictlen,
		    const char *fmt, va_list args)
{
	static int recursion_bug;
	static char textbuf[LOG_LINE_MAX];
	char *text = textbuf;
	size_t text_len;
	enum log_flags lflags = 0;
	unsigned long flags;
	int this_cpu;
	int printed_len = 0;

	boot_delay_msec(level);          /* 取决于 CONFIG_BOOT_PRINTK_DELAY 宏是否被定义，
	                                  * 用于控制内核启动阶段的打印延时 */
	printk_delay();                  /* 打印延时控制 */

	local_irq_save(flags);           /* 关闭本地 CPU 的中断并保存中断使能标志 */
	this_cpu = smp_processor_id(); /* 获取当前 CPU 的 ID 号 */

	/* 如果发生了递归调用 */
	if (unlikely(logbuf_cpu == this_cpu)) {
		/* 如果在这个 CPU 上调用 printk 时内核崩溃，那么将尝试获得崩溃信息，
		 * 但要确保不会发生死锁。否则立即返回，以避免递归，并将 recursion_bug
		 * 标志置位，以便在以后某个适当的时刻可以打印该信息
		 */
		if (!oops_in_progress && !lockdep_recursing(current)) {
			recursion_bug = 1;
			goto out_restore_irqs;
		}
		/* 强制初始化自旋锁和信号量，但要留足够的时间给慢速的控制台，
		* 以便打印出完整的 oops 信息
		*/
		zap_locks();
	}
```

```
lockdep_off();                      /* 递归深度加一 */
raw_spin_lock(&logbuf_lock);        /* 日志缓冲区上锁 */
logbuf_cpu = this_cpu;              /* 保存日志 CPU 的 ID 号 */

if (recursion_bug) {                /* 如果出现了递归的 bug，打印该信息 */
    static const char recursion_msg[] =
        "BUG: recent printk recursion!";

    recursion_bug = 0;
    printed_len += strlen(recursion_msg);
    /* 将信息记录到日志缓冲区 */
    log_store(0, 2, LOG_PREFIX|LOG_NEWLINE, 0,
          NULL, 0, recursion_msg, printed_len);
}

/* 将信息格式化输出到 text 指向的缓冲区中 */
text_len = vscnprintf(text, sizeof(textbuf), fmt, args);

/* 如果有换行符则置位 LOG_NEWLINE */
if (text_len && text[text_len-1] == '\n') {
    text_len--;
    lflags |= LOG_NEWLINE;
}

/* 如果打印来自内核，那么裁剪一些前缀并提取打印级别和控制信息 */
if (facility == 0) {
    int kern_level = printk_get_level(text);

    if (kern_level) {
        const char *end_of_header = printk_skip_level(text);
        switch (kern_level) {
        case '0' ... '7':
            if (level == -1)
                level = kern_level - '0';
        case 'd':    /* KERN_DEFAULT */
            lflags |= LOG_PREFIX;
        case 'c':    /* KERN_CONT */
            break;
        }
        text_len -= end_of_header - text;
        text = (char *)end_of_header;
    }
}

/* 如果未指定打印级别，则使用默认的打印级别 */
if (level == -1)
    level = default_message_loglevel;

/* 如果输出信息带有键值对组成的字典，则设置相应的标志 */
if (dict)
    lflags |= LOG_PREFIX|LOG_NEWLINE;

if (!(lflags & LOG_NEWLINE)) {
```

```
        /* 一个早期的新行丢失或者另一个任务要继续打印，刷新冲突的缓存 */
        if (cont.len && (lflags & LOG_PREFIX || cont.owner != current))
            cont_flush(LOG_NEWLINE);

        /* 如果可能则缓存该行，否则立即保存下来 */
        if (!cont_add(facility, level, text, text_len))
            log_store(facility, level, lflags | LOG_CONT, 0,
                  dict, dictlen, text, text_len);
    } else {
        bool stored = false;

        /* 如果一个早期的新行正被丢失并且来自于同一任务，那么它将会和现在的缓存内容
         * 合并并刷新输出。但如果存在一个和中断的竞态，那么将会单存该行并刷新输出。
         * 如果先前的printk来自于不同的任务并且丢掉了新行，那么刷新并追加新行
         */
        if (cont.len) {
            if (cont.owner == current && !(lflags & LOG_PREFIX))
                stored = cont_add(facility, level, text,
                          text_len);
            cont_flush(LOG_NEWLINE);
        }

        if (!stored)
            log_store(facility, level, lflags, 0,
                  dict, dictlen, text, text_len);
    }
    printed_len += text_len;

    /* 尝试获得并立即释放控制台信号量。这将会引起缓存的打印输出并唤醒
    * /dev/kmsg和syslog()的用户
     *
     * console_trylock_for_printk()函数将会释放logbuf_lock锁，而不管其是否
     * 获得了控制台信号量
     */
    if (console_trylock_for_printk(this_cpu))
        console_unlock();

    lockdep_on();              /* 递归深度减一 */
out_restore_irqs:
    local_irq_restore(flags);  /* 恢复本地CPU的中断使能标志 */

    return printed_len;
}
EXPORT_SYMBOL(vprintk_emit);
```

由以上的代码可知，在控制台初始化之前，printk 的输出只能先保存在日志缓存中，所以在控制台初始化之前系统崩溃的话，将不会在控制台上看到 printk 的打印输出。

printk 的使用方法同 printf，但可以添加打印级别，示例代码如下。

```
printk("%s\n", "default level");
printk(KERN_DEBUG "%s\n", "debug-level messages");
printk(KERN_INFO "%s\n", "informational");
printk(KERN_NOTICE "%s\n", "normal but significant condition");
```

```
printk(KERN_WARNING "%s\n", "warning conditions");
printk(KERN_ERR "%s\n", "error conditions");
printk(KERN_CRIT "%s\n", "critical conditions");
printk(KERN_ALERT "%s\n", "action must be taken immediately");
printk(KERN_EMERG "%s\n", "system is unusable");
```

如果 printk 中没有加调试级别，则使用默认的调试级别。注意，调试级别和格式化字符串之间没有逗号。当前控制台的各打印级别可以通过下面的命令来查看。

```
# cat /proc/sys/kernel/printk
4    4    1    7
```

上面的信息表示控制台当前的打印级别为 4（KERN_WARNING），凡是打印级别小于等于（数值上大于等于）该打印级别的信息都不会在控制台上显示；printk 的默认打印级别是 4，即 printk 中如果不指定打印级别，则使用 4 的打印级别；控制台能够设置的最高打印级别为 1（KERN_ALERT），默认的控制台级别为 7。使用下面的命令可以修改控制台打印级别。

```
# echo "7 4 1 7" > /proc/sys/kernel/printk
```

如果要查看完整的控制台打印信息，可以使用下面的命令。

```
# dmesg
```

如果要实时查看控制台打印信息，可以使用下面的命令。

```
# cat /proc/kmsg
```

printk 只能在控制台初始化完成以后看到输出，这对调试来说极为不方便。为了能在早期看到 printk 的打印输出，可以首先使能“Early printk”选项，然后在 bootargs 中添加 earlyprintk 参数。

13.3 获取内核信息

Linux 内核提供了一些与用户空间通信的机制，大部分驱动程序与用户空间的接口都可以作为获取内核信息的手段。而且，内核也有专门的调试机制。

13.3.1 系统请求键

系统请求键可以使 Linux 内核回溯跟踪进程，当然这要在 Linux 的键盘仍然可用的前提下，并且 Linux 内核已经支持 MAGIC_SYSRQ 功能模块。

大多数系统平台（特别是 X86）都已经实现了系统请求键功能，它是在 drivers/char/sysrq.c 中实现的。在配置内核的时候需要选择“Magic SysRq key”菜单选项，使能配置选项 CONFIG_MAGIC_SYSRQ。

使用这项功能，必须是在文本模式的控制台上，并且启动 CONFIG_MAGIC_SYSRQ。

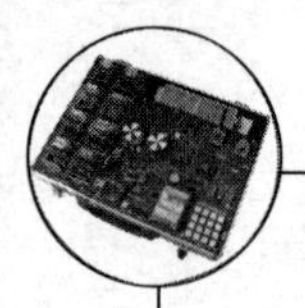

SysRq（系统请求）键是复合键【Alt+SysRq】，大多数键盘的 SysRq 和 PrtSc 键是复用的。

按住 SysRq 复合键，再输入第三个命令键，可以执行相应的系统调试命令。例如，输入 t 键，可以得到当前运行的进程和所有进程的堆栈跟踪。回溯跟踪将被写到/var/log/messages 文件中。如果内核都配置好了，系统应该已经转换了内核的符号地址。

但是，在串口控制台上不能使用 SysRq 复合键，可以先发送一个“BREAK”，在 5s 之内输入系统请求命令键。

另外，有些硬件平台也不能使用 SysRq 复合键。不过，各种目标板都可以通过/proc 接口进入系统请求状态。

```
$ echo t > /proc/sysrq-trigger
```

表 13.2 列出了系统请求键的命令解释。更多信息可以查阅内核文档 Documentation/sysrq.txt。

表 13.2　系统请求键命令

键　命　令	说　　明
SysRq-b	重起机器
SysRq-e	给 init 之外的所有进程发送 SIGTERM 信号
SysRq-h	在控制台上显示 SysRq 帮助
SysRq-i	给 init 之外的所有进程发送 SIGKILL 信号
SysRq-k	安全访问键：杀掉这个控制台上的所有进程
SysRq-l	给包括 init 在内的所有进程发送 SIGKILL 信号
SysRq-m	在控制台上显示内存信息
SysRq-o	关闭机器
SysRq-p	在控制台上显示寄存器
SysRq-r	关闭键盘的原始模式
SysRq-s	同步所有挂接的磁盘
SysRq-t	在控制台上显示所有的任务信息
SysRq-u	卸载所有已经挂载的磁盘

神奇的系统请求键是辅助调试或者拯救系统的重要方法，它为控制台上的每个用户提供了强大的功能。在系统宕机或者运行状态不正常的时候，通过系统请求键可以查询当前进程执行的状态，从而判断出错的进程和函数。

13.3.2　通过/proc 接口

proc 文件系统是一种伪文件系统。实际上，它并不占用存储空间，而是系统运行时在内存中建立的内核状态映射，可以瞬时地提供系统的状态信息。

在用户空间，可以作为文件系统挂接到/proc 目录下，提供给用户访问；可以通过 Shell 命令挂接；可以在/etc/fstab 中做出相应的设置。

```
$ mout -t proc proc /proc
```

通过 proc 文件系统可以查看运行中的内核、查询和控制运行中的进程和系统资源等状态。这对于监控性能、查找系统信息、了解系统是如何配置的以及更改该配置很有用。

在用户空间，可以直接访问/proc 目录下的条目、读取信息或者写入命令。但是不能使用编辑器打开修改/proc 条目，因为在编辑过程中，同步保存的数据将是不完整的命令。

在命令行下使用 echo 命令，从命令行将输出重定向至/proc 下指定条目中。例如，关闭系统请求键功能的命令：

```
$ echo 0 > /proc/sys/kernel/sysrq
```

在命令行下查看/proc 目录下的条目信息，应该使用命令行下的 cat 命令。例如：

```
$ cat /proc/cpuinfo
```

另外，/proc 接口的条目可以作为普通的文件打开访问。这些文件也有访问的权限，大部分条目是只读的，少数用于系统控制的条目具有写操作属性。在应用程序中，可以通过 open()、read()、write()等函数操作。

/proc 中的每个条目都有一组分配给它的非常特殊的文件访问权限，并且每个文件属于特定的用户标识。这一点实现得非常仔细，从而提供给管理员和用户正确的功能。这些特定的访问权限如下。

（1）只读权限：任何用户都不能对该文件进行写操作，用于获取系统信息。

（2）root 写权限：如果/proc 中的某个文件是可写的，则通常只能由 root 用户来写。

（3）root 读权限：有些文件对一般系统用户是不可见的，只对 root 用户是可见的。

（4）其他权限：可能有不同于以上常见的三种访问权限的组合。

就具体/proc 条目的功能而言，每一个条目的读写操作在内核中都有特定的实现。当查看/proc 目录下的文件时，会发现有些文件是可读的，可以从中读出内核的特定信息；有些文件是可写的，可以写入特定的配置和控制命令。

Linux 的一些系统工具就是通过/proc 接口读取信息的。例如，top 命令就是读取/proc 接口下相关条目的信息，实时地显示当前运行中的进程和系统负载。

要获得/proc 文件的所有信息，一个最佳来源就是 Linux 内核源码本身，它包含了一些非常优秀的文档。

13.3.3 通过/sys 接口

Sysfs 文件系统是 Linux 2.6 内核新增加的文件系统。它也是一种伪文件系统，是在内存中实现的文件系统。它可以把内核空间的数据、属性、链接等输出到用户空间。

在 Linux 2.6 内核中，sysfs 和 kobject 是紧密结合的，成为驱动程序模型的组成部分。

当加载或者卸载 kobject 的时候，需要注册或者注销操作。当注册 kobject 时，注册函数除了把 kobject 插入到 kset 链表中，还要在 sysfs 中创建对应的目录。反过来，当注销 kobject 时，注销函数也会删除 sysfs 中相应的目录。

通常，sysfs 文件系统要挂接到/sys 目录下，给用户提供访问空间。可以通过 Shell 命令挂接，也可以在/etc/fstab 中做出相应的设置。

```
$ mount -t sysfs sysfs /sys
```

sysfs 文件系统的目录组织结构反映了内核数据结构的关系。/sys 的目录结构下应该包含以下子目录。

```
block/ bus/ class/ devices/ firmware/ net/
```

devices/目录下的目录树代表设备树，直接映射了内核内部的设备树（按照 device 结构的层次关系）。

bus/目录包含内核各种总线类型的目录。每一种总线目录包含两个子目录：devices/和 drives/。

devices/目录包含了系统探测到的每一个设备的符号链接，指向 sysfs 文件系统的 root/目录下的设备。

drivers/目录包含了在特定总线结构上为每一个加载的设备驱动创建的子目录。

class/目录包含设备接口类型的目录，在类型子目录下还有设备接口的子目录。

```
class/
'-- input
      |-- devices
      |-- drivers
      |-- mouse
      '—evdev
      ……
```

为了方便使用 sysfs，下面介绍一些 sysfs 的编程接口。

1. 属性

属性能够以文件系统的正常文件形式输出到用户空间。sysfs 文件系统间接调用属性定义的函数操作，提供读写内核属性的方法。

属性应该是 ASCII 文本文件，每个文件只能有一个值。可能这样效率不高，可以通过相同类型的数组来表示。

不赞成使用混合类型、多行数据格式和奇异的数据格式。这样做可能使代码得不到认可。

简单的属性定义示例如下：

```
struct attribute {
        char                    *name;
        umode_t                 mode;
};
int sysfs_create_file(struct kobject * kobj, struct attribute * attr);
void sysfs_remove_file(struct kobject * kobj, struct attribute * attr);
```

定义空洞的属性是没有用的，所以最好针对特定的目标类型添加自己的结构属性或者封装好的函数。

例如，设备驱动程序可以定义下面的结构 device_attribute。

```
struct device_attribute {
        struct attribute        attr;
        ssize_t (*show)(struct device *dev, struct device_attribute *attr,
                        char *buf);
        ssize_t (*store)(struct device *dev, struct device_attribute *attr,
                         const char *buf, size_t count);
};

extern int device_create_file(struct device *device,
                              const struct device_attribute *entry);
extern void device_remove_file(struct device *dev,
                               const struct device_attribute *attr);
```

使用下面的宏可以简化 device_attribute 结构对象的定义和初始化。

```
#define __ATTR(_name, _mode, _show, _store) {                        \
        .attr = {.name = __stringify(_name), .mode = _mode },         \
        .show   = _show,                                        \
        .store  = _store,                                       \
}
#define DEVICE_ATTR(_name, _mode, _show, _store) \
        struct device_attribute dev_attr_##_name = __ATTR(_name, _mode, _show,
_store)
```

举例说明如何使用上面的宏来定义属性。

```
static DEVICE_ATTR(foo, S_IWUSR | S_IRUGO, show_foo, store_foo);
```

等价于：

```
static struct device_attribute dev_attr_foo = {
            .attr = {
                .name = "foo",
                .mode = S_IWUSR | S_IRUGO,
        },
        .show = show_foo,
        .store = store_foo,
};
```

2. 子系统操作函数

当子系统定义了一个属性类型时，必须实现一些 sysfs 操作函数。当应用程序调用 read/write 函数时，通过这些子系统函数显示或保存属性值。

```
struct sysfs_ops {
        ssize_t (*show)(struct kobject *, struct attribute *, char *);
        ssize_t (*store)(struct kobject *, struct attribute *, const char *, size_t);
};
```

当读或写这个 sysfs 文件时，sysfs 调用对应的函数。然后，把通用的 kobject 结构和结构属性指针转换成适当的指针类型，并且调用相关的函数。

举例说明：

```
#define to_dev_attr(_attr) container_of(_attr, struct device_attribute, attr)

static ssize_t dev_attr_show(struct kobject *kobj, struct attribute *attr,
                    char *buf)
{
        struct device_attribute *dev_attr = to_dev_attr(attr);
        struct device *dev = kobj_to_dev(kobj);
        ssize_t ret = -EIO;

        if (dev_attr->show)
                ret = dev_attr->show(dev, dev_attr, buf);
        if (ret >= (ssize_t)PAGE_SIZE) {
                print_symbol("dev_attr_show: %s returned bad count\n",
                        (unsigned long)dev_attr->show);
        }
        return ret;
}
```

要读写属性，还要声明和实现 show() 和 store()函数。这两个函数的声明如下：

```
ssize_t (*show)(struct device *dev, struct device_attribute *attr,
                char *buf);
ssize_t (*store)(struct device *dev, struct device_attribute *attr,
                const char *buf, size_t count);
```

读写函数的操作主要是数据缓冲区的读写操作，下面是一个最简单的设备属性实现的例子。

```
    static ssize_t show_name(struct device *dev, struct device_attribute *attr, char
*buf)
    {
            return snprintf(buf, PAGE_SIZE, "%s\n", dev->name);
    }
    static ssize_t store_name(struct device * dev, const char * buf)
    {
            sscanf(buf, "%20s", dev->name);
            return strnlen(buf, PAGE_SIZE);
    }
    static DEVICE_ATTR(name, S_IRUGO, show_name, store_name);
```

13.4 处理出错信息

当系统出现错误时，内核有两个基本的错误处理机制：oops 和 panic。

13.4.1 oops 信息

尽管有了各种调试方法，系统或驱动程序的一些 BUG 仍可能直接导致系统出错，打印出 oops 信息。通常 oops 发生以后，系统处于不稳定状态，可能崩溃，也可能继续运行。

1．oops 消息包含系统错误的详细信息

通常 oops 信息中包含当前进程（Task）的栈回溯（Call Trace）和 CPU 寄存器的内容。分析在发生崩溃时发送到系统控制台的 oops 消息，这是 Linux 调试系统崩溃的传统方法。oops 信息是机器指令级的，是很难懂的。ksymoops 工具可以将机器指令转换为代码并将堆栈值映射到内核符号。在很多情况下，这些信息就足够确定错误的可能原因。

分析 oops 信息是一项很艰苦的工作，先来看看下面这些信息吧。

```
Oops: machine check, sig: 7
NIP: C000F290 XER: 20000000 LR: C000F0F0 SP: C013F940 REGS: c013f890 TRAP: 0200
MSR: 00009030 EE: 1 PR: 0 FP: 0 ME: 1 IR/DR: 11
TASK = c013e020[0] 'swapper' Last syscall: 120
last math 00000000 last altivec 00000000
GPR00: 00000000 C013F940 C013E020 000001F5 C500F200 C3A89000 00000002 C023BFA8
GPR08: 00000007 00000570 0000017B 0000015C 84002022 1002B4DC 00000000 00000000
GPR16: 00000000 00000000 00000000 00000000 00001032 0013FA90 00000000 C00047CC
GPR24: C0150000 000003C0 C07368C0 C013F9C8 000005EE C3A89000 C0160000 C0160000
Call backtrace:
C00334C8 C0160000 C000EE4C C00ACE60 C00A9584 C00AD258 C00AD008
C00A879C C00057A4 C0005860 C00047CC 00000020 C00C1404 C00C146C
C00A8C08 C00CE3C8 C00C59A4 C00DA4A4 C00D9068 C00DA608 C00D9340
C00E9224 C00E7A54 C00EFDF4 C00F032C C00D62CC C00D6504 C00C6060
C00C6214 C00C6384 C001B820 C00058C8 C00047CC
Kernel panic: Aiee, killing interrupt handler!
Warning (Oops_read): Code line not seen, dumping what data is available
```

其中打印出了处理器寄存器的值，还有进程和栈回溯信息。对照 System.map 完全可以进行分析。

2．使用 ksymoops 转换 oops 信息

ksymoops 工具可以翻译 oops 信息，从而分析发生错误的指令，并显示一个跟踪部分表明代码如何被调用。它是根据内核镜像的 System.map 来转换的，因此，必须提供正在运行的内核镜像的 System.map 文件。

关于如何使用 ksymoops，内核源码 Documentation/oops-tracing.txt 中或 ksymoops 手册页上有完整的说明可以参考。

将 oops 消息复制保存在一个文件中，通过 ksymoops 工具转换它。

```
$ ksymoops -m System.map < oops.txt
```

这样 oops 信息就转换成符号信息打印到控制台上了。如果想把结果保存下来，可以把结果重定向到文件中。

3．内核 kallsyms 选项支持符号信息

Linux 2.6 内核引入了 kallsyms 特性，可以通过定义 CONFIG_KALLSYMS 配置选项启动。该选项可以载入内核镜像对应内存地址的符号的名称，内核可以直接跟踪回溯函数名称，而不再打印难懂的机器码了。这样，就不再需要 System.map 和 ksymoops 工具了。因为符号表要编译到内核镜像中，所以内核镜像会变大，并且符号表永久驻留在内存中，对于开发来说，这也是值得的。

13.4.2 panic

当系统发生严重错误的时候，将调用 panic 函数。

那么 panic 函数执行了哪些操作呢？不妨分析一下 panic 函数的实现。

```
/* kernel/panic.c */
/** panic - 停止系统运行
 *   参数 fmt： 要打印的字符串
 *   显示信息，然后清理现场，不再返回
 */
void panic(const char *fmt, ...)
{
     static DEFINE_SPINLOCK(panic_lock);
     static char buf[1024];
     va_list args;
     long i, i_next = 0;
     int state = 0;

     /* 禁止本地 CPU 中断。这将阻止 panic_smp_self_stop 在第一个引起 panic 的 CPU 上
      * 发生死锁。因为不能阻止一个中断处理程序再次发生 panic
      */
     local_irq_disable();

     /* 在抢占没有禁止的情况下，一个 panic 断言是有可能直接运行到这里的。而在这里调用
      * 的函数又期望抢占是被禁止的
      *
      * 只允许一个 CPU 执行 panic 代码。对 panic 的多个并发调用，所有其他的 CPU 要么
      * 停止自己，要么等待最先调用 panic 的 CPU 调用 smp_send_stop 停止它
      */
     if (!spin_trylock(&panic_lock))
          panic_smp_self_stop();

     console_verbose();          /* 设置 oops_in_progress */
     bust_spinlocks(1);          /* 释放一切相关的锁 */
     va_start(args, fmt);  /* 使用变参 */
     vsnprintf(buf, sizeof(buf), fmt, args); /* 格式化后的信息存入 buf */
     va_end(args);
     printk(KERN_EMERG "Kernel panic - not syncing: %s\n",buf); /* 打印 */
#ifdef CONFIG_DEBUG_BUGVERBOSE
     /* 如果在 oops 处理过程中发生了 panic，避免嵌套的栈回溯 */
     if (!test_taint(TAINT_DIE) && oops_in_progress <= 1)
          dump_stack();
#endif

     /* 处理崩溃后的其他所有事务 */
     crash_kexec(NULL);

     /* smp_send_stop 通常是一个关闭函数，但不幸的是，它在 panic 环境下可能
      * 不能很好地被执行
      */
     smp_send_stop();
```

```
    /* 运行所有的 panic 处理程序，包括那些可能需要添加信息到 kmsg 的打印输出 */
    atomic_notifier_call_chain(&panic_notifier_list, 0, buf);

    kmsg_dump(KMSG_DUMP_PANIC);

    bust_spinlocks(0);     /* 清除 oops_in_progress，并唤醒 klogd */

    if (!panic_blink)
        panic_blink = no_blink;

    if (panic_timeout > 0) {
        /* 显示等待的秒数，最后重启机器。这里不能使用普通的定时器 */
        printk(KERN_EMERG "Rebooting in %d seconds..", panic_timeout);

        for (i = 0; i < panic_timeout * 1000; i += PANIC_TIMER_STEP) {
            touch_nmi_watchdog();
            if (i >= i_next) {
                i += panic_blink(state ^= 1);
                i_next = i + 3600 / PANIC_BLINK_SPD;
            }
            mdelay(PANIC_TIMER_STEP);
        }
    }
    if (panic_timeout != 0) {
        /* 这可能不是一个“干净”的重启（关闭所有）。但是如果有机会就会重启系统 */
        emergency_restart();
    }
#ifdef __sparc__
    {
        extern int stop_a_enabled;
        /* Make sure the user can actually press Stop-A (L1-A) */
        stop_a_enabled = 1;
        printk(KERN_EMERG "Press Stop-A (L1-A) to return to the boot prom\n");
    }
#endif
#if defined(CONFIG_S390)
    {
        unsigned long caller;

        caller = (unsigned long)__builtin_return_address(0);
        disabled_wait(caller);
    }
#endif
    local_irq_enable();          /* 重新使能本地 CPU 中断 */
    /* 死循环 */
    for (i = 0; ; i += PANIC_TIMER_STEP) {
        touch_softlockup_watchdog();
        if (i >= i_next) {
            i += panic_blink(state ^= 1);
            i_next = i + 3600 / PANIC_BLINK_SPD;
        }
        mdelay(PANIC_TIMER_STEP);
    }
```

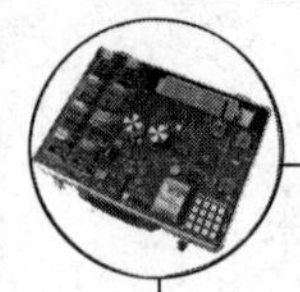


```
}

EXPORT_SYMBOL(panic);
```

panic()函数首先尽可能把出错信息打印出来，再拉响警报，然后清理现场。这时候大概系统已经崩溃，需等待一段时间让系统重启。

在开发调试过程中，可以让 panic 打印更多信息或调试 panic 函数，从而分析系统出错原因。

13.4.3 通过 ioctl 方法

ioctl 是对一个文件描述符响应的系统调用，它可以实现特殊命令操作。ioctl 可以替代/proc 文件系统，实现一些调试的命令。

使用 ioctl 获取信息比/proc 麻烦一些，因为通过应用程序的 ioctl 函数调用并且显示结果必须编写、编译一个应用程序，并且与正在测试的模块保持一致。反过来，驱动程序代码比实现/proc 文件相对简单一点。

大多数时候 ioctl 是获取信息的最好方法，因为它比读/proc 运行得快。假如数据必须在打印到屏幕上之前处理，以二进制格式获取数据将比读一个文本文件效率更高。另外，ioctl 不需要把数据分割成小于一页的碎片。

ioctl 还有一个优点，就是信息获取命令可以保留在驱动程序中，即使已经完成调试工作。不像/proc 文件，在目录下所有人都可以看到。

在内核空间，ioctl 驱动程序函数原型如下。

```
long (*unlocked_ioctl) (struct file *filp, unsigned int cmd, unsigned long arg);
```

filp 指针指向一个打开的文件所对应的 file 结构，cmd 参数是从用户空间未加修改传递过来的，可选的参数 arg 以无符号长整数传递，可以使用整数或指针。如果调用这个函数的时候不传递第 3 个参数，驱动程序接收的 arg 是未定义的。因为对于额外的参数的类型检查已经关闭，编译器不会警告一个非法的参数传递给 ioctl，并且任何相关的 BUG 都将很难查找。

大多数 ioctl 实现包含了一个大的 switch 语句，可以根据 cmd 参数选择适当的操作。不同的命令有不同的数值，可以通过宏定义简化编程。定制的驱动可以在头文件中声明这些符号。用户程序也必须包含这些头文件，以便使用这些符号。

用户空间可以使用 ioctl 系统调用。

```
int ioctl(int d, int request, ...);
```

原型函数的省略号标志表明这个函数可以传递数量可变的参数。在实际系统中，系统调用不能用数量可变的参数。系统调用必须使用定义好的原型，因为用户可以通过硬件操作来访问。因此，这些省略号不代表变参，而是一个可选参数，传统上定义为 char *argp。原型的省略号可以防止编译过程的类型检查。第 3 个参数的本质依赖于特定的控制命令（第 2 个参数）。有些命令没有参数，有些取整型参数，有些取数据指针。使用指针可以把任意数据传递给 ioctl 函数，设备就可以与用户空间交互任意大小的数据块了。

ioctl 函数的不规范性使内核开发者并不喜欢它。每一个 ioctl 命令是一个分离的非正式的系统调用，并且没有办法按照易于理解的方式整理，也很难使这些不规范的 ioctl 参数在所有的系统上都能工作。例如，用户空间进程运行 32 位模式的 64 位系统，这导致强烈需要实现其他方式的多种控制操作。可行的方式包括在数据流中嵌入命令或者使用虚拟文件系统，以及 sysfs 或者驱动程序相关的文件系统。但是，事实上，ioctl 仍然是对设备操作最简单和最直接的选择。

13.5 内核源码调试

因为 Linux 内核程序是 GNU GCC 编译的，所以对应地使用 GNU GDB 调试器。Linux 应用程序需要 gdbserver 辅助交叉调试。那么内核源码调试时，谁来充当 gdbserver 的角色呢？

KGDB 是 Linux 内核调试的一种机制。它使用远程主机上的 GDB 调试目标板上的 Linux 内核。准确地说，KGDB 是内核的功能扩展，它在内核中使用插桩（Stub）的机制。内核在启动时等待远程调试器的连接，相当于实现了 gdbserver 的功能。然后，远程主机的调试器 GDB 负责读取内核符号表和源码，并且建立连接。接下来，就可以在内核源码中设置断点、检查数据并进行其他操作。

KGDB 的调试模型如图 13.2 所示。

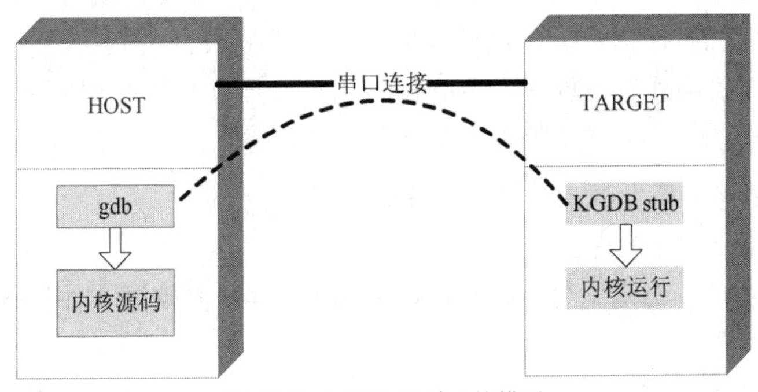

图 13.2　KGDB 调试内核模型

在图 13.2 中，KGDB 调试需要一台开发主机和一台目标板，开发主机和目标板之间通过一条串口线（null 调制解调器电缆）连接。内核源码在开发机器上编译并且通过 GDB 调试，内核镜像下载到目标机上运行，两者通过串口进行通信，Linux 2.6 内核还增加了以太网接口通信的方式。

下面详细说明通过串口来调试 3.14.25 内核的步骤。

（1）配置编译 Linux 内核镜像。

内核的配置选项如下。

```
Kernel hacking  --->
    Compile-time checks and compiler options  --->
        [*] Compile the kernel with debug info
    [*] KGDB: kernel debugger  --->
        <*>   KGDB: use kgdb over the serial console
```

（2）在目标板上启动内核。

启动开发板，在 U-Boot 中重新设置 bootargs 环境变量，添加如下启动参数。

```
kgdboc=ttySAC2,115200 kgdbwait
```

kgdboc 表示用串口进行连接（kgdboe 表示通过以太网口进行连接）。ttySAC2 表示使用串口 2，这里需要注意的是，串口号必须要和控制台串口保持一致，否则连接不成功。115200 表示使用的波特率。kgdbwait 表示内核的串口驱动加载成功后，将会等待主机的 gdb 连接。通过 U-Boot 加载并启动内核，运行正常将会出现下面的信息，然后内核等待连接。

```
    [    0.550000] Serial: 8250/16550 driver, 4 ports, IRQ sharing disabled
    [    0.550000] 13800000.serial: ttySAC0 at MMIO 0x13800000 (irq = 84, base_baud =
0) is a S3C6400/10
    [    0.555000] 13810000.serial: ttySAC1 at MMIO 0x13810000 (irq = 85, base_baud =
0) is a S3C6400/10
    [    0.555000] 13820000.serial: ttySAC2 at MMIO 0x13820000 (irq = 86, base_baud =
0) is a S3C6400/10
    [    1.200000] console [ttySAC2] enabled
    [    1.205000] 13830000.serial: ttySAC3 at MMIO 0x13830000 (irq = 87, base_baud =
0) is a S3C6400/10
    [    1.215000] kgdb: Registered I/O driver kgdboc.
    [    1.220000] kgdb: Waiting for connection from remote gdb...
```

成功看到上面的打印信息后，需要关闭串口终端软件，否则将会和 GDB 产生冲突。另外，在 Linux 主机中通过下面的命令来修改串口设备文件的权限。

```
$ sudo chmod 666 /dev/ttyUSB0
```

ttyUSB0 表示连接开发板的主机上的串口。

（3）启动 gdb，建立连接。

创建一个 gdb 启动脚本文件，名字为.gdbinit，保存在内核源文件目录中。脚本.gdbinit 内容如下。

```
#.gdbinit
set remotebaud 115200
symbol-file vmlinux
target remote /dev/ttyUSB0
set output-radix 16
```

到内核源码树顶层目录下，启动交叉工具链的 gdb 工具。.gdbinit 脚本将在 gdb 启动过程中自动执行。如果一切正常，目标板连接成功，进入调试模式。常见的情况是连接不成功，可能是因为串口设置或者连接不正确。使用的命令及输出如下。

```
$ arm-linux-gdb
GNU gdb 6.8
```

```
    Copyright (C) 2008 Free Software Foundation, Inc.
    License GPLv3+: GNU GPL version 3 or later <http://gnu.org/licenses/gpl.html>
    This is free software: you are free to change and redistribute it.
    There is NO WARRANTY, to the extent permitted by law.  Type "show copying"
    and "show warranty" for details.
    This  GDB  was  configured  as  "--host=i686-build_pc-linux-gnu  --target=arm-
cortex_a8-linux-gnueabi".
    0xc0078b68 in kgdb_breakpoint () at /home/kevin/Workspace/fs4412/kernel/linux-
3.14.25/arch/arm/include/asm/outercache.h:103
    103          outer_cache.sync();
    (gdb)
```

（4）使用 gdb 的调试命令设置断点，跟踪调试。

找到内核源码适当的函数位置，设置断点，继续执行。这样就可以进行内核源码的调试了。

13.6 习题

1．要使用 printascii 函数，需要在内核配置时使能哪个选项（　）。

[A] KGDB: kernel debugger　　[B] Kernel low-level debugging functions

[C] Panic on Oops　　[D] printk and dmesg options

2．通过哪个文件可以查看并修改当前控制台的各个打印级别（　）。

[A] /proc/devices　　[B] /proc/kmsg

[C] /proc/sys/kernel/printk　　[D] /var/log/dmesg

3．系统请求键是哪两个键的复合（　）。

[A] Alt+SysRq　　[B] Ctrl+SysRq

[C] Shift+SysRq　　[D] Shift+Ctrl+SysRq

4．通过 sys 接口读取属性，需要实现哪个接口函数（　）。

[A] read　　[B] show　　[C] store　　[D] print

5．哪个工具可以用来转换 oops 信息（　）。

[A] ksymoops　　[B] kallsyms　　[C] oops　　[D] panic

6．使用 KGDB，通过串口调试内核，需要在 bootargs 中添加哪个参数（　）。

[A] kgdboc　　[B] ttySAC2　　[C] ttyUSB0　　[C] init

第14章 搭建开发环境

本章目标

在开始 Linux 驱动开发之前，首先要搭建好开发环境：一台安装了 Linux 系统的主机、配置并编译好的 Linux 内核源码和一套方便查看内核源码的编辑环境。如果是嵌入式 Linux 驱动的开发，通常还包括安装交叉编译工具链、安装串口设备驱动程序、安装串口终端软件、安装并配置 TFTP 和 NFS 服务器等工作。本章将完成上述环境的搭建。

- ❑ 准备 Linux 开发主机
- ❑ 安装串口相关的软件
- ❑ 安装 TFTP 和 NFS 服务器
- ❑ 准备 Linux 内核源码
- ❑ 在目标板上运行 Linux 系统
- ❑ 源码浏览及编辑器环境

14.1 准备 Linux 开发主机

首先要具备一台安装了 Linux 系统的主机。目前 Linux 系统的发行版非常多，比较流行的有 Debian、Ubuntu、openSUSE、RHEL、Fedora、CentOS 等，可以根据自己的喜好进行选择。因为 Google 公司选择了 Ubuntu 为开发 Android 的 Linux 系统，所以笔者选择了 12.04 版本的 Ubuntu 发行版。

将 Linux 系统安装在物理机上是一个优选的方案。但是如果因为某些需要还是摆脱不了 Windows 系统，那么安装一个 Linux 虚拟机无疑是一个最好的选择。虚拟机软件也有多种选择，目前流行的有 VirtualBox、VMware Workstation 和 Virtual PC 等。在这里笔者选择了免费的 VMware Workstation Player 虚拟机软件，下面介绍其安装过程。

（1）运行“下载资源/工具软件/VMware-player-12.1.1-3770994.exe”安装程序，出现如图 14.1 所示的安装界面。

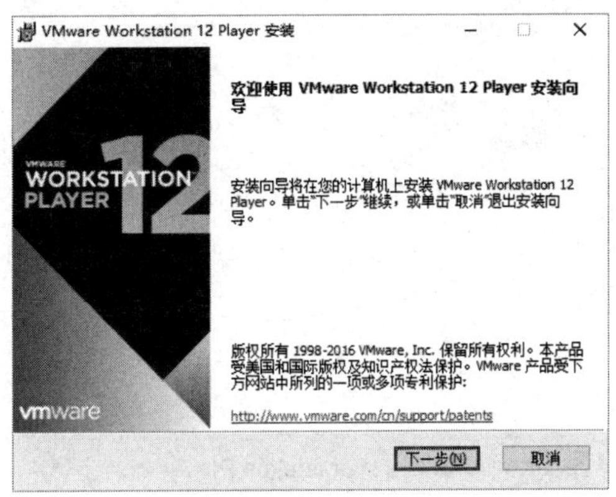

图 14.1　VMware Workstation Player 安装步骤 1

（2）单击“下一步”按钮，选择接受许可协议中的条款，如图 14.2 所示。

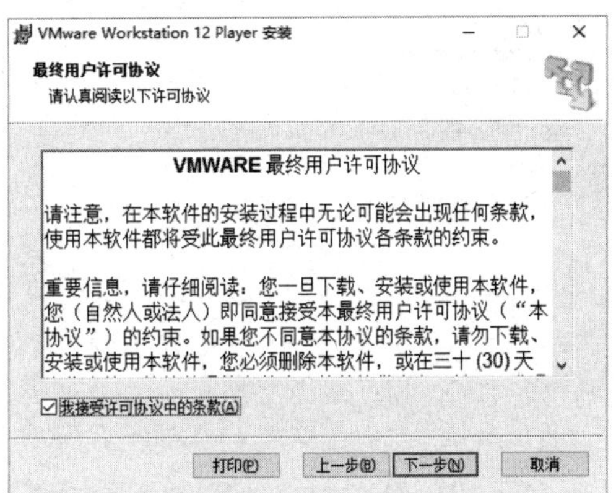

图 14.2　VMware Workstation Player 安装步骤 2

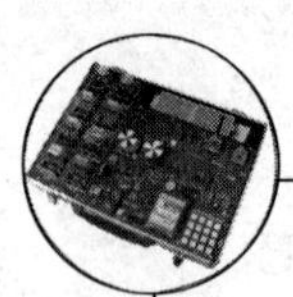

（3）单击“下一步”按钮，选择安装目录，通常为默认即可，如图 14.3 所示。

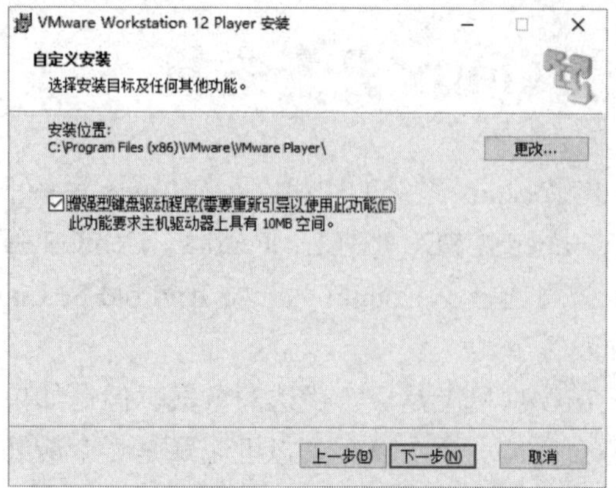

图 14.3　VMware Workstation Player 安装步骤 3

（4）单击“下一步”按钮，选择自动更新等，如图 14.4 所示。

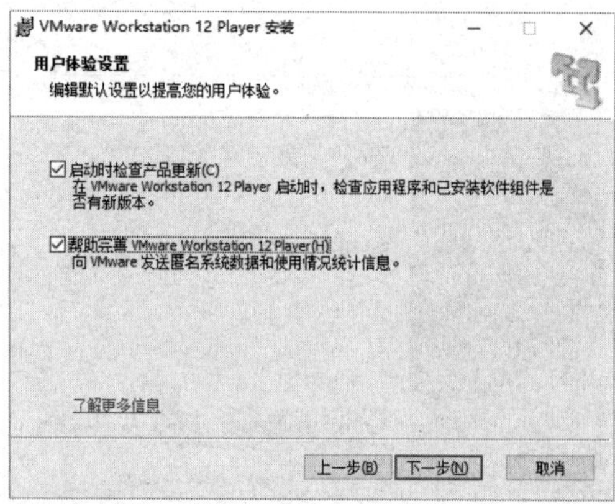

图 14.4　VMware Workstation Player 安装步骤 4

（5）单击“下一步”按钮，选择创建快捷方式，如图 14.5 所示。

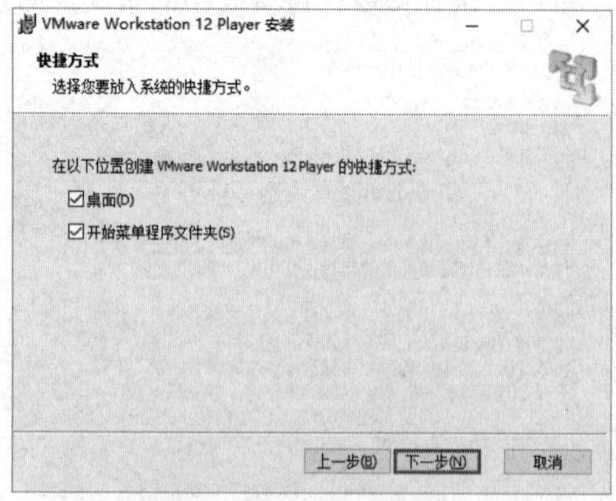

图 14.5　VMware Workstation Player 安装步骤 5

（6）单击“下一步”按钮，再单击“安装”按钮，开始安装程序，如图 14.6 所示。

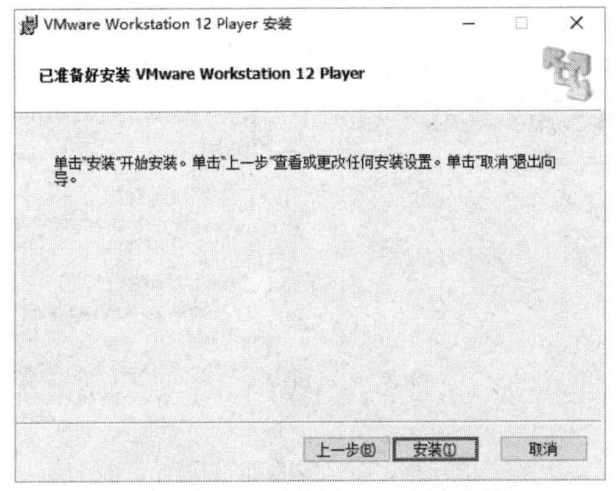

图 14.6　VMware Workstation Player 安装步骤 6

（7）安装完成后，单击“完成”按钮，默认选择的是非商业版本，如图 14.7 所示。

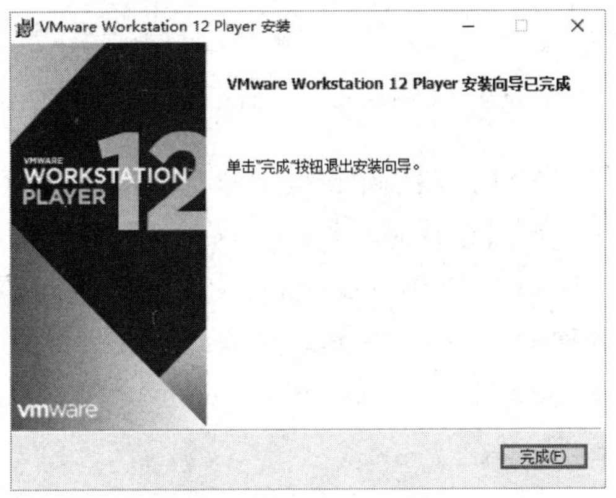

图 14.7　VMware Workstation Player 安装步骤 7

虚拟机软件安装完成后，接下来就是运行虚拟机软件并安装 Linux 系统。双击桌面上的“VMware Workstation 12 Player”图标，第一次启动程序时要求输入一个邮箱地址，如图 14.8 所示。输入邮箱地址后单击“继续”按钮，在接下来的界面中单击“完成”按钮即可。

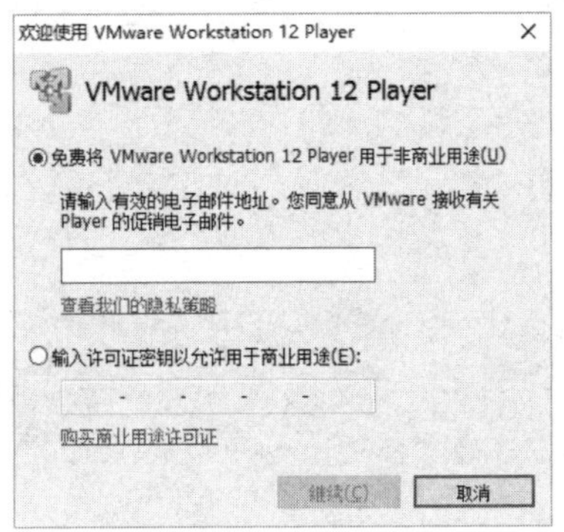

图 14.8　VMware Workstation Player 许可证信息

虚拟机软件启动后，界面如图 14.9 所示。

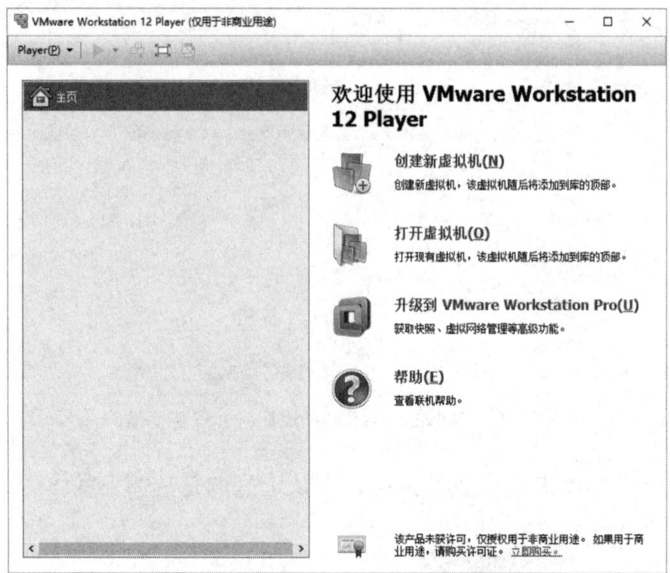

图 14.9　VMware Workstation Player 主界面

单击“创建新虚拟机”按钮，然后根据向导指定 Linux 发行版的安装光盘镜像文件即可安装一个新的虚拟机，该过程耗时较长，所以在“下载资源/镜像文件”中有一个安装好的虚拟机镜像文件“Ubuntu-12.04.5-desktop-i386.rar”。将该文件复制到 Windows 主机中并解压，然后点击 VMware Workstation Player 软件主界面中的“打开虚拟机”，选择刚才解压目录中的“Ubuntu-12.04.5-desktop-i386.vmx”文件后即可打开该虚拟机，如图 14.10 所示。

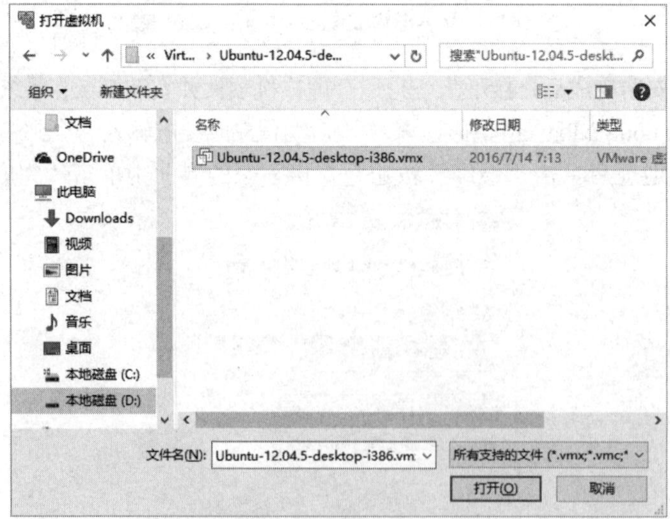

图 14.10　选择虚拟机路径

最后单击播放虚拟机即可启动该虚拟机。这样，一台开发用的Linux主机就准备好了。

14.2 安装串口相关软件

14.2.1 安装串口驱动

同本书配套的目标板是华清远见公司的FS4412开发板，开发套件中包含了一条USB转串口线，这条串口线使用的芯片可能是CH341，也可能是PL2303，需要安装相应的驱动程序。

（1）双击“下载资源/驱动程序/CH341SER.EXE”安装程序，弹出如图14.11所示的界面，单击“安装”按钮，即可安装CH341的USB转串口驱动程序。

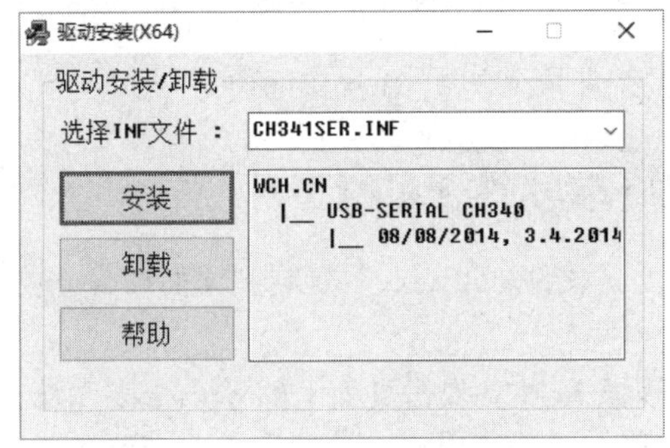

图14.11　安装CH341 USB转串口驱动

（2）双击“下载资源/驱动程序/ PL2303_Prolific_DriverInstaller_v1.14.0_20160802.exe”安装程序，弹出如图14.12所示界面，单击“下一步”按钮即可安装PL2303的USB转串口驱动程序。

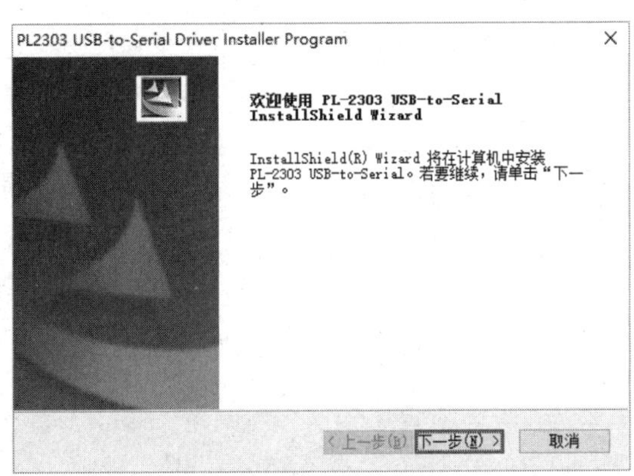

图14.12　安装PL2303 USB转串口驱动

（3）将 USB 转串口线插入到 PC 的 USB 接口，在设备管理器中会看到相应的串口端口号。如果是 CH341 的串口线，则串口的端口如图 14.13 所示。

图 14.13　CH341 串口设备

如果是 PL2303 的串口线，则串口的端口如图 14.14 所示。

图 14.14　PL2303 串口设备

具体的串口号根据系统和接入的 USB 接口而定。

14.2.2　安装串口终端软件 PuTTY

（1）将“下载资源/工具软件/putty.exe”复制到桌面或任一文件夹，然后发送快捷方式到桌面。

（2）将 USB 转串口线插入 PC，双击桌面上的 putty.exe 图标，弹出如图 14.15 所示的对话框，按图 14.15 进行设置，注意串口号按照设备管理器中查看的而定。

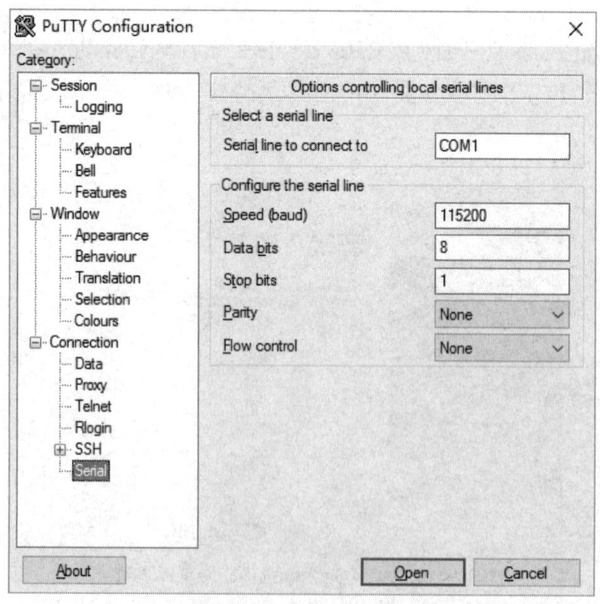

图 14.15　PuTTY 串口配置

（3）单击左侧的 Session 列表选项，按图 14.16 进行设置。注意“Saved Sessions”文本框中的名字是该会话的名字，可随意指定。然后单击“Save”按钮保存该会话设置。再单击“Open”按钮打开该会话。

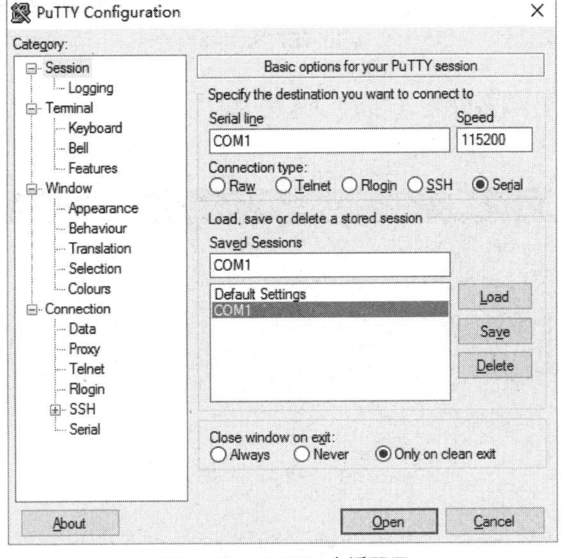

图 14.16　PuTTY 会话配置

14.2.3　安装串口终端软件 minicom

如果是在纯 Linux 环境下开发，则可以安装 minicom 串口终端软件。安装前要确保 Ubuntu 能够连接上外网。如果是虚拟机，则可以做以下设置。

（1）选择虚拟机设置菜单，如图 14.17 所示。

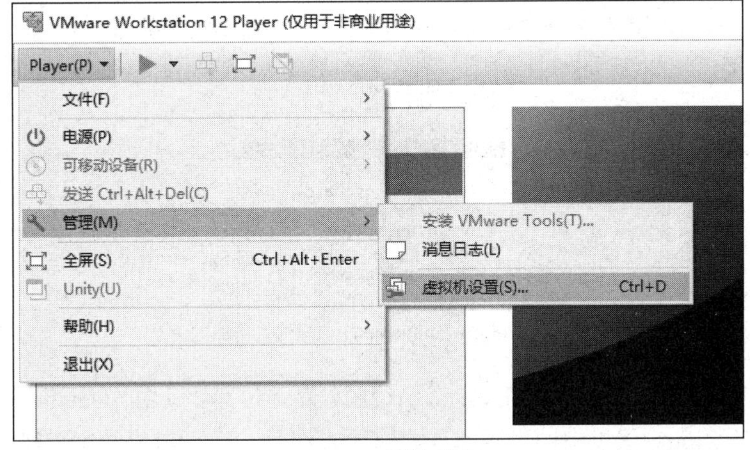

图 14.17　虚拟机设置

（2）在弹出的对话框中，将网络适配器选为 NAT 模式，如图 14.18 所示。

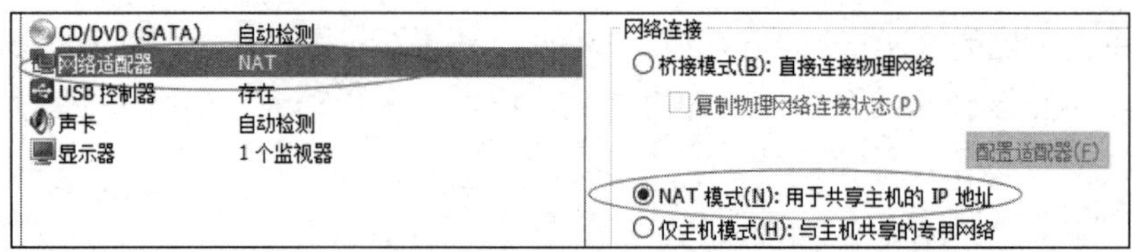

图 14.18 网络适配器设置

（3）打开虚拟机，编辑网络连接，设置为 DHCP，即自动获取 IP 模式，如图 14.19 所示。

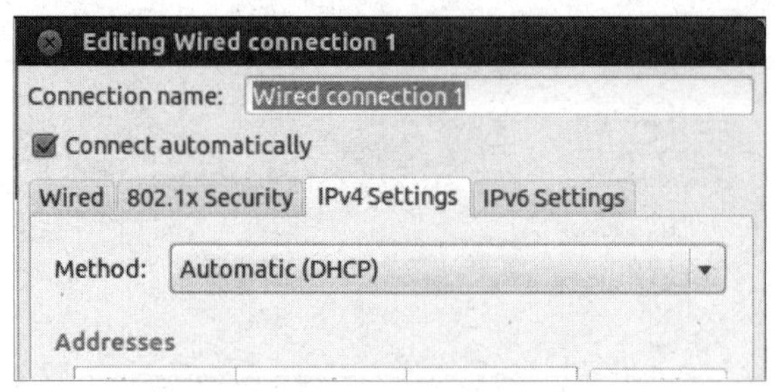

图 14.19 虚拟机 IP 地址设置

（4）设置好后，保存退出，并重新连接网络。

虚拟机能够上外网后，按照下面的步骤安装并配置 minicom。

（1）使用下面的命令安装 minicom（本书约定，命令行提示符“#”后面的命令表示在 Linux 主机上执行，忽略了权限相关的处理）。

```
# apt-get install minicom
```

（2）使用下面的命令配置 minicom。

```
# minicom -s
```

（3）在弹出的界面中选择“Serial port setup”，如图 14.20 所示。

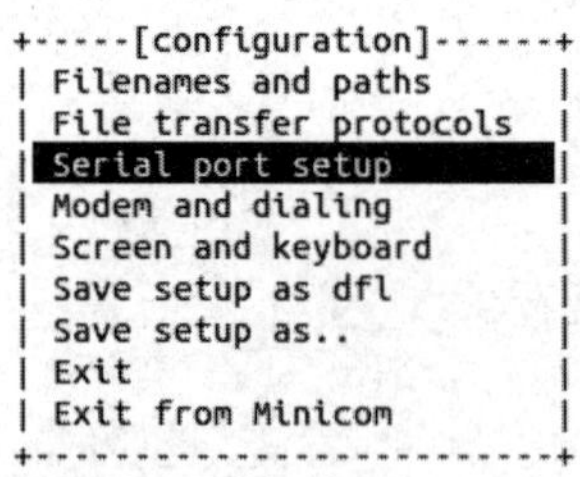

图 14.20 minicom 串口配置主界面

（4）按图 14.21 设置串口波特率、奇偶校验、停止位等，其中“/dev/ttyUSB0”是 USB 转串口设备在 Linux 主机中的设备路径。修改方法是：按下对应的字母键，然后进行编辑，按回车键完成编辑。再次按回车键，退出配置菜单界面。

```
+----------------------------------------
| A -     Serial Device      : /dev/ttyUSB0
| B - Lockfile Location      : /var/lock
| C -    Callin Program      :
| D -   Callout Program      :
| E -     Bps/Par/Bits       : 115200 8N1
| F - Hardware Flow Control : No
| G - Software Flow Control : No
|
|    Change which setting?
+----------------------------------------
```

图 14.21 minicom 串口配置

（5）返回到主菜单后，保存配置，如图 14.22 所示。

```
+-----[configuration]------+
| Filenames and paths      |
| File transfer protocols  |
| Serial port setup        |
| Modem and dialing        |
| Screen and keyboard      |
| Save setup as dfl        |
| Save setup as..          |
| Exit                     |
| Exit from Minicom        |
+--------------------------+
```

图 14.22 minicom 保存串口配置

（6）保存好串口配置之后，选择“Exit”菜单，退出串口配置。

14.3 安装 TFTP 和 NFS 服务器

TFTP 用于下载文件到目标板内存中，NFS 用于通过网络挂载文件系统。TFTP 服务器及客户端的安装及测试步骤如下。

（1）运行下面的命令，安装 TFTP 服务器和客户端。

```
# apt-get install tftpd-hpa tftp-hpa
```

（2）运行下面的命令，重启 TFTP 服务器。

```
# service tftpd-hpa restart
```

（3）运行下面的命令，新建一个文件，并将其移动到 TFTP 服务器的默认上传下载目录。

```
# echo "tftp test" > test.txt
# mv test.txt /var/lib/tftpboot/
```

（4）运行下面的命令，从服务器上下载 test.txt 文件，并退出 tftp 程序。

```
# tftp localhost
tftp> get test.txt
tftp> q
```

（5）运行下面的命令，确认下载的文件内容正确。

```
# cat test.txt
tftp test
```

（6）如果 TFTP 的下载不成功，运行下面的命令卸载软件（连同配置信息一起），然后重新安装，再重启 TFTP 服务器。

```
# apt-get remove --purge tftpd-hpa tftp-hpa
# apt-get install tftpd-hpa tftp-hpa
# service tftpd-hpa restart
```

NFS 服务器的安装及测试步骤如下。

（1）运行下面的命令，安装 NFS 服务器。

```
# apt-get install nfs-kernel-server
```

（2）运行下面的命令，创建一个目录，并在该目录下创建一个文件。

```
# mkdir /nfs
# chown farsight /nfs
# chgrp farsight /nfs
# mkdir /nfs/rootfs
# echo "nfs test" > /nfs/rootfs/test.txt
```

（3）编辑/etc/exports 配置文件。

```
# vim /etc/exports
```

添加如下内容：

```
/nfs/rootfs  *(rw,sync,no_subtree_check,no_root_squash)
```

/nfs/rootfs：共享的目录。

*：不限定客户端。

rw：共享目录可读可写。

sync：将数据同步写入内存缓冲区与磁盘中，效率低，但可以保证数据的一致性。

no_subtree_check：即使输出目录是一个子目录，NFS 服务器也不检查其父目录的权限，这样可以提高效率。

no_root_squash：来访的 root 用户保持 root 账号权限。

（4）使用下面的命令，重启 NFS 服务。

```
# service nfs-kernel-server restart
```

（5）使用下面的命令，将共享目录挂载到/mnt 目录下，并修改文件。

```
# mount -t nfs localhost:/nfs/rootfs /mnt
# vim /mnt/test.txt
```

（6）使用下面的命令，查看原来的文件已经被修改。

```
# cat /nfs/rootfs/test.txt
```

（7）使用下面的命令取消挂载。

```
# umount /mnt
```

14.4 准备 Linux 内核源码

如果在 PC 上运行驱动程序，那么当 Linux 系统安装成功之后，Linux 内核的源码就已经准备好了，通常位于“/usr/src/linux-headers-$(uname -r)”目录下。其中，$(uname -r)代表当前内核的版本。如果是在嵌入式目标板上运行驱动程序，则需要一份在该目标板上移植好的内核源码，并完成配置和编译。下面介绍该过程。

首先安装交叉编译工具链。交叉编译工具链的获取有很多种方法，第一种方法（也是最简单的方法）就是使用“apt-get install xxx”命令直接安装，但受版本限制，所得到的交叉编译工具链不一定满足要求；第二种方法就是在第三方网站上下载，比如“www.linaro.org”；第三种方法是从方案提供商那里获取；第四种方法就是下载源码来编译，但该方法过于烦琐，耗时很长，所以不推荐。“下载资源/工具软件/gcc-4.6.4.tar.xz”是随书配套的交叉编译工具链，下面介绍其安装方法。

（1）将交叉编译工具链压缩包复制至 Ubuntu 主机的用户主目录下（或其他任意目录），然后进入该目录，使用下面的命令对该压缩包进行解压。

```
# tar -xvf gcc-4.6.4.tar.xz
```

（2）解压完成后，进入到相应的目录获取绝对路径。

```
# cd gcc-4.6.4/bin/
# pwd
/home/farsight/gcc-4.6.4/bin
```

（3）编辑/etc/environment 文件，加入相应的路径（下面的粗体字部分）。

```
# vim /etc/environment
PATH="/usr/local/sbin:/usr/local/bin:/usr/sbin:/usr/bin:/sbin:/bin:/usr/games:/home/farsight/gcc-4.6.4/bin"
```

（4）注销后重新登录，使用下面的命令确定交叉编译工具链安装成功。

```
# arm-linux-gcc -v
Using built-in specs.
COLLECT_GCC=arm-none-linux-gnueabi-gcc
COLLECT_LTO_WRAPPER=/home/farsight/gcc-4.6.4/bin/../libexec/gcc/arm-arm1176jzfssf-linux-gnueabi/4.6.4/lto-wrapper
……
gcc version 4.6.4 (crosstool-NG hg+default-2685dfa9de14 - tc0002)
```

接下来准备内核源码。

（1）首先将“下载资源/工具软件/ mkimage”文件复制到 Ubuntu 主机中（该文件是制作 uImage 内核镜像的工具），然后使用下面的命令复制到指定的目录并添加可执行权限。

```
# mv mkimage /usr/bin/
# chmod +x /usr/bin/mkimage
```

（2）将“下载资源/程序源码/linux-3.14.25-fs4412.tar.xz”复制到 Ubuntu 主机中（该文件是移植好了的内核源码压缩包），使用下面的命令解压该文件。

```
# tar -xvf linux-3.14.25-fs4412.tar.xz
```

（3）进入源码目录，使用下面的命令配置源码。

```
# cd linux-3.14.25-fs4412/
# make ARCH=arm fs4412_defconfig
```

（4）使用下面的命令编译源码，生成内核镜像文件“uImage”及设备树文件“exynos4412-fs4412.dtb”。

```
# make ARCH=arm uImage -j2
# make ARCH=arm dtbs
```

14.5 在目标板上运行 Linux 系统

整个嵌入式 Linux 系统包含三个部分，分别是 Bootloader、内核和根文件系统。在嵌入式系统中最常用的 Bootloader 是 U-Boot，首先将 U-Boot 的镜像文件烧写到 SD 卡上，完成一张启动 SD 卡的制作，步骤如下。

（1）将“下载资源/镜像文件/u-boot-fs4412.bin”文件复制到 Ubuntu 主机中。

（2）将 SD 卡插入 USB 读卡器中，然后插入到 PC。

（3）确认将 SD 卡读卡器连接到了虚拟机中，如图 14.23 所示。

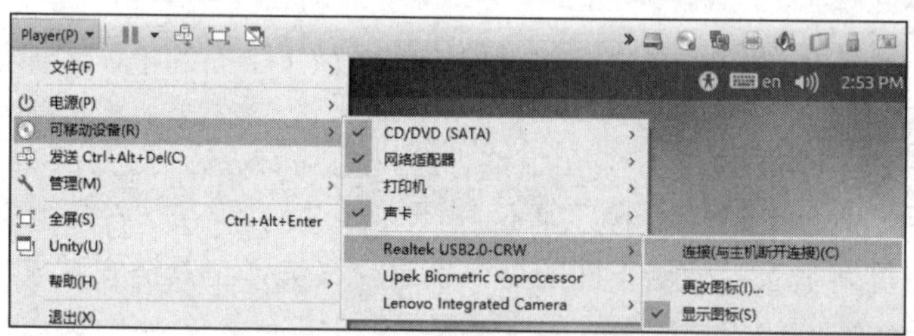

图 14.23　连接 SD 卡读卡器到虚拟机

（4）执行下面的命令，将“u-boot-fs4412.bin”烧写到 SD 卡。

```
# dd iflag=dsync oflag=dsync if=u-boot-fs4412.bin of=/dev/sdb seek=1
```

接下来将 SD 卡插入目标板的 SD 卡插槽，按图 14.24 的方式设置拨码开关，目标板从 SD 卡启动。

启动 PuTTY，打开之前保存好的设置，开发板上电，可以看到如图 14.25 所示的信息。在倒计时结束前按任意键，进入 U-Boot 的交互模式。

图 14.24 FS4412 拨码开关设置

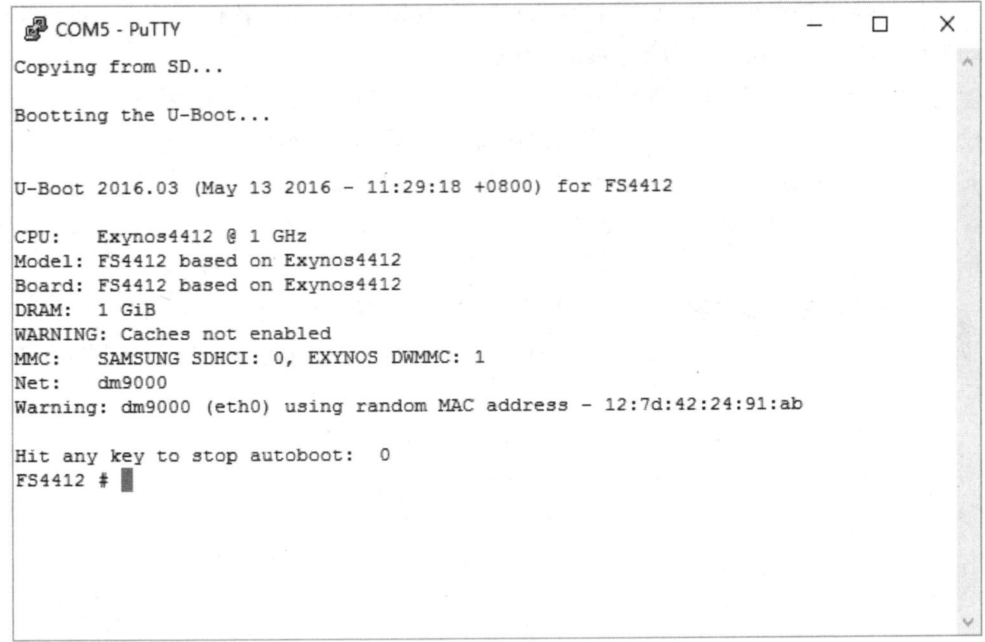

图 14.25 FS4412 目标板 U-Boot 启动信息

如果使用的是 minicom，则首先确保 USB 转串口线是连接在虚拟机中的，如图 14.26 所示。

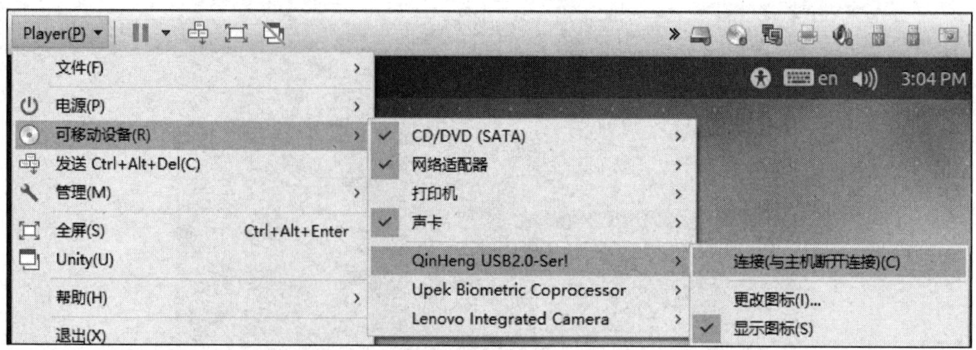

图 14.26　连接串口线至虚拟机

使用下面的命令，启动 minicom。

```
# minicom
```

如果要退出 minicom，则按下 Ctrl+A 组合键后，再按 Z 键，可以出现帮助菜单，再按 Q 键退出 minicom 程序。

接下来，准备内核镜像文件和根文件系统，步骤如下。

（1）将前面编译内核生成的内核镜像文件“uImage”和设备树文件“exynos4412-fs4412.dtb”复制至 Ubuntu 主机的/var/lib/tftpboot 目录。

（2）将“下载资源/镜像文件/rootfs.tar.xz”复制至 Ubuntu 主机的/nfs 目录（rootfs.tar.xz 是根文件系统的压缩包文件，nfs 是在前面安装并配置 NFS 服务器时建立的目录），并使用下面的命令进行解压（如果/nfs 目录下有 rootfs 目录，则先删除）。

```
# cd /nfs/
# tar -xvf rootfs.tar.xz
```

（3）根据 14.3 章节中的方法，确保 NFS 的共享目录已配置好。

文件准备好之后，就需要设置 Ubuntu 主机的网络。如果是虚拟机，按照如下步骤进行。

（1）按照图 14.27 所示，将虚拟机网卡配置为桥接模式。

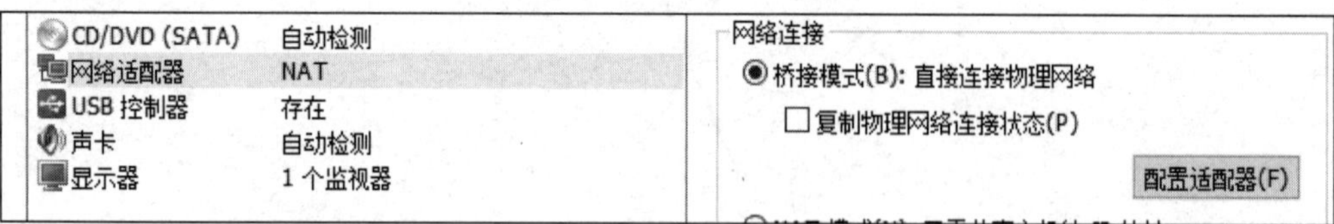

图 14.27　虚拟机网络适配器桥接模式设置

（2）单击“配置适配器”按钮，选择桥接的网络适配器，如图 14.28 所示。注意，具体的网卡根据自己的环境而定。选择的网卡必须是目标板通过网线连接至 PC 的网卡。

图 14.28　桥接网络适配器选择

（3）单击“确定”按钮后，将 Ubuntu 主机的 IP 地址设置为手动指定方式，如图 14.29 所示。

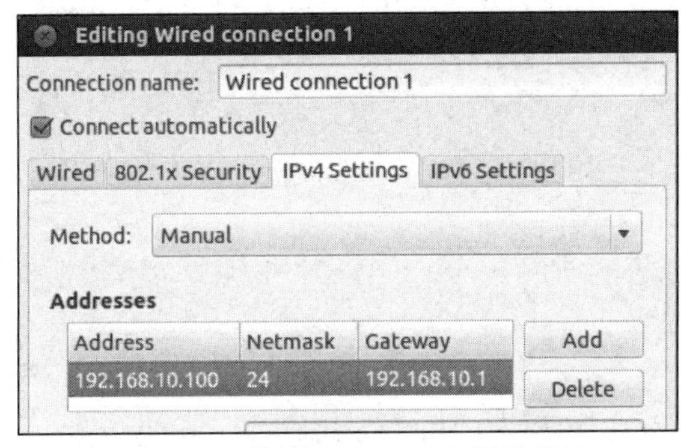

图 14.29　手动设置 Ubuntu 主机 IP 地址

最后设置目标板上的 U-Boot 的环境变量，从而完成内核镜像和设备树文件的自动下载、自动启动内核和自动通过 NFS 挂载根文件系统，步骤如下。

（1）在 U-Boot 的交互模式中，使用下面的命令设置并保存环境变量（下面的命令行提示符“FS4412 #”后的命令表示在目标板上执行）。

```
    FS4412 # setenv serverip 192.168.10.100
    FS4412 # setenv ipaddr 192.168.10.200
    FS4412 # setenv bootcmd tftpboot 41000000 uImage\; tftpboot 42000000 exynos4412-fs4412.dtb\; bootm 41000000 - 42000000
    FS4412 # setenv bootargs noinitrd root=/dev/nfs nfsroot=192.168.10.100:/nfs/rootfs rw console=ttySAC2,115200 init=/linuxrc ip=192.168.10.200
    FS4412 # saveenv
```

（2）使用 boot 命令启动内核。

```
    FS4412 # boot
```

（3）如果成功，则会打印如下信息。

```
    ......
    ## Booting kernel from Legacy Image at 41000000 ...
       Image Name:   Linux-3.14.25
       Image Type:   ARM Linux Kernel Image (uncompressed)
       Data Size:    2767200 Bytes = 2.6 MiB
```

```
   Load Address: 40008000
   Entry Point:  40008000
   Verifying Checksum ... OK
......
```

14.6 源码浏览及编辑器环境

在编写 Linux 驱动代码时，经常要参考内核源码，所以方便快捷的源码浏览是必不可少的需求。下面分步骤进行说明。

（1）编译并安装内核 API 的 man 手册。

```
# apt-get install xmlto
# make ARCH=arm mandocs
# make ARCH=arm installmandocs
```

在上面的操作完成后，就可以查看内核 API 的 man 手册。例如，使用下面的命令查看 cdev_init 函数。

```
# man 9 cdev_init
CDEV_INIT(9)                    Char devices                    CDEV_INIT(9)

NAME
      cdev_init - initialize a cdev structure

SYNOPSIS
      void cdev_init(struct cdev * cdev,
                  const struct file_operations * fops);
......
```

（2）生成供编辑器使用的 tags 文件（在内核源码目录下执行），并编辑 vim 的配置文件，添加 tags。

```
# apt-get install exuberant-ctags
# make ARCH=arm tags
# vim ~/.vimrc
set tags=/home/farsight/fs4412/linux-3.14.25-fs4412/tags
```

"/home/farsight/fs4412/linux-3.14.25-fs4412/tags"是生成的 tags 文件的路径。通过上面的操作后，用 vim 打开一个内核源码文件，将光标移动到函数名或宏的位置，按 Ctrl 键+]键即可跳转到定义或声明的位置，按 Ctrl 键+T 键则可返回之前浏览的代码位置。

（3）自动补全内核函数或宏。编辑主目录下的.vimrc 文件，添加如下内容。

```
$ vim ~/.vimrc
set nocp
filetype plugin indent on
set completeopt=longest,menu
set wildmenu
autocmd FileType c set omnifunc=ccomplete#Complete
```

保存退出后，用 vim 编辑一个 c 文件，输入内核函数或宏的前一部分内容，然后按 Ctrl 键+X 键，再按 Ctrl 键+O 键，则会弹出补全的候选项，通过方向键可以进行选择并补全，如图 14.30 所示。

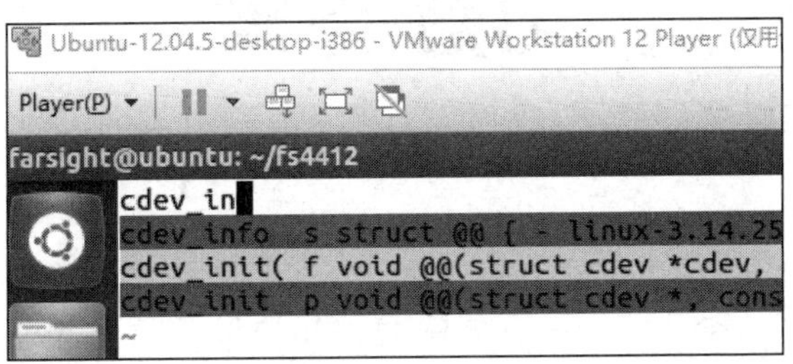

图 14.30 vim 自动补全

（4）显示行号及自动缩进等。编辑主目录下的.vimrc 文件，添加如下内容。

```
$ vim ~/.vimrc
set nu
syntax on
syntax enable
colorscheme desert

set autoindent
set smartindent
set cindent
```

除此之外，vim 还有很多好用的插件，如 echofunc、taglist、winmanager、trinity 等，安装并配置好这些插件后，vim 可以打造得和一些流行的 IDE 一样强大。因为这个过程较复杂，且网络上描述得比较详细，在这里就不再多说明了，读者可以自行在网上搜索。图 14.31 是一个效果图。

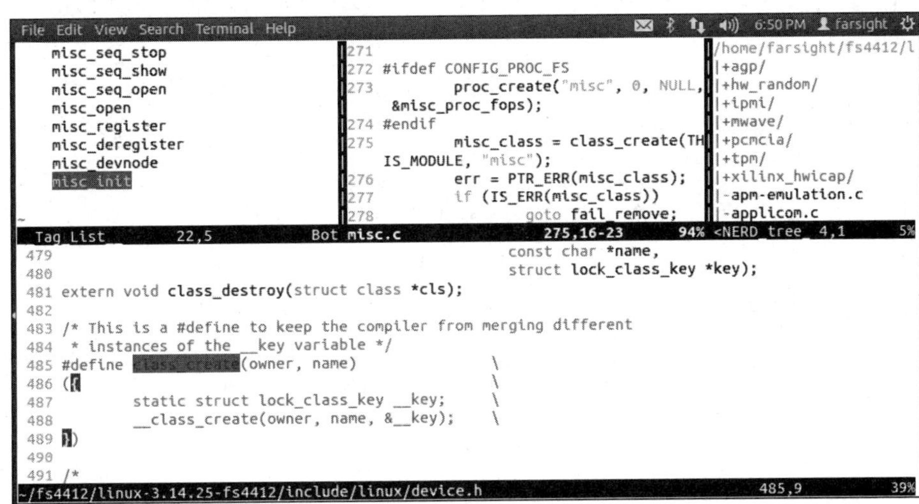

图 14.31 vim IDE 效果图

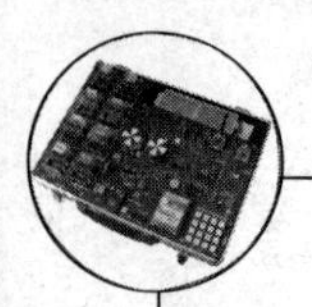

习题答案

第 2 章：

1.AB　2.AD　3.C　4.D　5.C　6.B　7.B

第 3 章：

1.B　2.CD　3.C　4.B

第 4 章：

1.B　2.D　3.D　4.D　5.C　6.D

7.B　8.D

第 5 章：

1.C　2.ABC　3.D　4.C　5.C　6.D　7.C

第 6 章：

1.ABCDE　2.C　3.ABC　4.D　5.A　6.A　7.A

第 7 章：

1.ABC　2.B　3.ABC　4.A　5.B　6.D　7.A

8.A　9.B　10.ABCD　11.ABCDE　12.ABCDE

第 8 章：

1.A　2.A　3.BC　4.ABC　5.ABCDE　6.B

第 10 章：

1.B　2.A　3.A　4.A　5.C　6.ABCD

7.C　8.ABCD

第 11 章：

1.B　2.A　3.A　4.AB

第 12 章：

1.A　2.B　3.C　4.D　5.A　6.B

第 13 章：

1.B　2.C　3.A　4.B　5.A　6.A

参考文献

[1] （美）Robert Love. Linux 内核设计与实现．3 版[M]．陈莉君，康华，译．北京：机械工业出版社，2011．

[2] Daniel P. Bovet, Marco Cesati. 深入理解 Linux 内核．3 版[M]．陈莉君，张琼声，张宏伟，译．北京：中国电力出版社，2007．

[3] （德）Wolfgang Mauerer. 深入 Linux 内核架构[M]．郭旭，译．北京：人民邮电出版社，2010．

[4] （美）Jonathan Corbet,Alessandro Rubini, Greg Kroah-Hartman. Linux 设备驱动程序．3 版[M]．魏永明，耿岳，钟书毅，译．北京：中国电力出版社，2006．

[5] Device Tree Usage. http://www.devicetree.org/Device_Tree_Usage.

[6] Using kgdb/gdb. https://www.kernel.org/doc/htmldocs/kgdb/EnableKGDB.html.

[7] Linux Magic System Request Key Hacks. https://www.kernel.org/doc/Documentation/sysrq.txt.

反侵权盗版声明

举报电话：（010）88254396；（010）88258888

传　　真：（010）88254397

E-mail：dbqq@phei.com.cn

通信地址：北京市万寿路 173 信箱

　　　　　电子工业出版社总编办公室

邮　　编：100036